工业和信息化部“十四五”规划教材

职业教育机电类
系列教材

机械制造工艺

微课版 | 配套实训工单

于爱武 / 主编
高淑娟 庞红 / 副主编
潘学海 / 主审

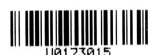

ELECTROMECHANICAL

人民邮电出版社
北京

图书在版编目（CIP）数据

机械制造工艺 : 微课版 : 配套实训工单 / 于爱武主编. -- 北京 : 人民邮电出版社, 2023.1
职业教育机电类系列教材
ISBN 978-7-115-58880-7

Ⅰ. ①机… Ⅱ. ①于… Ⅲ. ①机械制造工艺－职业教育－教材 Ⅳ. ①TH16

中国版本图书馆CIP数据核字(2022)第043552号

内 容 提 要

本书基于“双高计划”背景下的电气自动化技术高水平专业群构建及实践成果导向的“平台+模块+项目”课程体系，是工作过程导向的项目化教材。本书依据企业产品制造的实际工作过程，以机械制造工艺规程编制与实施为主线，全面介绍了机械装备制造的机械加工工艺规程、装配工艺规程的制定原则和方法以及相关制造技术。本书内容包括绪论、机械加工工艺及规程、轴类零件机械加工工艺规程编制与实施、套筒类零件机械加工工艺规程编制与实施、箱体类零件机械加工工艺规程编制与实施、圆柱齿轮零件机械加工工艺规程编制与实施、叉架类零件机械加工工艺规程编制与实施、减速器机械装配工艺规程编制与实施等，书中还介绍了部分先进制造技术。各项目后均附有配套的思考练习，以备读者自测自检学习效果，同时配套实训工单，强化项目实训过程。

本书可作为职业院校机电类及相关专业的教材，也可作为相关专业技术人员的参考、自学用书。

◆ 主　　编　于爱武
副 主 编　高淑娟　庞　红
主　　审　潘学海
责任编辑　刘晓东
责任印制　王　郁　焦志炜

◆ 人民邮电出版社出版发行　　北京市丰台区成寿寺路 11 号
邮编　100164　　电子邮件　315@ptpress.com.cn
网址　https://www.ptpress.com.cn
大厂回族自治县聚鑫印刷有限责任公司印刷

◆ 开本：787×1092　1/16
印张：19　　2023 年 1 月第 1 版
字数：550 千字　　2023 年 1 月河北第 1 次印刷

定价：69.80 元

前　言

本书基于“双高计划”背景下的电气自动化技术高水平专业群构建及实践成果导向的“平台+模块+项目”课程体系，结合“产品数字化加工与生产制造”专业方向模块的内容要求，引入工作过程系统化的理念，对机械制造技术、机械制造工艺学、金属切削原理与刀具、金属切削机床、机床夹具设计、金属材料及其热处理等课程进行了解构和重构，内容的选取和安排依照“必需、够用”的原则，实现了多门课程内容的有机结合。

本书是工作过程导向的项目化教材，内容的设计遵循职业成长和认知规律，按工作过程相对稳定、学习难度递增、学生自主学习能力逐步增强的原则设计学习项目。为了强化学生编制与实施机械制造工艺规程的能力，每个项目下设 1～3 个由简单到复杂的工作任务，详细介绍机械制造所需的工艺系统（工件、机床、刀具、夹具）、制造技术、制造工艺等知识，并将国家标准、行业标准和职业资格标准贯穿其中。根据任务要求，学生运用相关知识，通过自主学习、分组讨论、实践操作等环节，按照企业实施产品制造的工作过程完成工作任务，同时配套实训工单，强化项目实训过程。本书在内容设计上注重从职业行动能力、工作过程知识和职业素养 3 个方面培养学生的职业能力和良好行为习惯。学生可在课内、课外（如第二课堂、专业社团、技能大赛、顶岗实习、毕业设计、1+X 证书训练等）项目实践中培养创新能力，体验岗位需求，积累工作经验。本书中还增加了先进制造技术等拓展知识，以满足学生学习的个性化需求。

本书授课建议学时（含集中实践环节）如下。

序号	教学内容	建议学时
1	绪论	2 学时
2	项目 1　机械加工工艺及规程	8 学时
3	项目 2　轴类零件机械加工工艺规程编制与实施	24 学时
4	项目 3　套筒类零件机械加工工艺规程编制与实施	10 学时
5	项目 4　箱体类零件机械加工工艺规程编制与实施	12 学时
6	项目 5　圆柱齿轮零件机械加工工艺规程编制与实施	10 学时
7	项目 6　叉架类零件机械加工工艺规程编制与实施	6 学时
8	项目 7　减速器机械装配工艺规程编制与实施	8 学时
9	集中实践环节	3 周
合计学时		80 学时 + 3 周

本书由淄博职业学院于爱武任主编，高淑娟、庞红任副主编，潘学海任主审。具体编写分工如下：概述、项目 1、项目 2、项目 3、项目 5 由于爱武、高淑娟编写，项目 4、项目 6、项目 7、实训工单由庞红、于爱武、高淑娟编写。此外，参加本书编写工作的还有淄博职业学院李万军、李金亮、谭文、孙传兵、赵菲菲以及四位校外兼职教师井瑞芳、孙建光、王伟、尚建峰。

本书在编写过程中，山东新马制药装备有限公司、山东新景表业有限公司、山东莱茵科斯特智能科技有限公司等合作企业给予了诸多支持和热情帮助，在此一并衷心感谢！

作为课程解构和重构以及教材改革的一次探索，限于编者的水平，书中难免有疏漏和不当之处，敬请读者批评指正。

编　者

2022 年 6 月

目 录

绪论 …………………………………………… 1

思考练习 …………………………………………… 5

项目 1 机械加工工艺及规程 …………………… 6

任务 1.1 生产过程和工艺过程认知 …………………… 6

1.1.1 任务引入 …………………… 6

1.1.2 相关知识 …………………… 7

1.1.3 任务实施 …………………… 9

任务 1.2 机械加工工艺过程的组成认知 …………………… 11

1.2.1 任务引入 …………………… 11

1.2.2 相关知识 …………………… 13

1.2.3 任务实施 …………………… 23

任务 1.3 机械加工工艺规程的格式认知 …………………… 25

1.3.1 任务引入 …………………… 25

1.3.2 相关知识 …………………… 25

1.3.3 任务实施 …………………… 30

项目小结 …………………… 31

思考练习 …………………… 31

项目 2 轴类零件机械加工工艺规程编制与实施 …………………… 32

任务 2.1 光轴零件机械加工工艺规程编制与实施 …………………… 33

2.1.1 任务引入 …………………… 33

2.1.2 相关知识 …………………… 33

2.1.3 任务实施 …………………… 47

任务 2.2 台阶轴零件机械加工工艺规程编制与实施 …………………… 64

2.2.1 任务引入 …………………… 64

2.2.2 相关知识 …………………… 64

2.2.3 任务实施 …………………… 69

任务 2.3 传动轴零件机械加工工艺规程编制与实施 …………………… 78

2.3.1 任务引入 …………………… 78

2.3.2 相关知识 …………………… 79

2.3.3 任务实施 …………………… 92

项目小结 …………………… 105

思考练习 …………………… 105

项目 3 套筒类零件机械加工工艺规程编制与实施 …………………… 109

任务 3.1 轴承套零件机械加工工艺规程编制与实施 …………………… 110

3.1.1 任务引入 …………………… 110

3.1.2 相关知识 …………………… 110

3.1.3 任务实施 …… 139

任务 3.2 滚花螺母零件机械加工工艺规程编制与实施 …… 145

3.2.1 任务引入 …… 145

3.2.2 相关知识 …… 145

3.2.3 任务实施 …… 148

项目小结 …… 151

思考练习 …… 151

项目 4 箱体类零件机械加工工艺规程编制与实施 …… 153

任务 4.1 矩形垫块零件机械加工工艺规程编制与实施 …… 154

4.1.1 任务引入 …… 154

4.1.2 相关知识 …… 154

4.1.3 任务实施 …… 175

任务 4.2 坐标镗床变速箱壳体零件机械加工工艺规程编制与实施 …… 178

4.2.1 任务引入 …… 178

4.2.2 相关知识 …… 179

4.2.3 任务实施 …… 190

项目小结 …… 197

思考练习 …… 197

项目 5 圆柱齿轮零件机械加工工艺规程编制与实施 …… 200

任务 5.1 直齿圆柱齿轮零件机械加工工艺规程编制与实施 …… 201

5.1.1 任务引入 …… 201

5.1.2 相关知识 …… 201

5.1.3 任务实施 …… 215

任务 5.2 双联圆柱齿轮零件机械加工工艺规程编制与实施 …… 221

5.2.1 任务引入 …… 221

5.2.2 相关知识 …… 222

5.2.3 任务实施 …… 229

项目小结 …… 232

思考练习 …… 232

项目 6 叉架类零件机械加工工艺规程编制与实施 …… 235

任务 6.1 拨叉零件机械加工工艺规程编制与实施 …… 236

6.1.1 任务引入 …… 236

6.1.2 相关知识 …… 236

6.1.3 任务实施 …… 239

项目小结 …… 252

思考练习 …… 255

项目 7 减速器机械装配工艺规程编制与实施 …… 257

任务 7.1 机械装配方法选择 …… 257

7.1.1 任务引入 …… 257

7.1.2 相关知识 …… 258

7.1.3 任务实施 …… 263

任务 7.2 减速器机械装配工艺规程编制与实施 …… 269

7.2.1 任务引入 …… 269
7.2.2 相关知识 …… 270
7.2.3 任务实施 …… 278
项目小结 …… 287
思考练习 …… 287
附录 A 机械加工余量 …… 290
附录 B 齿坯加工精度 …… 291
附录 C 其他 …… 292
参考文献 …… 296

绪论

制造业（manufacturing industry）为人类创造着辉煌的物质文明。世界经济发展的趋势表明，制造业是一个国家经济发展的基石。

生产各种机械、仪器和工具的工业称为机械制造业。机械制造业是国民经济中最重要的一部分，是一个国家或地区经济发展的支柱产业。据统计，目前我国的制造业总产值占世界制造业总产值的35%左右，我国的制造业总产值占国内生产总值的29.4%以上。

在经济全球化的进程中，随着劳动和资源密集型产业向发展中国家转移，我国正在逐步成为世界的重要制造基地。但是，由于我国工业化进程起步较晚，与国际先进水平相比，我国的制造业和制造技术还存在着阶段性的差距，因此必须加强对制造技术领域的研究，大胆进行先进制造技术的“原始创新、集成创新和引进消化吸收再创新，更加注重协同创新”，尽快形成我国自主创新和跨越式发展的先进制造技术体系，使我国制造业在国内外市场竞争中立于不败之地。

一、机械制造技术及其发展趋势

制造技术是使原材料变成产品的技术的总称，也是制造业本身赖以生存的关键基础技术。机械制造业的发展和进步在很大程度上取决于机械制造技术的发展。随着社会经济的不断发展，当前机械制造技术已成为国际科技竞争的重点，也是衡量一个国家科技发展水平的重要标志。

机械制造技术是研究制造生产装备过程中的基本原理、技术和工艺方法及相应的机床、刀具和夹具的一门工程技术。现代科学技术的迅猛发展，特别是网络技术、信息技术、微电子技术、计算机技术的迅猛发展，促使常规技术与数控技术、传感器技术、精密检测技术、系统技术、伺服技术等相互结合，给机械制造技术的发展提供了新技术和新观念，使机械制造业发生了深刻的变化。其发展趋势具体表现在以下几方面。

（1）机械制造技术向精密加工和超精密加工方向发展。随着生产的发展和科学实验的需求，许多零件的形状越来越复杂、精度要求越来越高、表面粗糙度要求越来越低，相继出现了化学机械加工、电化学加工、超声波加工、激光加工、超精密研磨与抛光、纳米加工等特种加工，以及超精密加工技术和复合加工技术。要实现精密和超精密加工，必须具有与之相适应的加工设备、工具、仪器以及加工环境与检测技术。

（2）机械制造技术向高精度、高效率、高柔性化和自动化方向发展。计算机辅助设计与制造（Computer Aided Design/Computer Aided Manufacture，CAD/CAM）、柔性制造系统（Flexible Manufacturing System，FMS）、计算机集成制造系统（Computer Integrated Manufacturing System，CIMS）的应用越来越广泛，整个生产过程在计算机的控制下，可实现自动化、柔性化、智能化、集成化，使产品质量和生产率大大提高，缩短了生产周期，提高了经济效益。

（3）发展高速切削、强力切削，提高切削加工效率也是机械制造技术发展的一个方向。要实现高速切削与强力切削，必须有与之相适应的机床和切削刀具。目前数控车床主轴转速已达 5 000 r/min；加工中心主轴转速已达 20 000 r/min；磨削速度普遍已达 40～60 m/s（一般为 35 m/s 左右），高的可达 80～120 m/s。

二、机械制造技术应用的主要任务

1. 保证产品质量，制造优质的装备

制造合格的产品是机械制造技术应用的首要任务。产品的质量包括：零件的尺寸精度、形状、位置精度和表面粗糙度；零件材料的组织和性能要求；部件、机器的各项技术条件、使用性能和寿命要求等。

2. 提高劳动生产率

提高劳动生产率是人类不断追求的目标，提高劳动生产率也是机械制造业永恒的课题。人们不断应用先进的工艺装备，采用自动化生产线、工业机器人，采用数控机床、加工中心等；不断采用新刀具材料，改进刀具结构与角色，改善切削条件，减少辅助时间；通过柔性制造单元（Flexible Manufacturing，FMC）或 FMS 等来提高劳动生产率。

3. 降低生产成本，提高经济效益

在生产技术上，采用新材料、新工艺、新技术等可有效降低成本。

4. 降低工人劳动强度，保证安全生产

在设计和制造工艺装备、生产准备和制造过程中，首要目标是降低工人劳动强度和保证安全生产，做到“以人为本，安全第一”。

5. 环境保护

在机械制造的全过程中，要减少对环境的污染，不能只搞生产，不管环境；要考虑对切屑、粉尘、废切削液、油雾等采取适当措施，避免环境污染。

三、金属切削加工

使用金属切削刀具从工件上切除多余（或预留）的金属（使之成为切屑）从而获得形状、尺寸精度、位置精度及表面质量都合乎技术要求的零件的机械加工方法称为金属切削加工。

在切削加工过程中，刀具与工件之间始终存在着相对运动和相互作用。

特别提示

金属切削加工通常分为钳工和机械加工（简称机加工）两大类。

① 钳工一般是指通过操作者手持工具进行的切削加工、装配或维修，主要有划线、锯切、锉削、攻丝、套丝、刮削、研磨和零部件的装配等工作。

② 机械加工是利用机械力对各种工件进行加工的方法，主要用来加工机械零件，一般是通过工人操纵机床设备进行加工。其方法有车削、磨削、钻削、镗削、铣削、刨削、插削、拉削、齿形加工、珩削、超精加工和抛光等。本课程重点学习此类内容。

认识钳工

1. 切削运动

金属切削加工时，任何一个工件都要经过由毛坯加工到成品的过程，在这个过程中，要使刀具对工件进行切削加工形成各种表面，必须使刀具与工件间产生相对运动，这种相对运动称为切削运动（cutting motion）。切削运动按照在切削过程中的作用，一般分为主运动和进给运动。以车床加工外圆柱面为例，图 0.1 为切削运动、切削层及工件上形成的表面。

（1）主运动（main motion）。主运动促使刀具和工件之间产生相对运动，切除工件上多余金属层，形成工件新表面，它是切削加工中最基本、最主要的运动，具有切削速度最高、消耗的机床功率最大的特点。在切削运动中，主运动只有一个，它可以由工件完成，也可以由刀具完成；可以是旋转运动，也可以是直线运动。

主运动的速度称为切削速度，可用 v_c 表示。车削外圆时的主运动是工件的旋转运动。

（2）进给运动（feed motion）。进给运动是把被切削金属层间断或连续投入切削的一种运动，与主运动相配合即可不断地切除金属层，获得所需的表面，其特点是切削速度低，消耗功率小。在切削过程中可以有一个或多个进给运动，也可以没有进给运动。如图 0.1（a）所示，外圆车削过程中有两个进给运动，即沿工件轴向的纵向进给运动是连续的，沿工件径向的横向进给运动是间断的。

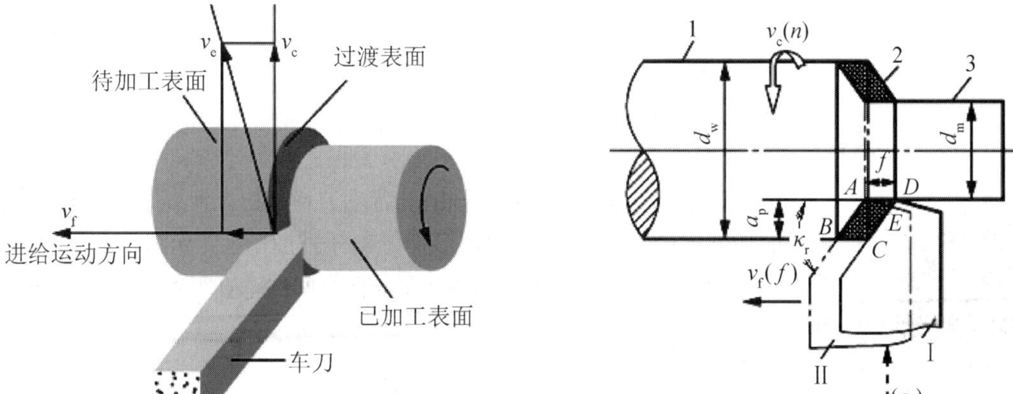

（a）切削运动　　（b）切削用量示意图

1—待加工表面；2—过渡表面；3—已加工表面

图 0.1　切削运动、切削层及工件上形成的表面

进给运动的速度称为进给速度，用 v_f 表示。

（3）合成切削运动（resultant cutting motion）。由主运动和进给运动合成的运动称为合成切削运动。刀具切削刃上选定点相对工件的瞬时合成运动方向称为该点的合成切削运动方向，其速度称为合成切削速度 v_e，如图 0.1（a）所示。

2. 工件上的加工表面

如图 0.1（a）所示，切削加工时在工件上的表面有以下几个。

（1）待加工表面。它是工件上有待切除的表面。

（2）已加工表面。它是工件上经刀具切削后产生的表面。

（3）过渡表面（切削表面）。它是工件上刀具切削刃正在切削的那一部分表面，它在下一切削行程中被刀具在工件的下一转里被切除，或由下一切削刃切除。它是已加工表面和待加工表面之间的过渡表面。

3. 切削用量

切削用量（cutting data）是指切削速度 v_c、进给量 f（或进给速度 v_f）和背吃刀量 a_p（切削深度）三者的总称，也称切削用量三要素，它是调整刀具与工件之间相对运动速度和相对位置所需的重要工艺参数。如图 0.1（b）所示为车削外圆时的切削用量示意图。

认识切削速度

（1）切削速度 v_c（cutting speed）。切削速度是指切削刃上选定点相对于工件的主运动的瞬时速度，即

$$v_c = \frac{\pi d_w n}{1000} \tag{0-1}$$

式中：v_c ——切削速度（m/s 或 m/min）；

d_w ——工件待加工表面直径（mm）；

n ——工件的转速（r/s 或 r/min）。

认识进给量

（2）进给量 f（feed rate）。进给量是指每转或每次往复行程中，工件与刀具间沿进给运动方向的相对位移量。

进给速度 v_f 是指单位时间内工件与刀具之间的相对位移量，可按式（0-2）计算，即

$$v_f = nf \tag{0-2}$$

式中：v_f ——进给速度（mm/s 或 mm/min）；

n ——主轴转速（r/s 或 r/min）；

f ——进给量（mm/r）。

认识背吃刀量

（3）背吃刀量 a_p（cutting depth）。背吃刀量是指在垂直于进给速度方向测量的切削层最大尺寸，也称切削深度。对于外圆车削，如图 0.1（b）所示，背吃刀量为工件上已加工表面和待加工表面之间的垂直距离，单位为 mm，即

$$a_p = \frac{d_w - d_m}{2} \tag{0-3}$$

式中：d_w ——工件待加工表面直径（mm）；

d_m ——工件已加工表面直径（mm）。

4. 切削层横截面要素

切削层是指切削时刀具切削工件一个单行程所切除的工件材料层。如图 0.1（b）所示，工件旋转一周，刀具纵向进给运动是连续的，刀具从位置Ⅰ移动到了位置Ⅱ，在两个位置间形成的工件材料层（图中 *ABCD* 阴影区域）就是切削层。

切削层的参数如下。

（1）切削层公称横截面积 A_D。它简称切削层横截面积，是在切削层尺寸平面内度量的横截面积，单位为 mm^2。

（2）切削层公称宽度 b_D。它是平行于过渡表面度量的切削层尺寸。

（3）切削层公称厚度 h_D。它是垂直于过渡表面度量的切削层尺寸。

三者之间及它们与切削用量的关系为

$$h_D = f\sin\kappa_r \tag{0-4}$$

$$b_D = \frac{a_p}{\sin\kappa_r} \tag{0-5}$$

$$A_D = h_D b_D = a_p f \tag{0-6}$$

注：式中 κ_r 为车刀的主偏角。

问题讨论

1. 切削运动按照在切削过程中的作用有几个？试举例说明。
2. 切削用量三要素是什么？如何计算三要素的大小？

思考练习

1. 一次进给将ϕ60 mm 的轴车到ϕ56 mm，选用切削速度 100 m/min，试计算背吃刀量及车床的主轴转速。

2. 车削ϕ50 mm 的轴，选用车床主轴转速为 500 r/min。如果用相同的切削速度车削ϕ25 mm 的轴，主轴转速应为多少？

项目1 机械加工工艺及规程

※【教学目标】※

最终目标	能正确理解并掌握生产过程、工艺过程及相关的机械加工工艺规程基础知识，正确理解金属切削加工参数
促成目标	1. 能正确理解零件机械加工工艺过程和机械装配工艺过程。 2. 能正确认识机械加工工艺规程的作用、格式及其内容，明确制定机械加工工艺规程的基本步骤。 3. 能正确理解、分析金属切削运动、金属切削加工参数、各类基准。 4. 能明确毛坯种类、加工余量及工件夹紧方式。 5. 能查阅并贯彻相关国家标准和行业标准。 6. 注重培养职业素养与良好习惯

※【引言】※

机械加工工艺就是利用机械加工的方法改变毛坯的形状、尺寸、相对位置和性能等，使其成为合格零件的全过程。在具体的生产条件下，规定零件机械加工工艺过程和操作方法等的工艺文件就是机械加工工艺规程。

机械加工工艺规程经严格审批后用来指导生产，一般包括零件机械加工工艺路线、各工序的具体内容及所用的设备和工艺装备、切削用量、时间定额、零件的检验项目及检验方法等内容。

任务1.1 生产过程和工艺过程认知

1.1.1 任务引入

某产品的生产过程及其零、部件的工艺路线分别如图1.1和图1.2所示。

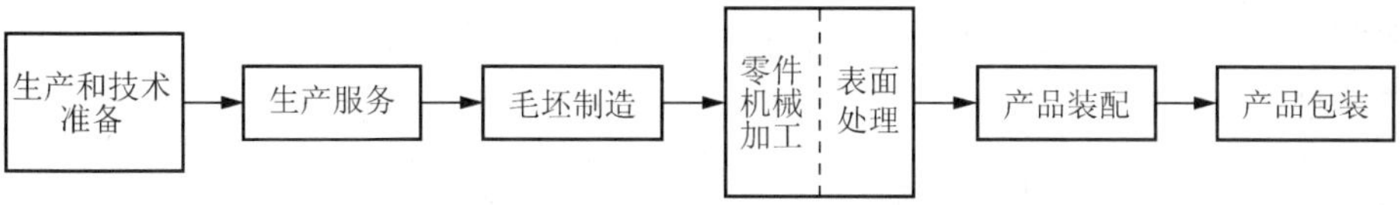

图 1.1　某产品的生产过程

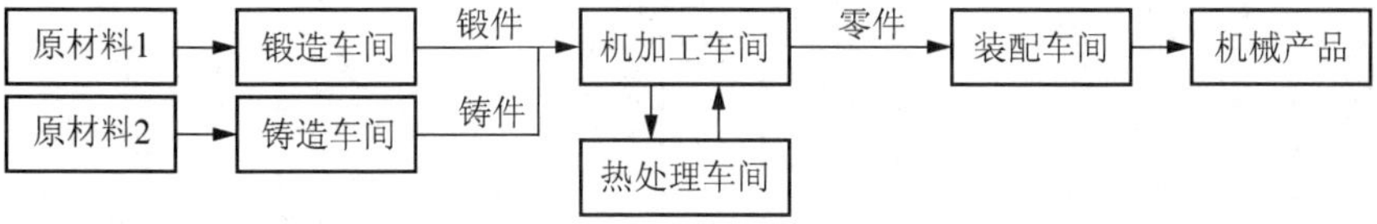

图 1.2　某产品零、部件工艺路线

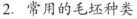

典型零件的机械加工工艺过程

通过分析，可以认知生产过程和工艺过程，同时理解工艺过程中的机械加工工艺过程和装配工艺过程的概念。

1.1.2　相关知识

1. 常用的机械加工工艺基本术语

（1）工件（workpiece）。机械加工中的加工对象称为工件，它可以是单个零件，也可以是固定在一起的几个零件的组合体。

认识金属切削刀具

（2）毛坯（workblank）。根据零件（或产品）所要求的形状、工艺尺寸等而制成的供进一步加工用的生产对象称为毛坯。

（3）工艺装备（process equipment）。工艺装备简称工装，指的是用来保证某种产品生产的一些设施，在机械加工中主要指夹具、刀具和量具。

（4）金属切削机床（metal cutting machine）。金属切削机床是用切削加工的方法将金属毛坯加工成机器零件的一种工艺装备，是制造机器的机器，又称为“工作母机”，习惯上简称机床。

整模造型的一般过程

2. 常用的毛坯种类

毛坯的种类很多，同一种毛坯又有多种制造方法。常用的毛坯有以下几种。

（1）铸件（casting parts）。对形状复杂的毛坯（如箱体、床身、机架、壳体等），一般可用铸造方法制造。目前大多数铸件采用砂型铸造，对精度要求较高的小型铸件可采用特种铸造，如金属型铸造、精密铸造、离心铸造、压力铸造和熔模铸造等。金属型铸造如图 1.3 所示。

先进铸造技术

（2）锻件（forging parts）。毛坯经锻造后可得到连续和均匀的金属纤维组织。图 1.4（a）所示为曲轴毛坯的锻造纤维组织分布情况。由于曲轴由毛坯经拔长后弯曲锻造而成，因此其纤维组织沿曲轴轮廓分布，曲轴工作时最大拉应力与纤维组织方向平行，而冲击力与纤维组织方向垂直，这样的曲轴不易发生断裂。而图 1.4（b）所示的曲轴是经机械加工而成的，由于其纤维组织方向分布不合理，曲轴工作时极易沿轴肩处发生断裂。因此锻件的力学性能较好，常用于受力复杂的重要钢质零件毛坯。采用先进的精密锻造方法可使毛坯形状及尺寸非常接近成品，从而使机械加工工作量大为减少。根据生产规模的不同，目前应用最广泛的锻造方法有自由锻（见图 1.5）和模锻两种。其中，自由锻件

锻造生产

的精度和生产率较低，主要用于单件小批量生产和大型锻件；模锻件的尺寸精度和生产率较高，主要用于批量较大的中、小型锻件。

纤维组织的形成及其对锻件生产的影响

图 1.3　金属型铸造

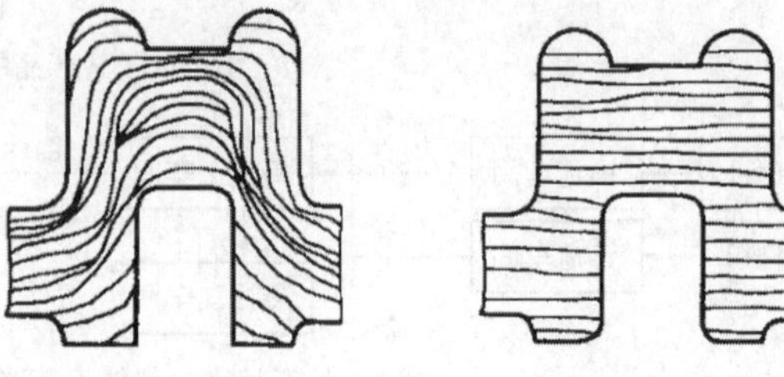

（a）锻造成形　（b）切削成形

图 1.4　锻钢曲轴中纤维组织分布

（3）型材（structural section）。型材主要有棒材、板材、线材等。常用截面形状有圆形、方形、六角形和特殊截面形状。就制造方法，其又可分为热轧和冷拉两大类。热轧型材尺寸较大，精度较低，但价格便宜，用于一般零件的毛坯。冷拉型材尺寸较小，精度较高，易于实现自动送料，但价格较高，多用于批量较大、精度要求较高的中、小型毛坯生产，也适用于自动机床加工。

焊接在现代生产中的应用

（4）焊接件（welding parts）。焊接件是根据需要将型材—型材、型材—锻件、型材—铸件焊接而成的毛坯，主要用于单件小批量生产和大型零件及样机试制。其优点是制造方便、简单，生产周期短，节省材料，质量轻，但抗震性较差、热变形较大，需经时效处理后才能进行机械加工。图 1.6 所示为熔焊示意图。

图 1.5　自由锻

自由锻的基本工序

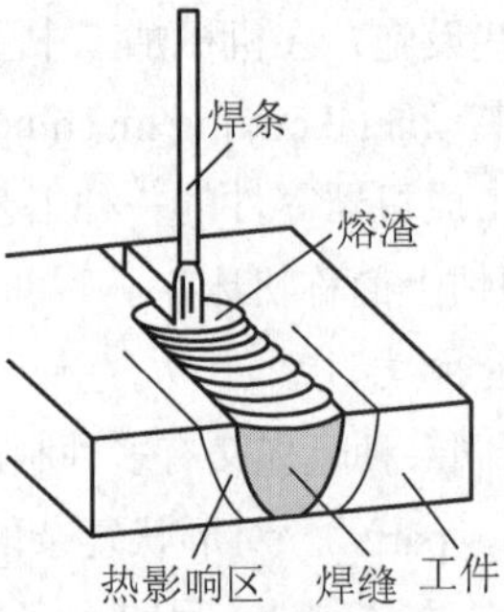

图 1.6　熔焊示意图

焊条电弧焊

粉末成形原理

（5）冲压件（stamping parts）。冲压件是通过冲压设备对薄钢板进行冷冲压加工而得到的零件，它非常接近成品要求，可以作为毛坯，有时还可以直接成为成品。冲压件的尺寸精度高，但因冲压模具昂贵，故多用于批量较大而零件厚度较小的中、小型零件。

粉末锻造成形原理

（6）冷挤压件（cold extrusion parts）。冷挤压件是在压力机上通过挤压模挤压而成的。其生产率高，毛坯精度高、表面粗糙度小，可以不再进行机械加工，但要求材料塑性好（主要为有色金属和塑性好的钢材），适用于大批量生产中制造形状简单的小型零件。

（7）粉末冶金件（powder metallurgic parts）。粉末冶金件是以金属粉末为原料，在压力机上通过模具压制成形后经高温烧结而成的。其生产率高，零件的精度高，表面粗糙度小，一般可不再进行精加工，但金属粉末成本较高，适用于大批量生产中压制形状较简单的小型零件。

除此之外，还有工程塑料制品、新型陶瓷制品、复合材料制品等其他毛坯，在机械加工中有一定的应用，并且随着技术的发展，这些新型毛坯的应用数量和范围会越来越大。

1.1.3　任务实施

机械产品的制造过程包括市场调查研究、产品功能定位、产品结构设计、产品生产制造、产品销售服务、信息反馈和改进功能等环节，如图 1.7 所示。其中，产品生产制造是整个制造过程的核心，是机械产品由设计向实际产品转化的过程，这一过程将直接影响产品的质量及其功能的实现。在产品生产制造过程中，机械加工所使用的机床、刀具、夹具和工件组成了一个相对独立的统一体，通常称为工艺系统。机械加工中工艺系统的各个环节通过共同配合实现预定加工要求，以确保产品生产的优质、高效、低成本。

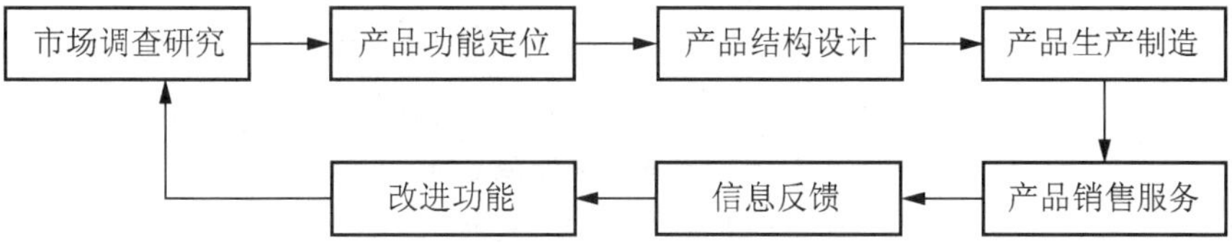

图 1.7　机械产品的制造过程

用系统的观点
认识机械制造过程

1．生产过程（productive process）

根据设计信息将原材料或半成品转变为产品的全部过程称为生产过程。机械产品的生产过程一般包括如下内容。

① 生产和技术准备。如生产计划的制订、生产资料的准备、工艺规程的编制、专用工艺装备的设计和制造等。

② 生产服务。如原材料、外购件、外协件和工艺装备的供应、运输、保管等。

③ 毛坯制造。如铸造、锻造、焊接、冲压等。

④ 零件机械加工。

⑤ 热处理及其他表面处理。

⑥ 产品装配。如部装、总装、试验、检验和油漆等。

⑦ 产品包装、入库。

在上述生产过程中，生产和技术准备、生产服务以及产品包装、入库过程与原材料变成成品间接有关，这些过程称为辅助过程（supporting process）。

在现代制造业中，通常是组织专业化生产的。例如，汽车制造中，汽车上的发动机、底盘、轮胎、仪表、电气设备、标准件及其他许多零部件都是由其他专业厂家生产的，汽车制造厂只生产一些关键零部件和配套件，并最后组装成完整的产品——汽车，这样更有利于提高产品质量，提高劳动生产率和降低生产成本。因此，一个工厂或生产车间的生产过程可能只是整个产品生产过程的一部分。

各个车间的生产过程具有不同的特点，同时又相互关联。铸造车间或锻造车间的成品是机械加工车间的“原材料”，而机械加工车间的成品又是装配车间的“原材料”。由此可知，机械产品的生产过程是一个复杂的过程，产品按组织专业化生产，可使工厂的生产过程变得较为简单，便于组织生产，有利于保证产品质量，提高劳动生产率和降低成本，是现代机械工业的发展趋势。

2. 工艺过程（process）

（1）所谓“工艺”就是制造零件、产品的方法。图 1.1 所示的某产品的整个生产过程中，毛坯制造、零件机械加工、表面处理和产品装配过程均直接改变生产对象的形状、尺寸、相对位置和性能等，使其成为成品或半成品，这些过程称为机械制造工艺过程，简称工艺过程。机械制造工艺过程组成如图 1.8 所示。

认识金属加工的一般过程

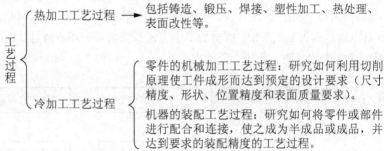

工艺过程
- 热加工工艺过程 → 包括铸造、锻压、焊接、塑性加工、热处理、表面改性等。
- 冷加工工艺过程
  - 零件的机械加工工艺过程：研究如何利用切削原理使工件成形而达到预定的设计要求（尺寸精度、形状、位置精度和表面质量要求）。
  - 机器的装配工艺过程：研究如何将零件或部件进行配合和连接，使之成为半成品或成品，并达到要求的装配精度的工艺过程。

图 1.8　机械制造工艺过程组成

（2）工艺过程是生产过程的主要组成部分，是生产过程的主体，这一过程将直接影响产品的质量，所以是整个生产过程的核心。

本课程重点学习机械加工工艺过程和装配工艺过程。

① 阶梯轴单件小批量生产的机械加工工艺过程。阶梯轴单件小批量生产的机械加工工艺过程见表 1-1，是采用合理有序安排的机械加工方法（主要是车削、铣削）逐步地改变毛坯的形状、尺寸和表面质量使其成为合格零件的过程。

表 1-1　阶梯轴单件小批量生产的机械加工工艺过程

工序号	工序内容	设备	零件毛坯	零件简图
1	车端面，钻中心孔，车外圆，切退刀槽，倒角（含调头加工）	车床	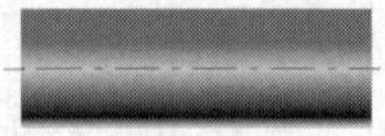	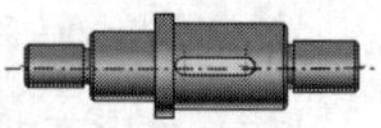
2	铣键槽	车床		
3	磨外圆（含调头加工）	外圆磨床		
4	去毛刺	钳工台		

② 部件和产品的装配是采用按一定顺序布置的各种装配工艺方法，把组成产品的全部零、部件按设计要求正确地结合在一起形成产品的过程。一级直齿圆柱齿轮减速器的装配工艺过程见表 1-2。

表 1-2　　一级直齿圆柱齿轮减速器的装配工艺过程

工序号	工序内容	减速器分解图
装配时按先内后外的顺序进行		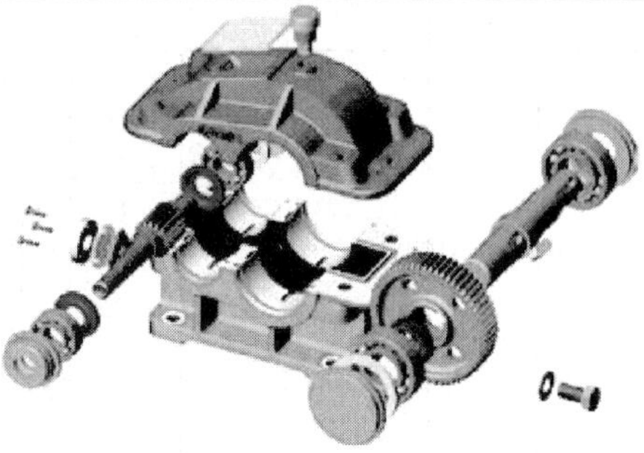
1	按合理顺序装配轴、齿轮和滚动轴承，并注意滚动轴承方向；按技术要求合理调整轴向间隙	
2	合上箱盖	
3	安装好定位销钉	
4	装配上、下箱之间的连接螺栓	
5	装配轴承盖、观察孔盖板	

任务 1.2　机械加工工艺过程的组成认知

1.2.1　任务引入

图 1.9 所示为圆盘零件简图，圆盘零件单件小批量机械加工工艺过程见表 1-3，圆盘零件成批机械加工工艺过程见表 1-4，分析圆盘的机械加工工艺过程，认识其机械加工工艺过程的组成。

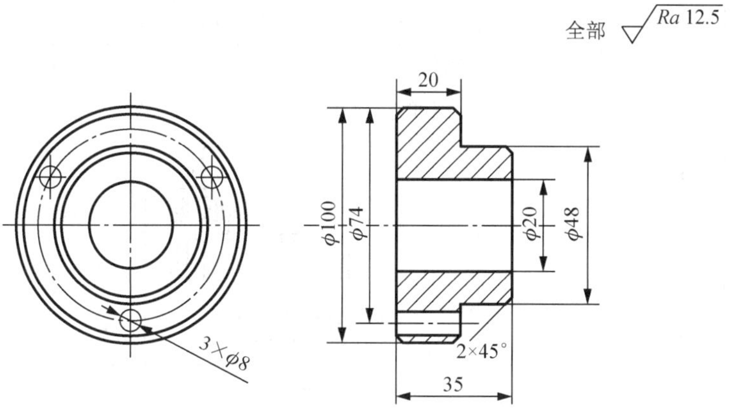

图 1.9　圆盘零件简图

表 1-3　　圆盘零件单件小批量机械加工工艺过程

工序号	工序名称	安装	工位	工步	工序内容	进给次数	设备及工艺装备
1	车削	I	1		（用三爪自定心卡盘夹紧毛坯小端外圆） 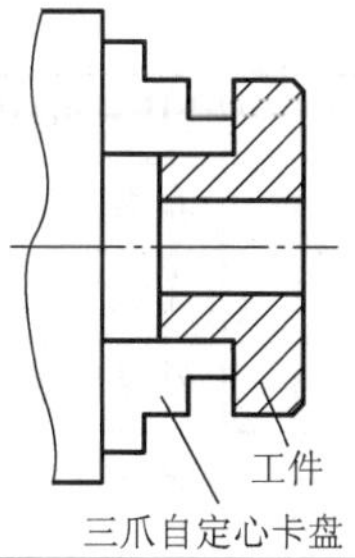 		设备：车床。 工艺装备：三爪自定心卡盘、车刀、游标卡尺、锉刀等

续表

工序号	工序名称	安装	工位	工步	工序内容	进给次数	设备及工艺装备
1	车削	I	1	1	车大端端面	2	
				2	车大端外圆至 $\phi100$	2	
				3	钻 $\phi20$ 孔	1	
				4	倒角	1	
		II	1		（工件调头，用三爪自定心卡盘夹紧大端外圆） 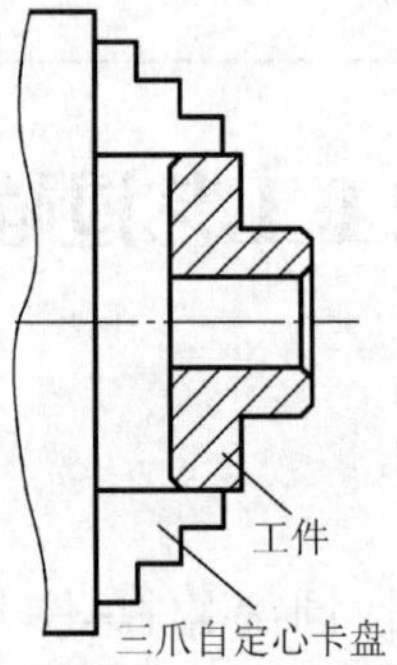 		
				1	车小端端面，保证尺寸 35 mm	2	
				2	车小端外圆至 $\phi48$，保证尺寸 20 mm	2	
				3	倒角	1	
2	钻削	I	3		（用可转位夹具装夹工件） 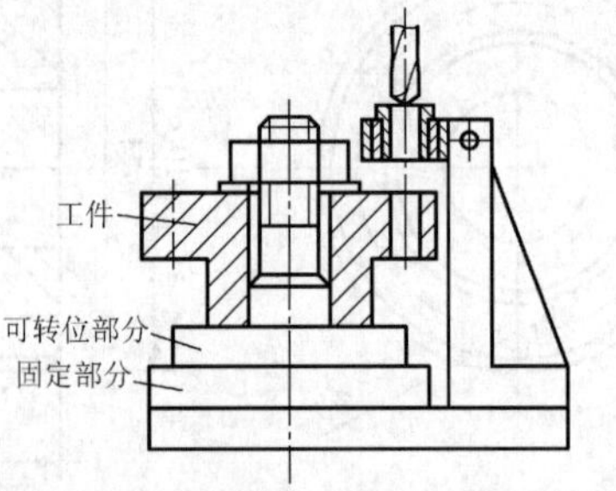 		设备：钻床。工艺装备：回转式钻模、$\phi8$ 钻头、游标卡尺、锉刀等
				1	依次加工三个 $\phi8$ 孔	1	
				2	在夹具中修去孔口的锐边及毛刺		锉刀

表 1-4　圆盘零件成批机械加工工艺过程

工序号	工序名称	安装	工位	工步	工序内容	走刀次数	设备及工艺装备
1	车削	I	1		（用三爪自定心卡盘夹紧毛坯小端外圆）		设备：车床（第1台）。工艺装备：三爪自定心卡盘、车刀、游标卡尺、锉刀等
				1	车大端端面	2	
				2	车大端外圆至 $\phi100$	2	
				3	钻 $\phi20$ 孔		
				4	倒角		

续表

工序号	工序名称	安装	工位	工步	工序内容	走刀次数	设备及工艺装备
2	车削	I	1		（以大端面及胀胎心轴） 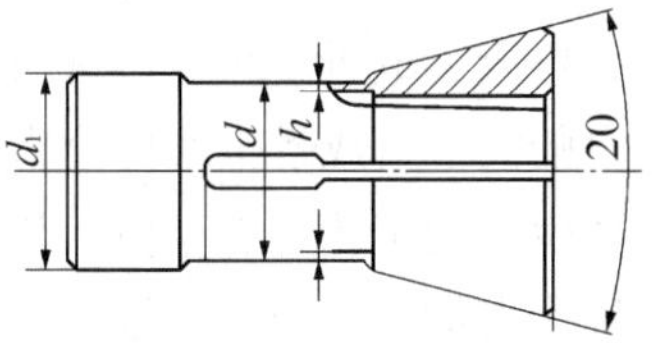 		设备：车床（第 2 台）。 工艺装备：车用胀胎心轴、车刀、游标卡尺、锉刀等
				1	车小端端面，保证尺寸 35 mm	2	
				2	车小端外圆至 $\phi 48$，保证尺寸 20 mm	2	
				3	倒角	1	
3	钻削	I	3	1	（用专用钻床夹具装夹工件） 同时钻孔 $3 \times \phi 8$ 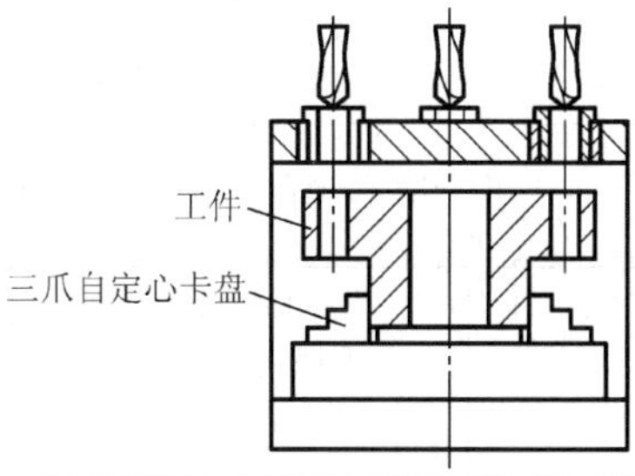 	1	设备：钻床。 工艺装备：专用钻模、3 把 $\phi 8$ 钻头、游标卡尺等
4	倒角、去毛刺	I		1	修去孔口的锐边及毛刺		砂轮

1.2.2　相关知识

1. 生产类型及其工艺特征

（1）生产纲领。生产纲领是指企业在计划期内生产的产品产量和进度计划，因为计划期常定为一年，所以又称年产量。

零件的生产纲领要记入备品和废品的数量，可按式（1-1）计算，即

$$N = Qn(1 + a)(1 + b) \tag{1-1}$$

式中：N——零件的年产量（件/年）；

Q——产品的年产量（台/年）；

n——每台产品中此零件的数量（件/台）；

a 、b——分别为备品率、废品率。

生产纲领的大小决定了产品（或零件）的生产类型，不同的生产类型有不同的工艺特征。生产纲领的大小对生产组织和零件加工过程起着重要作用，它决定了各工序所需专业化和自动化的程度，决定了所应选用的工艺方法和工艺装备。因此，生产纲领是制定和修改工艺规程的重要依据。

（2）生产类型。生产类型是指企业（或车间、工段、班组、工作地）生产专业化程度的分类，

一般分为单件生产、成批生产和大量生产三种类型。

① 单件生产。单件生产的基本特点是生产的产品种类很多，每种产品产量很少，而且很少重复生产，如重型机械产品制造、专用设备制造和新产品试制等。

② 成批生产。成批生产的基本特点是分批轮流生产几种不同的产品，每种产品均有一定的数量，生产呈周期性重复。例如，机床、电机、纺织机械的制造多属于成批生产。每批制造的相同产品的数量称为批量，根据批量的大小，成批生产可分为小批量生产、中批生产和大批生产三种类型。其中，小批量生产与单件生产的工艺特点相似，常合称为单件小批量生产；大批生产与大量生产的工艺特点相似，常合称为大批量生产；中批生产的工艺特点则介于单件小批量生产和大批量生产之间。

③ 大量生产。大量生产的基本特点是产量大、品种少，大多数工作地点长期重复地进行某个零件的某一道工序的加工。例如，链条、轴承、自行车的制造都属于大量生产。

生产类型的划分除了与生产纲领有关外，还应考虑产品的大小及复杂程度或工作地每月担负的工序数，见表 1-5。

表 1-5　生产类型与生产纲领的关系

生产类型	生产纲领/（台·年$^{-1}$或件·年$^{-1}$）			工作地每月担负工序数
	轻型机械或轻型零件（≤15 kg）	中型机械或中型零件（15～50 kg）	重型机械或重型零件（＞50 kg）	工序数/月
单件生产	≤100	≤10	≤5	不作规定
小批量生产	100～500	10～200	5～100	20～40
中批量生产	500～5 000	200～500	100～300	10～20
大批量生产	5 000～50 000	500～5 000	300～1 000	1～10
大量生产	＞50 000	＞5 000	＞1 000	1

注：轻型、中型和重型机械可分别以缝纫机、机床（或柴油机）和轧钢机为代表。

（3）各种生产类型的工艺特征。生产类型不同，产品制造的工艺方法、所用的加工设备和工艺装备以及生产组织管理形式均不同。对于简单零件的单件生产，一般只制订工艺路线；而对于重要零件的单件生产、各类零件的成批和大量生产，就要制定详细的工艺规程，以免造成质量事故和经济损失。各种生产类型的工艺特征见表 1-6。

表 1-6　各种生产类型的工艺特征

工艺特征	单件生产	成批生产	大量生产
加工对象	经常改变	周期性改变	固定不变
毛坯的制造方法及加工余量	铸件用木模手工造型，锻件用自由锻，毛坯精度低，加工余量大	部分铸件用金属模，部分锻件用模锻，毛坯精度和加工余量中等	铸件广泛采用金属模机器造型，锻件广泛采用模锻以及其他高生产率的毛坯制造方法，毛坯精度高，加工余量小
机床设备及其布置形式	采用通用机床，机床按类别和规格大小采用“机群式”排列布置	采用部分通用机床和部分高生产率的专用机床，机床按加工零件类别分“工段”排列布置	广泛采用高生产率的专用机床及自动机床，按流水线形式排列布置

续表

工艺特征	单件生产	成批生产	大量生产
工艺装备	大多采用通用夹具、标准附件、通用刀具与万能量具，很少采用专用夹具，靠划线及试切法达到精度要求	广泛采用专用夹具，部分靠划线装夹达到精度要求，较多采用专用刀具和专用量具	广泛采用专用高效夹具、复合刀具、专用量具或自动检测装置，靠调整法达到精度要求
对工人的技术要求	需要技术水平较高的工人	需要一定技术水平的工人	对操作工人的技术水平要求较低，对调整工人的技术水平要求较高
工艺文件	有工艺过程卡片，关键工序需工序卡片	有较详细的工艺过程卡片或工艺卡片，关键零件需工序卡片	有工艺过程卡片、工艺卡片和工序卡片，关键工序需调整目卡和检验卡
零件的互换性	用修配法，钳工修配，缺乏互换性	大部分具有互换性，装配精度要求高时，灵活应用分组装配法和调整法，少数用修配法	具有广泛的互换性，某些装配精度较高处，采用分组装配法和调整法
生产率	低	中等	高
单件加工成本	较高	中等	较低

制定工艺规程时必须考虑这些工艺特征对零件加工过程的影响。

2. 工件的装夹

为了加工出符合规定技术要求的表面，必须在加工前将工件装夹在机床上。工件的定位与夹紧是工件装夹的两个过程。

① 定位。使工件在机床或夹具中占有正确位置的过程。

② 夹紧。工件定位后将其固定，使其在加工过程中不致因切削力、重力和惯性力的作用而偏离正确的位置，保持定位位置不变的操作。

因此，定位是让工件有一个确定、正确的加工位置，而夹紧是固定正确位置，二者是不同的。

（1）基准及其分类。机械零件是由若干个表面组成的，各组成表面之间有一定的相互位置和距离尺寸要求，在加工过程中必须以一个或几个基准为依据测量、加工其他表面，以保证符合零件图上所规定的要求。基准是零件图上用以确定其他点、线、面位置所依据的要素（点、线、面）。根据基准的功用不同，基准可分为设计基准和工艺基准两大类。

① 设计基准。在零件图上用以确定其他点、线、面位置关系的基准称为设计基准。

图 1.10（a）所示的零件，对尺寸 20 mm 而言，*A*、*B* 面互为设计基准；图 1.10（b）中，ϕ50 mm、ϕ30 mm 圆柱面的设计基准均为其自身的轴线，就同轴度而言，ϕ50 mm 圆柱面的轴线是 ϕ30 mm 圆柱面轴线的设计基准；图 1.10（c）所示的零件，圆柱面的下母线 *D* 为槽底面 *C* 的设计基准。

② 工艺基准。零件在机械加工或装配过程中所使用的基准称为工艺基准。工艺基准按使用场合不同，又可分为工序基准、定位基准、测量基准和装配基准。

a. 工序基准（process datum）。在工序图上用来确定本工序所加工表面加工后的尺寸、形状、位置的基准称为工序基准，所标定的被加工表面位置的尺寸称为工序尺寸。

图 1.10（c）中，加工 *C* 表面时母线 *D* 为本工序的工序基准，尺寸 45 mm 为工序尺寸。

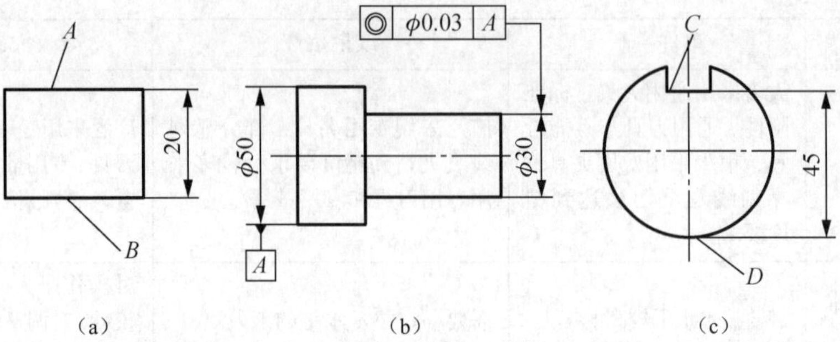

图 1.10　设计基准示例

b. 定位基准（locating datum）。定位基准是在加工中用作工件定位的基准，它是工件上与夹具定位元件直接接触的点、线、面。在加工中用作定位时，它使工件在工序尺寸方向上获得确定的位置。定位基准是由技术人员在编制工艺规程时确定的。

定位基准除了是工件的实际表面外，也可以是表面的几何中心、对称线或对称面，在工件上并不一定具体存在，但必须由相应的实际表面来体现，这些实际存在的表面统称为定位基面。部分基准的示例如图 1.11 所示。

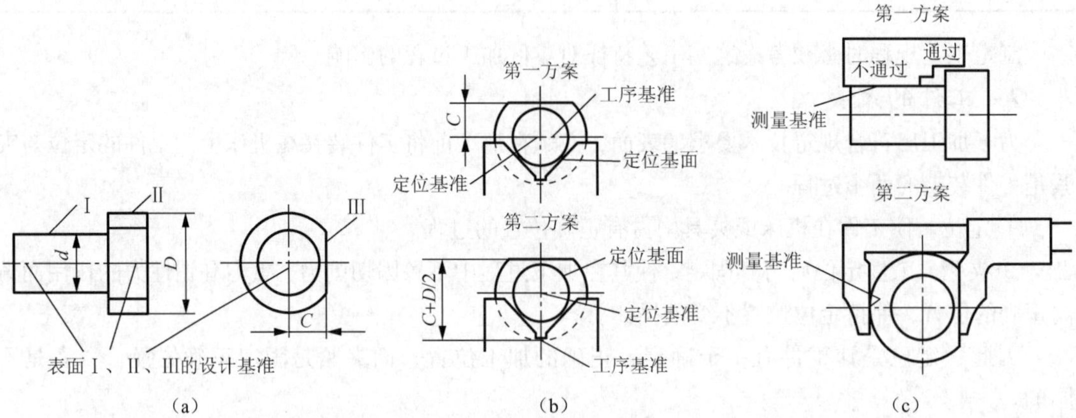

图 1.11　部分基准的示例

定位元件上与定位基面相配合的表面称为限位基面，它的理论轴线称为限位基准。图 1.12 所示的钻套，用内孔装在心轴上磨削外圆表面时，内孔表面是定位基面，孔的中心线即为定位基准，心轴外圆表面称为限位基面，其轴线称为限位基准。当工件以平面定位时，定位基准和定位基面、限位基准和限位基面完全一致。

根据工件上定位基准的表面状态不同，定位基准又可分为粗基准和精基准。

i. 粗基准。用未加工的毛坯表面作为定位基准，则此基准称为粗基准。

ii. 精基准。用加工过的表面作为定位基准，则此基准称为精基准。

c. 测量基准（measuring datum）。测量基准是工件在测量及检验时用来测量已加工表面尺寸和位置所使用的基准，如图 1.11（c）所示。例如，检验图 1.10（c）中尺寸 45 mm 时，*D* 为测量基准。

d. 装配基准（assembly datum）。装配时用来确定零件在部件或机器中的位置所用的基准称为装配基准。

对于齿轮，若以内孔和左端面确定安装在轴上的位置，内孔和左端面就是齿轮的装配基准，如图 1.13 所示。

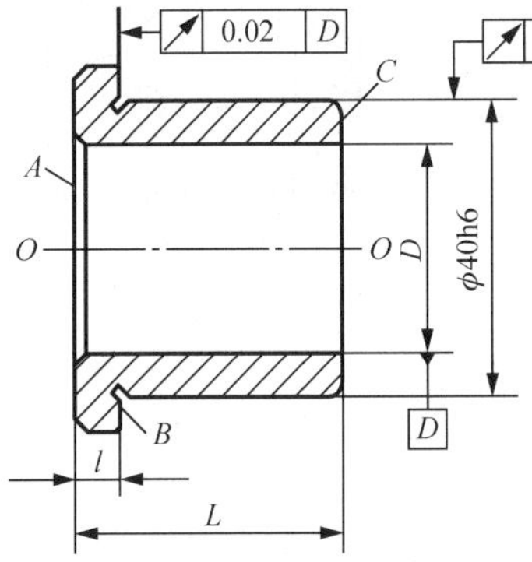

图 1.12　钻套

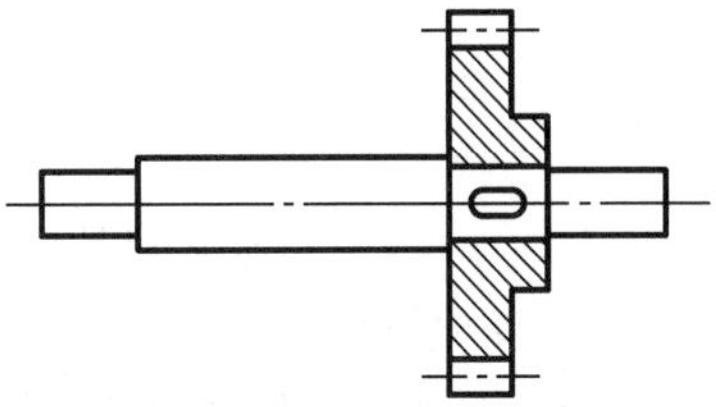

图 1.13　齿轮的装配基准

（2）工件的定位。机床、刀具、夹具和工件组成了一个工艺系统。工件被加工表面的相互位置精度是由工艺系统间的正确位置关系来保证的，因此，加工前应首先确定工件在工艺系统中的正确位置，即工件的定位。工件定位的本质是使工件加工面的设计基准在工艺系统中占据一个正确位置，即工件多次重复被放置到夹具中时，都能占据同一位置。工艺系统在静态下的误差会使工件加工面的设计基准在工艺系统中的位置发生变化，影响工件加工面与其设计基准的相互位置精度，但只要这个变动值在允许的误差范围以内，即可认定工件在工艺系统中已占据了一个正确的位置，即工件已正确定位。

工件定位的目的是保证工件加工面与其设计基准之间的位置精度（如同轴度、平行度、垂直度等）和距离尺寸精度。因此，工件定位时，有以下两个要求。

一是使工件加工面的设计基准与机床保持一正确的位置。此正确位置是工件加工面与其设计基准之间位置公差的保证。图 1.12 所示的钻套零件中，为保证外圆表面的径向圆跳动要求，工件定位时必须使其设计基准（内孔轴线）与机床主轴回转轴线重合。

二是使工件加工面的设计基准与刀具保持一正确的位置。此正确位置是工件加工面与其设计基准之间距离尺寸的精度的保证。表面间距离尺寸精度的获得通常有两种方法：试切法和调整法。

试切法是通过“试切→测量加工尺寸→调整刀具位置→试切”的反复过程来获得距离尺寸精度的。这种方法由于在加工过程中通过多次试切才能获得距离尺寸精度，因此加工前工件相对于刀具的位置可不必确定。图 1.14（a）中为获得尺寸 z，加工前工件在三爪自定心卡盘中的轴向定位位置可不必严格规定。试切法多用于单件小批量生产中。

调整法是一种加工前按规定的尺寸调整好刀具与工件相对位置及进给行程，从而保证在加工时自动获得所需距离尺寸精度的加工方法。这种加工方法在加工时不再试切，生产率高，其加工精度决定于机床精度、夹具精度和调整误差，通常用于大批量生产。

图 1.14（b）所示是通过反装三爪和挡铁来确定工件和刀具的相对位置，图 1.14（c）所示是通过夹具中的定位元件与导向元件的既定位置来确定工件与刀具的相对位置。

工件从定位到夹紧的全过程称为工件的安装。安装工件时，一般是先定位后夹紧，而在三爪自定心卡盘上安装工件时，定位与夹紧是同时进行的。

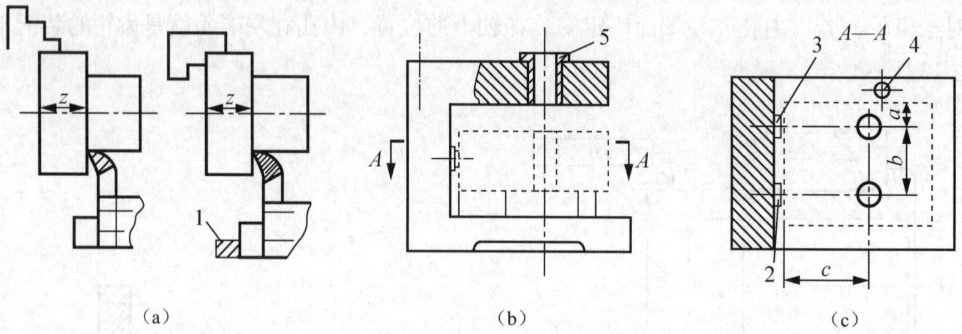

1—挡铁；2、3、4—定位元件；5—导向元件

图 1.14　获得距离尺寸精度的方法示例

① 工件定位原理。

a. 六点定位法则。物体在空间的任何运动都可以分解为三个坐标轴相互垂直的空间坐标系中的 6 种运动。3 个沿坐标轴的平行移动和 3 个绕坐标轴的旋转运动，分别以 $\vec{x}$、$\vec{y}$、$\vec{z}$、$\widehat{x}$、$\widehat{y}$、$\widehat{z}$表示，这 6 种运动的可能性称为物体的 6 个自由度，如图 1.15 所示。

在夹具中适当地布置 6 个支承点与工件的定位基面相接触，就可以限制工件的 6 个自由度，使工件的位置完全确定。这种采用合理布置的 6 个支承点来限制工件 6 个自由度的方法称为六点定位法则。工件在空间的六点定位如图 1.16 所示，*xOy* 坐标平面上的 3 个支承点共同限制了 $\vec{z}$、$\widehat{x}$、$\widehat{y}$ 3 个自由度；*yOz* 坐标平面的 2 个支承点共同限制了 $\vec{x}$ 和 $\widehat{z}$ 2 个自由度；*xOz* 坐标平面上的 1 个支承点限制了 $\vec{y}$ 1 个自由度。

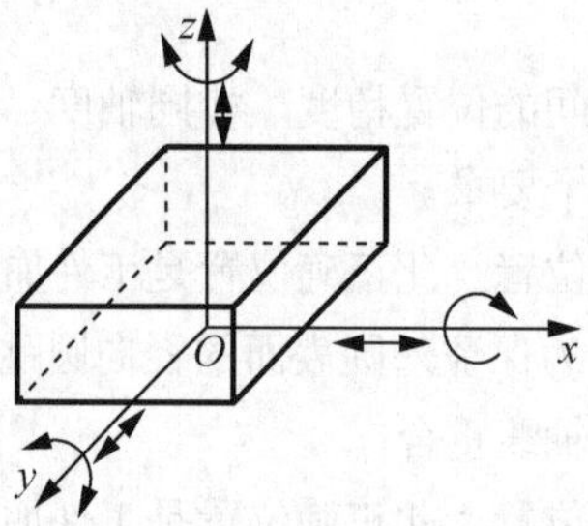

图 1.15　物体的 6 个自由度

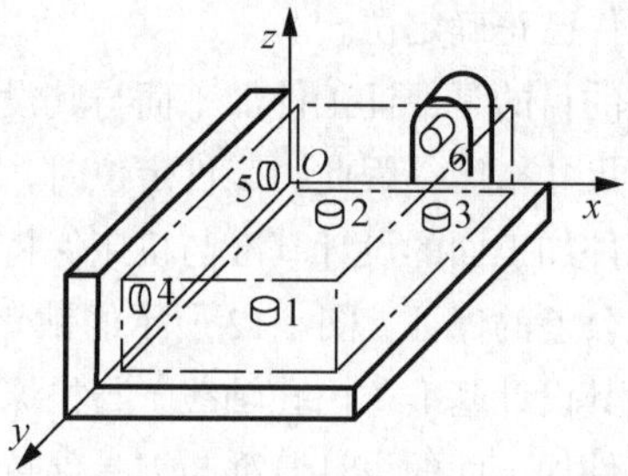

图 1.16　工件在空间的六点定位

b. 常见的定位方式所能限制的自由度。六点定位法则是工件定位的基本法则，在实际生产中，起支承点作用的是具有一定形状的几何体，这些用来限制工件自由度的几何体就是定位元件。

知识拓展

常见定位方法和定位元件

专用夹具在实际应用时，一般不允许将工件的定位基面直接与夹具体接触，而是通过定位元件上的工作表面与工件定位基面的接触来实现定位。定位基面与定位元件的工作表面合称为定位副。

常见的定位方法通常有以下几种。

（1）工件以平面为定位基准。此时常用的定位元件有平面、支承钉、支承板、可调支承、自位支承等。

（2）工件以外圆柱面为定位基准。当定位基面是外圆柱面时，多采用定位套、V 形块、半圆套、圆锥套、自动定心装置等定位元件。

常见定位方式及定位元件限制的自由度

（3）工件以圆孔为定位基准。此时常用的定位元件有圆柱销、圆柱心轴、圆锥销、圆锥心轴等。

以上常见定位元件的结构、尺寸已标准化、系列化，需要时可查阅《金属切削机床夹具设计手册》《机械零件设计手册》《金属切削加工工艺人员手册》和国家标准等资料，并进行计算、设计。

② 定位方式。工件定位的实质就是限制影响加工要求的自由度。不影响加工要求的自由度有时需要限制，有时不需要限制，视具体情况而定。

按照加工要求确定工件必须要限制的自由度是在工件定位中应解决的首要问题。

a. 完全定位。工件的 6 个自由度完全被不重复地限制的定位称为完全定位。图 1.16 中工件的定位方式是完全定位。

b. 不完全定位。工件被限制的自由度少于 6 个，但能保证加工要求的定位称为不完全定位。工件在夹具中定位并铣阶梯面如图 1.17 所示，阶梯零件需要用铣床铣出阶梯面，其底面和左侧面为高度和宽度方向的定位基准，阶梯槽前后贯通，只需限制 5 个自由度（底面 3 个支承点，侧面 2 个支承点）。

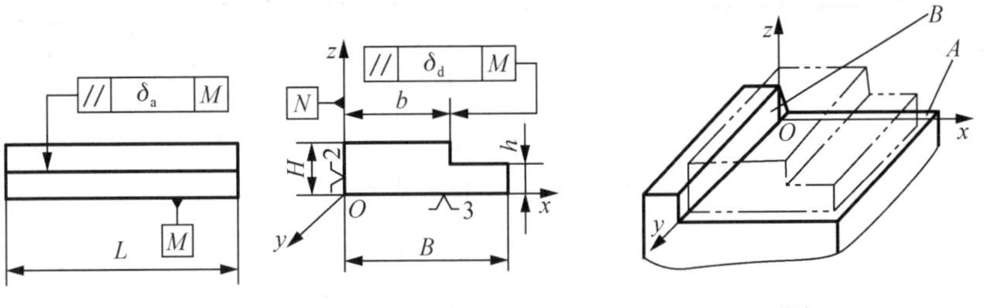

图 1.17　工件在夹具中定位并铣阶梯面

工件在磁力工作台上磨平面如图 1.18 所示，工件为保证厚度 H 及平行度 δ_a，需安装在平面磨床的电磁吸盘上磨削平面。工件在吸盘上定位时，只需以工件底面定位，限制 $\vec{z}$、$\hat{x}$、$\hat{y}$ 3 个自由度就可以满足加工要求。

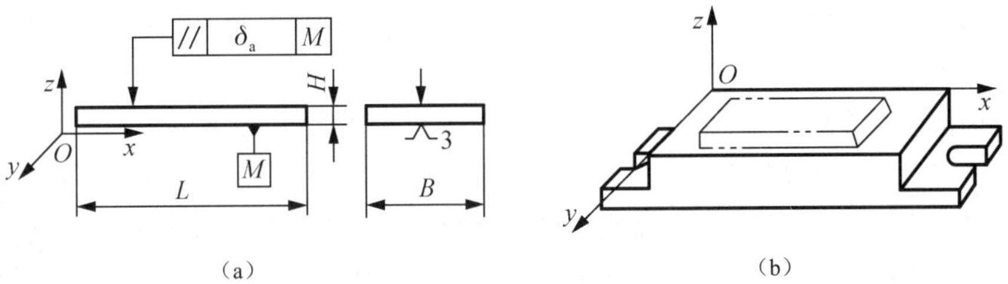

图 1.18　工件在磁力工作台上磨平面

c. 欠定位。按加工要求，对工件应该限制的自由度未予限制的定位，称为欠定位。欠定位不能保证加工精度要求，因此在确定工件定位方案时欠定位是绝对不允许的。

图 1.19 所示的零件需在铣床上铣不通槽。如果端面没有定位点 C，铣不通槽时，其槽的长度尺寸就不能确定，因此不能满足加工要求，这就是欠定位。

d. 过定位。工件的同一自由度被 2 个或 2 个以上的支承点重复限制的定位称为过定位或重复定位。图 1.20 所示是齿坯定位的示例，其中图 1.20（c）所示是长销和大平面定位，大平面限制了$\vec{z}$、$\widehat{x}$、$\widehat{y}$ 3 个自由度，长销限制了$\vec{x}$、$\vec{y}$、$\widehat{x}$、$\widehat{y}$ 4 个自由度，其中$\widehat{x}$和$\widehat{y}$ 2 个自由度被 2 个定位元件重复限制，所以产生了过定位。

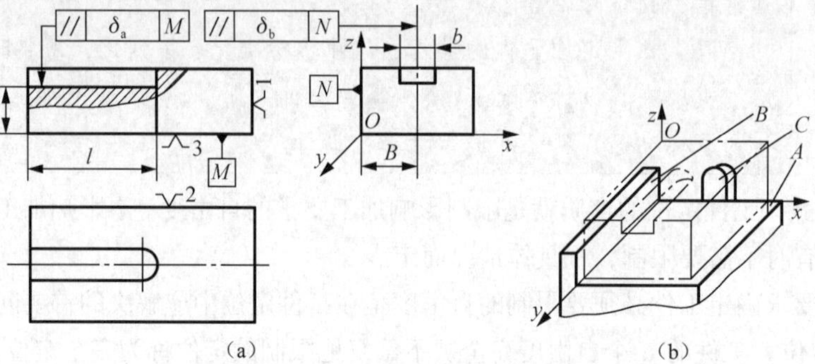

图 1.19　工件在夹具中安装并铣不通槽

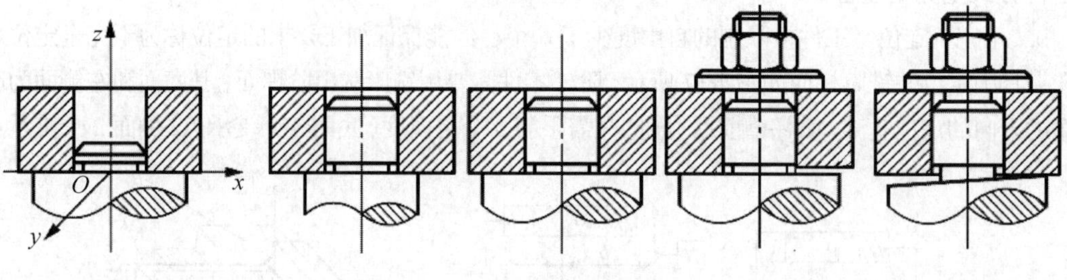

图 1.20　过定位情况分析

由图 1.20 可知，由于元件尺寸都存在误差，因此过定位中工件的定位表面与两个重复定位的定位元件无法同时接触。此时若强行夹紧，工件与定位元件将产生变形，甚至破坏，如图 1.20（d）和（e）所示。图 1.20（a）和（b）所示是改进后的定位方法；图 1.20（a）采用短销和大平面定位，大平面限制了$\vec{z}$、$\widehat{x}$、$\widehat{y}$ 3 个自由度，短销限制了$\vec{x}$、$\vec{y}$ 2 个自由度，避免了过定位，主要保证加工表面与大端面的位置要求；图 1.20（b）采用长销和小平面定位，长销限制了$\vec{x}$、$\vec{y}$、$\widehat{x}$、$\widehat{y}$ 4 个自由度，小平面仅限制了$\vec{z}$ 1 个自由度，避免了过定位，主要保证加工表面与内孔的位置精度。

实际生产中，需要时可以采用形式上的过定位方式来提高工件的定位刚度，但此时必须采取适当的工艺措施。图 1.20（d）所示的装夹方法中，若工件孔与端面的垂直度误差以及长销与大平面的垂直度误差均较小，可利用孔与长销的配合间隙补偿垂直度误差，保证工件孔与长销、工件端面与大平面能同时接触而不发生干涉，这样既提高了定位刚度，又有利于保证加工精度。在通常情况下，应尽量避免出现过定位。

（3）工件的夹紧。工件在加工前需要定位和夹紧，这是两项十分重要的工作。而工件在机床上或夹具中夹紧，由夹紧装置完成，其目的是防止工件在切削力、重力、惯性力等的作用下发生位移或振动，以免破坏工件的定位。合理设计的夹紧装置应满足以下基本要求。

工件定位与夹紧的区别

① 夹紧时应不破坏工件在定位时所获得的正确位置。

② 夹紧力的大小应能保证在加工过程中工件位置不发生变化，不应使工件产生超过允许范围的变形，不应破坏工件表面。

③ 结构简单紧凑，有足够的强度和刚性；工艺性好，在保证生产率的前提下夹紧迅速，便于制造、操作和维修。

夹紧力三要素的确定

④ 能用较小的夹紧力获得所需的夹紧效果，工作可靠。

⑤ 手动夹紧机构应具有自锁功能。

（4）工件的安装。工件安装一般有以下三种形式。

① 直接找正安装。利用百分表、划针或目测等方法，在机床上直接找正工件加工面的设计基准，使工件获得正确位置的方法称为直接找正安装。

直接找正示例如图 1.21 所示，用四爪单动卡盘装夹工件加工内孔。要求待加工内孔与已加工外圆同轴。若同轴度要求不高（0.5 mm 左右），可用划针找正；若同轴度要求高（0.02 mm 左右），用百分表控制外圆的径向跳动，从而保证加工后零件外圆与内孔的同轴度要求。这种方式的定位精度和找正的快慢取决于工人的技术水平，生产率低，只适用于单件小批量生产或位置精度要求特别高的工件。

② 划线找正安装。在机床上使用划针按毛坯或半成品上待加工处预先划出的线段（如中心线、对称线或各加工表面的加工位置）找正工件，使其获得正确位置的方法称为划线找正安装，划线找正示例如图 1.22 所示。划线找正精度一般只能达到 0.2～0.5 mm，定位精度不高，而且增加了一道划线工序，适用于单件小批量生产、毛坯精度低及大型零件等不便于使用夹具进行装夹的粗加工。

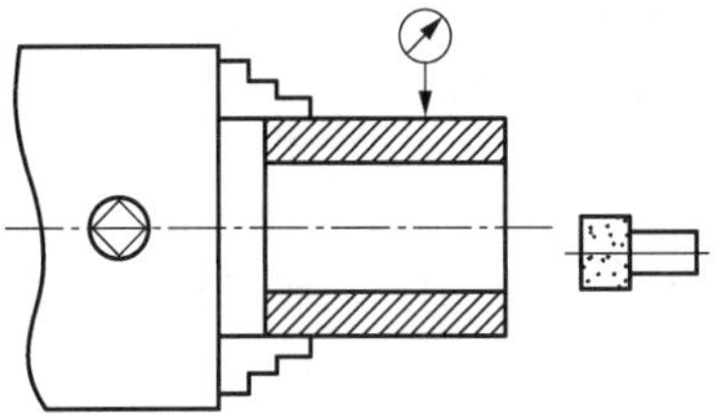

图 1.21　直接找正示例

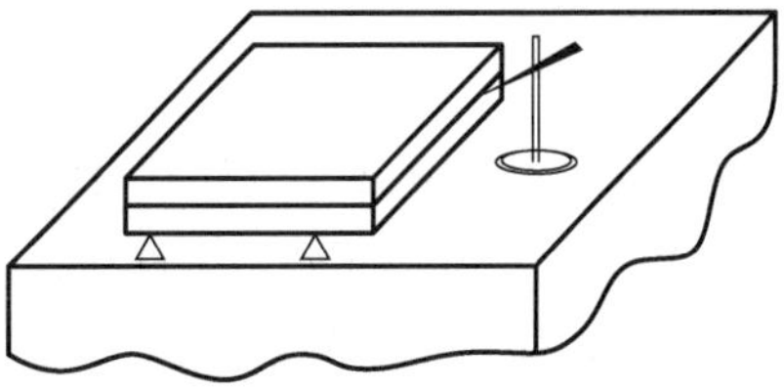

图 1.22　划线找正示例

③ 用夹具安装。工件在夹具中定位并夹紧，不需要找正就能保证工件与机床、刀具间的正确位置的方法。这种方式只要使工件上的定位基准和夹具上的限位表面紧密配合，就能使工件迅速、可靠定位。这种方式定位精度较高，一般可达 0.01 mm，适用于成批和大量生产。

（5）机床夹具（fixture）。在机床上装夹工件所使用的工艺装备称为机床夹具，它的主要功用是实现工件的定位和夹紧，使工件在加工时相对于机床和刀具处于一个正确的加工位置，以保证加工精度。使用机床夹具的技术经济效果十分显著。

① 夹具的主要作用。

a. 稳定地保证工件的加工精度。采用夹具安装工件，可以准确地确定工件与机床、刀具之间的相互位置，工件的位置精度由夹具保证，不受工人技术水平的影响，其加工精度高而且稳定。

b. 缩短加工时间，提高生产率，降低生产成本。用夹具装夹工件，无须划线、找正便能使工件迅速地定位和夹紧，显著地减少了辅助工时，且提高了工件的刚性，因此可加大切削用量、减少机动时间。可以使用多件、多工位夹具装夹工件，并采用高效夹紧装置，这些因素均有利于提高劳动生产率。另外，采用夹具后，产品质量稳定，废品率下降，可以安排技术等级较低的工人进行工件加工，明显地降低了生产成本。

c. 减轻工人劳动强度，改善劳动条件。用夹具装夹工件方便、快速、省力、安全，不仅可以减轻工人的劳动强度，还改善了劳动条件，同时降低了对工人技术水平的要求。

d. 扩大机床的工艺范围，改变或扩大机床用途。由于工件的种类很多，而机床的种类和台数有限，因此采用不同夹具可实现一机多能，提高机床的利用率。

② 夹具的分类。机床夹具种类繁多，可按不同的方式进行分类，机床夹具的分类方法如图 1.23 所示。

机床夹具及应用

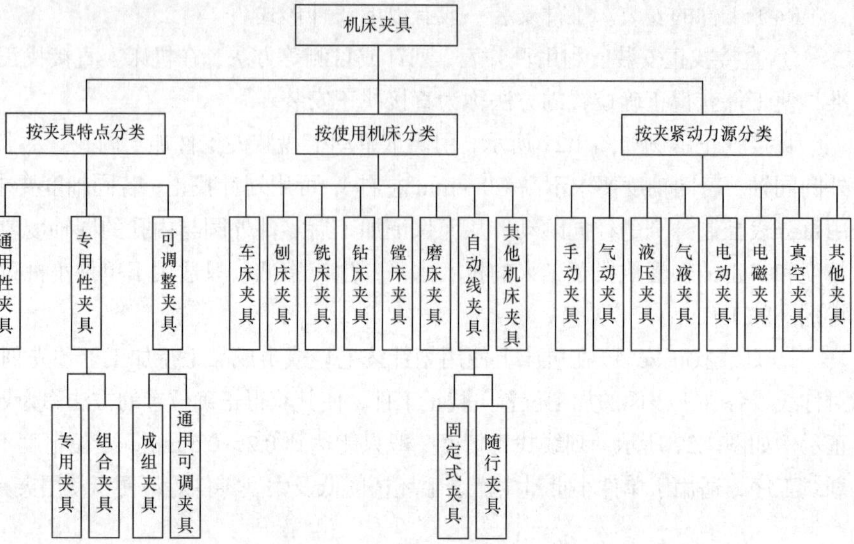

图 1.23　机床夹具的分类方法

③ 夹具的组成。机床夹具通常由以下几部分组成。

a. 定位装置。其用于确定工件在夹具中的正确位置。图 1.24 所示的钻床夹具中，挡销 6、圆柱销 4、菱形销 7 均为定位元件。

b. 夹紧装置。其将工件压紧夹牢，并保证工件在加工过程中的正确位置不变。图 1.24 中的压板 3 是夹紧装置。

c. 其他装置或元件。根据工件结构和工序要求的不同，有些夹具根据需要还要设计一些其他装置或元件，如分度装置、对刀元件、连接元件、导向元件等。图 1.24 中的钻套 2 为导向元件。

d. 夹具体。夹具体是指夹具的基座和骨架，用来配置、安装夹具中的定位元件、夹紧元件及其他装置或元件，使夹具组成一个整体。

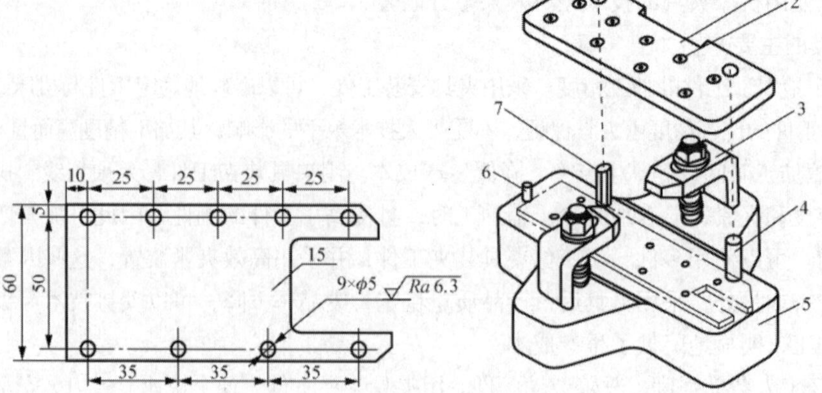

（a）盖板工件简图　　（b）钻床夹具

1—钻模板；2—钻套；3—压板；4—圆柱销；5—夹具体；6—挡销；7—菱形销

图 1.24　钻床夹具

1.2.3　任务实施

零件的机械加工工艺是比较复杂的，往往要根据零件的不同结构特点、不同材料、不同技术要求，采用不同的加工方法、加工设备、加工刀具等，在不同的生产条件下，通过一系列的加工步骤，才能完成由毛坯到零件的转变过程。

表 1-3 中，圆盘零件单件小批量生产的机械加工工艺过程有 2 道工序。工序 1 有两个安装，第一个安装有 1 个工位、4 个工步；第二个安装有 1 个工位、3 个工步。车端面和外圆工步因加工余量大，需分 2 次车削，所以都有 2 次走刀。而工序 2 只有 1 个安装、3 个工位、2 个工步、1 次走刀。

表 1-4 中，圆盘零件成批生产的机械加工工艺过程有 4 道工序。工序 1 有 1 个安装、1 个工位、4 个工步；工序 2 有 1 个安装、1 个工位、3 个工步。同理，车端面和外圆工步都有 2 次走刀。而工序 3 只有 1 个安装、3 个工位、1 个工步、1 次走刀。

由此可知，机械加工工艺过程均由若干个按顺序排列的工序组成，毛坯依次通过各工序变为成品。而工序又可分为若干个安装、工位、工步和走刀。

1. 工序（process）

基本工艺概念

由表 1-3 可知，圆盘零件单件小批量生产时，因为车削与钻削工序相比操作工人、加工设备及加工的连续性均已发生了变化，故划分为 2 道工序。在车削工序中，虽然工件安装了两次，且有多个加工表面和多种加工方法（如车、钻等），但操作工人、加工设备及加工连续性均未改变，所以属于同一工序。在钻削工序中，工步 2（修去三个孔口的毛刺）虽然使用的加工设备与工步 1（依次钻 $3 \times \phi 8$ mm 孔）的不同，但操作工人、工作地和加工连续性均未改变，故与工步 1 仍属同一工序。

表 1-4 中所示圆盘零件成批生产与单件小批量生产不同。虽然工序 1 和工序 2 同为车削，但由于操作工人、加工设备及加工连续性均已变化，因此划分为 2 道工序。同样，工序 3（钻削）与工序 4（倒角、去毛刺）也因为操作工人、使用设备和工作地均不相同，所以划分为 2 道工序。

一个或一组工人，在一台机床或一个工作地，对一个或同时对几个工件所连续完成的那一部分工艺过程称为工序。划分工序的主要依据是工作地（或机床）是否变动和加工是否连续。这里的“连续”是指对一个具体的工件的加工是连续进行的，中间没有插入另一个工件的加工。

工序不仅是组成工艺过程的基本单元，也是制定时间定额、配备工人和设备、安排作业和进行质量检验的基本单元。

2. 安装（install）

表 1-3 中的工序 1，先用三爪自定心卡盘夹紧毛坯小端外圆完成 4 个工步的加工后，将工件调头，再用三爪自定心卡盘夹紧工件大端外圆，此工序共安装工件 2 次。而工序 2 采用的是回转夹具，只安装工件 1 次就能完成工序 2 的全部工序内容。

工件加工前，在机床或夹具上先占据一个正确的位置（定位），然后再夹紧的过程称为装夹。工件（或装配单元）经一次装夹后所完成的那一部分工艺内容称为安装。在一道工序中可以有一个或多个安装。

工件加工中应尽量减少装夹次数，因为多一次装夹就多一次装夹误差，而且增加了辅助时间。因此，生产中常用各种分度头、回转工作台、回转夹具或移动夹具等，以便在工件一次装夹后，使其处于不同的位置加工。

3. 工位（station）

圆盘零件单件小批量生产时，钻削工序采用可转位夹具装夹工件，一次装夹工件后，可在 3 个位置钻孔，当钻完一个孔后，圆盘连同夹具的可转位部分一起转过 120°，然后钻另一个孔，依次完成 3 个孔的钻削，共有 3 个工位。

为完成一定的工序内容，一次装夹工件后，工件（或装配单元）与夹具或设备的可动部分一起相对刀具或设备的固定部分所占据的每一个位置，称为工位。一道工序可以只有一个工位，也可以有多个工位。

多工位加工如图 1.25 所示，利用回转工作台或回转夹具，在一次安装中顺次完成装卸工件、预钻孔、钻孔、扩孔、粗铰、精铰 6 个工位的加工。采用这种多工位加工方法，可以提高加工精度和生产率。

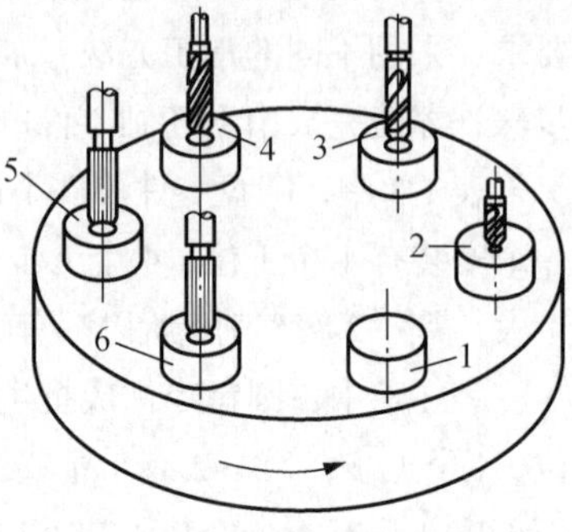

1—装卸工件；2—预钻孔；3—钻孔；4—扩孔；5—粗铰；6—精铰

图 1.25 多工位加工

4. 工步（work step）

在一个工序中往往需要采用不同的刀具来加工许多不同的表面。为了便于分析和描述较复杂的工序，可将工序再进一步划分为若干工步。

表 1-3 中的工序 1，在安装 I 中完成车大端面、车外圆、钻 ϕ 20 mm 孔、车倒角等加工，由于其加工表面和使用刀具均不同，因此划分为 4 个工步。

在加工表面（或装配时的连接表面）和加工（或装配）工具不变的情况下所连续完成的那一部分工序内容称为工步。一个工序可以包括几个工步，也可以只有一个工步。

一般来说，构成工步的任一要素（加工表面、刀具及加工连续性）改变后，即成为另一个工步。但下面的情况应视为一个工步。

（1）一次装夹中连续进行的若干相同的工步应视为一个工步。表 1-3 中的工序 2，一次装夹中连续完成钻三个 ϕ8 mm 孔，应作为一个工步。

（2）为了提高生产率，有时用几把刀具同时加工几个表面或采用复合刀具加工，此时也应将其视为一个工步，称为复合工步，如图 1.26 所示。

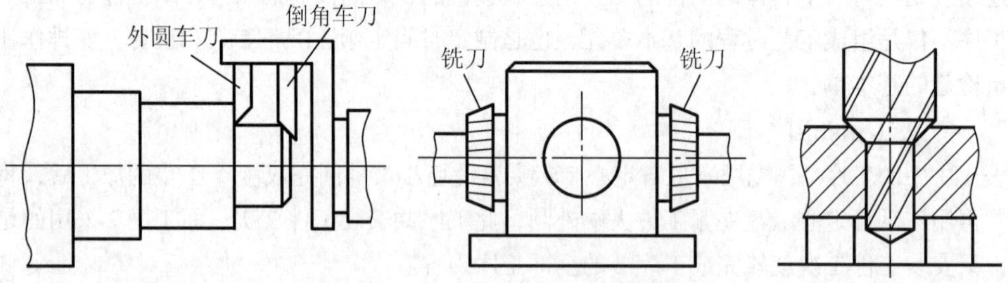

（a）同时车外圆和倒角　（b）同时铣削两侧面　（c）复合钻加工

图 1.26 复合工步

5. 走刀（feed）

表 1-3 中的车削工序，车削端面和外圆时因切削余量较大，考虑到机床功率、刀具强度、切削振动等问题，所以分 2 次切削。

在一个工步内，若被加工表面的切削余量较大，需分几次切削，则每进行一次切削就称为一次走刀。一个工步可以包括一次走刀或几次走刀。

任务 1.3　机械加工工艺规程的格式认知

1.3.1　任务引入

图 1.27 所示为某机床变速箱体中操纵机构上的拨动杆零件简图，拨动杆用来把转动变为拨动，实现操纵机构的变速功能。此零件生产类型为中批生产。

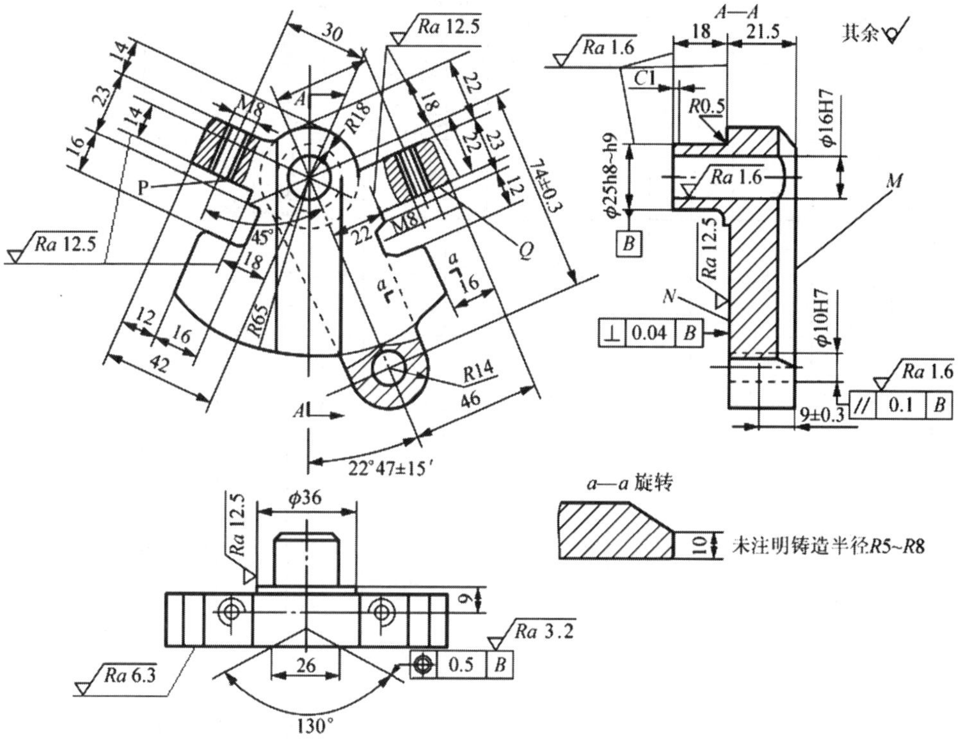

图 1.27　拨动杆零件简图

拨动杆机械加工工艺过程卡片见表 1-7，其中第 5 工序的机械加工工序卡片见表 1-8。试分析其中的内容，读懂零件的加工要求。

1.3.2　相关知识

机械加工工艺规程是将产品或零、部件的制造工艺过程和操作方法填入一定格式的卡片而形成的技术文件。它是在具体生产条件下，按最经济、最合理的原则制定而成的，经审批后用来指导车间生产及工人操作。

表 1-7 拨动杆机械加工工艺过程卡片

（企业名称）	机械加工工艺过程卡片	产品型号	JCBSX	零件图号	CJ–BDG–2010		
		产品名称	机床变速箱	零件名称	拨动杆	共 1 页	第 1 页
材料牌号	HT200	毛坯种类	铸件	毛坯外形尺寸		每毛坯件数	1
每台件数	1	备注					

工序号	工序名称	工序内容	车间	工段	设备	工艺装备	工时 准终	工时 单件
1		铸造	铸					
2		时效处理	热					
3	铣	铣 M 平面	金工		X62	V 口虎钳、面铣刀		
4	车	车 ϕ25 mm 外圆，钻、扩、铰 ϕ16H7 孔，车 N 面，倒角	金工		C6140	车夹具、锥柄钻头等		120
5	钻	钻、扩、铰 ϕ10H7 孔	金工		Z35	钻夹具、钻头等		
6	刨	粗刨、精刨 130°槽	金工		B665	刨夹具、成形刨刀		
7	铣	铣 P、Q 面	金工		X62	铣夹具、三面刃铣刀		
8	钻	钻 2×M8 的底孔 2×ϕ6.5 mm	金工		Z35	回转钻模、钻头		
9	钻	攻螺纹 2×M8	金工		Z35	回转钻模、M8 丝锥		
10	检	检验、入库	检					

										设计（日期）	校对（日期）	审核（日期）	标准化（日期）	会签（日期）
标记	处数	更改文件号	签字	日期	标记	处数	更改文件号	签字	日期					

表 1-8　　拨动杆第 5 工序的机械加工工序卡片

（企业名称）	机械加工工序卡片	产品型号	JCBSX	零件图号	CJ-BDG-2010	
		产品名称	机床变速箱	零件名称	拨动杆	共 10 页 第 5 页

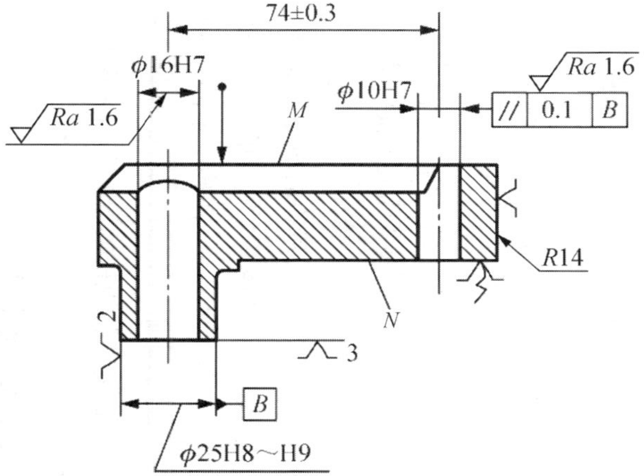

车间	工序号	工序名称	材料牌号
	5	钻-扩-铰孔	HT200
毛坯种类	毛坯外形尺寸	每毛坯可制件数	每台件数
铸件		1	1
设备名称	设备型号	设备编号	同时加工件数
摇臂钻床	Z35		1

夹具编号	夹具名称	切削液	
	专用钻夹具		
工位器具编号	工位器具名称	工序工时/min	
		准终	单件

工步号	工步内容	工艺装备	主轴转速/(r·min^{-1})	切削速度/(m·min^{-1})	进给量/(mm·r^{-1})	背吃刀量/mm	进给次数	工步工时	
								机动	辅助
1	钻孔 ϕ10H7 至尺寸 ϕ9 mm	钻夹具、ϕ9 mm 钻头	195	13.5	0.3		1		
2	扩孔 ϕ10H7 至尺寸 ϕ9.8 mm	扩孔刀 ϕ9.8 mm	68	6.2			1		
3	铰孔至 ϕ10H7	铰刀 ϕ10H7	68	7.5	0.18		1		

									设计（日期）	校对（日期）	审核（日期）	标准化（日期）	会签（日期）

机械加工工艺规程包括零件机械加工工艺路线、加工工序内容、采用的设备及工艺装备、切削用量、时间定额等。

（1）工艺规程（process planning）。工艺规程是规定产品或零、部件制造工艺过程和操作方法等的工艺文件。其中，规定零件机械加工工艺过程和操作方法等的工艺文件称为机械加工工艺规程。

正确的工艺规程是在长期总结生产实践的基础上，依据科学理论和必要的工艺试验并结合具体的生产条件而制定的，是企业加工产品的主要技术依据，只有按既定的工艺规程进行生产，才能保证产品的加工达到“优质、高效、低成本”，以获得最佳经济效益，其作用如下。

① 工艺规程是指导生产的主要技术文件，是指挥现场生产的依据。对于大批量生产的企业，由于生产组织严密、分工细致，因此要求工艺规程比较详细，只有这样才能便于组织和指挥生产。对于单件小批量生产的企业，工艺规程可以简单些。但无论生产规模大小，工人必须按照工艺规程进行生产，才能保证产品质量，获得较高的生产率和经济效益。同时，工艺规程也是处理生产问题的依据，如处理产品质量问题，可按工艺规程来明确各生产单位的责任。

② 工艺规程是生产组织和管理工作的基本依据。首先，在新产品试制或产品投产前，就可以按照工艺规程提供的数据进行技术准备和生产准备工作，如准备机床、设计和制造专用的工艺装备等。其次，企业的设计和调度部门根据工艺规程，合理编制生产计划，合理调整设备负荷，各工作地按工时定额有节奏地进行生产等，使整个企业的各科室、车间、工段和工作地紧密配合，保证均衡地完成生产计划。

③ 工艺规程是新建和改（扩）建工厂或车间的基本技术文件。在新建或改（扩）建工厂或车间时，根据工艺规程和生产纲领，可以确定生产所需机床及其布局、工厂或车间的面积、技术工人信息以及各辅助部门的安排等。

④ 工艺规程是进行技术交流、开展技术革新的重要文件。先进的工艺规程是必不可少的技术语言和重要文件，起着帮助交流和推广先进经验的作用，能指导同类产品的生产，缩短工厂摸索和试制的过程。

（2）制定工艺规程的原则。制定工艺规程的原则是：保证在一定生产条件下，以最高的生产率、最低的成本生产出符合要求的产品，即优质、高效、低成本，具体如下。

① 技术上的先进性。在制定工艺规程时，要了解国内外本行业的工艺技术的发展水平，通过必要的工艺试验，积极采用国内外先进工艺技术。

② 经济上的合理性。在企业现有的生产条件下，可能会出现几种能保证零件技术要求的工艺方案，此时应通过核算或相互对比，选择经济上最合理方案，使产品的能源、材料消耗和生产成本最低。

③ 有良好的劳动条件。在制定工艺规程时，要注意保证工人操作时有良好而安全的劳动条件。因此，在工艺方案上要注意采用机械化或自动化措施，以减轻工人繁杂的体力劳动。

另外，制定工艺规程时还应该做到正确、统一、完整和清晰，所用的术语、符号、计量单位、编号等都要符合相关标准。

（3）制定工艺规程的主要依据（原始资料）。制定工艺规程的原始资料主要有以下几项。

① 产品图样及技术条件。如产品的装配图和零件图。

② 产品的工艺方案。如产品验收的质量标准、毛坯资料等。

③ 产品的生产纲领（年产量）。此项用来确定生产类型。

④ 产品零部件工艺路线表或车间分工明细表。此项用来了解产品及企业的管理情况。

⑤ 本企业现有的生产条件和资料。包括毛坯的生产条件或协作关系、专用设备和工艺装备及其制造能力、工人的技术水平，以及各种工艺资料和企业、行业标准等。

⑥ 国内外同类产品的有关工艺资料。积极引进适用的先进工艺技术，可不断提高工艺水平，以获得最大的经济效益。

（4）制定工艺规程的步骤。各类典型零件在生产制造时有着不同的要求，实际生产时需要在明确零件功用、结构特点的基础上，对零件进行技术要求和结构工艺性两个方面的分析，然后选择合适的机械加工工艺路线，最后还要根据要求进行检验，以确保生产出合格的零件。

典型零件机械加工工艺规程制定步骤参考见表 1-9。

表 1-9　典型零件机械加工工艺规程制定步骤参考

<table>
<tr><th>实施步骤</th><th colspan="3">相关内容</th></tr>
<tr><td>1</td><td colspan="3">分析零件制造要求（结构和技术要求）</td></tr>
<tr><td>2</td><td colspan="3">明确毛坯状况</td></tr>
<tr><td>3</td><td colspan="3">选择定位基准</td></tr>
<tr><td rowspan="5">4</td><td rowspan="5">拟定工艺路线（含对工艺方案的技术经济分析）</td><td colspan="2">确定单个表面加工方法（外圆、内孔、平面等表面的加工方法）</td></tr>
<tr><td colspan="2">划分加工阶段</td></tr>
<tr><td rowspan="3">确定加工顺序</td><td>机械加工工序安排</td></tr>
<tr><td>热处理工序安排</td></tr>
<tr><td>辅助工序安排</td></tr>
<tr><td rowspan="3">5</td><td rowspan="3">设计工序内容</td><td colspan="2">确定加工余量、工序尺寸及其公差（工艺尺寸链计算）</td></tr>
<tr><td colspan="2">选择设备（机床）、工装（刀具、量具、夹具等）</td></tr>
<tr><td colspan="2">确定切削用量、时间定额等</td></tr>
<tr><td>6</td><td colspan="3">填写工艺文件（工艺过程卡片、工艺卡片、工序卡片等）</td></tr>
</table>

（5）工艺文件格式与内容。将工艺规程的内容填入一定格式的卡片，即成为工艺文件。工艺文件的格式可根据工厂具体情况自行确定，常用的工艺文件一般有三种：机械加工（或装配）工艺过程卡片、机械加工（或装配）工艺卡片和机械加工（或装配）工序卡片（注：装配相关的工艺文件介绍详见项目 7）。

① 机械加工工艺过程卡片。它以工序为单位，简要地列出整个零件加工所经过的工艺路线（包括毛坯制造、机械加工和热处理等）的一种工艺文件。它主要用来了解零件的加工流向，是制定其他工艺文件的基础，也是生产技术准备、编排作业计划和组织生产的依据。在此卡片中，各工序的说明不够具体，一般不直接指导工人操作，而多用于生产管理方面。在单件小批量生产中，通常不编制其他较详细的工艺文件，就以此卡片指导生产。

② 机械加工工艺卡片。是以工序为单位，详细说明整个工艺过程的一种工艺文件。它是用来指导工人生产、帮助车间管理人员和技术人员掌握整个零件加工过程的一种主要技术文件，广泛用于成批生产的零件和关键（重要）零件的小批量生产中。

机械加工工艺卡片内容包括零件的材料、质量、毛坯种类、工序的具体内容及加工后要达到的精度和表面粗糙度等。

③ 机械加工工序卡片。它是在机械加工工艺过程卡片和机械加工工艺卡片的基础上，为一道

工序制定的工艺文件。它更详细地说明整个零件各个工序的要求，是用来具体指导工人操作的工艺文件。在此卡片上，要画出工序图，说明此工序的加工内容、工艺参数、操作要求、装夹定位方法以及所用的设备和工艺装备等。一般用于大批量生产的零件。

1.3.3 任务实施

机械加工工艺文件格式（三张表）

工艺规程是企业加工产品的主要技术依据，只有按既定的工艺规程进行生产，才能保证产品的加工“优质、高效、低成本”，以获得最佳经济效益，所以首先应正确识读工艺文件的内容。

1. 机械加工工艺过程卡片的识读

（1）表头。

由表 1-7 可知，此卡片是机床变速箱中操纵机构上拨动杆的机械加工工艺过程卡片，机床变速箱的图号是 CJ-BDG-2010（按零件图样填写）。

（2）毛坯信息。

零件材料是牌号为 HT200 的灰铸铁（按零件图样填写），毛坯种类是铸件。

（3）工艺过程。

因为拨动杆是中批生产，具体指导其生产的工艺文件是机械加工工序卡片，所以其机械加工工艺过程卡片中的工序内容编写得比较简单。

从工艺过程卡片中可知，机床变速箱拨动杆由金工车间负责加工，整个工艺过程共有 10 道工序，各工序的加工内容及最终加工尺寸简要明确；从设备型号可知，各工序所使用的设备一般为通用机床。卡片中填写的夹具说明，各工序所使用的夹具大多都是专用夹具。因为刀具、量具和辅具的种类较多，且在工序卡片中已清楚说明，所以在工艺过程卡片中可以不填写。由工艺过程卡片中可以看出，各工序的工时不均衡，工序 4 的工序最长、工时最多，其次是工序 5 和工序 6，在安排加工设备和人员时应考虑如何解决工序均衡、工件流动及临时存放等问题。从其加工过程中可以看出，加工顺序的安排有以下特点。

① 先加工基准面，后加工其他表面。

② 先加工面，后加工孔。

③ 先加工主要表面，后加工次要表面。

2. 机械加工工序卡片的识读

（1）表头。

由表 1-8 可知，其表头的填写内容与机械加工工艺过程卡片相同。

（2）工序。

① 工序基本信息和使用的设备及夹具。本工序的工序号和工序名称、加工零件的名称及材料、毛坯信息、使用设备及夹具等栏填写的内容均与工艺过程卡片一致，只是加工设备和夹具栏更详细地说明了其型号、名称。通用或标准设备和夹具，除说明其型号和名称外，有时还说明其规格和精度。

② 加工内容。按加工顺序简明描述各个工步的加工内容、尺寸及精度要求、表面粗糙度等，与工序图配合识读，工序的加工内容一目了然。

在工序图上还清晰地标明了本工序的工序基准、测量基准等。

③ 工艺装备。工艺装备栏填写了工序或各工步所使用的刀具、量具和辅助工具，说明了使用的专用工艺装备的编号（或名称）及标准的工艺装备的名称、规格和精度。

④ 切削用量。清楚地说明了各工步的切削用量，以便指导操作者加工时选择。

⑤ 时间定额。清晰地说明了各工步的机动时间、辅助时间及工序工时。

⑥ 工序图中的三处定位符号（∨）和数字。其说明以左端面和外圆定位，左端面限制工件的3个自由度，外圆面限制工件的2个自由度。另外在拨动杆的 *N* 面还有一处辅助支承，用符号（↯）表示。夹紧符号（↓）表示夹紧力的方向，箭头指向处为夹紧力作用点。

工序图绘制要点

项目小结

本项目通过循序渐进的三个工作任务，结合企业生产实例讲解生产过程和工艺过程、机械加工工艺过程的组成及机械加工工艺规程的格式等知识，有助于全面认识机械加工工艺规程基础，为后续学习、合理编制并实施典型零件的机械加工工艺规程和装配工艺规程奠定基础。

思考练习

1. 机械零件常用毛坯的种类有哪些？
2. 什么是生产过程、工艺过程、辅助过程？
3. 机械加工工艺过程和装配工艺过程有何差别？
4. 如何划分生产类型？各种生产类型的工艺特征是什么？
5. 何谓设计基准、定位基准、工序基准、测量基准、装配基准？请举例说明。
6. 如何区分粗基准与精基准？
7. 什么是六点定位法则？常见的定位方式有哪几种？
8. 工件定位与夹紧的区别是什么？
9. 选择夹紧力的方向和作用点应遵循什么原则？
10. 对夹紧装置的基本要求有哪些？
11. 机床夹具的功用是什么？机床夹具一般有哪些类型？都由哪些元件组成？
12. 机械加工工艺过程中，工序、安装、工位、工步、走刀5个部分相互关系如何？
13. 什么是工艺规程？常用的工艺规程有哪几种？各适用于什么场合？
14. 如何正确识读工艺文件的内容？如何正确绘制工序图？

项目2

轴类零件机械加工工艺规程编制与实施

※【教学目标】※

最终目标	能合理编制典型轴类零件的机械加工工艺规程并实施，加工出合格的零件
促成目标	1. 能正确分析轴类零件的结构和技术要求。 2. 能根据实际生产需要合理选用机床、工装；合理选择金属切削加工参数，进行外圆、沟槽、外螺纹等表面的加工。 3. 能合理进行轴类零件精度检验。 4. 能考虑加工成本，对零件的机械加工工艺过程进行优化设计。 5. 能合理编制轴类零件机械加工工艺规程，正确填写机械加工工艺文件。 6. 能正确刃磨车刀。 7. 能查阅并贯彻相关国家标准、行业标准和职业资格标准。 8. 能进行相关设备的常规维护与保养，执行安全文明生产。 9. 注重培养职业素养与良好习惯

※【引言】※

轴类零件（axis parts）是机器常用零件之一，其主要功用是支承传动件（齿轮、带轮、离合器等），传递转矩和承受载荷。常见轴的种类如图 2.1 所示。

认识轴的结构类型（上）

认识轴的结构类型（下）

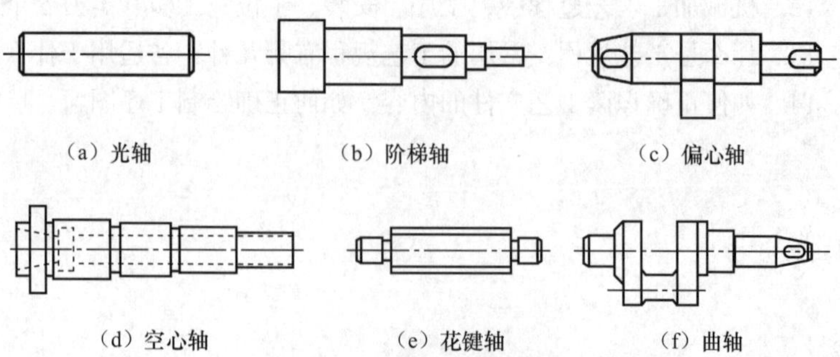

（a）光轴　（b）阶梯轴　（c）偏心轴

（d）空心轴　（e）花键轴　（f）曲轴

图 2.1　常见轴的种类

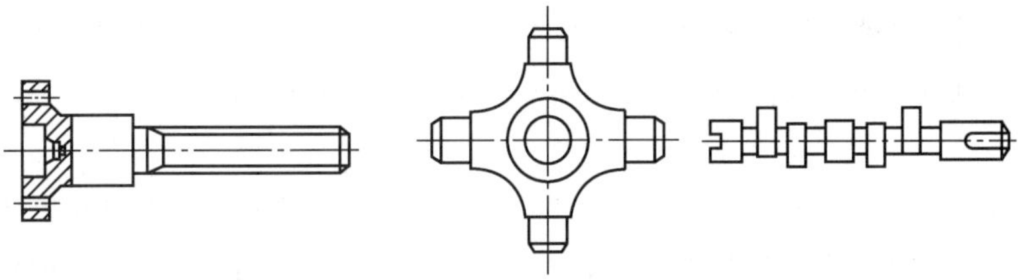

（g）半轴　（h）十字轴　（i）凸轮轴

图 2.1　常见轴的种类（续）

轴类零件是机械结构中用于传递运动和动力的重要零件之一，其加工质量直接影响机械的使用性能和运动精度。从结构特征来看，轴类零件是长度 L 大于直径 d 的旋转体零件，其加工表面主要是内、外圆柱面，内、外圆锥面，螺纹，花键和沟槽等，通常采用车削、磨削等方法加工。

任务 2.1　光轴零件机械加工工艺规程编制与实施

2.1.1　任务引入

编制图 2.2 所示的光轴零件的机械加工工艺规程并实施，生产类型为小批量生产（60 件），材料为 45#热轧圆钢。

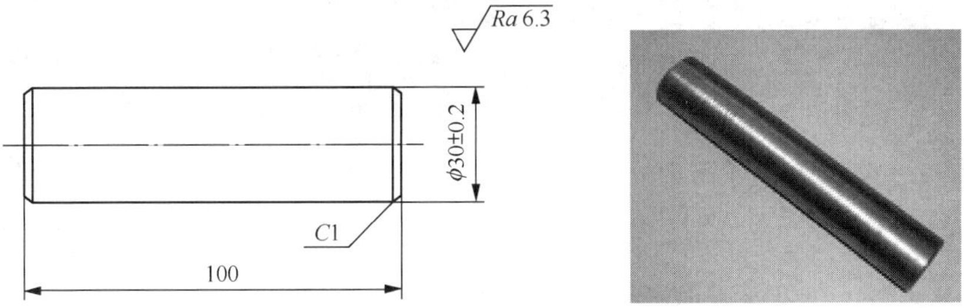

（a）光轴零件简图　（b）光轴零件产品

图 2.2　光轴零件

2.1.2　相关知识

车削加工（turning processing）就是在车床上利用工件的旋转运动和刀具的直线运动来改变毛坯［见图 2.3（a）］的形状和尺寸，把它加工成符合图样要求的零件［见图 2.3（b）］。

（a）毛坯　（b）成品零件

图 2.3　车削加工零件

车削加工适应于多种材料、多种表面、多种尺寸和多种精度，加工范围广泛，是各种生产类型中不可缺少的加工方法，在机械工业中有非常重要的地位和作用。

1. 车床

（1）车床的功能。车床（lathe）是主要用车刀对旋转的工件进行车削加工的机床。车床适用于加工各种轴类、套筒类和盘类等回转体零件上的回转表面，如内外圆柱面、内外圆锥面、成形回转表面，可以车削端面及各种常用螺纹，还可以进行钻孔、扩孔、铰孔、滚花等工作。在机械加工的各类机床中，车床约占总数的1/2。

（2）车床类型。按照用途和功能不同，车床主要分为以下几种类型。

① 卧式车床（见图2.4）及落地车床（见图2.5）。

② 立式车床（见图2.6）。

③ 六角车床。

④ 多刀半自动车床。

⑤ 仿形车床及仿形半自动车床。

⑥ 单轴自动车床、多轴自动车床及多轴半自动车床。

车床和车削加工

车床的润滑

车床的维护与常规保养

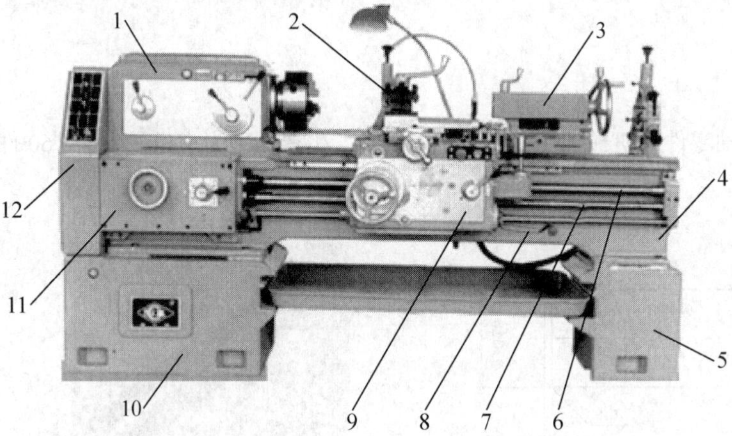

1—主轴箱；2—刀架；3—尾座；4—床身；5、10—床腿；6—丝杠；
7—光杠；8—操纵杆；9—溜板箱；11—进给箱；12—交换齿轮箱

图2.4 CA6140型卧式车床

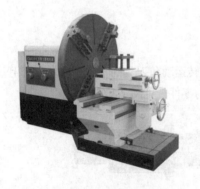

（a）单柱式　　（b）双柱式

图2.5 落地车床

图2.6 立式车床

此外，还有各种专门化车床，如凸轮车床、曲轴车床、高精度丝杠车床等。在所有车床中，以卧式车床应用最为广泛。卧式车床加工尺寸公差等级可达 IT8～IT7，表面粗糙度 *Ra* 值可达 1.6 μm。下面主要介绍最常用的 CA6140 型卧式车床。

（3）车床的型号。随着工业化的发展，机床品种越来越多，技术也越来越复杂。

① 金属切削机床分类。为了便于区别、使用和管理机床，根据国家制定的金属切削机床型号编制方法（GB/T 15375—2008《金属切削机床 型号编制方法》），从不同的角度对机床做出分类。按机床的加工性能和结构特点其可分为 12 大类：车床、钻床、镗床、磨床、齿轮加工机床、螺纹加工机床、铣床、刨插床、拉床、特种加工机床、锯床和其他机床。其中，磨床的品种较多，又分为三类。每类机床的代号用其名称的汉语拼音的第一个大写字母表示，通用机床类别和类代号见表 2-1。

表 2-1　　通用机床类别和类代号

类别	车床	钻床	镗床	磨床			齿轮加工机床	螺纹加工机床	铣床	刨插床	拉床	特种加工机床	锯床	其他机床
代号	C	Z	T	M	2M	3M	Y	S	X	B	L	D	G	Q
读音	车	钻	镗	磨	二磨	三磨	牙	丝	铣	刨	拉	电	割	其

② 车床的型号。CA6140 型卧式车床型号中，C 为类代号，表示车床；A 为结构特性代号，以示与 C6140、CY6140 等的区别；61 说明此机床属于车床类 6 组 1 系；40 为此车床的主参数，表示最大加工直径是 400 mm。此型号中无第二主参数、重大改进顺序号及变型代号。

普通车床的结构

（4）CA6140 型卧式车床的组成。CA6140 型卧式车床的主要组成部件及功用见表 2-2。

表 2-2　　CA6140 型卧式车床的主要组成部件及功用

部件名称	功用
主轴箱 1	又称为床头箱，支承主轴并把动力经变速传动机构传给主轴，使主轴通过卡盘带动工件按需要的转速旋转，以实现主运动
刀架 2	由纵溜板、横溜板、上溜板和方刀架组成。装夹车刀，实现其纵向、横向或斜向进给运动
尾座 3	可沿导轨纵向调整其位置，可安装顶尖支承工件，也可以安装钻头、铰刀等孔加工刀具进行孔加工
床身 4，床腿 5、10	是基础构件，用来支承和连接各主要部件，使它们在工作时保持准确的相对位置
丝杠 6	在车削螺纹时使用，使车刀按要求的速比做精确的直线移动
光杠 7	将进给箱的运动传递给溜板箱，使床鞍、中滑板和车刀按要求的速度做直线进给运动
溜板箱 9	溜板：包括床鞍、中滑板、小滑板，用来实现各种进给运动。 溜板箱：把进给箱通过光杠或丝杠传来的运动传递给刀架，使刀架实现纵向进给、横向进给、快速移动或车螺纹。其上有各种操作手柄（如操纵杆 8）和操作按钮，方便工人操作
进给箱 11	又称为走刀箱，箱内装有用于实现进给运动的齿轮变换机构，可通过改变光杠或丝杠转速获得不同的机动进给量或加工螺纹的导程
交换齿轮箱 12	其中装有交换挂轮，将主轴的运动传递给进给箱传动轴，并与进给箱的齿轮变速机构配合，用于车削各种不同导程的螺纹

（5）CA6140 型卧式车床的传动系统。CA6140 型卧式车床的传动系统如图 2.7 所示。整个传动系统由主运动传动链、车螺纹传动链、纵向进给传动链、横向进给传动链及快速移动传动链五部分组成。

CA6140 型车床五条传动链的传动路线

观察车床主轴箱的齿轮传动

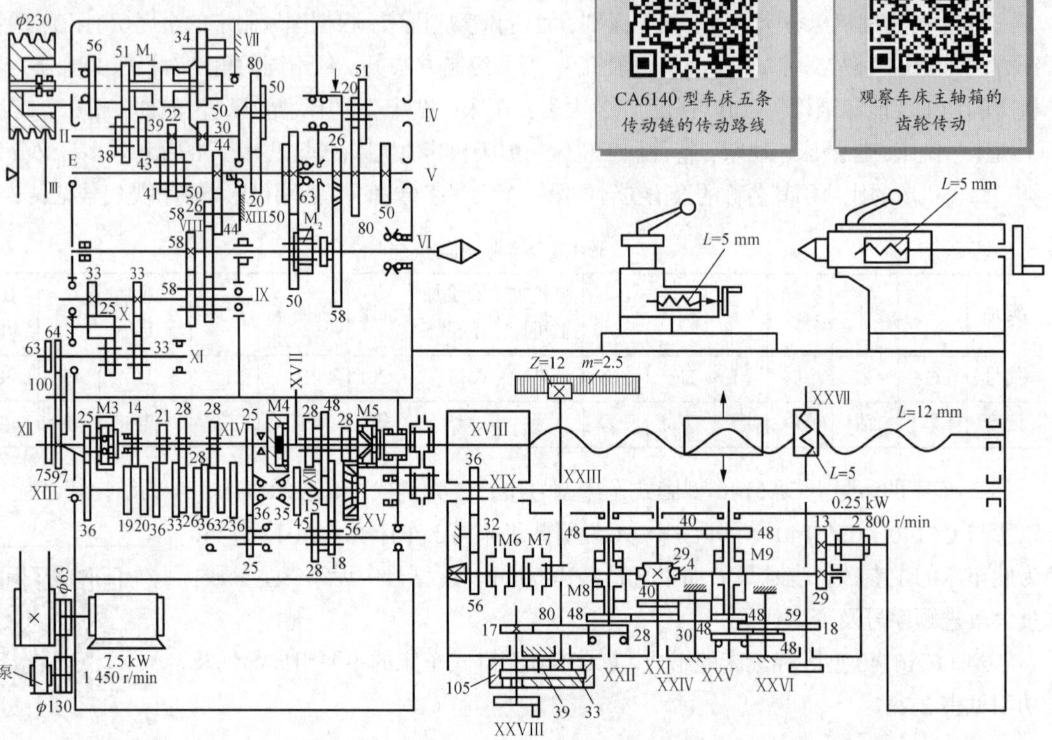

图 2.7　CA6140 型卧式车床的传动系统

2. 车刀

车刀（lathe tool）是金属切削加工中应用最广的一种刀具，它可在各类车床上加工外圆、内孔、倒角，切槽与切断，车螺纹以及其他成形面。

（1）车刀切削部分的组成。常见的外圆车刀由刀杆和刀头两部分组成。刀杆用来把刀固定在刀座上；刀头部分即切削部分，一般由三个表面、两个刀刃和一个刀尖等组成（见图 2.8）。

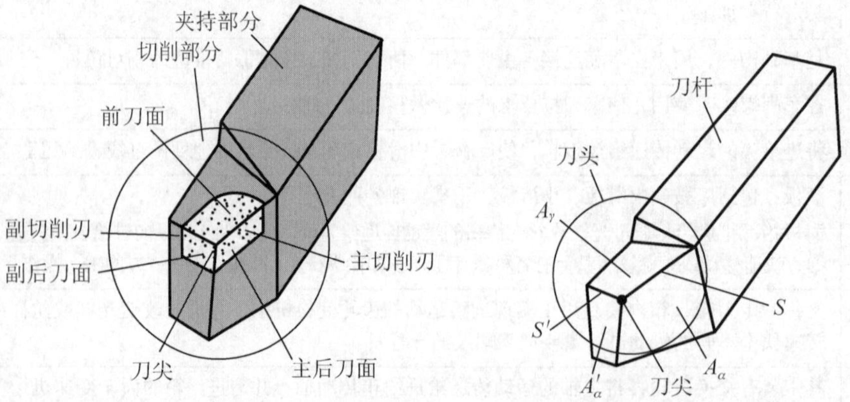

图 2.8　刀头部分的组成

认识车刀的结构

（2）车刀的几何角度。

① 刀具角度参考系。用于定义和规定刀具角度的各基准坐标平面称为刀具角度参考系。最常用的是正交平面参考系。

正交平面参考系如图 2.9 所示，由基面 P_r、切削平面 P_s、正交平面（主剖面）P_o 组成。

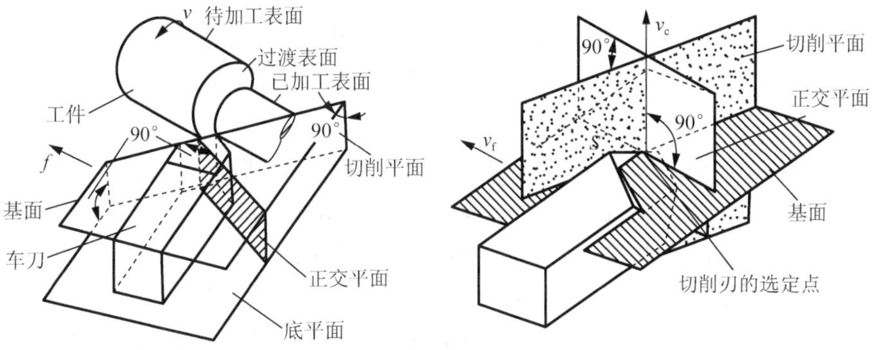

图 2.9　正交平面参考系

认识定义刀具角度的辅助平面

② 刀具的几何角度。刀具的几何角度有标注角度和工作角度之分。标注角度是在刀具图样上标注的角度，供刀具设计和制造使用；而工作角度是指切削时由于刀具安装和切削运动影响等实际切削情况形成的实际角度。刀具的几何角度在切削刃的不同位置可能是不同的，故刀具的几何角度实际上是切削刃上某选定点的角度，通常是刀尖附近的角度。

认识刀具前角

a. 刀具的标注角度。为了便于设计、制造刀具，要先假定刀具的运动条件和安装条件，以此来确定刀具的标注角度坐标系。例如，欲确定外圆车刀的标注角度，要做到以下假设：切削刃上选定点的主运动方向与刀具底面垂直，进给运动方向与刀体中心线垂直，此选定点与工件的轴线等高。在正交平面参考系下刀具角度主要有 7 个（见图 2.10）。

刀具前角对加工的影响

i. 前角 γ_o：在正交平面内前刀面与基面间的夹角。

前角 γ_o 的大小将影响切削过程中的切削变形和切削力，同时也影响工件表面粗糙度和刀具的强度与寿命。

ii. 后角 α_o：在正交平面内后刀面与切削平面间的夹角。

后角 α_o 的大小将影响刀具后刀面与已加工表面之间的摩擦。

认识刀具后角

iii. 楔角 β_o：在正交平面内前刀面与后刀面的夹角。

楔角 β_o 的大小将影响切削部分截面的大小，决定着切削部分的强度。

iv. 主偏角 κ_r：在基面内主切削刃基面上的投影与假定进给方向间的夹角。

刀具主偏角对加工的影响

主偏角的大小影响刀尖部分的强度与散热条件，影响切削分力之间的比例，当加工台阶或倒角时，还决定工件表面的形状。

v. 副偏角 κ_r'：在基面内副切削刃基面上的投影与假定进给反方向间的夹角。

副偏角的大小影响工件被加工后的表面粗糙度和刀具强度。

刀具副偏角对加工的影响

主偏角 κ_r 和副偏角 κ_r' 越小，刀头的强度越大，它的寿命越长。主偏角和副偏角偏小时，工件被加工后的表面粗糙度较小。但是，主偏角和副偏角减小时，会加大切削过程中的径向力，容易引起振动或把工件顶弯。

刀具刃倾角及其对加工的影响

vi. 刀尖角 ε_r：在基面内主切削刃和副切削刃的夹角。

刀尖角 ε_r 的大小会影响刀头的强度和传热性能。

vii. 刃倾角 λ_s：在主切削平面内主切削刃与基面间的夹角。

刃倾角 λ_s 的大小和正负影响刀尖部分的强度、切屑流出方向和切削分力间的比值。

认识刀具角度

图 2.11 中前刀面与切削平面之间的夹角小于 90° 时，前角为正，用“+”表示；大于 90° 时，前角为负，用符号“−”表示；前刀面与基面平行时，前角为零。后刀面与基面夹角小于 90° 时，后角为正，用“+”表示；大于 90° 时，后角为负，用“−”表示；后刀面与基面平行时，后角为零。刃倾角的正、负方向按图 2.11（b）所示规定表示：当刀尖为主切削刃上最高点时，为正值；当刀尖为主切削刃上最低点时，为负值。

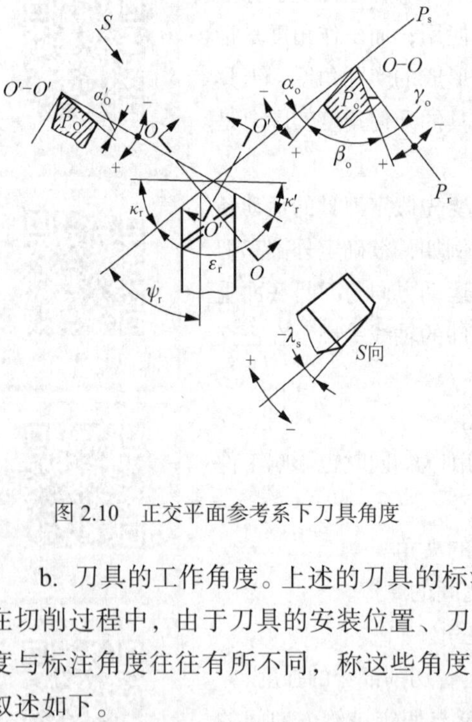

图 2.10　正交平面参考系下刀具角度

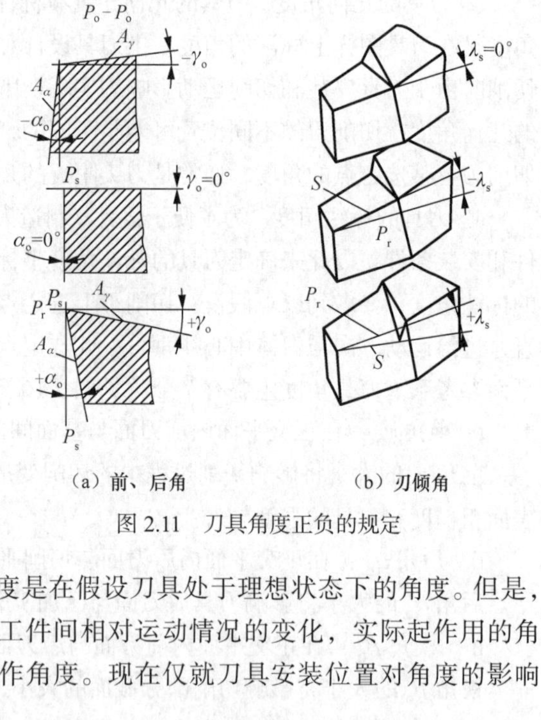

（a）前、后角　　（b）刃倾角

图 2.11　刀具角度正负的规定

b. 刀具的工作角度。上述的刀具的标注角度是在假设刀具处于理想状态下的角度。但是，在切削过程中，由于刀具的安装位置、刀具与工件间相对运动情况的变化，实际起作用的角度与标注角度往往有所不同，称这些角度为工作角度。现在仅就刀具安装位置对角度的影响叙述如下。

i. 刀刃安装高低对工作前、后角的影响如图 2.12 所示，当切削点高于工件中心时，工作基面与工作切削面同正常位置相应的平面成 θ 角，由图可以看出，此时工作前角增大 θ，而工作后角减小 θ（$\sin\theta=2h/d$）。

若刀尖低于工件中心，则工作角度变化与之相反。内孔镗削与加工外表面情况相反。

ii. 刀杆中心偏斜对工作主、副偏角的影响如图 2.13 所示，当刀杆中心与正常位置偏角为 θ 时，刀具标注工作角度的假定工作平面与现工作平面 P_{re} 所成角度为 θ，因此工作主偏角 κ_{re} 增大（或减小），工作副偏角 κ_{re}' 减小（或增大），角度变化值为 θ 角（$\kappa_{re}=\kappa_r\pm\theta$，$\kappa_{re}'=\kappa_r'\pm\theta$）。

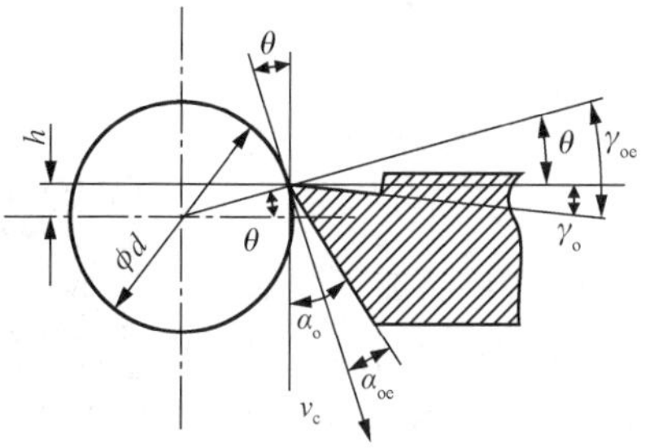

图 2.12　刀刃安装高低对工作前、后角的影响

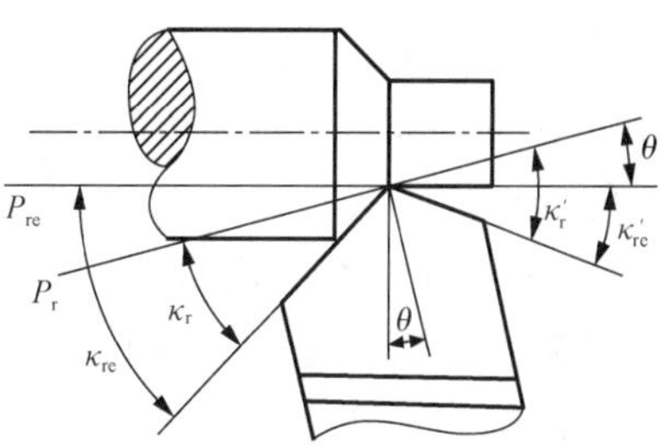

图 2.13　刀杆中心偏斜对工作主、副偏角的影响

③ 刀具角度的合理选择。刀具的几何参数包括刀具角度、刀面的结构和形状、切削刃的形式等。刀具合理几何参数是指在保证加工质量的条件下，获得最高耐用度的几何参数。

a. 前角和前刀面形式的选择。

i. 前角γ_0的选择。前角的选择原则是在保证加工质量和足够的刀具耐用度的前提下，尽量选取较大的前角。选择前角时要考虑以下问题：切削钢等塑性材料应选取较大的前角；切削铸铁等脆性材料时，应选取较小的前角；工件材料的强度和硬度高，应选择较小的前角。

刀具材料的抗弯强度和冲击韧度较差时，应选用较小前角。如高速钢刀具的抗弯强度和冲击韧度高于硬质合金，故其前角可比硬质合金刀具大一些；陶瓷刀具的脆性大于前两者，故其前角应小一些。

粗加工时，尤其是工件表面不连续、形状误差较大、有硬皮时，前角应取较小值；精加工时前角取较大值。成形刀具为了减小刃形误差，前角取较小值。数控机床和自动机、自动线用刀具应考虑刀具的尺寸耐用度及工作的稳定性，故选用较小的前角。

ii. 前刀面形式的选择。生产中常用的几种车刀前刀面形式及其应用范围见表 2-3。

表 2-3　车刀前刀面形式及其应用范围

前刀面和倒棱刃形状		切削过程特点	应用范围
特征	图形		
正前角，平前刀面，没有负倒棱	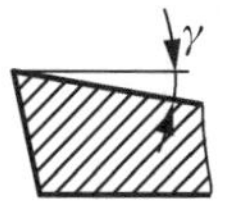	切割作用强，刀刃强度较差，切削变形小，不易断屑	各种高速钢刀具，刃形复杂的成形刀具，加工铸铁、青铜、脆黄铜的硬质合金车刀、硬质合金、铣刀、刨刀
正前角，平前刀面，有负倒棱	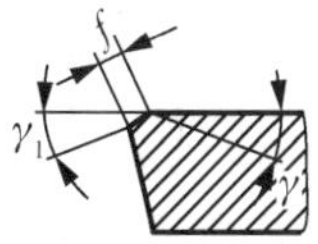	切割作用较强，刀刃强度较好，切削变形较小，不易断屑	加工铸铁的硬质合金车刀、硬质合金铣刀、刨刀
正前角，前刀面有卷屑槽，没有负倒棱		切割作用强，刀刃强度较差，切削变形小，容易断屑	各种高速钢刀具，加工紫铜、铝合金及低碳钢的硬质合金车刀
正前角，前刀面有卷屑槽，有负倒棱	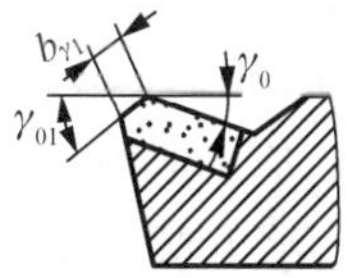	切割作用较强，刀刃强度较好，切削变形小，容易断屑	加工各种钢材的硬质合金车刀
负前角，平前刀面	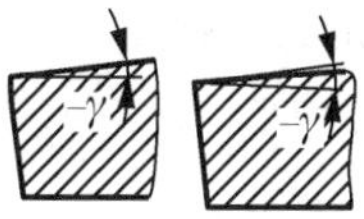	切割作用减弱，刀刃强度好，切削变形大，容易断屑	加工淬硬钢、高锰钢的硬质合金车刀、铣刀、刨刀

b. 后角、副后角的选择。

i. 后角 α_o 的选择。选择后角的原则是在不产生摩擦的前提条件下，适当减小后角。

认识刀具主偏角和副偏角

ii. 副后角 α_o' 的选择。副后角的作用主要是减少副后面与已加工表面的摩擦，其数值一般与主后角相同，也可略小一些。切断刀和切槽刀受刀头强度和重磨后刀具在槽宽方向的尺寸限制，副后角通常取得很小，一般取 $\alpha_o' = 1° \sim 2°$。

c. 主偏角、副偏角的选择。

刀具主偏角的选用原则

i. 主偏角 κ_r 的选择。工艺系统刚性足够时，选较小的主偏角，以提高刀具的耐用度；否则应选较大的主偏角，以减小背向力 F_p。

工件材料的强度、硬度很高时，为了提高刀具的强度和耐用度，可取较小的主偏角。

加工直角台阶时，选 $\kappa_r = 90°$；车端面、车外圆和加工倒角时，可选用 $\kappa_r = 45°$ 的弯头车刀，以减少刀具种类及换刀次数。

ii. 副偏角 κ_r' 的选择。副偏角的主要作用是减小刀具与工件加工表面的摩擦，其选择原则是在不引起振动的条件下，选取较小的角度值。

副偏角的变化幅度不大，工艺系统刚性差时，应取较大的值。

d. 刃倾角的选择。刃倾角 λ_s 的大小和正负影响刀尖部分的强度、切屑流出方向和切削分力间的比值。

刃倾角为正值时，刀尖位于主切削刃的最高点，刀尖部分强度较差；刃倾角为负值时，刀尖位于主切削刃的最低点，刀尖部分强度较好，比较耐冲击。刃倾角为正切屑流向待加工表面，刃倾角为负切屑流向已加工表面，刃倾角为零切屑流向切削刃法线方向（见图 2.14）。

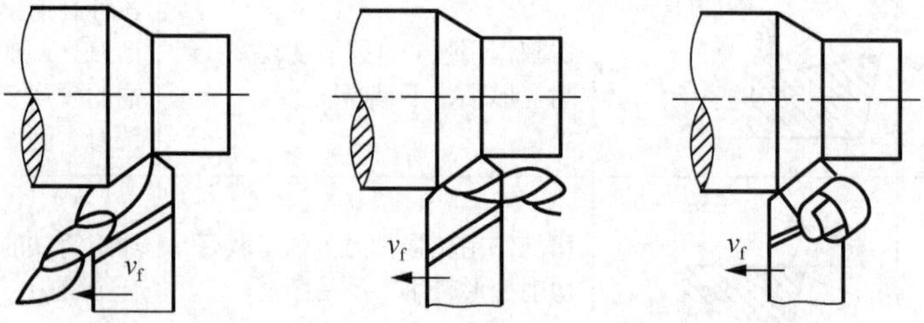

（a）$+\lambda_s$　　（b）$-\lambda_s$　　（c）$\lambda_s = 0$

图 2.14　刃倾角对切屑流向的影响

i. 粗加工时，应保证刀具有足够的强度，λ_s 多取负值；精加工时，为使切屑不流向已加工表面使其擦伤，λ_s 取正值。

ii. 加工余量不均匀或在其他产生冲击振动的切削条件下，应选取绝对值较大的负刃倾角。

e. 过渡刃。各种刀尖和过渡刃如图 2.15 所示，刀具主、副切削刃之间的连接通常是一段直线刃或圆弧刃，它们统称为过渡刃。过渡刃的主要作用是增加刀尖强度，改善散热条件，提高刀具耐用度，降低加工表面粗糙度值。但是过渡刃增大了背向力 F_p。

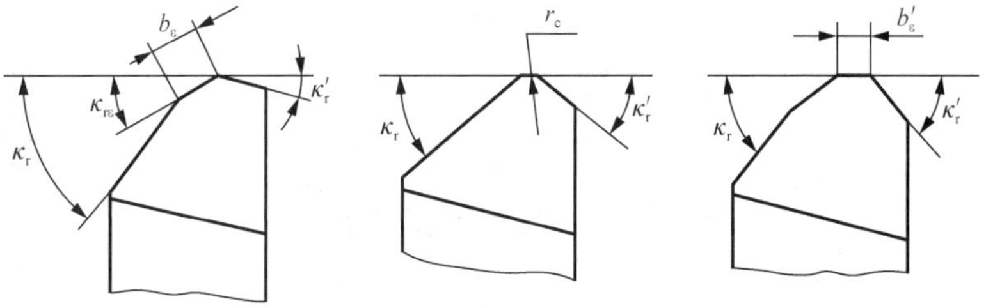

（a）直线过渡刃　　（b）圆弧过渡刃　　（c）修光刃

图 2.15　各种刀尖和过渡刃

i. 直线过渡刃。直线过渡刃主要适用于粗加工、半精加工、间断切削和强力切削时使用的车刀及可转位面铣刀和钻头。如图 2.15（a）所示，一般取 $\kappa_{r\varepsilon}=\kappa_r/2$，$b_\varepsilon=0.5\sim2$ mm。

ii. 圆弧过渡刃。刀尖圆弧半径主要根据刀尖强度和加工表面质量要求进行选择，如图 2.15（b）所示。一般粗加工时，取 $r_\varepsilon=0.5\sim2$ mm；精加工时，取 $r_\varepsilon=0.2\sim0.5$ mm。

iii. 修光刃。当直线过渡刃平行于进给方向时，即为修光刃，此时偏角 $\kappa_{r\varepsilon}=0°$，如图 2.15（c）所示。修光刃的作用是在大进给量条件下切削时，可获得较小的表面粗糙度值，通常取修光刃宽度 $b_\varepsilon'=(1.2\sim1.5)f$。生产中常用的精加工宽刃刨刀就是基于此原理进行加工的。用带有修光刃的车刀切削时，背向力很大，因此要求工艺系统要有较好的刚性。

知识拓展

金属切削过程

金属切削过程是指在机床上利用刀具，通过刀具与工件之间的相对运动，从工件表面上切除多余的金属，从而产生切屑和形成已加工表面的过程。这一过程中，伴随着切屑的形成，会产生切削变形、积屑瘤、切削力、切削热、刀具磨损和表面硬化等物理现象，这些都是由切削过程中的变形和摩擦引起的。了解这些现象的本质和规律，对保证加工质量、提高生产率、降低生产成本具有十分重要的意义。

金属切削过程

切削力的来源与分解

切削力变化引起的加工误差

认识切削热

刀具磨损的过程和主要形式

（3）车刀类型与选用。

① 车刀的类型。车刀的类型很多，既可按用途分，也可按结构分，还可按材料分。

a. 按用途分。车刀按其用途不同，可分为端面车刀、外圆车刀、切断刀、内孔车刀、螺纹车刀和成形车刀等（见图 2.16）。

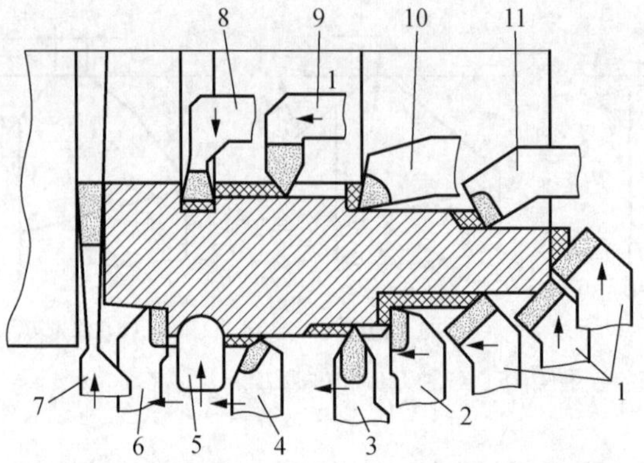

90° 外圆车刀

1—45° 端面车刀；2—90° 外圆车刀；3—外螺纹车刀； 4—75° 外圆车刀；5—成形车刀；6—90° 左切外圆车刀；
7—切断刀、切槽车刀；8—内孔车槽车刀；9—内螺纹车刀；10—95° 内孔车刀；11—75° 内孔车刀

图 2.16 按用途分的车刀类型

i. 45° 端面车刀。其刀尖角 $\varepsilon_r = 90°$，所以刀头强度和散热条件都比 90° 外圆车刀好，常用于车削工件的大端面和 45° 倒角，也可用来车削长度较短的外圆（见图 2.17）。

车刀的种类和用途

ii. 75° 外圆车刀。其刀尖角大于 90°，刀头强度好、较耐用，适用于粗车轴类工件的外圆以及强力切削铸件、锻件等余量较大的工件，如图 2.18（a）所示。75° 左切外圆车刀还可以用来车削铸件、锻件的大平面，如图 2.18（b）所示。

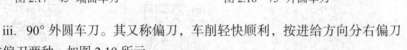

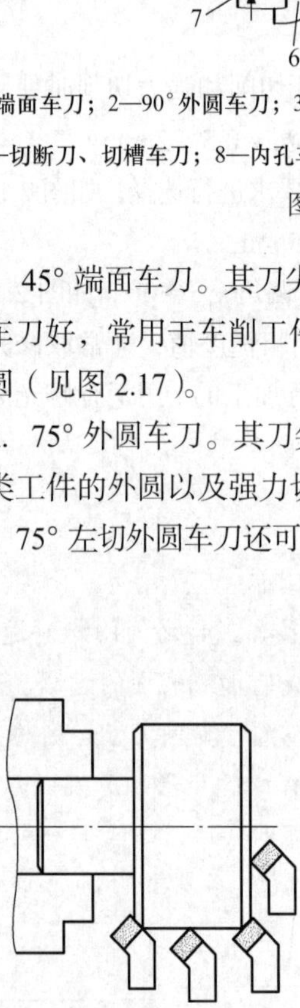

图 2.17 45° 端面车刀

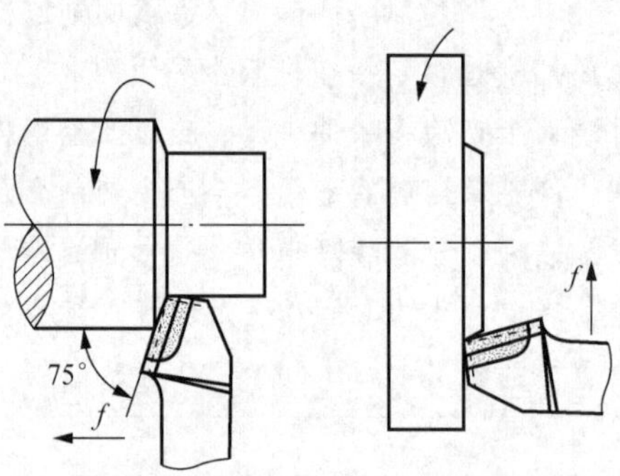

（a）车外圆　　（b）车平面

图 2.18 75° 外圆车刀

45° 外圆车刀

iii. 90° 外圆车刀。其又称偏刀，车削轻快顺利，按进给方向分右偏刀和左偏刀两种，如图 2.19 所示。

75° 外圆车刀

右偏刀一般用来车削细长轴的外圆或有垂直台阶的外圆、端面和右向阶台。它的主偏角较大，车外圆时作用于工件半径方向的径向切削力较小，不易将工件顶弯。右偏刀也可用来车削平面，但因车削时用副切削刃切削，如果由工件外缘向中心进给，当切削深度较大时，切削力会使车刀扎入工件，而形成凹面。为了防止产生凹面，可改由工件中心向外缘进给，用主切削刃切削。图 2.20 所示为较典型的加工钢件的 90° 外圆车刀。

左偏刀一般用来车削左向阶台和工件外圆，也适用于车削直径较大和长度较短的工件的端面。

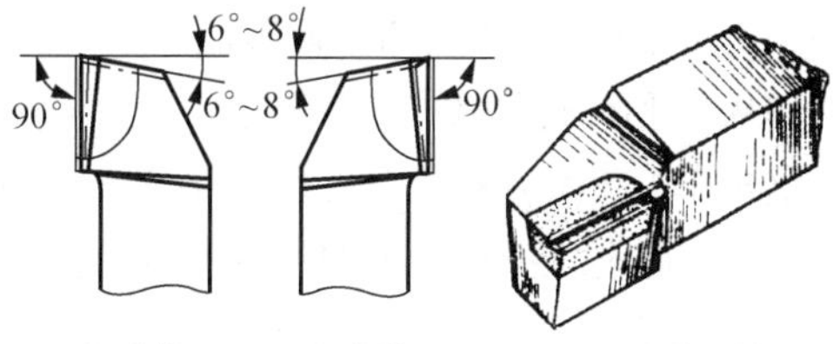

（a）右偏刀　（b）左偏刀　（c）右偏刀外形

图 2.19　90° 外圆车刀

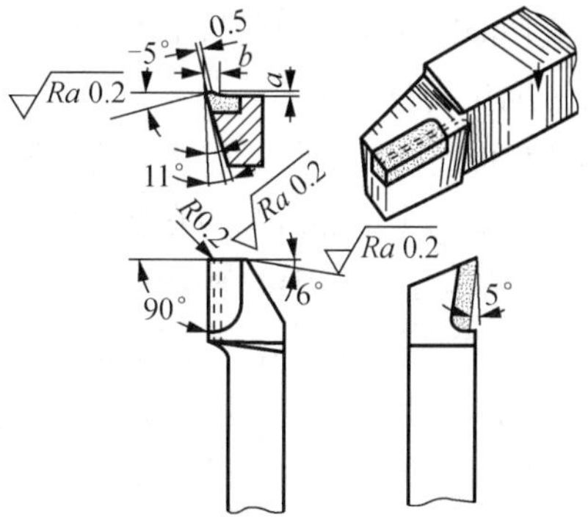

图 2.20　较典型的加工钢件的 90° 外圆车刀

iv. 切断刀（cut-off tool）。

高速钢切断刀。切断刀以横向进给为主，前端的切削刃是主切削刃，两侧的切削刃是副切削刃。为了减少工件材料的浪费，使切断时能切到工件的中心，一般切断刀的主切削刃较窄、刀头较长，因此刀头强度比其他车刀差，在选择几何参数和切削用量时应特别注意。高速钢切断刀如图 2.21 所示。

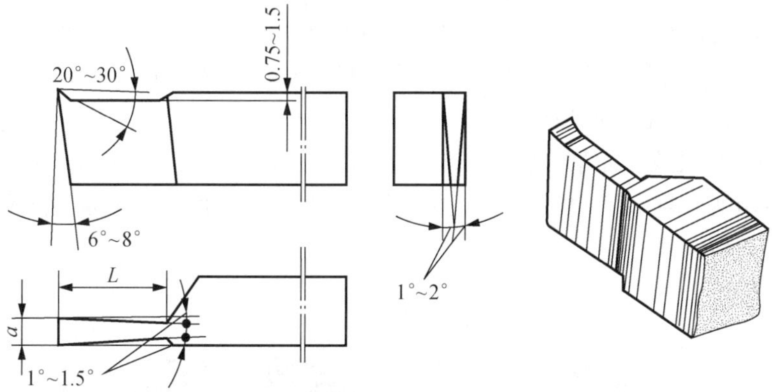

高速钢切断刀的几何参数

图 2.21　高速钢切断刀

硬质合金切断刀。硬质合金切断刀如图 2.22 所示，由于高速切削的普遍采用，因此硬质合金切断刀的应用也越来越广泛。

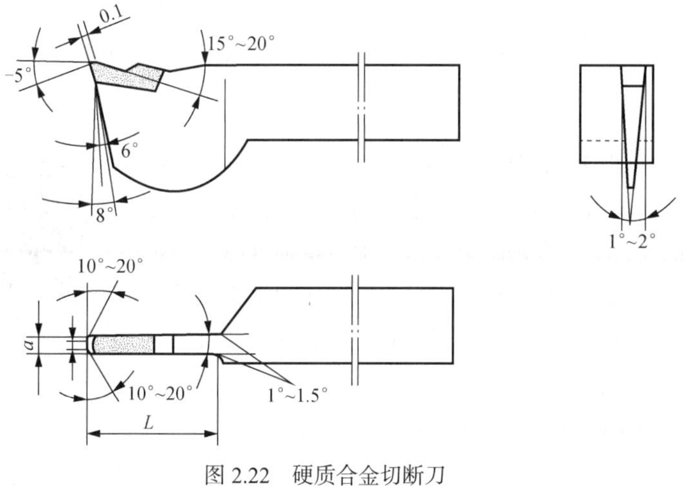

切削液的选用

图 2.22　硬质合金切断刀

一般切断时，由于切屑与工件槽宽等宽，因此其容易堵塞在槽内，为了排屑顺利，可把主切削刃两边倒角或磨成人字形。

高速切断时产生的热量很大，为了防止刀片脱焊，必须充分浇注切削液，发现切削刃磨钝，应及时刃磨。为了增加刀头的支承强度，常将切断刀的刀头下部做成凸圆弧形。

b. 按结构分，车刀可分为整体式、焊接式、机夹式和可转位式车刀。

i. 整体式高速钢车刀。如图 2.23（a）所示，这种车刀刃磨方便，刀具磨损后可以多次重磨。但因刀杆也为高速钢材料，容易造成刀具材料浪费；且刀杆强度低，当切削力较大时会造成破坏，一般用于较复杂成形表面的低速精车。

ii. 硬质合金焊接式车刀。如图 2.23（b）所示，这种车刀是将一定形状的硬质合金刀片钎焊在刀杆的刀槽内制成的。其结构简单，制造、刃磨方便，刀具材料利用充分，应用十分广泛。但其切削性能受工人的刃磨技术水平和焊接质量影响，且刀杆不能重复使用，造成材料浪费。

iii. 机夹式车刀。其是采用普通硬质合金刀片、用机械夹固的方法被夹持在刀杆上使用的车刀，切削刃用钝后可以重磨，经适当调整后仍可继续使用，如图 2.23（c）所示。其特点是刀片不用焊接（无刀片硬度的下降、产生裂纹等缺陷），提高了刀具耐用度；换刀次数减少，提升了生产率；刀杆可重复使用，节省了刀杆材料；刀片利用率增加，刀片使用到允许的最小尺寸限度后，可装在小一号刀杆上继续使用，最后刀片由制造厂收回；刀片重磨后尺寸缩小，为增加刀片重磨次数，有刀片调整机构；压紧刀片所用的压板端部，可镶上硬质合金，起断屑作用；调整压板可改变压板端部至切削刃间的距离，扩大断屑范围。

iv. 可转位式车刀。其是用机械夹固的方式将可转位刀片固定在刀槽中而组成的车刀，如图 2.23（d）所示。当刀片上一条切削刃磨钝后，松开夹紧机构，将刀片转过一个角度，调换一个新的刀刃，夹紧后即可继续进行切削。

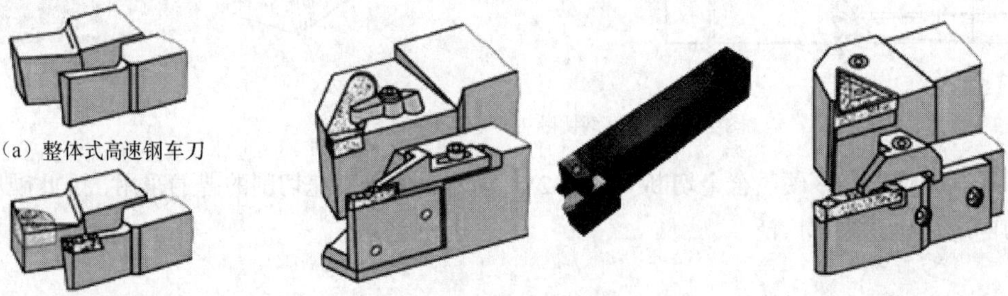

（a）整体式高速钢车刀

（b）硬质合金焊接式车刀　（c）机夹式车刀　（d）可转位式车刀

图 2.23　车刀类型

c. 按材料分。刀具材料主要指刀具切削部分的材料。刀具切削部分材料主要有碳素工具钢、合金工具钢、高速钢、硬质合金、陶瓷、立方氮化硼和金刚石等。其中，碳素工具钢与合金工具钢耐热性差，但抗弯强度高，焊接与刃磨性能好，故广泛用于中、低速切削的成形刀具，只宜作为手工刀具，不宜高速切削。陶瓷、立方氮化硼和金刚石，由于质脆、工艺性差及价格昂贵等原因，仅在较小的范围内使用。

常用刀具材料简介

生产中使用最多的刀具材料是高速钢和硬质合金。

i. 高速钢。按用途不同，高速钢可分为普通高速钢和高性能高速钢。

普通高速钢的工艺性较好，能满足通用工程材料的切削加工要求。常用的种类有：钨系高速钢，最常用的牌号是 W18Cr4V，它具有较好的综合性能，可制造各种复杂刀具和精加工刀具，在我国应用较普遍；钼系高速钢，最常用的牌号是 W6Mo5Cr4V2，其抗弯强度和冲击韧度都高于钨系高速钢，并具有较好的热塑性和磨削性能，但热稳定性低于钨系高速钢，适合制作抗冲击刀具及各种热轧刀具。

高速钢刀具与硬质合金刀具

高性能高速钢是通过在普通型高速钢中增加碳（C）的含量或加入钴（Co）、钒（V）、铝（Al）等合金元素得到的，目的是进一步提高其耐磨性和耐热性。但这类钢的综合性能不如普通高速钢。

涂层刀具与金刚石刀具

ii. 硬质合金（cemented carbide）。硬质合金是用粉末冶金的方法制成的。其硬度高达 78～82 HRC，具有良好的耐磨性，能耐 800～1 000 ℃的高温，允许的切削速度比高速钢高 4～10 倍（切削速度可达 100 m/min 以上），能加工包括淬火钢在内的多种材料，因此获得了广泛应用。在实际使用中，一般将硬质合金刀片焊接或机械夹固在刀体上使用。国际标准化组织［ISO 513—1975（E）］规定，将切削加工用硬质合金分为三大类，分别用 K、P、M 表示。

国产硬质合金按其化学成分与使用特性可分为以下四类。

钨钴类（K 类、YG 类：WC + Co）。外包装用红色标志。这类硬质合金韧性较好、导热性好，但硬度和耐热性较差，适用于加工铸铁、有色金属等脆性材料。常用的牌号有 YG8、YG6、YG3，其中的数字表示 Co 含量的百分数，Co 的含量越高，则韧性越好。它们制造的刀具依次适用于粗加工、半精加工和精加工。

钨钛钴类（P 类、YT 类：WC + TiC + Co）。外包装用蓝色标志。这类硬质合金耐热性和耐磨性较好，但抗冲击韧性较差，适用于加工钢材等韧性材料。常用的牌号有 YT5、YT15、YT30 等，其中的数字表示碳化钛含量的百分数，碳化钛的含量越高，则耐磨性越好、韧性越低。它们制造的刀具依次适用于粗加工、半精加工和精加工。

钨钛钽（钴）类［M 类、YW 类：WC + TiC + TaC（NbC）+ Co］。外包装用黄色标志。它具有前两类硬质合金的优点，用其制造的刀具既能加工脆性材料，又能加工韧性材料，还能加工高温合金、耐热合金及合金铸铁等难加工材料。常用牌号有 YW1、YW2。

碳化钛基类（YN 类：TiC + WC + Ni + Mo）。这类硬质合金硬度高，抗粘接、抗月牙洼磨损和抗氧化能力强，主要用于合金钢、工具钢、淬火钢的连续精加工。常用牌号有 YN05、YN10。

② 车刀的选用。刀具切削性能的优劣直接影响着生产率、加工质量和生产成本。而刀具的切削性能首先取决于切削部分的材料，其次是几何形状及刀具结构的选择和设计，要合理选用刀具。

a. 刀具材料的选用。刀具材料要做到合理选用，应对使用性能、工艺性能、价格等因素进行综合考虑。例如，车削加工 45#钢自由锻齿坯时，由于工件表面不规则且有氧化皮，切削时冲击力大，因此选用韧性好的 K 类（钨钴类）就比 P 类（钨钴钛类）有利。又如，车削较短钢料的螺纹时，理论上分析应用 YT 类，但由于车刀在工件切入处要受冲击、容易崩刃，因此一般采用 YG 类更为有利，虽然它的热硬性不如 YT 类，但工件短、散热容易，热硬性问题就不是主要矛盾了。

b. 刀杆截面形状和尺寸的选用。车刀刀杆截面形状有矩形、方形和圆形三种，车刀刀杆截面形状如图 2.24 所示。一般用矩形，切削力较大时采用方形，圆形多用于内孔车刀。刀杆高度 h 可按车床中心高度选择。

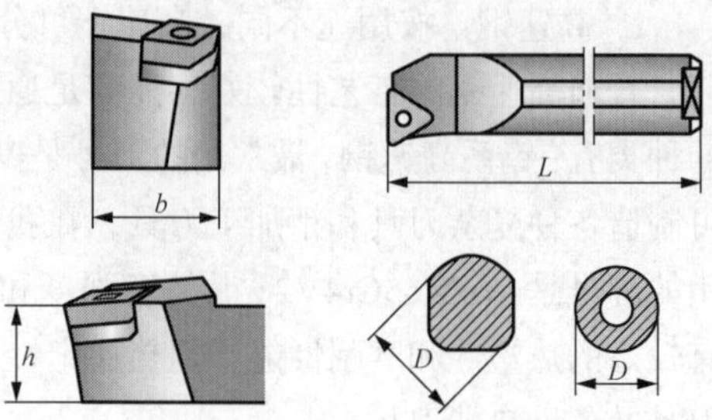

图 2.24　车刀刀杆截面形状

3. 使用卡盘装夹工件

常用的卡盘有三爪自定心卡盘和四爪卡盘两种，各类卡盘外形如图 2.25 所示。

（a）三爪自定心卡盘　　（b）四爪卡盘

图 2.25　各类卡盘外形

（1）使用三爪自定心卡盘装夹工件。三爪自定心卡盘是用法兰盘安装在车床主轴上的，其结构如图 2.26（a）所示。三爪自定心卡盘可装成正爪和反爪，如图 2.26（b）和（c）所示。

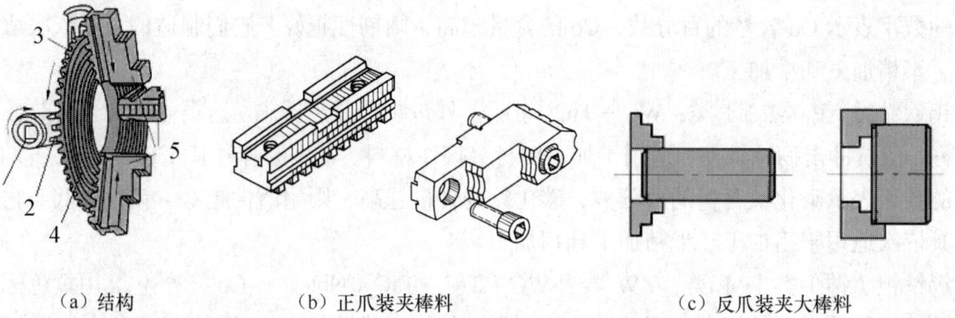

（a）结构　　（b）正爪装夹棒料　　（c）反爪装夹大棒料

1—方孔；2—小锥齿轮；3—大锥齿轮；4—平面螺纹；5—卡爪

图 2.26　三爪自定心卡盘结构和工件安装图

采用正爪装夹工件时，工件直径不能太大，一般卡爪伸出卡盘圆周不超过卡爪长度的 1/2，否则卡爪与平面螺纹只有 2～3 牙啮合，受力时容易使卡爪上的牙齿碎裂；装夹较大的空心工件车外圆时，可使三个卡爪离心移动，撑住工件内孔后车削。

三爪自定心卡盘装夹较大直径工件时，尽量采用反爪装夹，如图 2.26（c）所示。

三爪自定心卡盘的特点是能自动定心，对中性好，定心精度可达 0.05～0.15 mm，一般不需找正，装夹工件方便、省时。但因为夹紧力不太大，所以只适用于装夹外形规则的中、小型工件，如圆柱形、正三边形、正六边形工件等。

（2）使用四爪卡盘装夹工件。四爪卡盘的四个卡爪通过四个螺杆独立移动。在四爪卡盘上装夹工件，由于其装夹后不能自动定心，因此每次都必须仔细找正工件的位置，使工件的旋转中心与车床主轴的旋转中心重合后才能车削。

四爪卡盘的优点是夹紧力大，能装夹大型或形状不规则的工件，如非回转体的方形、长方形、椭圆形及毛坯等工件；缺点是找正比较麻烦、费时，装夹效率较低。

质量较重的工件进行装夹时，宜用四爪单动卡盘或其他专用夹具。

4. 光轴零件精度检验

（1）测量外圆。此时使用游标卡尺在圆周面上要同时测量两点，长度方向上测量两端。

（2）测量长度。可选用游标卡尺或钢板尺。

（3）检验表面粗糙度。通过目测类比法进行表面粗糙度的检验，如图 2.27 所示。

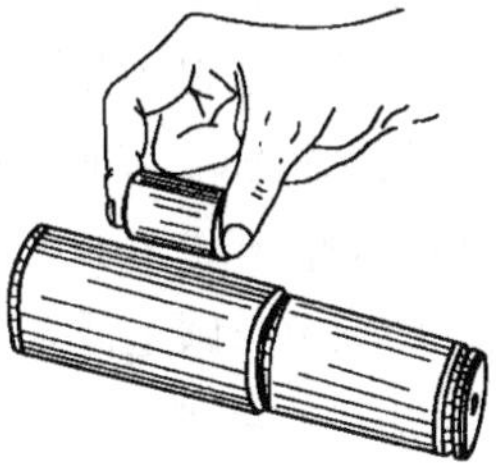

图 2.27　表面粗糙度的检验方法

2.1.3　任务实施

1. 光轴零件机械加工工艺规程编制

参照制定机械加工工艺规程的步骤（详见表 1-9），编制图 2.2 所示光轴零件的机械加工工艺规程。其生产类型为小批量生产，材料为 45#热轧圆钢。

（1）分析光轴的结构和技术要求。

① 零件图的研究和工艺分析。在实际生产制造零件前，必须认真研究零件图，进行技术要求和结构工艺性分析等。

a. 零件图的研究。

i. 检查零件图的完整性和正确性。主要检查零件图是否表达清晰、直观、准确、充分，尺寸、公差、技术要求标注是否齐全、合理。若有错误或遗漏，应提出修改意见。

ii. 分析零件材料选择是否恰当。零件材料尽量采用资源丰富的常用典型材料，如 45#钢、40Cr 等，尽量避免选用贵重金属。同时，所选材料必须具有良好的加工工艺性。

认识金属材料

b. 零件的技术要求分析。分析内容包括以下几个方面。

i. 加工表面的尺寸精度和形状精度。

ii. 各加工表面之间以及加工表面与不加工表面之间的相互位置精度。

iii. 加工表面粗糙度以及表面质量方面的其他要求。

iv. 热处理及其他要求（如动平衡等）。

在工程实际中要结合现有生产条件分析能否实现这些技术要求。在对零件形状和主要表面有了了解之后，就可以基本形成零件的工艺流程，因为主要表面的加工确定了零件工艺过程的大致轮廓。

c. 热处理基本类型。热处理的目的是提高材料的机械性能、消除残余应力和改善金属材料的切削性能。零件加工过程中的热处理按不同的应用目的，大致可分为预备热处理和最终热处理。

i. 预备热处理。预备热处理的目的是改善切削性能，消除内应力，为最终热处理作准备，包括退火、正火、调质和时效处理。

退火和正火用于处理经过热加工的毛坯。退火是将工件加热到适当温度，根据工件材料和尺寸采用不同的保温时间，然后进行缓慢冷却，目的是使金属内部组织达到或接近平衡状态，获得良好的工艺性能和使用性能，或者为进一步淬火做组织准备。正火是将工件加热到适宜的温度后在空气中冷却，其效果与退火相似，只是正火得到的组织更细，常用于改善材料的切削性能，有时也作为对一些要求不高的零件的最终热处理。

含碳量高于 0.5%的碳钢和合金钢，为降低其硬度，使其易于切削，常采用退火处理；含碳量低于 0.5%的碳钢和合金钢，为避免其硬度过低切削时粘刀，采用正火处理。

热处理工艺的种类及应用

调质即是在淬火后进行高温回火处理，能获得均匀细致的回火索氏体组织，为以后的表面淬火和渗氮处理时减少变形做好组织准备，因此调质可作为预备热处理。对于一些硬度和耐磨性要求不高的零件，也可以作为最终热处理。调质处理广泛应用于处理各种重要的结构零件，特别是那些在交变载荷下工作的连杆、螺栓、齿轮及轴类零件等。

时效处理是指某些合金淬火形成过饱和固溶体后，将其置于室温或稍高的适当温度下保持较长时间，以提高合金的硬度、强度等，主要用于消除毛坯制造和机械加工中产生的内应力。简单零件一般可不进行时效处理。

ii. 最终热处理。最终热处理的目的主要是提高零件材料的硬度、耐磨性和强度等力学性能，包括淬火、渗碳淬火和渗氮处理等。

认识钢的表面热处理

淬火是将工件加热保温后，在水、油或其他淬冷介质中快速冷却。淬火分为表面淬火和整体淬火。其中，表面淬火因为变形、氧化及脱碳较小而应用较广，而且表面淬火后的工件还具有外部强度高、耐磨性好，而内部保持良好的韧性、抗冲击力强的优点。

淬火后钢件变硬，但同时变脆。为降低钢件的脆性，将淬火后的钢件在高于室温而低于 650 ℃的某一适当温度进行长时间的保温，然后进行冷却，这种工艺称为回火。

典型零件的热处理过程

渗碳淬火适用于低碳钢和低碳合金钢，先通过渗碳提高零件表层的含碳量，经淬火后使零件表层获得高的硬度，而心部仍保持一定的强度和较高的韧性和塑性。渗碳分为整体渗碳和局部渗碳。局部渗碳时对不渗碳部分要采取防渗措施（镀铜或镀防渗材料）。

渗氮处理是使氮原子渗入金属表面获得一层含氮化合物的处理方法。渗氮层可以提高零件表面的硬度、耐磨性、疲劳强度和抗蚀性。为减小渗氮时的变形，在切削加工后一般需进行消除应力的高温回火。

d. 零件的结构工艺性分析。零件的结构工艺性是指所设计的零件在满足使用性能的前提下，制造的可行性和经济性，包括零件的整个工艺过程的工艺性，如毛坯制作、切削加工、装配和维修时的拆装等的工艺性，涉及面很广、具有综合性。而且，在不同的生产类型和生产条件下，同一种零件制造的可行性和经济性可能不同。因此，在对零件进行工艺性分析时，必须根据具体的生产类型和生产条件，全面、具体、综合、认真地分析零件，审查零件的结构工艺性是否良好、合理，并提出相应的修改意见。

下面将从机械加工及装配和维修两个方面对零件的结构工艺性进行分析。

i. 机械加工对零件结构的要求。零件的结构工艺性包括零件本身结构的合理性与制造工艺的可能性两个方面的内容。机械产品设计在满足产品使用

零件的结构工艺性

要求外，还必须满足制造工艺的要求，否则就有可能影响产品的生产率和制造成本，严重时甚至无法生产。由于切削加工、装配自动化程度的不断提高，工业机器人、机械手的推广应用，以及新材料、新工艺的应用，出现了不少适合新条件的新结构，与传统的机械加工有较大的差别，对这些新结构应充分地予以关注与研究。因此，评价机械产品（零件）工艺性的优劣是相对的，它随着科技的发展和具体生产条件（如生产类型、设计条件、经济性等）的不同而变化。

切削加工对零件结构的一般要求如下。

- 加工表面的几何形状应尽量简单，尽量布置在同一平面上、同一母线上或同一轴线上，减少机床的调整次数。
- 尽量减少加工表面面积，不需要加工的表面不要设计成加工面，要求不高的表面不要设计成高精度、低粗糙度的表面，以便降低加工成本。
- 零件上必要的位置应设有退刀槽、越程槽，便于进刀和退刀，保证加工和装配质量。
- 避免在曲面和斜面上钻孔，避免钻斜孔，避免在箱体内设计加工表面，以免造成加工困难。
- 零件上的配合表面不宜过长；轴头要有导向用的倒角，便于装配。
- 零件上需用成形刀具和标准刀具加工的表面，应尽可能设计成同一尺寸，减少刀具的种类。

零件的结构工艺性直接影响着机械加工工艺过程，使用性能相同而结构不同的两个零件，它们的加工方法和制造成本有较大的差别。

便于装夹。零件的结构应便于加工时的定位和夹紧，并尽量减少装夹次数。

便于加工。刀具应易于接近加工部位，便于进刀、退刀、越程和测量，以及便于观察切削情况等。尽量减少刀具调整和走刀次数；尽量减少加工面积及空行程，提高生产率；零件的结构应尽量采用标准化数值，以便使用标准刀具和量具，尽可能减少刀具种类；尽量减少工件和刀具的受力变形，改善加工条件，便于加工，必要时应便于采用多刀、多件加工。

便于测量。应有适宜的定位基准，且定位基准至加工面的标注尺寸应便于测量。

ii. 装配和维修对零件结构工艺性的要求。零件的结构应便于装配和维修时的拆装。

② 轴类零件的技术要求。一般轴类零件加工以保证尺寸精度和表面粗糙度要求为主，对各表面的形状及其之间的相互位置也有一定要求。

认识轴的外形结构

a. 尺寸精度。其指直径和长度的精度，一般直径精度比长度精度要求严格得多。轴类零件的主要表面一般为两类：一类是与轴承内圈配合的外圆轴颈，即支承轴颈，支承轴颈通常是轴类零件的主要表面，它影响轴的旋转精度与工作状态，精度要求高，通常为 IT5～IT7；另一类为与各类传动件配合的轴颈，即配合轴颈，精度要求稍低，通常为 IT6～IT9。

b. 表面粗糙度。轴的加工表面都有表面粗糙度的要求，一般根据机器的类型以及零件的功能进行区分，或根据加工的可行性和经济性来确定。支承轴颈和重要表面的表面粗糙度 *Ra* 一般为 0.1～0.8 μm；配合轴颈和次要表面的表面粗糙度 *Ra* 一般为 0.8～3.2 μm。零件表面的粗糙度不同，其运转速度也会有所区别。

认识轴的承载类型

c. 形状精度。其主要指支承轴颈的圆度、圆柱度，其误差一般限制在直径公差范围内。对精度要求较高的轴，应在图样上另行规定其形状公差。

d. 位置精度。保证配合轴颈相对支承轴颈的同轴度或径向圆跳动、重要端面对轴心线的垂直度等，是轴类零件位置精度的普遍要求。一般精度的轴，径向圆跳动为 0.01～0.03 mm；高精度的轴（如主轴），径向圆跳动为 0.001～0.005 mm。

③ 轴类零件的材料及热处理。轴类零件应根据不同工作条件和使用要求选用不同的材料及其热处理方式，以获得一定的强度、韧性和耐磨性。

a. 轴类零件的材料。一般轴类零件常选用45#钢，经过调质可得到较好的切削性能，而且能获得较高的强度和韧性等综合力学性能；重要表面经局部淬火后再回火，表面硬度可达45～52 HRC。

中等精度而转速较高的轴可选用40Cr等合金结构钢，经调质和表面淬火处理后，具有较好的综合力学性能。精度较高的轴，可用轴承钢GCr15和弹簧钢65Mn，经调质和表面高频感应淬火后再回火，表面硬度可达50～58 HRC，并具有较高的耐疲劳性能和耐磨性。

高转速、重载荷等条件下工作的轴，可选用20CrMnTi、20Mn2B、20Cr等低碳合金钢或38CrMoAlA中碳合金渗氮钢。低碳合金钢经正火和渗碳淬火后可获得很高的表面硬度、较软的芯部，因此耐冲击韧性好，但热处理变形大。而对于渗氮钢，由于渗氮温度比淬火低，经调质和表面渗氮后变形小而硬度却很高，因此具有很好的耐磨性和耐疲劳强度。

b. 轴类零件的热处理。轴的性能除与所选钢材种类有关外，还与热处理方式有关。轴的锻造毛坯在机械加工之前，均需进行正火或退火处理，使钢材的晶粒细化（或球化），以消除锻造后的残余应力，降低毛坯硬度，改善切削加工性能。

凡要求局部表面淬火以提高表面耐磨性的轴，须在淬火前安排调质处理（有的采用正火）。当毛坯加工余量较大时，调质放在粗车之后、半精车之前，使粗加工产生的残余应力能在调质时消除；当毛坯余量较小时，调质可安排在粗车之前进行。表面淬火一般放在精加工之前，可保证淬火引起的局部变形在精加工中得以纠正。

对于精度要求较高的轴，在局部淬火和粗磨后，还需安排低温时效处理，以消除淬火及磨削中产生的残余奥氏体和残余应力，控制尺寸稳定；对于整体淬火的精密轴，在淬火和粗磨后，要经过较长时间的低温时效处理；对于精度更高的轴，在淬火之后，还要采用冰冷处理等定性处理方法，以进一步消除残余应力，保持轴的精度。

④ 光轴零件的结构和技术要求。如图2.2所示，此零件为圆柱形光轴，直径有两种配合要求：轴的两端与连杆孔是过盈配合，而中间部分则与滚针轴承配合。工件直径为 $\phi 30\ \text{mm} \pm 0.2\ \text{mm}$，总长度为100 mm，表面粗糙度 Ra 全部为6.3 μm。两端倒角均为 $C1$。

（2）明确光轴毛坯状况。

① 毛坯的选择。毛坯选择是否合理对零件质量、金属消耗、机械加工量、生产率和加工过程等都有直接影响。一般来说，采用先进的高精度毛坯制造方法，可制造出形状和尺寸更接近成品零件的毛坯，使机械加工的劳动量减少，材料的消耗降低，从而使机械加工成本降低。但是先进的毛坯制造工艺会使毛坯的制造费用增加，因此在选择毛坯和确定毛坯种类、形状、尺寸及制造精度时，要综合考虑零件设计要求和经济性等因素，以求毛坯选择的最佳合理性。选择毛坯，主要是确定毛坯的种类、形状和尺寸。

毛坯的选择原则

a. 毛坯种类的选择。选择毛坯种类时，主要从以下几方面综合考虑。

i. 零件材料及其力学性能。零件的材料大致确定了毛坯的种类。例如，材料为铸铁和青铜的零件应选择铸件毛坯；钢质零件形状不复杂、力学性能要求不太高、作为一般用途的零件时可选用型材毛坯；对于形状较为复杂、轴类零件直径相差很大或力学性能要求较高的重要钢质零件，应选择锻件毛坯。

ii. 零件的结构形状与外形尺寸。形状复杂的毛坯一般用铸件，薄壁且壁厚精度要求较高的零件不宜用砂型铸造；中小型零件可采用压力铸造等先进铸造方法制造；大型零件可用砂型铸造。一般用途的轴类零件，各阶梯直径相差不大时可用棒料（型材）毛坯；各阶梯直径相差较大时，为减少材料消耗和机械加工的劳动量，宜选择锻件毛坯或采用焊接件毛坯；尺寸大的零件一般选择自由锻造，中小型零件可选择模锻件；一些小型零件可作成整体毛坯。

iii. 生产类型。不同的生产类型决定了不同的毛坯制造方法。大量生产的零件毛坯应选择精度和生产率都比较高的先进制造方法，如铸件采用金属模机器造型或精密铸造，锻件采用模锻、精锻，型材采用冷轧或冷挤压等，零件产量较小时，为了降低成本，可选择精度和生产率较低的毛坯制造方法，如木模手工造型铸造或自由锻造等。

iv. 现有生产条件。确定毛坯的种类及制造方法，必须考虑具体的生产条件，如毛坯制造的工艺水平、设备状况及对外协作的可能性等。

v. 利用新工艺、新技术和新材料的可能性。随着机械制造技术的发展，毛坯制造方面的新工艺、新技术和新材料的应用也发展很快。例如，精铸、精锻、冷挤压、粉末冶金和工程塑料等在机械中的应用日益增加，采用这些方法大大减少了切削加工量，甚至可以不需要切削加工就能达到精度要求，大大提高了经济效益。在选择毛坯时应对其给予充分考虑，在可能的条件下尽量采用。

b. 毛坯形状和尺寸的确定。毛坯形状和尺寸基本上取决于零件形状和尺寸。毛坯和零件的主要差别在于毛坯需要在加工的表面上加上一定的机械加工余量，即毛坯加工余量。毛坯制造时，同样会产生误差，毛坯制造的尺寸公差称为毛坯公差。毛坯加工余量和公差的大小直接影响机械加工的劳动量和原材料的消耗，从而影响产品的制造成本。因此，现代机械制造技术的发展趋势之一，便是通过毛坯精化，使毛坯的形状和尺寸尽量和零件一致，力求做到少或无切削加工。毛坯加工余量和公差的大小与毛坯的制造方法有关，生产中可参考有关工艺手册或有关企业、行业标准来确定。

毛坯图的画法与绘制步骤

在确定了毛坯加工余量以后，除将毛坯加工余量附加在零件相应的加工表面上外，毛坯的形状和尺寸还要考虑毛坯制造、机械加工和热处理等多方面工艺因素的影响。在这种情况下，毛坯的形状可能与工件的形状有所不同，如先采用合件毛坯或整体毛坯，然后再根据工件形状需要进行切割，或根据机械加工工艺需要设置工艺凸台等。

② 轴类零件的毛坯。轴类零件根据使用要求、生产类型、设备条件及结构特点，最常选用的毛坯形式是棒料和锻件，只有某些大型或结构复杂的轴（如曲轴），在质量允许时才采用铸件。对于外圆直径相差不大的轴，一般以热轧或冷拉的圆棒料为主；而对于外圆直径相差大的阶梯轴或重要的轴，宜选用锻件，而且毛坯经过锻造后，可使金属内部纤维组织沿表面均匀分布，获得较高的抗拉、抗弯及抗扭强度。

③ 光轴零件的毛坯选择。如图 2.2 所示，光轴零件材料为 45#钢，单件小批量生产，且属于一般轴类零件，故选择 ϕ35 mm 的 45#热轧圆钢做毛坯，可满足要求。

（3）选择定位基准。制定机械加工工艺规程时，基准的选择是否合理将直接影响零件加工表面的尺寸精度和相互位置精度，同时对加工顺序的安排也有重要影响。基准选择不同，工艺过程也将随之而不同，当使用夹具装夹工件时，定位基准的选择还会影响夹具结构的复杂程度。因此，正确合理地选择定位基准是制定机械加工工艺规程的一项重要工作。

① 定位基准的选择。选择定位基准时应符合下列要求。

- 各加工表面应有足够的加工余量，非加工表面的尺寸、位置要符合设计要求。
- 定位基面应有足够大的接触面积和分布面积，以承受足够大的切削力，保证定位稳定可靠。

（注：加工余量是指加工过程中从加工表面切除的金属层厚度。加工余量可分为总加工余量和工序余量。具体内容详见任务 2.2 中相关内容。）

定位基准的选择，是从保证工件加工精度要求出发的，因此定位基准的选择应先选择精基准，再选择粗基准。

a. 精基准的选择原则。精基准的选择主要应从保证零件的加工精度、减少定位误差、装夹方便以及便于加工等方面来考虑。其选择原则如下。

精基准的选择原则典型案例

i. 基准重合原则。选择设计基准作为定位基准，以避免定位基准与设计基准不重合而引起的基准不重合误差。

基准不重合误差示例如图 2.28 所示，调整法加工 C 面时，以 A 面定位，定位基准 A 与设计基准 B 不重合。如图 2.28 所示，此时尺寸 c 的加工误差不仅包含本工序的加工误差（Δj），而且还包括由于基准不重合带来的设计基准和定位基准之间的尺寸误差，其大小为尺寸 a 的公差值（T_a），这个误差称为基准不重合误差，如图 2.28（c）所示。从图 2.28 中可以看出，欲加工尺寸 c 的误差包括Δj 和 T_a，为了保证尺寸 c 的精度（T_c）要求，应使

$$\Delta j + T_a \leqslant T_c \tag{2-1}$$

当尺寸 c 的公差值 T_c 已定时，由于基准不重合而增加了 T_a，因此就必将缩小本工序的加工误差Δj 的允许值，也就是要提高本工序的加工精度，增加了加工难度和成本。

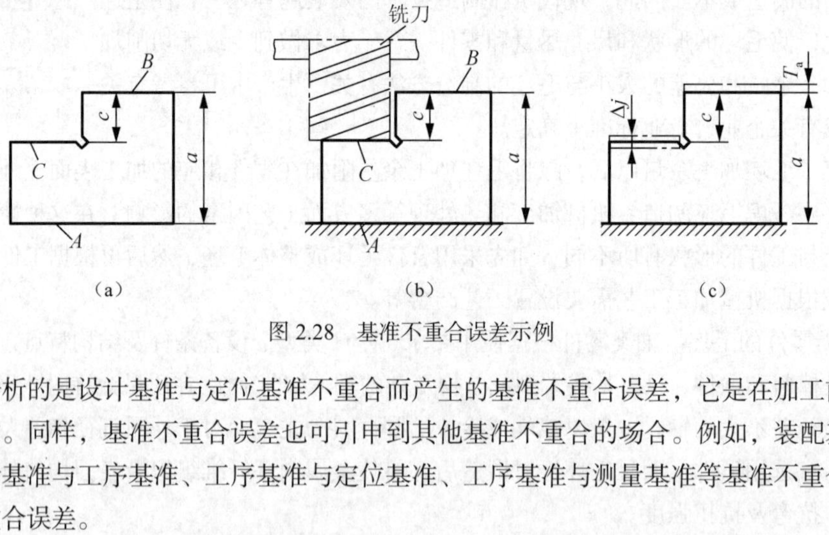

（a）　　（b）　　（c）

图 2.28　基准不重合误差示例

上面分析的是设计基准与定位基准不重合而产生的基准不重合误差，它是在加工前的定位过程中产生的。同样，基准不重合误差也可引申到其他基准不重合的场合。例如，装配基准与设计基准、设计基准与工序基准、工序基准与定位基准、工序基准与测量基准等基准不重合时，都会有基准不重合误差。

特别提示

应用本原则时，要注意应用条件。定位过程中的基准不重合误差是用调整法、在专用夹具中装夹加工一批工件时产生的。若用试切法，加工尺寸可直接测量、直接保证，就不存在基准不重合误差。

ii. 基准统一原则。尽可能选用统一的定位基准加工各表面，如轴类零件的中心孔即为统一的定位基准，齿轮零件的内孔与端面也是基准统一的例子之一。其优点如下。

- 简化工艺规程的制定，使各工序所用的夹具相对统一，从而减少了夹具数量，节约夹具设计和制造的时间和成本，缩短生产准备周期。
- 可在一次安装中加工更多的表面，提高了生产率。
- 一次安装加工出的各表面，减少了基准转换，便于保证各加工面的相互位置精度。

基准统一时，若统一的基准和设计基准一致，则又符合基准重合原则，此时能获得较高的精度，这是最理想的定位方案。

出现基准不重合、不能保证加工精度时，应改用设计基准定位，不应强求基准统一。或在零件加工的整个过程中采用先基准统一、后基准重合的原则。

工件上存在多个加工面时，可设法在工件上找到一组基准或增加辅助基准。

一次装夹加工多个表面，多个表面间的尺寸及相互位置精度与定位基准的选择无关，而是取决于加工多个表面的各主轴及刀具间的位置精度和调整精度。

iii. 自为基准原则。选择加工表面本身作为定位基准。在加工余量小而均匀的精加工中，常以加工表面本身作为定位基准。遵循自为基准原则时，不能提高加工表面的位置精度，只能提高其本身的精度。例如，磨削床身导轨面时，就以床身导轨面作为定位基准，用百分表找正定位，机床导轨面自为基准示例如图 2.29 所示。此时，床脚平面只是起支承平面的作用，而非定位基面。此外，用浮动镗刀镗孔、用拉刀拉孔、用无心磨床磨外圆等，均为自为基准的实例。光整加工一般都是采用自为基准，如珩磨、研磨、超精加工等。

iv. 互为基准原则。当对零件上两个相互位置精度要求比较高的表面进行加工时，可以用两个表面互为基准，反复进行加工。例如，精度较高的轴套零件，内、外圆的同轴度要求较高，此时内、外圆的加工就可以采取互为基准的原则。

v. 保证工件定位准确、夹紧可靠、操作方便的原则。选择精基准时还应考虑使工件定位准确、夹紧可靠、夹具结构简单、操作方便等。

b. 粗基准的选择原则。选择粗基准时，重点考虑各加工表面有足够的余量及后续加工表面间的相互位置，并能尽快获得精基准，其选择原则如下。

粗基准的选择原则
典型案例

i. 相互位置要求的原则。对于具有不加工表面的零件，为保证不加工表面与加工表面之间的相互位置精度，一般应选择不加工表面作为粗基准。

如果零件上有多个不加工表面，应以其中与加工表面相互位置精度要求较高的不加工表面为粗基准，以便保证精度，且使外形对称。

ii. 余量分配原则。粗基准的选择应能合理分配各加工表面的加工余量，具体要求如下。

- 应保证各主要加工表面都有足够的加工余量。为满足这个要求，应选择毛坯余量最小的表面作为粗基准。如图 2.30 所示的阶梯轴，应选择 ϕ55 mm 外圆表面作为粗基准。

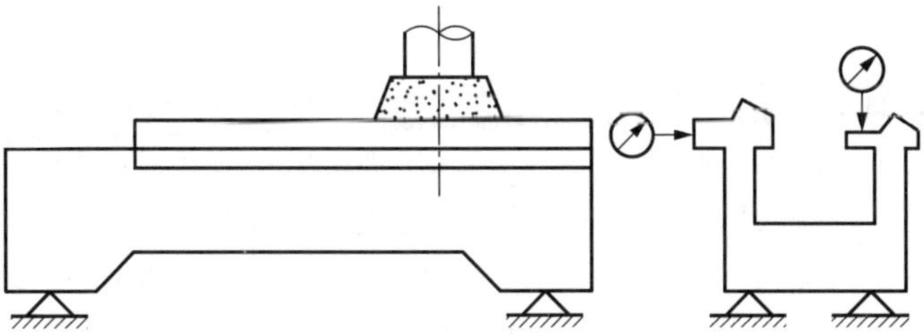

图 2.29　机床导轨面自为基准示例

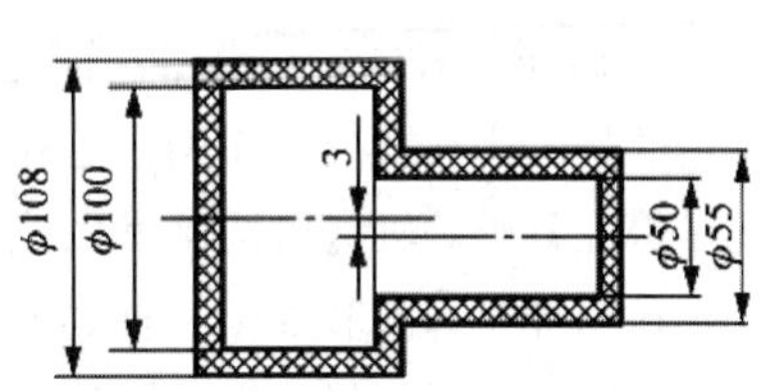

图 2.30　阶梯轴

• 应选择重要表面自身为粗基准，保证其表面加工余量小而均匀。如图 2.31 所示的床身导轨表面是重要表面，要求耐磨性好、在整个导轨面内具有大体一致的力学性能。在加工导轨时，要使导轨加工余量适当而且均匀，应选择导轨表面作为粗基准加工床身底面，如图 2.31（a）所示，然后以底面为基准加工导轨表面，如图 2.31（b）所示。

• 如果零件上有多个重要表面都要求保证余量均匀，则应选加工余量要求最严的表面作为粗基准，以避免此表面在加工时因余量不足而留下部分毛坯面造成废品。

• 为使零件各加工表面总的金属切除量为最少，应选择零件上那些加工面积大、形状复杂、加工量大的表面为粗基准。如床身零件加工，应选择导轨表面为粗基准。

iii. 保证定位可靠的原则。选作粗基准的表面应平整光洁，避开锻造飞边和铸造浇口、冒口、分型面、毛刺等缺陷，以保证定位稳定、夹紧可靠。

iv. 不重复使用粗基准的原则。粗基准应避免重复使用，在同一尺寸方向上通常只能使用一次，以免产生较大的定位误差。如图 2.32 所示的小轴加工，若重复使用 *B* 面加工 *A* 面、*C* 面，则 *A* 面和 *C* 面的轴线将产生较大的同轴度误差。

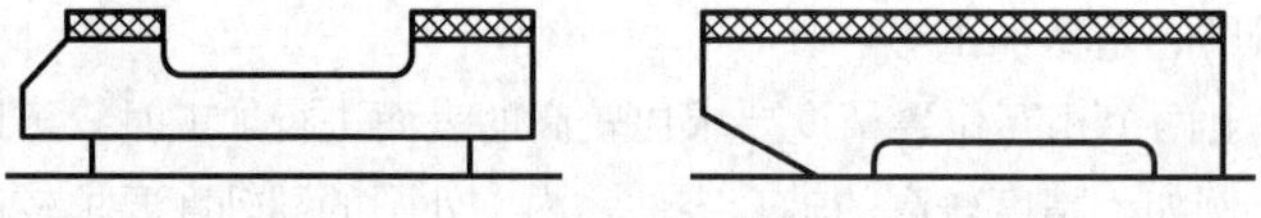
（a）　（b）

图 2.31　床身导轨表面

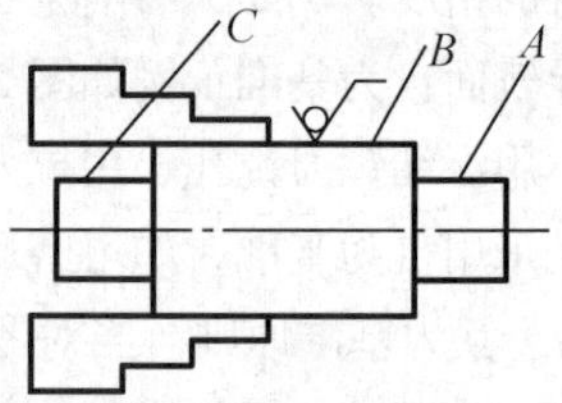

图 2.32　小轴加工

实际生产中，无论是粗基准还是精基准的选择，上述原则都不可能同时满足，有时甚至相互矛盾。因此，在选择定位基准时，必须结合具体情况具体分析，权衡利弊，保证零件的主要设计要求。

c. 辅助基准的应用。工件定位时，为保证加工表面的相互位置精度，大多优先选择设计基准或装配基准作为主要定位基准，这些基准一般为零件上的主要表面。但有些零件在加工中，为装夹方便或易于实现基准统一，会人为地制造一种定位基准。例如，毛坯上的工艺凸台和轴类零件的中心孔，这些表面不是零件上的工作表面，只是为满足工艺需要在工件上专门设计的定位基准，即辅助基准。

此外，某些零件上的次要表面（非配合表面）会因工艺上宜作为定位基面而被提高加工精度和表面质量，以便定位时使用，这种表面也称为辅助基准。例如，丝杠的外圆表面，从螺纹副的传动来看，它是非配合的次要表面，但在丝杠螺纹的加工中，外圆表面往往作为定位基面，其圆度和圆柱度直接影响到螺纹的加工精度，所以要提高外圆表面的加工精度，并降低其表面粗糙度值。

② 轴类零件的定位基准。轴类零件各表面的设计基准一般是其中心线，加工时的定位基面最常用的是两中心孔。采用两中心孔作为定位基面，不仅能在一次装夹中加工出多处外圆和端面，还可保证各外圆轴线的同轴度以及端面与轴线的垂直度要求，符合基准统一的原则。

在粗加工外圆和加工长轴类零件时，为提高工件刚度，常采用一夹一顶的方式，即轴的一端外圆用卡盘夹紧，另一端用尾座顶尖顶住中心孔，此时是以外圆和中心孔共同作为定位基面。

③ 光轴零件的定位基准。选择光轴零件的外圆表面作为定位基面进行加工。

（4）拟定工艺路线。内容参见项目 1 中的表 1-9，具体如下。

常用加工方法的加工经济精度和表面粗糙度

① 确定单个表面加工方法。表面加工方法的选择应满足加工质量、生产率和经济性各方面的要求。了解和掌握各种加工方法的特点、加工经济精度及经济粗糙度的概念是正确选择表面加工方法的前提条件。

a. 加工经济精度。加工经济精度是指在正常加工条件下（采用符合质量标准的设备、工艺装备和标准技术等级的工人、不延长加工时间）所能保证的加工精度。在相同条件下，获得的表面粗糙度即为经济粗糙度。各种加工方法所能达到的加工经济精度和经济粗糙度等级在需要时可在《金属切削加工工艺人员手册》中查阅。

满足同样精度要求的加工方法有很多，应先根据经验或查表法确定能够满足图样技术要求的加工方法，再根据实际情况或通过工艺验证进行修改。另外还需考虑以下问题。

i. 工件材料的性质。各种加工方法对工件材料及其热处理状态有不同的适用性。淬火钢的精加工要采用磨削；为避免磨削时堵塞砂轮，有色金属的精加工则要用高速精细车削或精细镗（金刚镗）。

ii. 工件的形状和尺寸。工件的形状和加工表面的尺寸大小不同，采用的加工方法和加工方案往往不同。例如，对于 IT7 级精度的孔，采用镗、铰、拉和磨削等都可达到要求。一般情况下，大孔常常采用粗镗→半精镗→精镗的方法，小孔宜采用钻→扩→铰的方法。

iii. 生产类型、生产率和经济性。选择加工方法要与生产类型相适应。大批量生产时应选用高生产率和质量稳定的加工方法；单件小批量生产时应尽量选择通用设备，避免采用非标准的专用刀具进行加工。例如，铣削或刨削平面的加工精度基本相当，但由于刨削生产率低，因此除特殊场合外（如狭长表面加工），在成批以上生产中已逐渐被铣削所代替。对于孔加工来说，由于镗削加工刀具简单、通用性好，因此广泛应用于单件小批量生产中。内孔键槽的加工方法可以选择拉削和插削，单件小批量生产主要适用插削，可以获得较好的经济性；而大批量生产中，为提高生产率，大多采用拉削加工。

iv. 具体的生产条件。工艺人员必须熟悉工厂现有的加工设备及其工艺能力、工人的技术水平，以充分利用现有设备和工艺手段。同时，也要注意不断引进新技术，对老旧设备进行技术改造，挖掘企业潜力，不断提高工艺水平。

b. 外圆表面的加工路线。确定外圆表面的加工方法，初学者一般可根据各表面的加工精度和粗糙度要求，从表 2-4 所示常用外圆表面加工路线中选择合理的加工方法及加工路线。

表 2-4　常用外圆表面加工路线

序号	加工方法	经济精度（IT）	经济表面粗糙度 *Ra*/μm	适用范围
1	粗车	13～11	25～12.5	适用于淬火钢以外的各种金属
2	粗车→半精车	10～8	6.3～3.2	
3	粗车→半精车→精车	8～6	1.6～0.8	
4	粗车→半精车→精车→抛光（滚压）	8～6	0.2～0.025	
5	粗车→半精车→磨削	8～6	0.8～0.4	适用于淬火钢和未淬火钢，但不宜加工强度低、韧性大的有色金属
6	粗车→半精车→粗磨→精磨	7～6	0.4～0.2	

续表

序号	加工方法	经济精度（IT）	经济表面粗糙度 Ra/μm	适用范围
7	粗车→半精车→粗磨→精磨→超精加工	5～3	0.2～0.008（或 Rz0.1）	适用于淬火钢和未淬火钢，但不宜加工强度低、韧性大的有色金属
8	粗车→半精车→精车→精细车（金刚车）	6～5	0.4～0.025	主要用于要求较高的有色金属加工
9	粗车→半精车→粗磨→精磨→超精磨（或镜面磨）	5 级以上	0.025～0.006（或 Rz0.05）	极高精度的外圆加工
10	粗车→半精车→粗磨→精磨→研磨（或光整加工）	5 级以上	0.025～0.006（或 Rz0.05）	外圆柱面的研磨

知识拓展

外圆表面光整加工技术

外圆表面光整加工用于尺寸公差等级 IT5 以上或表面粗糙度 Ra 低于 0.1 μm 的加工表面。常用的光整加工方法有镜面磨削、研磨、超精加工、双轮珩磨等。需要时，可查阅相关专业书籍或技术资料，了解其工作原理和特点。

c. 光轴零件表面的加工方案。如图 2.2 所示，光轴零件表面是回转面，根据其加工表面尺寸精度及表面粗糙度要求，可采用粗车、精车的加工方案。

② 划分加工阶段。

a. 加工阶段的划分。当零件精度和表面粗糙度要求较高时，往往不可能在一两个工序中完成全部的加工工作，而必须划分几个阶段来进行。一般来说，整个加工过程可分为粗加工、半精加工、精加工等几个阶段；对于尺寸精度和表面粗糙度要求很高的表面，还可以增设光整加工和超精加工阶段。加工过程中将粗、精加工分开进行，由粗到精使工件逐步达到所要求的精度水平。各加工阶段的主要任务如下。

i. 粗加工阶段。这一阶段的主要任务是切除毛坯表面的大部分余量，使工件在形状、尺寸上接近成品，并制出精基准。此阶段的关键问题是如何提高生产率。

当毛坯余量较大、表面非常粗糙时，在粗加工阶段前还可以安排荒加工阶段。为能及时发现毛坯缺陷、减少运输量，荒加工阶段常在毛坯准备车间进行。

ii. 半精加工阶段。这一阶段的任务是减小粗加工留下的误差，为主要表面的精加工做好准备，同时完成零件上一些次要表面的加工。

iii. 精加工阶段。这一阶段的任务是从工件上切除少量加工余量，保证各主要表面达到图样规定的加工精度和表面粗糙度要求。这一阶段的主要问题是如何保证加工质量。

iv. 光整加工阶段。这一阶段的加工余量极小，主要任务是减小表面粗糙度值和进一步提高精度，一般不能用于纠正表面形状误差及位置误差。

在生产中，对零件加工过程进行加工阶段划分有以下作用。

- 保证加工质量。划分加工阶段后，粗加工的加工余量很大、切削变形大，工件会出现较大的加工误差，通过半精加工和精加工误差可逐步得到纠正，以保证加工质量。

- 合理使用设备。划分加工阶段后，可以充分发挥粗、精加工设备的性能特点，避免以精干粗，做到合理使用设备，延长高精度机床的使用寿命。
- 便于安排热处理工序。划分加工阶段后，便于热处理工序的安排，使冷、热工序配合更好，避免工件变形。例如，粗加工阶段前后，要安排去应力等预备热处理；精加工前则要安排淬火等最终热处理，最终热处理后工件的变形可以通过精加工工序予以消除。
- 便于及时发现毛坯缺陷。毛坯的有些缺陷往往在加工后才暴露出来。粗、精加工分开后，粗加工阶段就可以及时发现和处理毛坯缺陷。同时，精加工工序安排在最后，可以避免已加工好的表面在搬运和夹紧中受到损伤。

划分加工阶段是对整个工艺过程而言的，以工件加工表面为主线进行划分，不应以个别表面和个别工序来判断。对于具体的工件，加工阶段的划分不是绝对的，还应灵活掌握。对于加工质量要求不高、工件刚性好、毛坯精度高、余量较小的工件，可少划分或不划分加工阶段。

b. 轴类零件在进行外圆加工时，会因切除大量金属后引起残余应力重新分布而变形。应将粗、（半）精加工分开，先粗加工，再进行半精加工和精加工，主要表面的精加工放在最后进行。各加工阶段大致以热处理为界。

c. 如图2.2所示光轴零件的加工阶段划分为两个阶段，即粗车、精车。

③ 确定加工顺序。一个零件的机械加工工艺路线包含机械加工工序、热处理工序以及辅助工序等，为使被加工零件达到技术要求，并且做到生产的高效率、低成本，在拟定工艺路线时必须将三者统筹考虑，合理划分工序并安排这些工序的顺序。

a. 工序的划分。在确定了工件上各个表面的加工方法和划分好加工阶段后，就可以将同一加工阶段中各个表面的加工组合成若干工序。安排加工工序时可以采取两种不同的原则：工序集中和工序分散。它和设备类型的选择密切相关。

工序集中就是将工件的加工集中在少数几道工序内完成，每道工序的加工内容较多。工序分散就是将工件的加工分散在较多的工序内进行，每道工序的加工内容很少，最少时每道工序仅有一个简单的工步。

i. 工序集中的特点。

- 采用高效率专用设备和工艺装备，生产率高。
- 减少了工件装夹次数，易于保证各表面间相互位置精度，还能减少工序间的运输量。
- 工序数目少，机床数量、操作工人数和生产面积都可减少，还可以简化生产。
- 如果采用结构复杂的专用设备及工艺装备，则投资巨大，调整和维修复杂，生产准备工作量大，转换新产品比较费时。

ii. 工序分散的特点。

- 设备和工艺装备比较简单，调整和维修方便，易适应产品变换。
- 可采用最合理的切削用量，减少基本时间。
- 设备和工艺装备数量多，操作工人多，生产占地面积大。

工序集中和工序分散各有特点，在拟定机械加工工艺路线时，工序是集中还是分散，即工序数量是多是少，主要取决于生产规模、产品的生产类型、现有的生产条件、零件的结构特点和技术要求、各工序的生产节拍。一般情况下，单件小批量生产时，多将工序集中，以便简化生产组织工作；大批量生产时，既可采用多刀、多轴或数控机床等高效率机床将工序集中，也可将工序分散后组织流水线生产。对于重型零件，为减少装卸运输工作量，工序应适当集中；对于刚性较差且精度高的精密工件，则工序应适当分散。随着先进制造技术的发展与进步，目前的发展趋势是倾向于工序集中。

b. 工序顺序的安排。

i. 机械加工工序安排。机械加工工序的安排，一般应遵循以下原则。

- 先粗后精。零件分阶段进行加工时一般应遵守“先粗后精”的加工顺序，即先进行粗加工，中间安排半精加工，最后安排精加工和光整加工。

- 先主后次。零件加工时先安排零件的装配基面和工作表面等主要表面的加工，后安排如键槽、紧固用的光孔和螺孔等次要表面的加工。

- 基准先行。确定为精基准的表面应安排在起始工序进行加工，以便尽快为后面工序的加工提供定位精基准。

- 先面后孔。对于箱体、支架类零件，其主要加工表面是孔和平面，一般先以主要孔为粗基准加工平面，再以平面为精基准加工孔或孔系，以保证平面和孔的位置精度要求。

此外，安排加工顺序还要考虑设备布置情况。如当设备呈机群式布置时，应尽量把相同工种的工序安排在一起，避免工件在加工中往返流动。

ii. 热处理工序安排。

- 预备热处理。包括退火、正火、调质和时效处理。

退火和正火安排。退火和正火常安排在毛坯制造之后、粗加工之前进行。如采用锻件毛坯，必须首先安排退火或正火处理。

调质安排。调质既可作为预备热处理，也可以作为最终热处理，一般安排在粗加工之后进行。当然，对淬透性好、截面积小或切削余量小的毛坯，为方便生产也可把调质安排在粗加工之前进行。

时效处理安排。为减少运输工作量，对于一般精度的工件，在精加工之前安排一次时效处理即可。但精度要求较高的工件（如坐标镗床的箱体），应安排两次或数次时效处理工序。对于大而复杂的铸造毛坯件（如机架、床身等）及刚度较差的精密零件（如精密丝杠），为消除加工中产生的内应力，稳定工件加工精度，需在粗加工之前及粗加工与半精加工之间安排多次时效处理。有些轴类零件加工，在校直工序后也要安排时效处理。简单零件一般可不进行时效处理。

- 最终热处理。包括淬火、渗碳淬火及渗氮处理等。

淬火安排。淬火分为表面淬火和整体淬火。为提高表面淬火零件的机械性能，常需进行调质或正火等热处理作为预备热处理。其工艺路线一般为：下料→锻造→正火（退火）→粗加工→调质→半精加工→表面淬火→精加工。

渗碳淬火安排。渗碳分整体渗碳和局部渗碳。由于渗碳淬火变形较大，且渗碳深度一般在 0.5～2 mm，因此渗碳淬火工序通常安排在半精加工之后、精加工之前进行。其工艺路线一般为：下料→锻造→正火（退火）→粗、半精加工→渗碳淬火→精加工。

当局部渗碳零件的不渗碳部分采用加大余量后切除多余的渗碳层的工艺方案时，切除多余渗碳层的工序应安排在渗碳后、淬火前进行。

渗氮处理安排。由于渗氮处理温度低、变形小且渗氮层薄（一般不超过 0.6～0.7 mm），因此渗氮处理工序应尽量靠后安排，一般安排在精加工或光整加工之前。为减小渗氮时的变形，在切削加工后一般需进行消除应力的高温回火。

iii. 辅助工序安排。辅助工序一般包括工件的检验、清洗、去毛刺、防锈、退磁等。若辅助工序安排不当或有遗漏，将会给后续工序和装配带来困难，影响产品质量甚至机器的使用性能。

因此，必须十分重视辅助工序的安排。

- 检验工序。检验是最主要也是必不可少的辅助工序，它对保证产品质量有重要的作用。零件加工过程中除安排工序自检之外，还应在下列场合安排检验工序。

粗加工全部结束之后、精加工之前。

工件转入、转出车间前后，特别是进入热处理工序的前后。

重要工序加工之前或加工工时较长的工序前后。

特种性能检验，如磁力探伤、密封性检验等之前。

全部加工工序完成后。

- 清洗和去毛刺。零件在研磨、珩磨等光整加工之后，砂粒易附在工件表面上，在最终检验工序前应将工件清洗干净。在气候潮湿的地区，为防止工件氧化生锈，在工序间和零件入库前，也应安排清洗、上油工序。

对于切削加工后在零件上留下的毛刺，由于会对装配质量甚至机器的性能产生影响，因此应当去除。

- 其他工序。零件加工过程中还应根据需要安排平衡、防锈、退磁等其他工序。

c. 光轴零件的机械加工工艺路线。零件无热处理要求，其加工工艺路线为：下料→粗车端面→粗车外圆→精车端面→精车外圆→倒角→预切断→倒角→切断→检验。

（5）设计工序内容。

① 由图 2.2 光轴零件各工序加工余量、工序尺寸及其公差如下。

a. 毛坯下料尺寸为 $\phi 35 \times 125$。

b. 粗车时，外圆尺寸按图样加工尺寸均留精加工余量 1 mm。

c. 精车时，外圆尺寸车到图样规定尺寸。

d. 预切断、切断时，长度尺寸最终车到图样规定尺寸。

② 车削用量的选择。车外圆一般分粗、精车，切削用量的推荐数值分别如下。

a. 粗车。一般为 $a_p = 1 \sim 5$ mm，$f = 0.3 \sim 0.8$ mm/r。在确定 a_p、f 之后，可根据刀具材料和机床功率确定切削速度 v_c。

在生产中加大背吃刀量对提高生产率最有利。此外，适当加大进给量，选用中等或中等偏低的切削速度，一般硬质合金车刀车钢件的切削速度取 50～60 m/min、车铸件的切削速度取 40～50 m/min；高速钢车刀车钢件的切削速度取 30～50 m/min。

b. 精车。精车要保证零件的尺寸精度和表面粗糙度要求，生产率应在此前提下尽可能提高。一般先选择较高的切削速度 v_c($v_c \geqslant 60$ m/min)，如硬质合金车刀车钢件的切削速度取 100～200 m/min、车铸件的切削速度取 60～100 m/min；然后确定 f（适当减小，一般 $f = 0.08 \sim 0.2$ mm/r）；最后决定 a_p，一般取 0.3～1 mm。

（6）填写工艺文件。综上所述，填写光轴零件的机械加工工艺过程卡片，见表 2-5。

2. 光轴零件机械加工工艺规程实施

根据现有生产条件，以班级学习小组为单位，由小组成员共同编制图 2.2 所示光轴零件的机械加工工艺过程卡片，并由企业兼职教师与小组成员商讨零件加工步骤，根据工艺规程共同完成零件的加工，最后对加工后的零件进行检验，判断零件合格与否。其中，工艺准备和环境卫生整理等工作可利用第二课堂时间完成。

光轴车削加工步骤

表 2-5　　光轴零件的机械加工工艺过程卡片

（企业名称）	机械加工工艺过程卡片	产品型号		零（部）件图号		共 1 页
		产品名称		零（部）件名称	光轴	第 1 页

材料牌号	45	毛坯种类	棒料	毛坯外形尺寸	$\phi35\times125$	每毛坯件数		每台件数		备注	

工序号	工序名称	工序内容	车间	工段	设备	工艺装备	工时 准终	工时 单件
1	下料	$\phi35\times125$	金工		锯床			
2	车	（1）粗车端面车平即可			CA6140	45°端面车刀、三爪自定心卡盘、90°外圆车刀、游标卡尺		
		（2）粗车外圆至 $\phi31$，长度保证 105 mm						
		（3）精车端面车平即可，保证粗糙度 $Ra6.3$ μm						
		（4）精车 $\phi31$ mm 外圆至 $\phi30$ mm±0.2 mm，长度 105 mm，粗糙度 Ra 为 6.3 μm						
		（5）倒角：轴头倒角 $C1$						
		（6）预切断：用切断刀切槽深 5 mm，保证长度为 100 mm				切断刀		
		（7）倒角：轴头倒角 $C1$				45°端面车刀		
		（8）切断：用切断刀，使工件从棒料上切除				切断刀		
3	检	按零件图各项要求检验						

										设计（日期）	审核（日期）	标准化（日期）	会签（日期）	
标记	处数	更改文件号	签字	日期	标记	处数	更改文件号	签字	日期					

根据生产实际或结合教学设计，参观生产现场或观看相关加工视频。

（1）车刀的刃磨。刀具的刃磨分为砂轮刃磨和研磨，两种刃磨方法都有机械和手工之分。机械刃磨通常采用工具磨床等专用设备，特点是效率高、质量好、操作方便，一般用于刃磨复杂刀具，在有条件的工厂应用较多。手工刃磨灵活，对设备要求低，一般只用于刃磨精度要求不高的简单刀具，高速钢车刀和焊接车刀目前仍普遍采用手工刃磨。

车刀的刃磨

① 车刀的手工刃磨。刃磨车刀时必须根据刀具材料选择砂轮的种类，否则达不到良好的刃磨效果。目前常用的磨刀砂轮有两种：一种是氧化铝砂轮（白色）；另一种是碳化硅砂轮（绿色）。氧化铝砂轮的砂粒韧性好、比较锋利，但硬度稍低，用来刃磨高速钢车刀和硬质合金车刀的刀杆部分；碳化硅砂轮的砂粒硬度高、切削性能好，但较脆，一般用来刃磨硬质合金刀头。

② 车刀的手工研磨。手工车刀刃磨后，其切削刃有时不够平滑光洁、刃口呈锯齿形，这样的车刀切削时会直接影响工件表面粗糙度，而且降低车刀寿命；对于硬质合金车刀，在切削过程中还容易产生崩刃现象。因此，对手工刃磨后的车刀需用磨石进行研磨（见图 2.33），此时手持磨石要平稳。磨石与车刀被研磨表面接触时，要贴平需要研磨的表面平稳移动，推时用力，回来时不用力。研磨后的车刀，应消除刃磨的残留痕迹，刃面的表面粗糙度应达到要求。

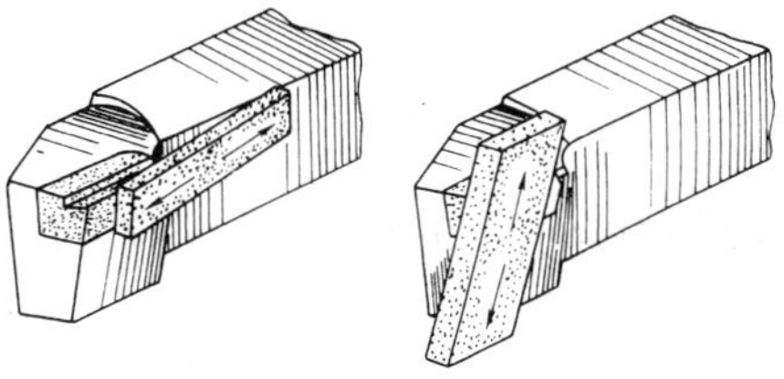

图 2.33　用磨石研磨车刀

③ 切断刀的刃磨。切断刀刃磨前，应先把刀杆底面磨平。刃磨时，先磨两个副后面，保证获得完全对称的两侧副偏角、两侧副后角和主切削刃的宽度；其次磨主后面，获得主后角，必须保证主切削刃平直；最后磨前角和卷屑槽。为了保护刀尖，可在两边尖角处各磨出一个圆弧过渡刃。

（2）用三爪自定心卡盘装夹工件。装夹工件时，为确保安全，应将主轴变速手柄置于空挡位置。右手持稳工件，使工件轴线与卡爪保持平行，左手转动卡盘扳手将卡爪拧紧，如图 2.34 所示。用三爪自定心卡盘装夹已经过精加工的表面时，装夹表面应包一层铜皮，以免夹伤工件表面。

三爪自定心卡盘虽能自动定心，但是在装夹稍长的工件或加工同轴度要求较高的工件时，因工件离卡盘较远处的中心不一定与车床主轴中心线一致，有时三爪自定心卡盘使用时间较长，失去了应有的精度，要用划针盘或目测找正工件轴线（见图 2.35）。将划针尖靠近轴端外圆，左手转动卡盘，右手移动划线盘，使针尖与外圆的最高点刚好未接触到，然后目测外圆与划针尖之间的间隙变化；当出现最大间隙时，用锤子将工件轻轻向划针方向敲击，要求间隙约缩小 1/2；再重复检查和找正，直至跳动量小于加工余量。

操作熟练时，可用目测法进行找正。工件找正后，用力夹紧（见图 2.36）。

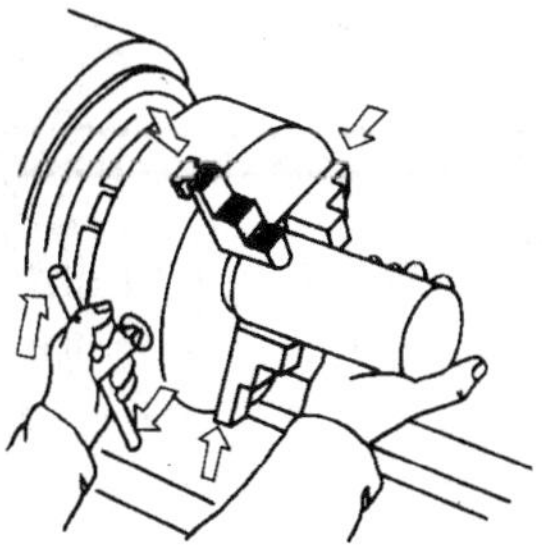

图 2.34　装夹工件

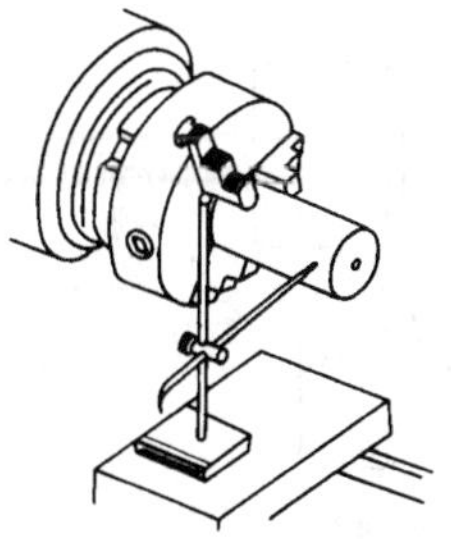

图 2.35　找正工件轴线

图 2.36　夹紧工件的操作姿势

（3）端面车削技术。

① 启动机床前做好各项准备工作及安全检查。用手转动卡盘一周，检查有无碰撞处，并调整车床主轴转速。

端面的车削要领

② 选用和装夹端面车刀。常用端面车刀有 45° 车刀和 90° 车刀（见图 2.37）。

车端面时要求车刀刀尖严格对准工件中心，高于或低于工件中心都会使端面中心处留有凸台，并损坏刀尖（见图 2.38）。

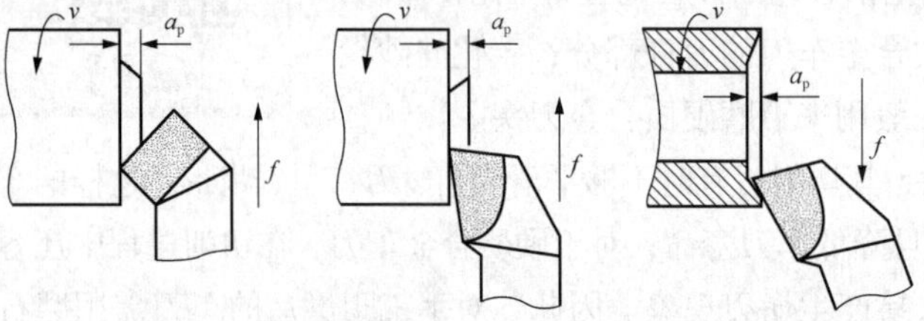

（a）45° 车刀车端面　（b）90° 车刀车端面

图 2.37　车端面

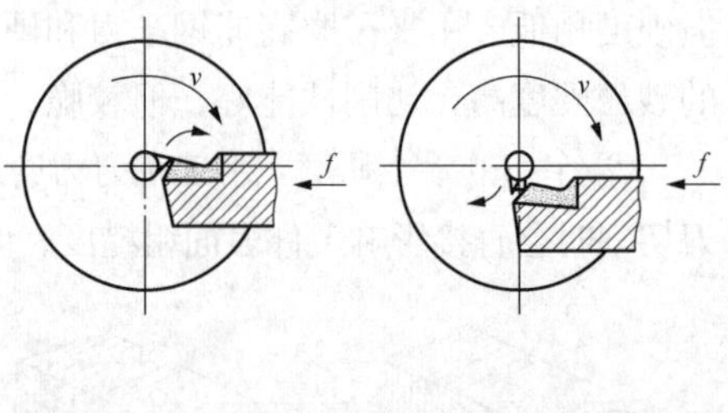

图 2.38　车刀刀尖不对准工件中心使刀尖崩碎

③ 车端面前应先倒角，尤其是铸件表面有一层硬皮，先倒角再车端面可以防止刀尖损坏，如图 2.39 所示。

④ 车端面的背吃刀量，可用大滑板或小滑板刻度盘控制。

⑤ 用钢直尺或刀口直尺检查端面平面度，如图 2.40 所示。

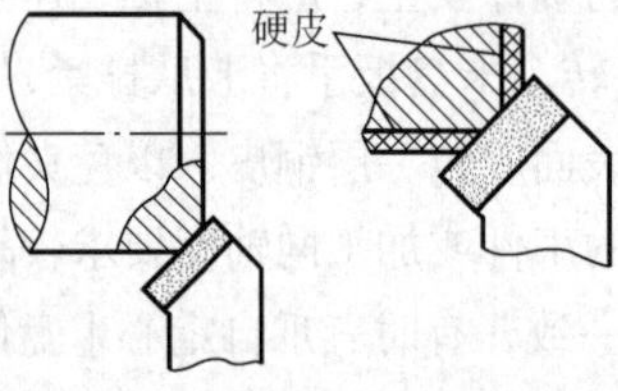

图 2.39　粗车铸件前先倒角

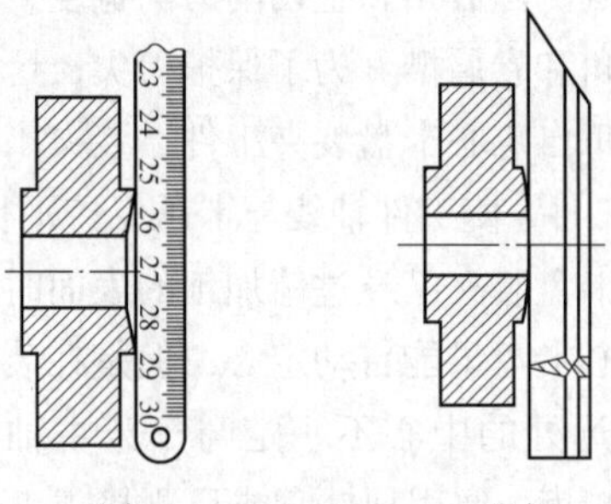

（a）　（b）

图 2.40　检查端面的平面度

（4）外圆车削技术。

① 选用外圆车刀。外圆车刀常用 45° 外圆车刀、75° 外圆车刀和 90° 外圆车刀，如图 2.41 所示。

外圆的车削要领

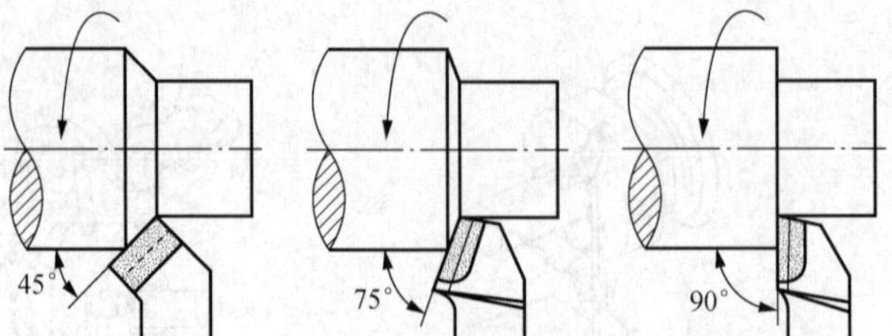

（a）45° 外圆车刀　（b）75° 外圆车刀　（c）90° 外圆车刀

图 2.41　外圆车刀

② 确定车削长度。先在工件上用粉笔涂色，然后用划针或卡钳在钢直尺上量取长度尺寸后，在工件上划出加工线痕，如图 2.42 所示。

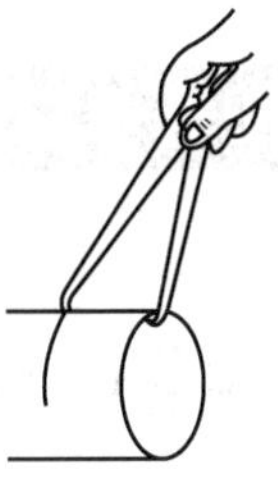

图 2.42　划线痕

③ 试切。为控制外圆的尺寸公差，通常都采用试切方法。试切尺寸，粗车可用外卡钳或游标卡尺测量，精车用千分尺测量。试切尺寸一定要测量正确，刀具要保持锐利，要选用较高的切削速度（$v_c \geq 60$ m/min），进给量要适当减小，以确保工件的表面质量。

④ 倒角。当工件精车完毕时，外圆与端面交角处应倒钝锐边或根据图样规定尺寸倒角。倒角用 45° 车刀最方便。若图样上未标注要求，一般按 0.5 × 45° 倒角。

特别提示　无论是车削端面还是切削外圆，第一刀背吃刀量一定要超过硬皮层，否则即使已倒角，刀尖还是要碰到硬皮层，很快就会磨损。

（5）切断车削技术。

① 切断方法与应用。切断的方法有直进法、左右借刀法和反切法，如图 2.43 所示。

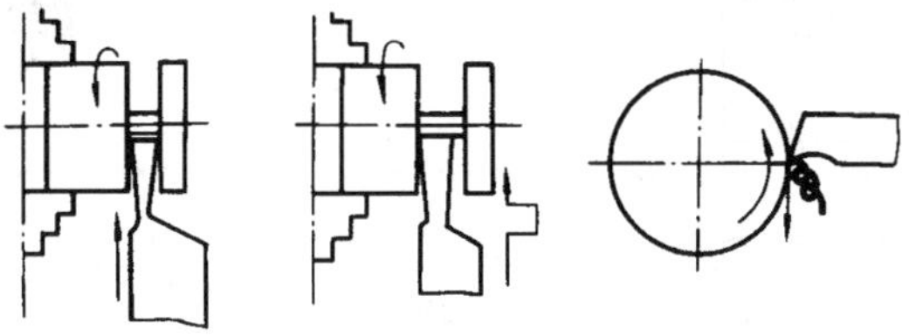

（a）直进法　　（b）左右借刀法　　（c）反切法

图 2.43　切断的方法

常用的切断方法

a. 直进法，如图 2.43（a）所示。车刀横向连续进给，一次将工件切下，操作十分简便，也比较节省材料，因此应用最广泛。

b. 左右借刀法，如图 2.43（b）所示。车刀横向和纵向需要轮番进给，因费工费料，故一般用于机床或工件刚性不足的情况下。

c. 反切法，如图 2.43（c）所示。车床主轴反转，车刀反装进行切断，这种方法切削比较平稳，排屑也较顺利，但卡盘必须有保险装置，小滑板转盘上两边的压紧螺母也应锁紧，否则机床容易损坏。

② 切断的切削速度。用高速钢车刀切断铸铁材料，切削速度一般取 15～25 m/min；切断碳钢材料，切削速度一般取 20～25 m/min；用硬质合金刀切断，切削速度一般取 45～60 m/min。

（6）光轴零件的加工。光轴零件的加工步骤，参照其机械加工工艺过程执行（见表 2-5）。

问题讨论

① 如何正确车外圆？

② 如何正确车端面？

3. 实训工单 1——车刀模型制作

具体内容详见实训工单 1。

任务 2.2 台阶轴零件机械加工工艺规程编制与实施

2.2.1 任务引入

编制图 2.44 所示的台阶轴零件的机械加工工艺规程并实施，生产类型为小批量生产，材料为45#热轧圆钢。

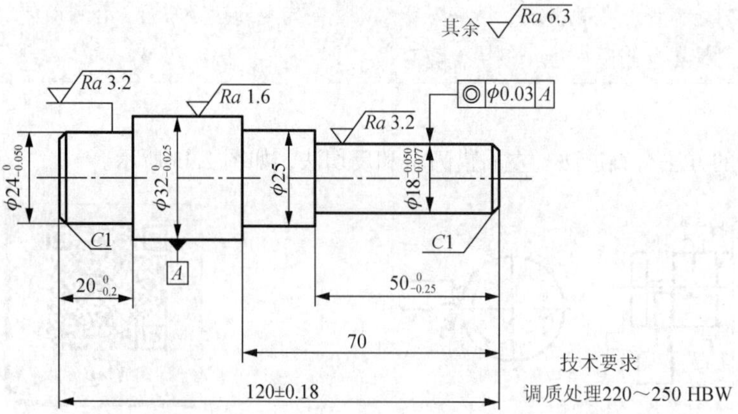

（a）台阶轴零件简图

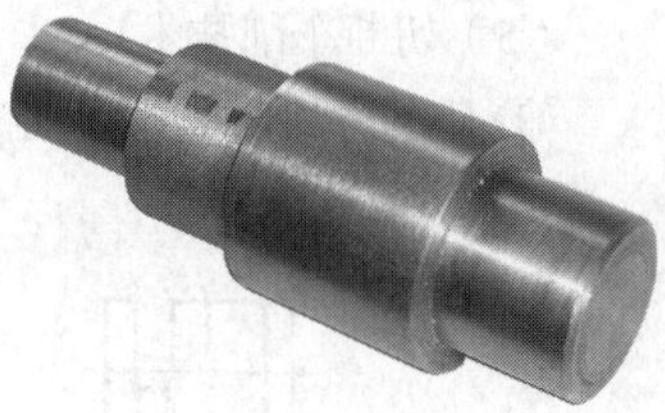

（b）台阶轴零件

图 2.44　台阶轴零件

2.2.2 相关知识

1. 车床附件与工件装夹

工件装夹就是将工件在机床或夹具中定位、夹紧的过程。机床附件是用来支承、装夹工件的装置，通常称为夹具。在车床上可以采用以下几种工件装夹方法。

（1）使用卡盘装夹工件（三爪自定心卡盘、四爪卡盘装夹工件详见任务 2.1 中相关内容）。

（2）使用双顶尖装夹工件。在实心轴两端钻中心孔，在空心轴两端安装带中心孔的锥堵或锥套心轴如图 2.45 所示，用前、后顶尖顶两端中心孔的安装方式。利用中心孔将工件顶在前、后顶尖之间，此时装夹并没有完成，当车床主轴转动时，工件还不能随主轴一起转动，需要通过拨盘和卡箍（鸡心夹头）带动旋转，如图 2.46 所示。此时定位基准与设计基准统一，能在一次装夹中加工多处外圆和端面，并可保证各外圆轴线的同轴度以及端面与外圆轴线的垂直度要求。

认识顶尖

双顶尖装夹工件，虽经多次安装，但轴线的位置不会改变，无须找正，装夹精度高，是车削、磨削加工中常用的工件装夹方法。顶尖在每次安装之前，必须把锥柄和锥孔擦干净，以保证同轴度。

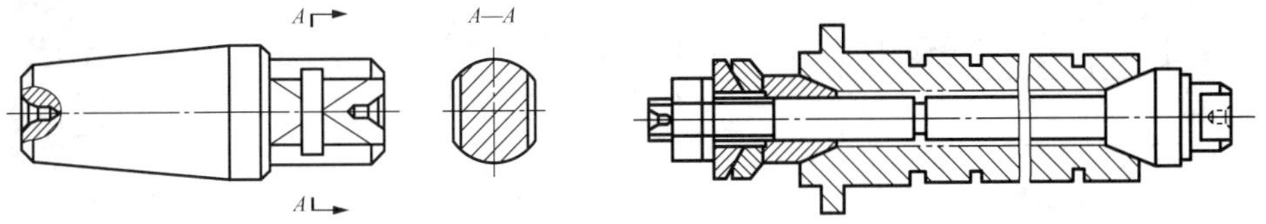

（a）锥堵　　（b）锥套心轴

图 2.45　空心轴装夹用锥堵和锥套心轴

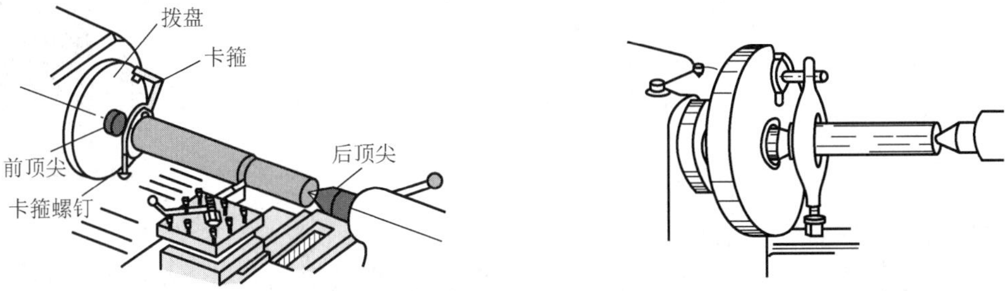

（a）弯头卡箍　　（b）直尾卡箍

图 2.46　用双顶尖安装工件

（3）一夹一顶安装工件。对于较长且质量较大、加工余量也较大的回转体工件，可采取前端用卡盘夹紧、后端用后顶尖顶住的装夹方法。为了防止工件轴向位移且准确地控制尺寸，工件应轴向定位，即在车床主轴锥孔内装一个限位支承，也可以利用工件上的台阶限位，如图 2.47 所示。一夹一顶装夹方法刚性大大提高，能承受较大的轴向切削力，比较安全，同时可提高切削用量、缩短加工时间，应用十分广泛。

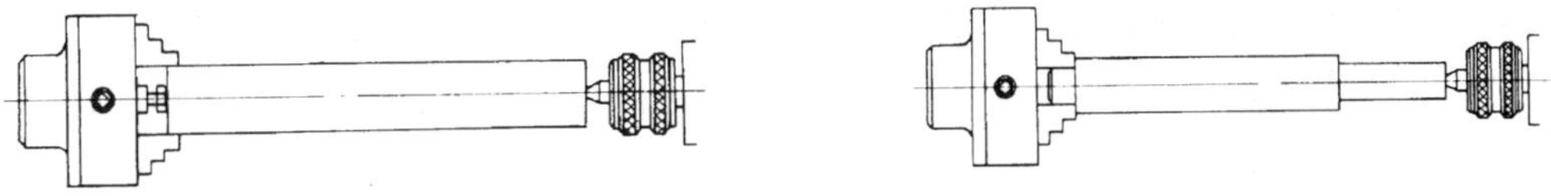

（a）用限位支承　　（b）用工件台阶限位

图 2.47　一夹一顶装夹工件

2. 中心孔加工技术

加工轴类零件时，一般选择其轴线为工件的定位基准，以中心孔作为加工外圆的定位基面，通过双顶尖装夹工件。因此，必须在工件端面钻出中心孔，作为保证其加工精度的基准孔，而中心孔的加工要用到中心钻。

（1）中心钻。中心钻有三种形式：无护锥 60° 复合中心钻，即 A 型；带护锥 60° 复合中心钻，即 B 型；弧型中心钻，即 R 型，分别如图 2.48（a）～图 2.48（c）所示。在生产中常用 A、B 型中心钻。R 型中心钻的主要特点是强度高，它可避免像 A 型和 B 型中心钻那样在其小端圆柱段和 60° 圆锥部分交接处产生应力集中现象，所以其断头现象可以大大减少。

（2）中心孔的类型及其用途。中心孔的形式由刀具的类型确定，已标准化，常用的有 A 型（不带护锥）、B 型（带护锥）、C 型（带护锥和螺纹）和 R 型（弧形）四种，如图 2.49 所示。中心孔的尺寸 d 和 D 主要由工件直径与质量大小决定，使用时可查阅 GB/T 145—2001《中心孔》确定。

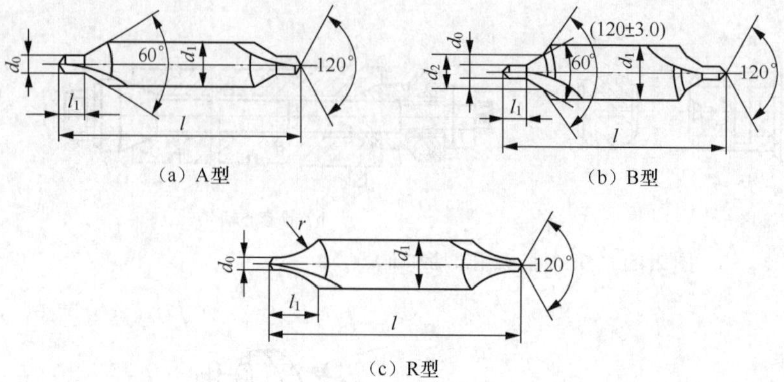

（a）A型　（b）B型

（c）R型

图 2.48　中心钻

认识中心孔——A 型与 B 型中心孔

认识中心孔——C 型与 R 型中心孔

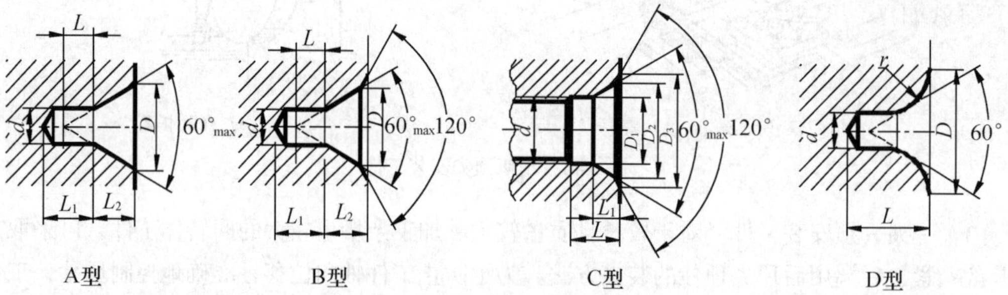

图 2.49　中心孔的形状

①A 型中心孔。普通 A 型中心孔（又称不带护锥中心孔）一般都用 A 型中心钻加工。A 型中心孔由圆柱孔和圆锥孔组成。圆锥孔用来和顶尖配合，锥面是定中心、夹紧、承受切削力和工件重力的表面。圆柱孔一方面用来保证顶尖与锥孔密切配合，使定位正确；另一方面用来储存润滑油。因此，圆柱孔的深度是根据顶尖尖端不可能与工件相碰来确定的。定位圆锥孔的角度一般为 60°，重型工件的角度一般为 90°。

A 型中心孔的主要缺点是孔口容易碰坏，致使中心孔与顶尖锥面接触不良，从而引起工件的跳动，影响工件的加工精度。这种中心孔仅在粗加工或不要求保留中心孔的工件上采用。

②B 型中心孔。B 型中心孔（又称带护锥中心孔）通常用 B 型中心钻加工。因为有了 120° 的保护锥孔，所以 60° 定位锥面不易损伤与破坏。B 型中心孔常用在需要多次装夹加工的工件上，如机床的光杠和丝杠、铰刀等刀具上的中心孔，都应钻成 B 型中心孔。

③C 型中心孔。C 型中心孔（又称带螺纹的中心孔）与 B 型中心孔的主要区别是在孔的内部有一小段螺纹孔，在轴加工完毕后，能够把需要和轴固定在一起的其他零件固定在轴上，所以要求把工件固定在轴上的中心孔采用 C 型。例如，铣床上用的锥柄立铣刀、锥柄键槽铣刀及其连接套等上面的中心孔都是 C 型中心孔。

④R 型中心孔。R 型中心孔（又称圆弧型中心孔）用 R 型中心钻加工。R 型中心孔的形状与 A 型中心孔相似，只是将 A 型中心孔的 60° 圆锥改成圆弧面，这样与顶尖锥面的配合变成线接触，在装夹轴类工件时能自动纠正少量的位置偏差。对定位精度要求较高的轴类零件以及拉刀等精密刀具上宜选用 R 型中心孔。

钻中心孔注意事项

（3）在车床上钻中心孔。在车床上钻中心孔常用以下两种方法。

① 在工件直径小于车床主轴内孔直径的棒料上钻中心孔（见图 2.50）。这时应尽可能把棒料伸进主轴孔内，用来增加工件的刚性。棒料经校正、夹紧后把端面车平。将中心钻装入钻夹头内，伸出长度应尽量短，并用锥齿扳手用力拧紧。移动调整尾座及套筒伸出长度，然后将尾座锁紧。开车使工件旋转、试钻，均匀摇动尾座手轮来移动中心钻实现进给。待钻到所需的尺寸后，稍停留，使中心孔得到修光和圆整，然后退刀。

中心孔的加工工艺

② 在工件直径大于车床主轴内孔直径并且又较长的工件上钻中心孔（见图 2.51）。这时只靠一端用卡盘夹紧工件不能可靠地保证工件的位置正确，要配合使用中心架车平工件端面后钻中心孔，钻中心孔的操作方法与上述方法相同。

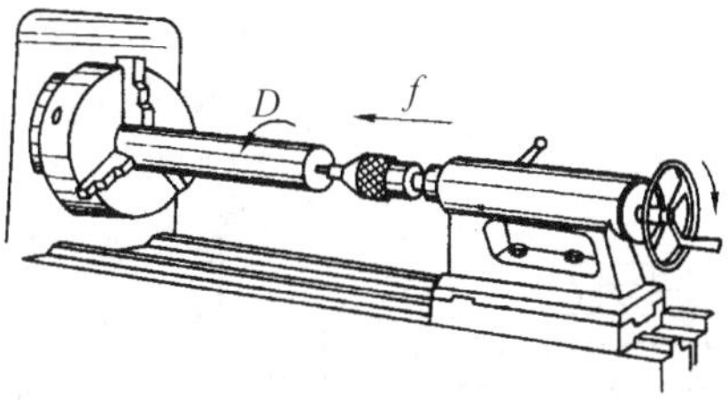

图 2.50　在卡盘上钻中心孔

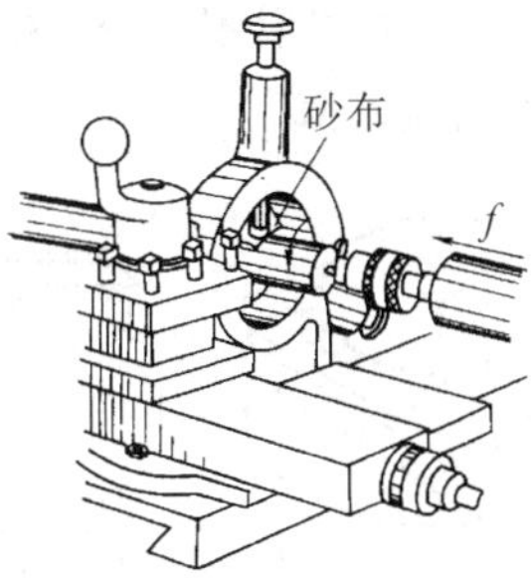

图 2.51　在中心架上钻中心孔

3. 轴类零件的精度检验

轴类零件在加工过程中和加工完成以后都要按工艺规程的技术要求进行检验。

（1）轴类零件在加工过程中的检验。

① 测量外径。外圆直径用千分尺检验。在磨削加工中，用千分尺测量工件的外径如图 2.52 所示。测量时，砂轮架应快速退出，从不同长度位置和不同直径方向进行测量。

② 测量工件外圆的圆度和圆柱度误差。一般采用双顶尖装夹工件，用百分表（或千分表）测量圆度和圆柱度，精密零件用圆度仪进行测量，测量工件的径向圆跳动如图 2.53 所示。

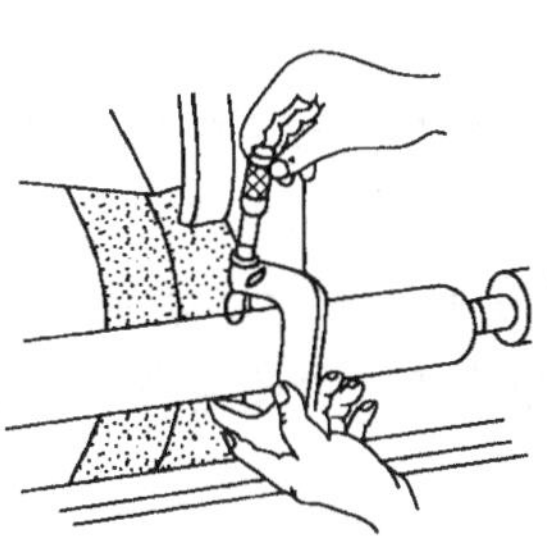

图 2.52　用千分尺测量工件的外径

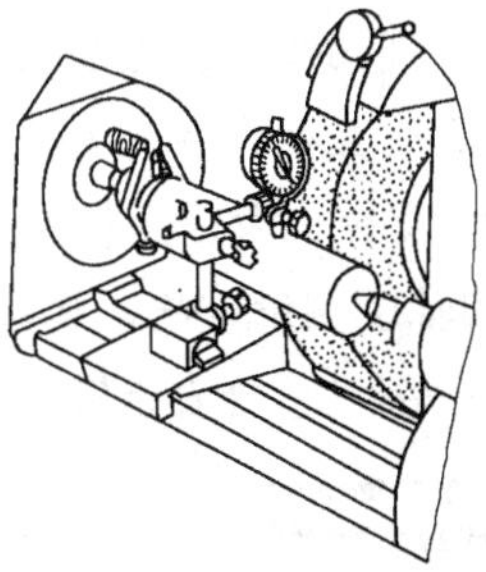

图 2.53　测量工件的径向圆跳动

③ 用光隙法测量端面的平面度。端面平面度误差测量如图 2.54 所示，把样板平尺紧贴工件端面，测量其间的光隙，如果样板平尺与工件端面间不透光，就表示端面平整。轴肩端面的平面度误差有内凸、内凹两种，一般允许内凹，以保证端面和与之配合的表面之间良好接触。

（2）轴类零件加工后的检验。检验的项目包括硬度、表面粗糙度、形状精度、尺寸精度和位置精度。

① 硬度和表面粗糙度的检验。硬度是在热处理之后用硬度计抽检。表面粗糙度一般用表面粗

糙度样块比较法检验，如图 2.43 所示；对于精密零件，可采用干涉显微镜进行测量。

② 精度检验。精度检验应按一定顺序进行，先检验形状精度，然后检验尺寸精度，最后检验位置精度，这样可以判明和排除不同性质误差对测量精度的干扰。

a. 形状精度检验。轴类零件形状误差主要是指圆度误差、圆柱度误差和弯曲度误差。

i. 圆度误差为轴的同一截面内最大直径与最小直径之差。一般用千分尺按照测量直径的方法即可检验，精度高的轴需用比较仪检验。

ii. 圆柱度误差是指同一轴向剖面内最大直径与最小直径之差，同样可用千分尺检测。

另外，还可用 V 形架检验圆度和圆柱度误差（见图 2.55）。为了测量准确，通常应使用夹角 $\alpha = 90°$ 和 $\alpha = 120°$ 两个 V 形架，分别测量后取结果的平均值。

iii. 弯曲度误差可以用千分表检验。把零件放在平板上，零件转动一周，千分表读数的最大变动量就是弯曲误差值。

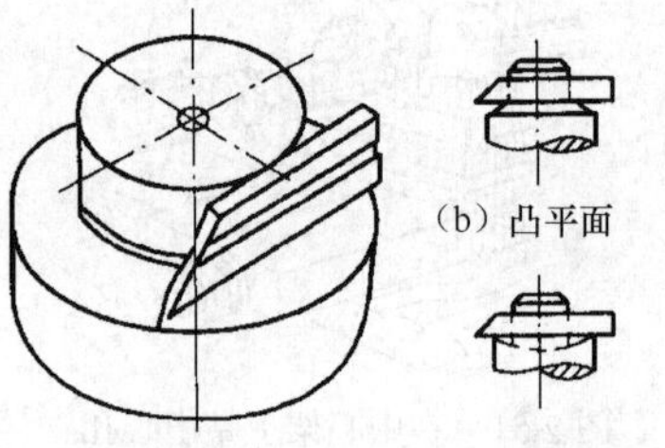

（a）测量　（b）凸平面　（c）凹平面

图 2.54　端面平面度误差测量

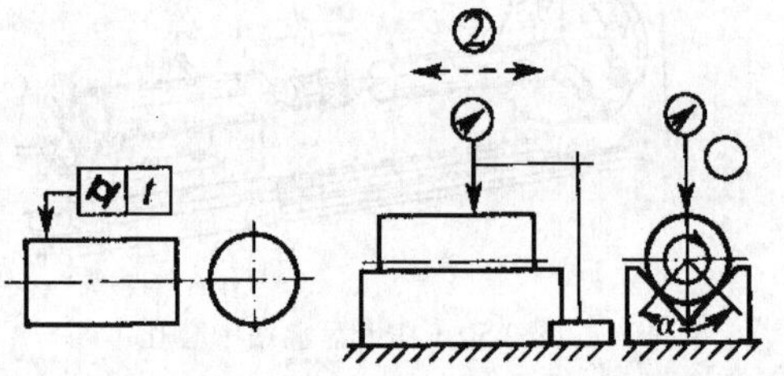

图 2.55　圆度和圆柱度误差的测量

b. 尺寸精度检验。

i. 外圆直径检验。在单件小批量生产中，轴的外圆直径一般用外径千分尺检验。在大批量生产中，常采用极限卡规检验轴的直径。精度较高（公差值< 0.01 mm）时，可用杠杆卡规测量。测量时，从不同长度位置和不同直径方向进行测量。

ii. 台阶长度检验。台阶长度尺寸可以用钢直尺、内卡钳、深度千分尺和游标卡尺来测量，如图 2.56（a）、（b）、（c）所示。对于批量较大的工件，可以用样板测量，如图 2.56（d）所示。长度不大而精度又高的工件，也可用比较仪检验。

iii. 台阶端面最主要的要求是平直、光洁，最简单的方法是用钢板尺来检验。

c. 位置精度检验。为提高检验精度和缩短检验时间，位置精度检验多采用专用检具。如图 2.57 所示的同轴度测量方法，将基准外圆 $\phi 32$ mm 放在 V 形架上，令百分表测头接触 $\phi 18$ mm 外圆，工件转动一周，百分表指针的最大差数即为同轴度误差，可按此法测量若干截面。

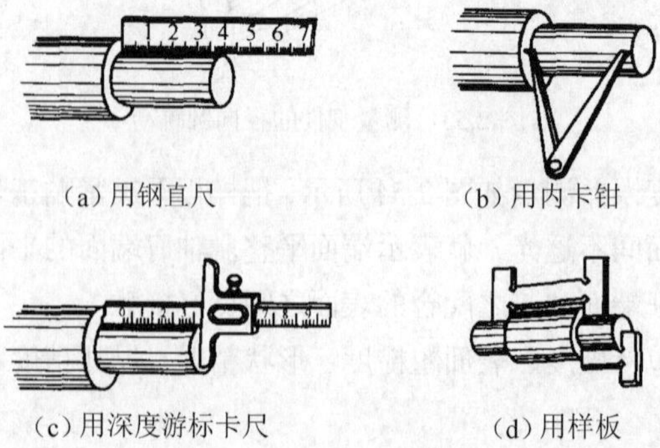

（a）用钢直尺　（b）用内卡钳　（c）用深度游标卡尺　（d）用样板

图 2.56　测量台阶长度的方法

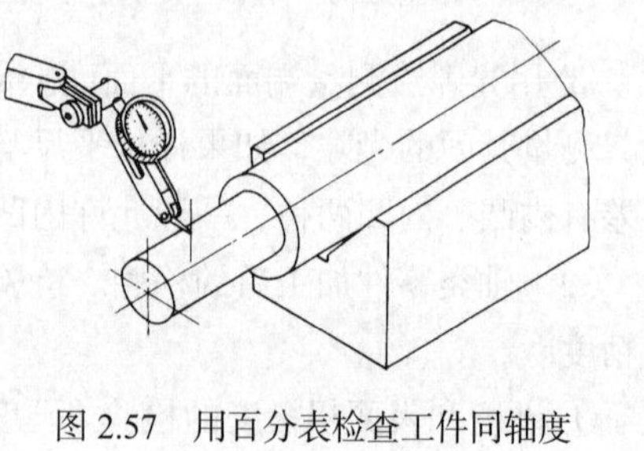

图 2.57　用百分表检查工件同轴度

2.2.3　任务实施

1. 台阶轴零件机械加工工艺规程编制

参照制定机械加工工艺规程的步骤（详见表 1-9），编制图 2.44 所示台阶轴零件的机械加工工艺规程。生产类型为单件小批量生产，材料为 45#热轧圆钢，零件需调质。

（1）分析台阶轴的结构和技术要求。如图 2.44（a）所示的实心台阶轴零件主要由圆柱面组成，轴肩一般用来确定安装在轴上零件的轴向位置。其主要技术要求如下。

① $\phi 32_{-0.025}^{0}$ 为基准外圆。

② 主要尺寸 $\phi 18_{-0.077}^{-0.050}$、$\phi 24_{-0.050}^{0}$ 表面粗糙度 Ra 均为 3.2 μm，$\phi 32_{-0.025}^{0}$ 表面粗糙度 Ra 为 1.6 μm。

（2）明确台阶轴毛坯状况。此台阶轴材料为 45#热轧圆钢，属于一般轴类零件，单件小批量生产，故选择 ϕ35 mm × 125 的 45#热轧圆钢做毛坯。

（3）选择定位基准。为了提高工件刚度，台阶轴加工时采用一夹一顶的方式，以外圆和中心孔作为定位基面，即轴的一端外圆用卡盘夹紧，另一端用尾座顶尖顶住中心孔。

（4）拟定工艺路线。

① 确定表面加工方案。此台阶轴加工表面大多是回转面，根据其公差等级及表面粗糙度要求，采用车削加工，且各外圆表面采用粗车、（半）精车的加工方案。

② 划分加工阶段。此台阶轴加工划分为两个加工阶段，即粗车（粗车外圆、钻中心孔）、精车（精车各处外圆、轴肩等）。

③ 确定加工顺序。此台阶轴毛坯为热轧钢，可不必进行正火处理；为方便生产 45#热轧圆钢的调质处理可放在粗加工前进行。

其加工工艺路线为：毛坯及其热处理（调质）→粗车→（半）精车。

（5）设计工序内容。

① 确定加工余量、工序尺寸及其公差。零件的机械加工工艺路线确定后，在进一步安排各个工序的具体内容时，应正确确定工序尺寸。为确定工序尺寸，首先应确定加工余量（machining allowance）。

a. 加工余量。由于毛坯不能达到零件所要求的精度和表面粗糙度，因此要留有加工余量，以便通过机械加工来达到这些设计要求。加工余量是指加工过程中从加工表面切除的金属层厚度。加工余量可分为总加工余量和工序余量。由毛坯加工为成品的过程中，在某加工表面上切除的金属层总厚度，称为此表面的总加工余量（又称毛坯加工余量）。一般情况下，总加工余量并非一次切除，而是分在各道工序中逐渐切除，每道工序所切除的金属层厚度称为此表面的工序余量。

i. 工序余量。工序余量是相邻两工序的工序尺寸之差，即某一加工表面在一道工序中切除的金属层厚度。对于图 2.58 所示的平面单边加工表面，加工余量等于实际切除的金属层厚度，称为单边余量。

对于外表面，如图 2.58（a）所示，有

$$Z_1 = A_1 - A_2 \tag{2-2}$$

对于内表面，如图 2.58（b）所示，有

$$Z_2 = A_2 - A_1 \tag{2-3}$$

式中：A_1——前道工序的工序尺寸；

A_2——本道工序的工序尺寸。

对于外圆、孔等回转表面，其加工余量在直径方向是对称分布的，实际切除的金属层厚度是直径上加工余量的一半，故称对称余量（又称双边余量），如图 2.59 所示。

对于轴，如图 2.59（a）所示，有

$$2Z_2 = d_1 - d_2 \tag{2-4}$$

对于孔，如图 2.59（b）所示，有

$$2Z_2 = D_2 - D_1 \tag{2-5}$$

式中：$2Z_2$——直径上的加工余量；

D_1、d_1——前道工序的工序尺寸（直径）；

D_2、d_2——本道工序的工序尺寸（直径）。

当加工某个表面的工序分几个工步时，则相邻两工步尺寸之差就是工步余量，它是某工步在加工表面上切除的金属层厚度。

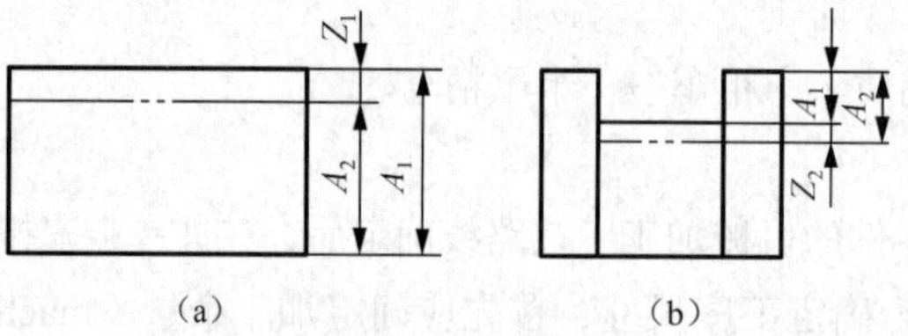

图 2.58　单边余量

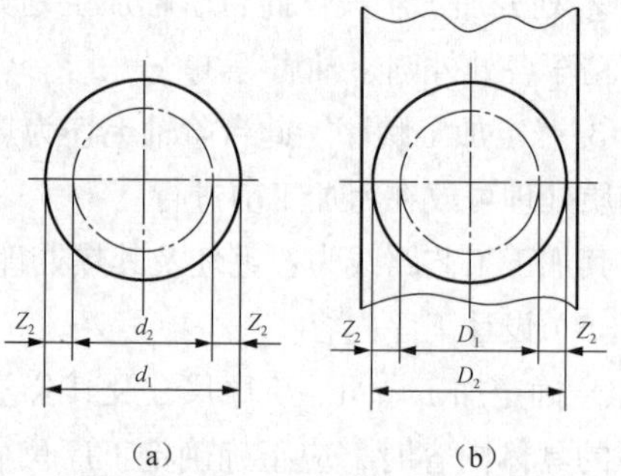

图 2.59　双边余量

ii. 总加工余量。总加工余量是指零件从毛坯加工为成品的过程中某一表面所切除的金属层的总厚度，即零件毛坯尺寸与零件图上设计尺寸之差。总加工余量等于各道工序加工余量之和，即

$$Z_{总} = \sum_{i=1}^{n} Z_i \tag{2-6}$$

式中：$Z_{总}$——总加工余量；

Z_i——第 i 道工序加工余量；

n——此表面的工序数。

在工件加工表面上留加工余量的目的是切除上一道工序所留下来的加工误差和表面缺陷，如铸件表面的冷硬层、气孔、夹砂层，锻件表面的氧化皮、脱碳层、表面裂纹，切削加工后的内应力层和表面粗糙度等，从而提高工件的精度和降低表面粗糙度。

iii. 加工余量的确定。图 2.60 所示为轴和孔的毛坯余量及各工序余量的分布情况，图中还给出了各工序尺寸及其公差、毛坯尺寸及其公差。

- 工序余量、最大余量、最小余量及余量公差。由于毛坯尺寸和工序尺寸都存在制造误差，总加工余量和工序余量都是变动的，因此工序余量有基本余量（或公称余量）、最大余量、最小余量三种情况。图 2.61 所示的被包容面表面加工，基本余量是前工序和本工序的基本尺寸之差；最小余量是前工序最小工序尺寸与本工序最大工序尺寸之差；最大余量是前工序最大工序尺寸与本工序最小工序尺寸之差。对于包容面则正好相反。

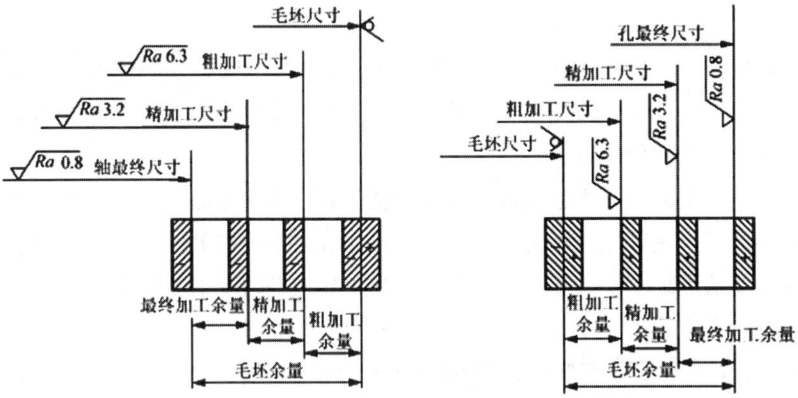

图 2.60　轴和孔的毛坯余量及各工序余量的分布情况

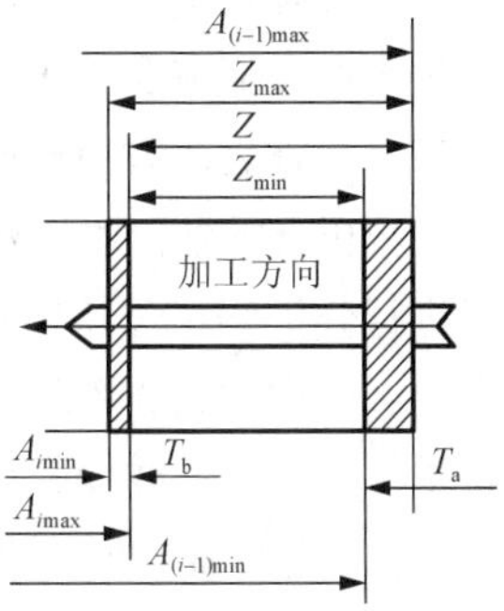

图 2.61　基本余量、最大（小）余量

由图 2.61 可知，基本余量 Z 可按下式计算。

对于被包容面，有

$$Z = \text{上工序公称尺寸} - \text{本工序公称尺寸}$$

对于包容面，有

$$Z = \text{本工序公称尺寸} - \text{上工序公称尺寸}$$

工序余量、工序尺寸及其公差的计算公式为

$$Z = Z_{\min} + T_a \tag{2-7}$$

$$Z_{\max} = Z + T_b = Z_{\min} + T_a + T_b \tag{2-8}$$

$$T_Z = Z_{\max} - Z_{\min} = T_a + T_b \tag{2-9}$$

式中：$Z_{\min}$、$Z_{\max}$——最小、最大工序余量，mm；

T_Z——本工序余量公差，mm；

T_a——前工序的工序尺寸公差，mm；

T_b——本工序的工序尺寸公差，mm。

因此，工序余量公差为前工序与本工序尺寸公差之和。

为了便于加工，工序尺寸都按“单向入体原则”标注极限偏差，即对于被包容面（轴），工序尺寸极限偏差取上偏差为零；对于包容面（孔），工序尺寸极限偏差取下偏差为零。中心距及毛坯尺寸的公差一般采用双向对称布置。

- 加工余量的确定方法。加工余量的大小及其均匀性对加工质量和生产率均有较大影响。加工余量过大，不但增加了机械加工劳动量、降低了生产率，而且增加了材料、工具和能量消耗，增加了加工成本；加工余量过小，则既不能消除上道工序的各种误差和表面缺陷，又不能补偿本工序加工时的装夹误差，甚至会产生废品。此外，加工余量的不均匀还会影响加工精度。因此，应该合理地规定加工余量。其选取原则是在保证质量的前提下，使加工余量尽可能小。

确定加工余量的方法有以下三种。

经验估算法。本方法是根据企业的生产技术水平，依靠工艺人员的实际经验确定加工余量。此法简单易行，但有时为经验所限。为防止因加工余量过小而产生废品，经验估算的数值一般偏大，适用于单件小批量生产。

查表修正法。本方法是根据企业长期生产实践与试验研究所积累的有关加工余量数据，制成各种表格并汇编成手册，确定加工余量时，查阅有关手册，再结合本厂的实际情况进行适当修正后确定。查表法方便迅速，在生产中应用广泛。

分析计算法。本方法是根据加工余量计算公式和一定的试验资料，对影响加工余量的各项因素进行分析和综合计算来确定加工余量。用这种方法确定加工余量比较经济合理，但必须有比较全面、可靠的试验资料，并且要清楚地了解各项因素对加工误差的影响程度，目前只在材料十分贵重、军工生产或少数大量生产中采用。

iv. 台阶轴精加工余量。对其查表确定并修正，为 0.5 mm。

b. 工序尺寸及其公差的确定。工序尺寸是工件在加工过程中各工序应保证的加工尺寸，各道工序余量确定后，即可确定工序尺寸及其公差。工序尺寸及其公差的确定对加工过程有较大的影响。例如，工序尺寸公差规定得严格，就要采用精确的加工方法和定位装置，会使加工费用增加；反之，如果工序尺寸公差规定得过大，会使后续工序加工余量的变化范围加大，出现后续工序加工余量过小、上道工序形成的缺陷无法纠正等情况。

确定工序尺寸及其公差分为两种情况。

i. 基准重合时工序尺寸及其公差的确定——查表法。这种情况是指在对某一表面的加工过程中，各道工序（或工步）的定位基准相同，并与设计基准重合。此时，工序尺寸的计算只需在设计尺寸（即最后一道工序的工序尺寸）的基础上依次向前加上（或减去）各工序的加工余量，其公差则根据其工序采用加工方法所对应的加工经济精度确定，并按“单向入体原则”标注极限偏差。

基准重合时工序尺寸及其公差的确定——查表法

ii. 基准不重合时工序尺寸及其公差的确定。在零件加工过程中，经常会遇到定位基准或测量基准等与设计基准不重合的情况，此时工序尺寸及其公差的合理确定，需要借助工艺尺寸链进行分析和计算。计算方法详见任务 2.3 中相关内容。

c. 台阶轴工序尺寸及其公差的确定。一般粗车时，各加工表面均留精加工余量 0.5～1 mm；精车时，外圆及各段尺寸车到图样规定尺寸。如台阶轴 $\phi 32_{-0.025}^{\ 0}$ 外圆柱面，此表面加工的工艺路线为粗车→半精车→精车，采用查表法确定对应各道工序的工序尺寸及其公差分别为 $\phi 33.5_{-0.25}^{\ 0}$、$\phi 32.5_{-0.062}^{\ 0}$、$\phi 32_{-0.025}^{\ 0}$。

② 选择设备和工装。

a. 机床的选择。一个合理的机床选择方案应达到以下要求。

i. 机床的加工规格范围与所加工零件的外形轮廓尺寸相适应。即小工件选小规格机床，大工件选大规格机床。

ii. 机床的精度与工序要求的精度相适应。即机床的加工经济精度应满足工序要求的精度。

iii. 机床的生产率与工件的生产类型相适应。单件小批量生产时，一般选择通用设备；大批量生产时，宜选用高生产率的专用设备。

iv. 在中、小批量生产中，对于一些精度要求较高、工步内容较多的复杂工序，应尽量采用数控机床加工。

v. 机床的选择应与现有生产条件相适应。选择机床应当尽量考虑到现有的生产条件，充分发挥现有设备的作用，并尽量使设备负荷均衡。

b. 工艺装备的选择。工艺装备的选择主要指夹具、刀具和量具的选择。应根据生产类型、具体加工条件、工件结构特点和技术要求等选择工装。

i. 夹具的选择。在单件小批量生产中，应优先选择通用夹具，如卡盘、回转工作台、平口钳等，也可选用组合夹具。大批量生产时，应根据加工要求设计、制造专用夹具。多品种中、小批量生产，可采用可调夹具或成组夹具。

ii. 刀具的选择。选择刀具时应综合考虑工件材料、加工精度、表面粗糙度、生产率、经济性及所选用机床的技术性能等因素。一般应优先选择标准刀具。在成批或大量生产时，为了提高生产率、保证加工质量，应采用各种高生产率的多刃刀具、复合刀具或专用刀具。此外，应结合生产实际情况，尽可能选用各种先进刀具，如可转位刀具、整体硬质合金刀具、陶瓷刀具等。

iii. 量具的选择。选择量具的依据是生产类型和加工精度。首先，选用的量具精度应与加工精度相适应；其次，量具的测量效率应与生产类型相适应。在生产中，单件小批量生产时通常采用游标卡尺、千分尺等通用量具；大批量生产时，多采用极限量规和高生产率的专用检验夹具和专用量具。各种通用量具的使用范围和用途可查阅有关专业书籍或技术资料，并以此作为选择量具的依据。

此外，在工装选择中，还应重视对刀杆、接杆、夹头等机床辅具的选用。辅具的选择要根据工序内容、刀具和机床结构等因素确定，尽量选择标准辅具。

c. 台阶轴加工设备与工装选择。选用车床型号为CA6132，选用通用夹具、量具和标准刀具。

③ 确定切削用量与时间定额。确定切削用量与时间定额时可采用查表法或经验法。采用查表法时，应注意结合所加工零件的具体情况以及企业的生产条件，对所查得的数值进行修正，使其更符合生产实际。

a. 确定合理的切削用量。切削用量不仅是在机床调整前必须确定的重要参数，其数值合理与否对加工质量、加工效率、生产成本等有着非常重要的影响。所谓合理的切削用量，是指充分利用刀具切削性能和机床动力性能（功率、转矩），在保证质量的前提下获得高生产率和低加工成本的切削用量。

单件小批量生产中，在工艺文件上常不具体规定切削用量，而由操作者根据具体情况确定。在成批生产时，则将经过严格选择确定的切削用量写在工艺文件上，由操作者执行。目前，许多工厂通过切削用量手册、实践经验或工艺试验来选择切削用量。

i. 切削用量的选择原则。在能达到零件的质量要求（主要指表面粗糙度和加工精度）、获得最高的生产率的前提下，并在工艺系统强度和刚性允许及充分利用机床功率和发挥刀具切削性能的前提下，选取一组最大的切削用量，使 a_p、f、v_c 三者的乘积值最大。

ii. 制定切削用量时考虑的因素。

- 切削加工生产率。在切削加工中，金属切除率与切削用量三要素 a_p、f、v_c 均保持线性关系，即其中任一参数增大一倍，都可使生产率提高一倍。然而由于受刀具寿命的制约，当任一参数增大时，其余两参数必须减小，因此在制定切削用量时，三要素获得最佳组合时的高生产率才是合理的。一般情况下尽量优先增大 a_p，以求一次进刀全部切除加工余量。

- 机床功率。背吃刀量 a_p 和切削速度 v_c 增大时，均使切削功率成正比增加。进给量 f 对切削功率影响较小。因此，粗加工时，应尽量增大进给量 f。

- 刀具寿命（刀具的耐用度 T）。切削用量三要素对刀具寿命影响的大小，由大到小按顺序为 v_c、f、a_p。因此，在确定切削用量时，从保证合理的刀具寿命出发，首先应采用尽可能大的背吃刀量 a_p，然后再选用大的进给量 f，最后求出切削速度 v_c。

- 加工表面粗糙度。精加工时，增大进给量将增大加工表面粗糙度值。因此，它是精加工时抑制生产率提高的主要因素。在较理想的情况下，提高切削速度 v_c 能降低表面粗糙度值，背吃刀量 a_p 对表面粗糙度的影响较小。

综上所述，合理选择切削用量，应首先选择一个尽可能大的背吃刀量 a_p；其次根据机床动力和刚性限制条件或已加工表面粗糙度的要求，选取尽可能大的进给量 f；最后根据已确定的 a_p 和 f，并在刀具耐用度和机床功率允许条件下，利用切削用量手册、经验法选取或者用公式计算确定一个合理的切削速度 v_c。

iii. 切削用量制定的步骤。粗加工的切削用量一般以提高生产率为主，但也应考虑加工成本。半精加工和精加工的切削用量应以保证加工质量为前提，并兼顾切削效率和加工成本。

- 背吃刀量 a_p 的选择。根据加工余量多少而定。除留给下道工序的加工余量外，其余的粗加工余量尽可能一次切除，以使走刀次数最少。当粗加工余量太大或加工工艺系统刚性较差时，则加工余量分两次或数次走刀后切除。

- 进给量 f 的选择。可利用计算或查手册资料的方法来确定进给量 f 的数值。

- 切削速度 v_c 的确定。按刀具的耐用度 T 所允许的切削速度 v_T 来计算。除用计算方法外，生产中经常按实践经验和有关手册资料选取切削速度 v_c。

- 校验机床功率。

$$v_c \leqslant P_E \times \eta/(1\,000F_z) \qquad (\mathrm{m/s}) \tag{2-10}$$

式中：P_E——机床电动机功率；

η——机床传动效率；

F_z——主切削力。

iv. 硬质合金外圆车刀切削速度的选择。精车时，硬质合金外圆车刀切削速度选择可查表确定并修正。粗、精车外圆及端面的切削用量可参照车工工艺手册或经验法选取。

b. 确定时间定额。时间定额是指在一定生产条件下，规定生产一件产品或完成一道工序所需的时间。它是安排生产计划、估算产品成本、确定设备数量和人员编制、规划生产规程的重要依据。

时间定额由以下项目组成。

i. 基本时间 t_b。直接改变生产对象的尺寸、形状、相对位置、表面状态或材料性质等工艺过程所消耗的时间，称为基本时间。对机械加工而言，基本时间就是直接切除工序余量所消耗的机动时间（包括刀具的切出和切入时间）。基本时间可由公式计算求出。各种情况下机动时间的计算公式可参阅有关手册。

ii. 辅助时间 t_a。为了完成工艺过程所必须进行的各种辅助动作，如装卸工件、开停机床、改变切削用量、试切和测量工件等所消耗的时间，称为辅助时间。

辅助时间的确定方法随生产类型不同而异。大批量生产时，为使辅助时间规定得合理，需将辅助动作分解，再分别确定各分解动作的时间，最后予以综合计算；中批生产则可根据以往统计资料来确定；单件小批量生产常用基本时间的百分比进行估算。

基本时间和辅助时间之和称为作业时间，它是直接用于制造产品或零部件所消耗的时间。

iii. 布置工作地时间 t_s。为使加工正常进行，工人在一个工作班时间内还要做一些照管工作地的工作，如更换工具、润滑机床、清除切屑、修整刀具和工具等。工人照管工作地所消耗的时间称为布置工作地时间，一般按作业时间的 2%～7%计算。

iv. 休息与生理需要时间 t_r。工人在工作班内为恢复体力和满足生理需要所消耗的时间称为休息与生理需要时间，一般按作业时间的 2%计算。

单件时间定额 T 为以上四部分时间的总和，即

$$T = t_b + t_a + t_s + t_r \tag{2-11}$$

v. 准备与终结时间 t_e。工人生产一批工件进行准备和结束工作所消耗的时间，称为准备与终结时间。在成批生产中，在一批工件开始加工前，工人需要熟悉工艺文件，领取毛坯材料和工艺装备，安装刀具和夹具，调整机床和刀具等；在加工一批工件的终了，工人需拆下和归还工艺装备，归还图样和工艺文件，送交成品等。准备与终结时间是消耗在一批工件上的时间，若一批工件的数量为 N，则分摊到每个工件上的时间为 t_e/N。

对于成批生产，单件时间定额 T_p 为

$$T_p = T + t_e / N \tag{2-12}$$

对于大批量生产，单件时间定额为

$$T_p = T \tag{2-13}$$

特别提示

常用的时间定额制定方法有以下几种。

（1）查表法。参考有关手册资料查得数值后，由工时定额员、工艺人员和工人相结合，在总结过去经验的基础上，结合加工工件的具体情况以及企业的生产条件，对查得的数值进行修正，使其更符合生产实际。

（2）类比法。以同类产品的时间定额为依据，进行对比分析后推算确定。

（3）实测分析法。通过对实际操作时间的测定和分析确定。

随着企业生产技术条件的改善和技术的发展，时间定额还应定期进行修订，以保持其先进水平，使之起到不断促进生产发展的作用。

（6）填写工艺文件。综上所述，填写台阶轴零件的机械加工工艺过程卡片，见表 2-6。

表 2-6 台阶轴零件的机械加工工艺过程卡片

（企业名称）		机械加工工艺过程卡片	产品型号		零（部）件图号			共 1 页
			产品名称		零（部）件名称	台阶轴		第 1 页
材料牌号	45	毛坯种类：棒料；毛坯外形尺寸：$\phi35\times125$	每毛坯件数		每台件数		备注	
工序号	工序名称	工序内容	车间	工段	设备	工艺装备	工时 准终	工时 单件
1	下料	$\phi35\times125$	金工		锯床			
2	热处理	调质 220～250 HBW	热处理					
3	车	（1）车端面车平即可；钻中心孔	金工		CA6132	45°、90°外圆车刀，A2 中心钻		
		（2）粗车、半精车外圆分别至 $\phi32.5$ 、$\phi25$（$Ra6.3$）；$\phi18_{-0.077}^{-0.050}$（$Ra3.2$），保证长度 70 及 $50_{-0.25}^{\ 0}$				三爪自定心卡盘、顶尖		
		（3）精车外圆至 $\phi32_{-0.025}^{\ 0}$（$Ra1.6$）（$\phi32$ 、$\phi18$ 外圆必须一次装夹加工完成，确保二者同轴度公差要求）				游标卡尺、螺旋千分尺		
		（4）倒角 $C1$、锐边倒钝						
4	车	（1）车端面保证总长 120±0.18	金工		CA6132	45°、90°外圆车刀		
		（2）粗车、精车 $\phi24_{-0.050}^{\ 0}$ 外圆至尺寸（$Ra3.2$），保证长度 $20_{-0.2}^{\ 0}$				三爪自定心卡盘、铜皮		
		（3）倒角 $C1$、锐边倒钝				游标卡尺、螺旋千分尺		
5	检	按零件图各项要求检验						

										设计（日期）	审核（日期）	标准化（日期）	会签（日期）	
标记	处数	更改文件号	签字	日期	标记	处数	更改文件号	签字	日期					

2. 台阶轴零件机械加工工艺规程实施

台阶轴车削加工步骤

根据生产实际或结合教学设计，参观生产现场或观看相关加工视频。

（1）台阶轴车削技术。车台阶轴时，既要车外圆，又要车环形端面，因此既要保证外圆尺寸精度，又要保证台阶长度尺寸。

① 车削相邻阶梯直径相差不大的台阶。此时可用 90° 偏刀车外圆，利用车削外圆进给到所控制的台阶长度终点位置，自然得到台阶面。用这种方法车台阶时，车刀安装后的主偏角必须等于 90°，如图 2.62（a）所示。

台阶的车削要领

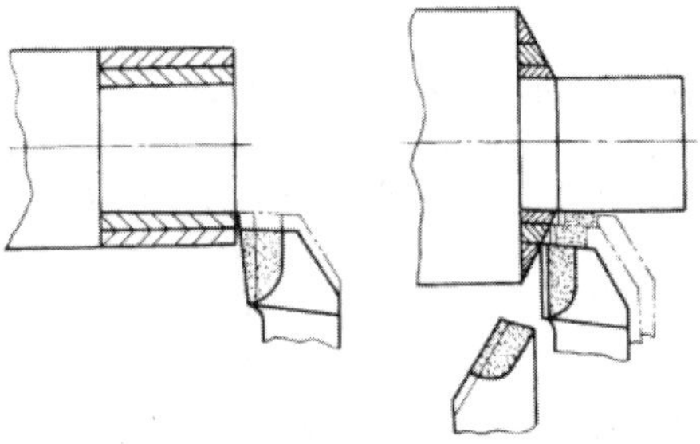

（a）　　（b）

图 2.62　台阶车削法

② 车削相邻阶梯直径相差较大的台阶。此时，要用两把刀分几次车出。可先用 75° 偏车刀粗车外圆，再用 90° 偏刀（使安装后 κ_r = 93° ～95° ）分几次清根。清根外圆和端面时，应留够精车加工余量。精车外圆到台阶长度后，停止纵向机动进给，手摇横向进给手柄使车刀慢慢地均匀退出，对端面精车一刀，至此一个台阶加工完毕［见图 2.62（b）］。

③ 控制台阶长度的方法。准确地控制被车台阶的长度是台阶轴车削的关键，主要方法有以下几种。

a. 用刻线控制。一般选最小直径圆柱的端面作为统一的测量基准，用钢直尺、样板或内卡钳量出各个台阶的长度。然后开车、工件慢转，用车刀刀尖在量出的各个台阶位置处轻轻车出一条细线。之后车削各个台阶时，就按这些刻线控制其长度（见图 2.63）。

控制阶台长度的方法

b. 用挡铁定位。在车削数量较多的台阶轴时，为了迅速、正确地掌握台阶的长度，可以采用挡铁定位来控制被车台阶的长度（见图 2.64）。

用这种加工方法可以省去大量的测量时间，用挡铁控制台阶长度准确，精度可达 0.1～0.2 mm，生产率较高。为了准确地控制尺寸，在车床主轴锥孔内必须装有限位支承，使工件无轴向位移。但应注意，这种方法只能在进给系统具有过载保护机构的车床上使用，否则会使车床损坏。

c. 用床鞍刻度控制。台阶长度尺寸还可利用床鞍的刻度盘来控制（见图 2.64）。CA6140 型车床床鞍的刻度盘 1 格等于 1 mm，车削时的长度误差一般在 0.3 mm 左右。

④ 台阶轴的各外圆直径尺寸，可利用中滑板刻度盘来控制，其操作方法与车削外圆时相同。

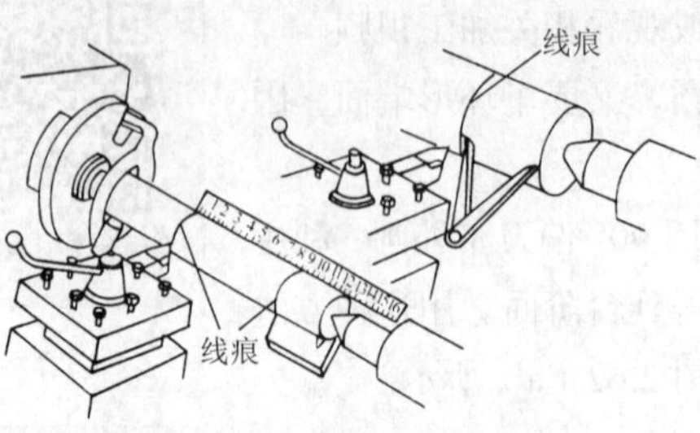

图 2.63　用刻线控制车台阶

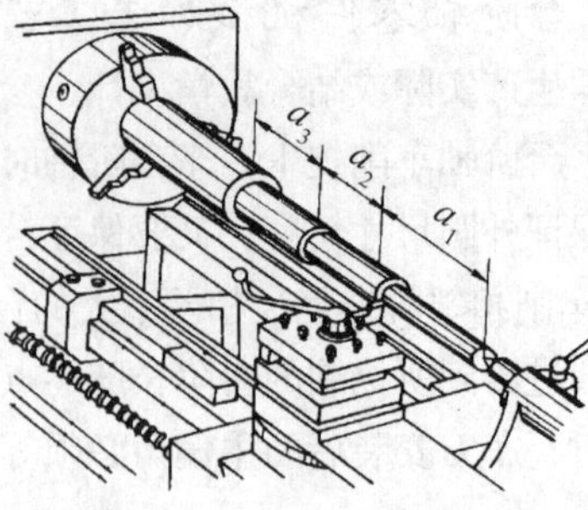

图 2.64　用挡铁定位车台阶

（2）台阶轴零件的加工。台阶轴零件的加工步骤，参照其机械加工工艺过程执行（见表 2-6）。

问题讨论

$\phi32_{-0.025}^{\ 0}$ 外圆表面的加工方案是什么？各工序的加工余量、工序尺寸及其公差如何确定？

知识拓展

车削圆锥面（conical surface）相关知识

在机床、工具中，圆锥面配合应用得很广泛，如车床主轴锥孔与顶尖锥体的配合、车床尾座套筒锥孔与麻花钻的配合等。圆锥面配合获得广泛应用的主要原因如下。

（1）当圆锥面的锥角较小（在 3° 以下）时，可传递很大的转矩。

（2）装卸方便，虽经多次装卸，仍能保证精确的定心作用。

（3）圆锥面配合同轴度较高，并能做到无间隙配合。

（4）圆锥面的车削与外圆车削所不同的是除了对尺寸精度、形位精度和表面粗糙度要求外，还有角度或锥度的精度要求。

认识圆锥面　　车削圆锥面相关知识　　万能角度尺的应用方法　　转动小滑板车圆锥面

任务 2.3　传动轴零件机械加工工艺规程编制与实施

2.3.1　任务引入

编制图 2.65 所示的减速箱传动轴零件的机械加工工艺规程并实施，生产类型为小批量生产，材料为 45#热轧圆钢，零件需调质。

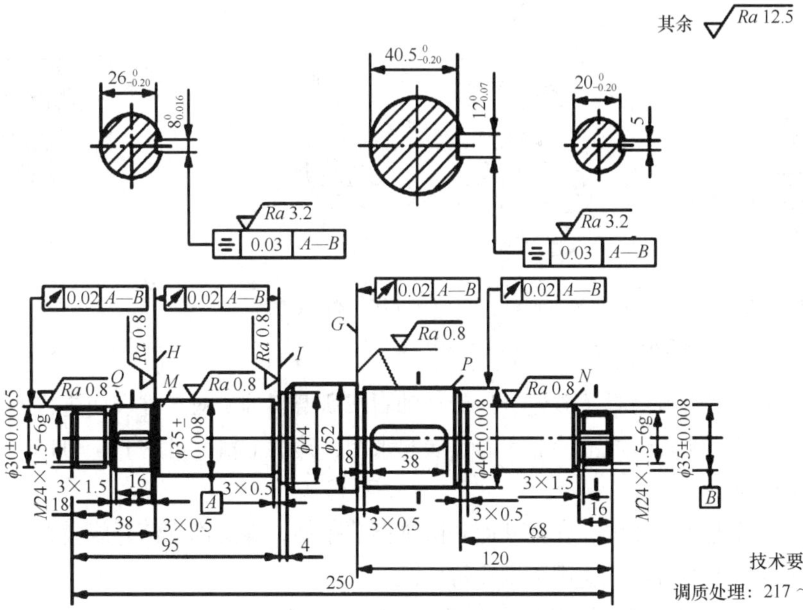

技术要求

调质处理：217 ~ 255HBW

图 2.65　减速箱传动轴零件简图

2.3.2　相关知识

1. 磨削加工

磨削加工是机械加工工艺过程中的一部分，既可加工淬硬后的表面，又可加工未经淬火的表面，一般作为零件的精加工和终序加工。经过磨削的零件有很高的精度和很小的表面粗糙度值。例如，目前用高精度外圆磨床磨削外圆表面，其圆度公差可达到 0.001 mm 左右，表面粗糙度 *Ra* 达到 0.025 μm，表面光滑似镜（见图 2.66）。砂轮磨削用砂轮（见图 2.67）作为切削刀具。

磨削加工的工艺范围非常广泛，能完成各种零件的精加工，主要有外圆磨削、内圆磨削、平面磨削、螺纹磨削、刀具刃磨，还有齿轮磨削、曲轴磨削、成形面磨削、工具磨削等（见图 2.68）。

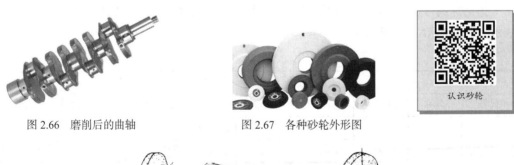

图 2.66　磨削后的曲轴

图 2.67　各种砂轮外形图

认识砂轮

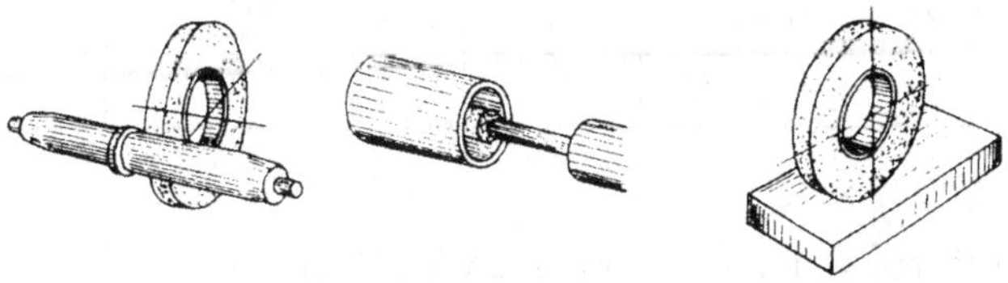

（a）外圆磨削　（b）内圆磨削　（c）平面磨削

图 2.68　磨削工艺范围

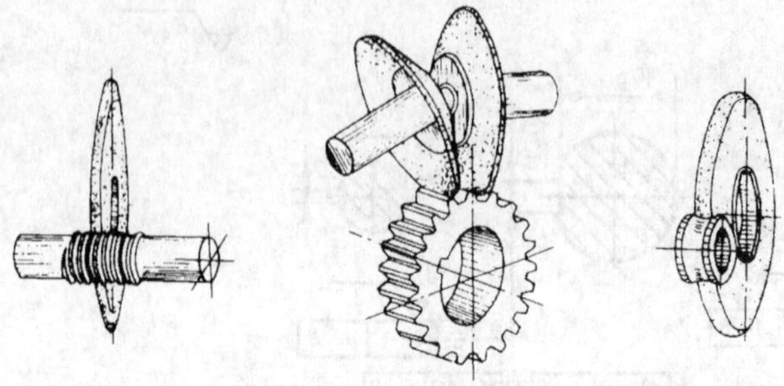

（d）螺纹磨削　　（e）齿轮磨削　　（f）成形面磨削

图 2.68　磨削工艺范围（续）

认识磨削加工

（1）磨床。磨床是用磨料磨具（砂轮、砂带、油石或研磨料等）对工件表面进行磨削加工的机床，是为适应精加工和硬表面加工的要求而发展起来的，其加工精度可达 IT6～IT5，表面粗糙度 *Ra* 可达 0.8～0.2 μm。

磨床可以加工各种表面，如内、外圆柱面和圆锥面，平面，螺旋面，渐开线齿廓面，以及各种成形表面等，还可以刃磨刀具，应用范围非常广泛。

① 磨床分类。磨床的种类很多，其中主要类型有以下几种。

a. 外圆磨床。包括万能外圆磨床、普通外圆磨床、无心外圆磨床等，主要用于磨削圆柱形和圆锥形外表面。

b. 内圆磨床。包括普通内圆磨床、行星内圆磨床、无心内圆磨床等，主要用于磨削圆柱形和圆锥形内表面。

c. 平面磨床。包括卧轴矩台平面磨床、立轴矩台平面磨床、卧轴圆台平面磨床、立轴圆台平面磨床等，主要用于磨削工件的平面。

d. 刀具刃磨磨床。包括万能工具磨床、拉刀刃磨床、滚刀刃磨床等。

e. 工具磨床。包括工具曲线磨床、钻头沟槽磨床等，用于磨削各种工具。

f. 专门化磨床。包括花键轴磨床、曲轴磨床、齿轮磨床、螺纹磨床等。

g. 其他磨床。包括珩磨机、研磨机、砂带磨床、砂轮机等。

生产中应用最多的是外圆磨床、内圆磨床和平面磨床。

② 磨床编号。磨床的编号按照《金属切削机床 型号编制方法》（GB/T 15375—2008）的规定表示。常用磨床编号见表 2-7。

表 2-7　常用磨床编号

类		组		系		主参数	
代号	名称	代号	名称	代号	名称	折算系数	名称
M	磨床	1	外圆磨床	4	万能外圆磨床	1/10	最大磨削直径
		2	内圆磨床	1	内圆磨床基型	1/10	最大磨削孔径
		7	平面磨床	1	卧轴矩台平面磨床	1/10	工作台面宽度

③ M1432A 型万能外圆磨床。

a. M1432A 型万能外圆磨床的用途。M1432A 型机床是普通精度级万能外圆磨床，加工经济精度为 IT6～IT8 级，加工表面的表面粗糙度 *Ra* 值可控制在 1.6～0.08 μm 范围内，主要用于内外圆柱表面、内外圆锥表面的精加工，也可用于磨削阶梯轴的轴肩、端面、圆角等，其主参数最大

磨削外圆直径为 ϕ320 mm。这种机床的工艺范围广（万能性强），但自动化程度不高，生产率较低，适用于工具车间、维修车间和单件小批量生产。

b. M1432A 型万能外圆磨床的组成。图 2.69 所示为 M1432A 型万能外圆磨床，M1432A 型万能外圆磨床主要组成部件及功用见表 2-8。

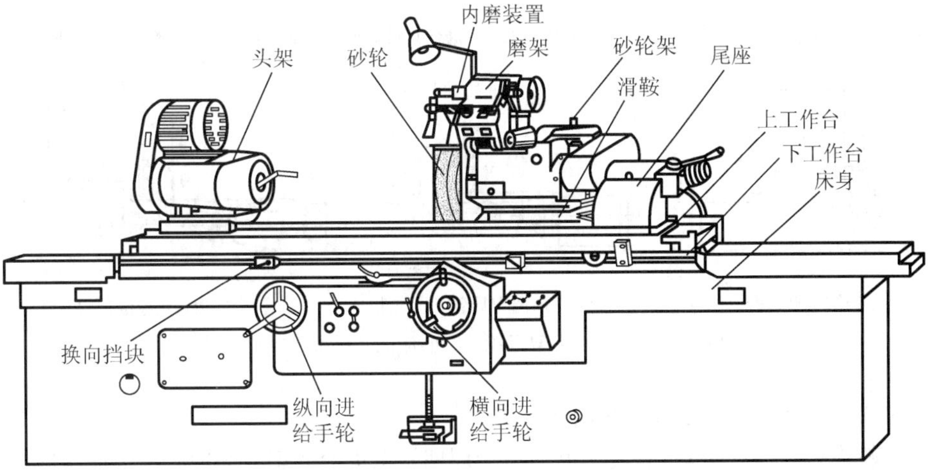

图 2.69　M1432A 型万能外圆磨床

表 2-8　　M1432A 型万能外圆磨床主要组成部件及功用

部件名称	功用
床身	是磨床的基础支承件，在它的上面装有砂轮架、工作台、头架、尾座及横向滑鞍等部件，使这些部件在工作时保持准确的相对位置。床身内部装有液压缸及其他液压元件，用来驱动工作台和滑鞍的移动
头架	用于装夹工件，并带动其旋转，可在水平面内逆时针方向转动 90°。头架主轴通过顶尖或卡盘装夹工件，它的回转精度和刚度直接影响工件的加工精度
工作台	由上、下两层组成，上工作台可相对于下工作台在水平面内转动很小的角度（±10°），用以磨削锥度不大的长圆锥面。上工作台顶面装有头架和尾座，它们随工作台一起沿床身导轨做纵向往复运动
内磨装置	用于支承磨内孔的砂轮主轴部件，其主轴由单独的电动机驱动
砂轮架	用于支承并传动砂轮主轴高速旋转。砂轮架装在横向滑鞍上，当需磨削短圆锥面时，砂轮架可在水平面内调整至一定角度位置（±30°）
滑鞍及横向进给机构	转动横向进给手轮，可以使横向进给机构带动横向滑鞍及其上的砂轮架做横向进给运动，也可利用液压装置使砂轮架作快速进退或周期性自动切入进给
尾座	可利用安装在尾座套筒上的顶尖（后顶尖），与头架主轴上的前顶尖一起支承工件，使工件实现准确定位。尾座利用弹簧力顶紧工件，以实现磨削过程中工件因热膨胀而伸长时的自动补偿，避免引起工件的弯曲变形和顶尖孔的过度磨损。尾座套筒的退回可以手动，也可以液压驱动

c. M1432A 型万能外圆磨床的运动。图 2.70 所示的是 M1432A 型万能外圆磨床的几种典型加工方法。可以看出，机床必须具备以下运动。

i. 磨外圆或磨内孔时砂轮的旋转主运动 n_0。

ii. 工件旋转的圆周进给运动 n_w。

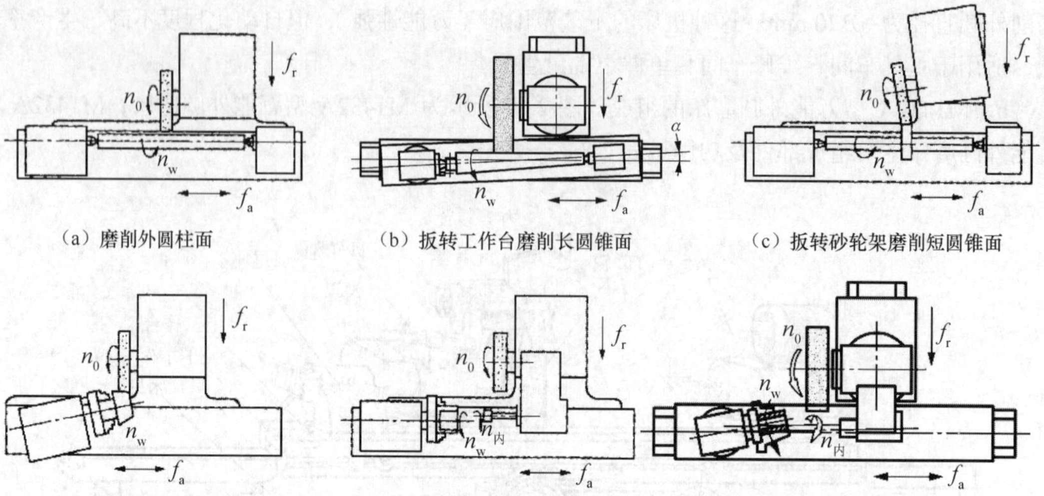

（a）磨削外圆柱面　（b）扳转工作台磨削长圆锥面　（c）扳转砂轮架磨削短圆锥面

（d）扳动头架磨削圆锥面　（e）用内圆磨具磨削圆柱孔　（f）扳转头架磨削内圆锥面

图 2.70　M1432A 型万能外圆磨床的几种典型加工方法

iii. 工件（工作台）往复纵向进给运动 f_a。

iv. 砂轮横向进给运动 f_r（往复纵磨时，为周期间歇进给；切入磨削时，为连续进给）。

此外，机床还具有两个辅助运动，即为装卸和测量工件方便所需的砂轮架横向快速进退运动和为装卸工件所需的尾座套筒伸缩移动。

d. M1432A 型万能外圆磨床的传动。图 2.71 所示为 M1432A 型万能外圆磨床的传动系统。工件（工作台）往复纵向进给运动 f_a、砂轮架快速进退和自动周期进给以及尾座套筒伸缩移动均采用液压传动，其余运动则为机械传动。

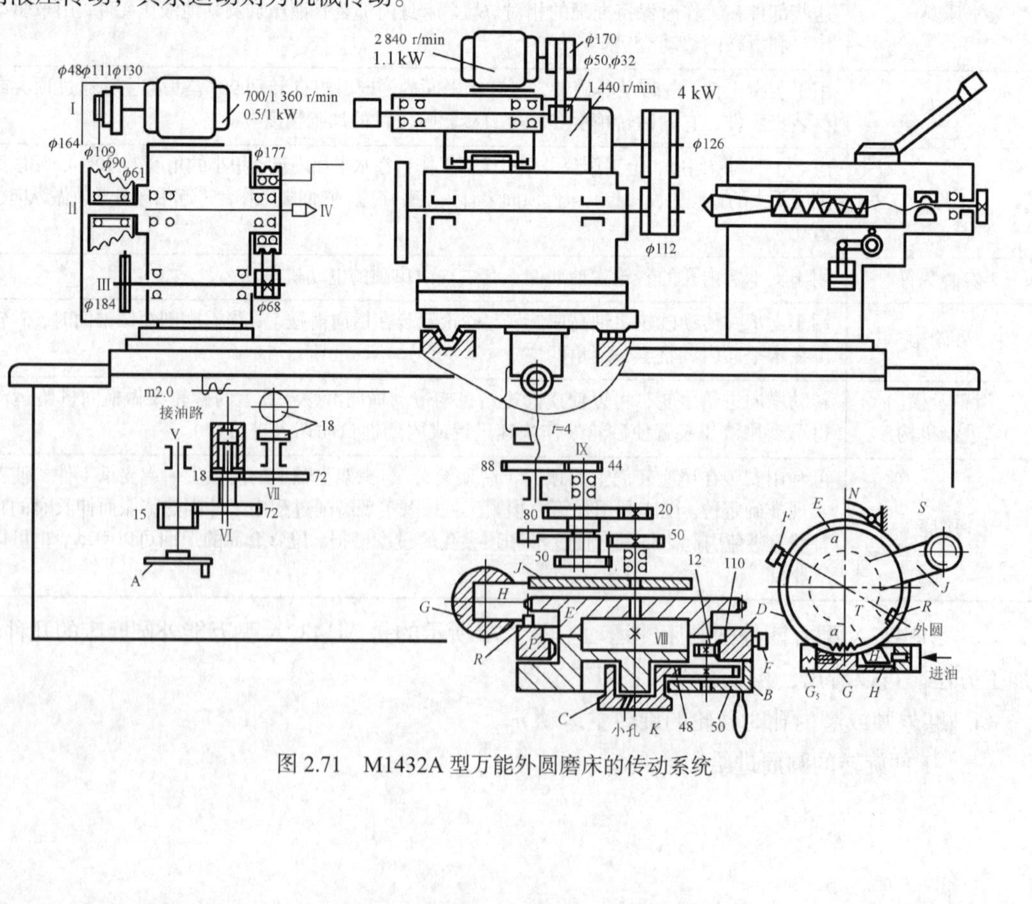

图 2.71　M1432A 型万能外圆磨床的传动系统

（2）砂轮。

① 砂轮的组成。砂轮是用磨料和结合剂等经压坯、干燥和焙烧而制成的中央有通孔的圆形固结磨具（见图 2.68）。砂轮使用时以极高的圆周速度磨削工件，并能加工各种高硬度材料的工件，适于加工各种金属和非金属材料。砂轮的种类繁多，不同砂轮可分别对工件的外圆、内圆、平面和各种型面等进行粗磨、半精磨和精磨，以及切断和开槽等。砂轮的特性取决于磨料、粒度、结合剂、硬度和组织 5 个参数，相关内容可查阅相关专业书籍或技术资料。

② 砂轮的代号与用途。砂轮的形状和尺寸是根据磨床类型、加工方法及工件加工要求来确定的。砂轮的特性均标记在砂轮的侧面上，其顺序是形状代号、尺寸、磨料、粒度号、硬度、组织号、结合剂和允许的最高线速度。例如，外径 ϕ300 mm、厚度 50 mm、孔径 ϕ75 mm，棕刚玉、粒度 60、硬度 L，5 号组织、陶瓷结合剂，最高工作线速度 35 m/s 的平行砂轮，其标记为砂轮 1 − 300 × 50 × 75 − A60L5V − 35 m/s（GB/T 2484—2018《固结磨具　一般要求》）。

（3）外圆磨削时轴类零件的装夹。磨削加工精度高，因此工件装夹是否正确、稳固，直接影响工件的加工精度和表面粗糙度。在某些情况下，装夹不正确还会造成事故。磨削时，轴类零件的装夹通常采用以下四种方法，如图 2.72 所示。

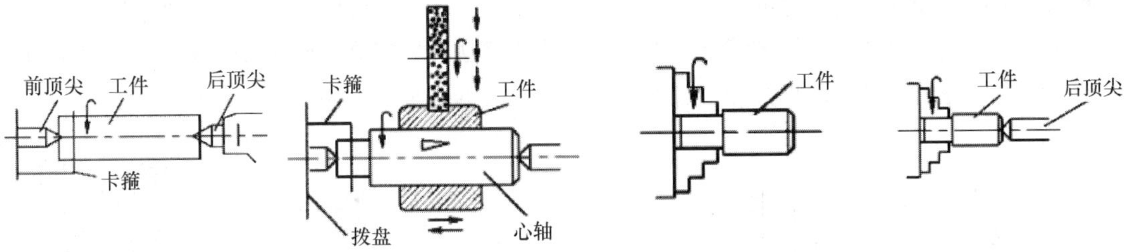

（a）用前、后顶尖装夹　（b）用心轴装夹　（c）用三爪卡盘或四爪卡盘装夹　（d）用卡盘和顶尖装夹

图 2.72　轴类零件装夹方法

① 用前、后顶尖装夹，如图 2.72（a）所示。用前、后顶尖顶住工件两端的中心孔，中心孔应加入润滑脂，工件由头架拨盘、拨杆和卡箍带动旋转。此方法安装方便、定位精度高，主要用于安装实心轴类工件。

② 用心轴装夹，如图 2.72（b）所示。磨削套筒类零件时，以内孔为定位基准，将零件套在心轴上，心轴再装夹在磨床的前、后顶尖上。

③ 用三爪自定心卡盘或四爪卡盘装夹，如图 2.72（c）所示。对于端面上不能钻中心孔的短工件，可用三爪自定心卡盘或四爪卡盘装夹。

④ 用卡盘和顶尖装夹，如图 2.72（d）所示。当工件较长，一端能钻中心孔，另一端不能钻中心孔时，可一端用卡盘、另一端用顶尖装夹工件。

（4）外圆表面的磨削方法。磨削是外圆表面精加工的主要方法之一。根据磨削时工件定位方式的不同，外圆磨削可分为中心磨削和无心磨削两大类。

① 中心磨削。中心磨削即普通外圆磨削。在外圆磨床上常用的外圆磨削方法有以下四种。

a. 纵磨法。如图 2.73（a）所示，砂轮高速旋转起切削作用，工件旋转做圆周进给运动，并和工作台一起做纵向往复直线进给运动。工作台每往复一次，砂轮沿磨削深度方向完成一次横向进给，每次进给（背吃刀量）都很小，全部磨削余量是在多次往复行程中完成的。当工件磨削接近最终尺寸时（尚有余量 0.005～0.01 mm），应无横向进给光磨几次，直到火花消失为止。纵磨法的磨削深度小、磨削力小、磨削温度低，最后几次无横向进给的光磨行程能消除由机床、工件、夹具弹性变形产生的误差，所以磨削精度较高、表面粗糙度值小，适合单件小批量生产和细长轴的精磨。

b. 横磨法。如图 2.73（b）所示，横磨法又称为切入法、磨削时，工件不做纵向进给运动，采用比工件被加工表面宽（或等宽）的砂轮，连续地或间断地以较慢的速度做横向进给运动，直到磨去全部加工余量。横磨法的生产率高，但砂轮的形状误差直接影响工件的形状精度，所以加工精度较低，而且由于工件与砂轮的接触面积大、磨削力大、磨削温度高而集中，工件容易变形、烧伤和退火，磨削时应使用大量冷却液。横磨法主要用于大批量生产，适合磨削长度较短、精度较低的外圆表面及其两侧都有轴肩的轴颈。若将砂轮修整成形，也可直接磨削成形面。

c. 综合磨法。如图 2.73（c）所示，先采用横磨法对工件外圆表面分段进行粗磨，相邻表面之间有 5～15 mm 的搭接，每段留有 0.01～0.03 mm 的精磨余量，然后用纵磨法进行精磨。这种磨削方法综合了横磨法与和纵磨法的优点，适合用于磨削加工余量较大、刚性较好的工件。

d. 深磨法。如图 2.73（d）所示，磨削时，将砂轮的一端外缘修成锥形或台阶形，选择较小的圆周进给速度和纵向进给速度，在工作台一次进给行程中将工件的加工余量全部磨除，达到加工要求。此方法的生产率比纵磨法高，加工精度比横磨法高，但修整砂轮较复杂，只适合大批量生产、刚性较好的工件，而且被加工表面两端应有较大的距离，方便砂轮切入和切出。

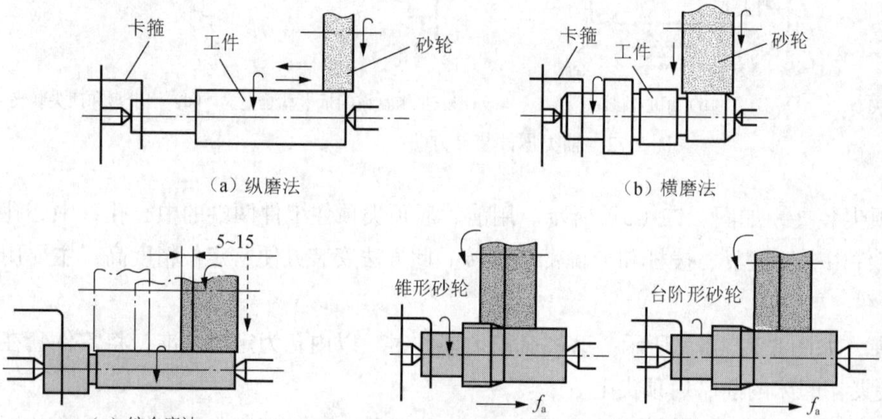

（a）纵磨法　（b）横磨法

（c）综合磨法　（d）深磨法

图 2.73　外圆磨床的磨削方法

纵向磨削法

深度磨削法

② 无心磨削。无心磨削是一种高生产率的精加工方法。无心磨削时，工件尺寸精度可达 IT7～IT6，表面粗糙度 Ra 可达 0.8～0.2 μm。

如图 2.74（a）所示，用无心磨床磨削工件外圆时，工件不用顶尖来定心和支承，而是直接将工件放在砂轮 1 和导轮 3（用橡胶结合剂做的粒度较粗的砂轮）之间，由托板 4 支承，工件以被磨削的外圆表面自为定位基准。目前，无心外圆磨削主要有贯穿磨削法［见图 2.74（b）］和切入磨削法［见图 2.74（c）］。其中，贯穿磨削法（纵磨法）不适用于带台阶的圆柱形工件；切入磨削法（横磨法）适用于磨削有阶梯或成形回转表面的工件，但磨削表面长度不能大于磨削砂轮宽度。

无心外圆磨削原理

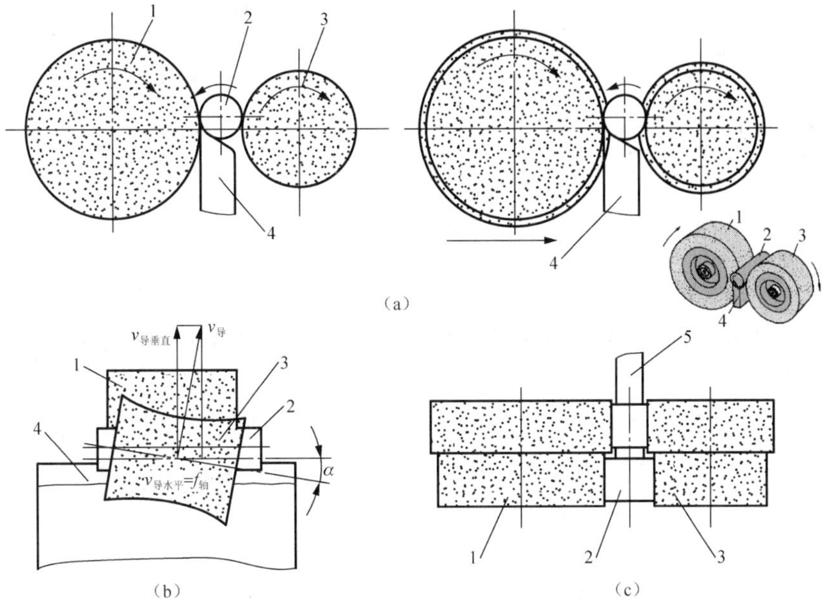

1—砂轮；2—工件；3—导轮；4—托板；5—挡板

图 2.74　无心外圆磨削的加工示意图

2. 中心孔的修研

为了保证轴类零件加工精度，一般选择中心孔作为磨削加工的定位基面，利用顶尖装夹工件。因此，磨削过程中经常需要对中心孔进行修研，常用的修研方法有以下几种。

（1）用油石或橡胶砂轮顶尖研磨。先将圆柱形油石或橡胶砂轮装夹在车床的卡盘上，用装夹在刀架上的金刚石笔将其前端修整成 60° 顶尖形状（圆锥体），接着将工件顶在油石（或橡胶砂轮）顶尖和车床后顶尖之间（见图 2.75），并加少量润滑油（柴油），然后开动车床使油石或橡胶砂轮顶尖转动进行研磨。研磨时用手把持工件连续而缓慢地转动，移动车床尾座顶尖，并给予一定压力。这种研磨方法效率高、质量好且简便易行，一般生产中常用此法。

（2）用铸铁顶尖修研。与上一种方法基本相同，但用铸铁顶尖代替油石或橡胶砂轮顶尖。将铸铁顶尖装在磨床的头架主轴孔内，与尾座顶尖均磨成 60° 顶角，然后加入适量的研磨剂（W10～W12 氧化铝粉和机油调和而成）进行修研。用此方法研磨的中心孔精度较高，但研磨时间较长，效率很低，除用来修整尺寸较大或精度要求特别高的中心孔等个别情况外，一般很少采用。

（3）用硬质合金顶尖刮研。刮研用的硬质合金顶尖上有 4～6 条 60° 的圆锥棱带（见图 2.76），相当于一把刮刀，可对中心孔的几何形状进行微量的修整，又可以起挤光的作用。刮研在图 2.77 所示的立式中心孔研磨机上进行。刮研前，在中心孔内加入少量氧化铬研磨剂。这种方法刮研的中心孔精度较高，表面粗糙度达 $Ra0.8\ \mu m$ 以下，并具有工具寿命较长、刮研效率高的特点，因此一般主轴的顶尖孔可以用此方法修研。

上述三种修研中心孔的方法还可以联合应用。例如，先用硬质合金顶尖刮研，再选用油石或橡胶砂轮顶尖研磨，这样效果会更好。

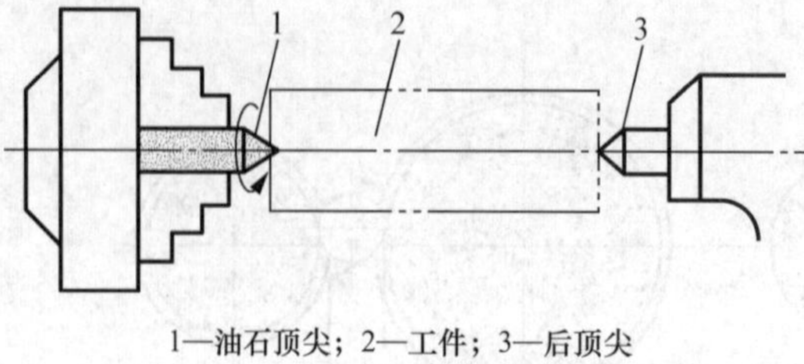

1—油石顶尖；2—工件；3—后顶尖

图 2.75　用油石顶尖研磨中心孔

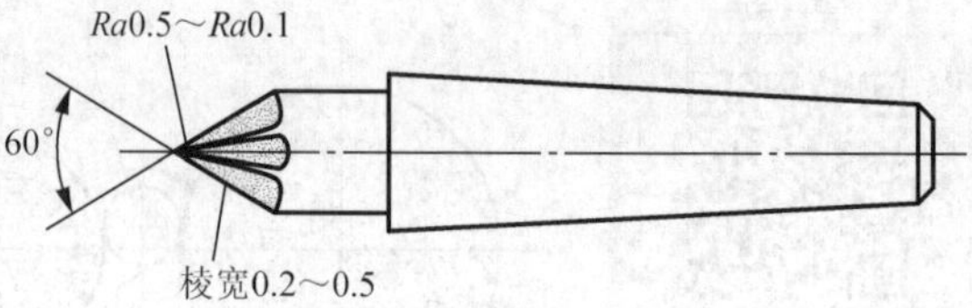

图 2.76　六棱硬质合金顶尖

（4）用成形圆锥砂轮修磨中心孔。这种方法主要适用于长度尺寸较短和淬火变形较大的中心孔。修磨时，将工件装夹在内圆磨床卡盘上，校正工件外圆后，用圆锥砂轮修磨中心孔，此方法在生产中应用也较少。

（5）用中心孔磨床修研。此方法使用专门的中心孔磨床。修磨时砂轮做行星磨削运动，并沿 30° 方向做进给运动。中心孔磨床及其运动方式如图 2.78 所示，适宜修磨淬硬的精密工件的中心孔，圆度公差能达到 0.000 8 mm，轴类零件专业生产厂家常用此方法。

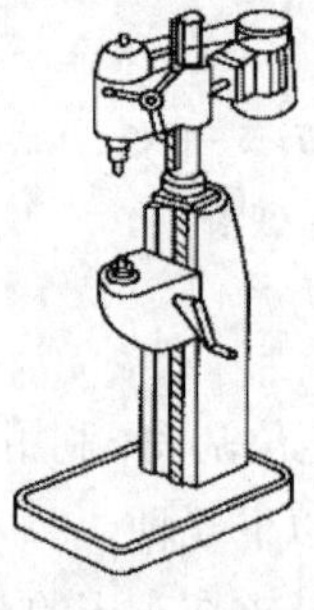

图 2.77　立式中心孔研磨机

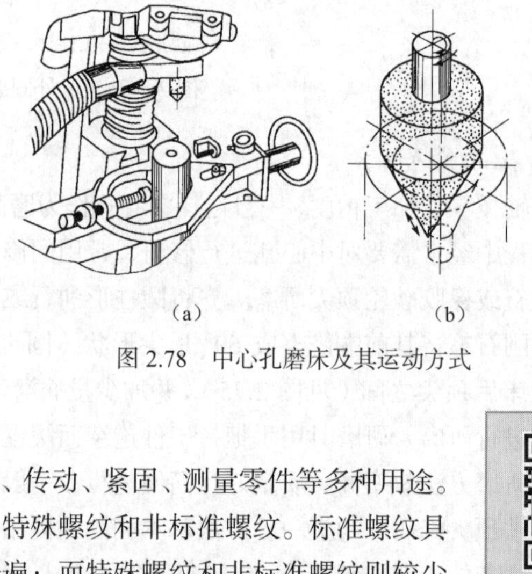

图 2.78　中心孔磨床及其运动方式

3. 螺纹车削技术

螺纹在机械零件中，通常具有连接、传动、紧固、测量零件等多种用途。目前，螺纹的种类主要分为标准螺纹、特殊螺纹和非标准螺纹。标准螺纹具有较高的通用性及互换性，应用比较普遍；而特殊螺纹和非标准螺纹则较少采用，主要是根据实际需要应用在一些特殊机构中。

螺纹的种类及其应用

（1）螺纹加工技术。常见螺纹的加工方法有车削螺纹、攻螺纹、套螺纹、滚压螺纹、铣削螺纹和磨削螺纹。在一般企业中，尤其是在机修工作中，螺纹加工通常采用车削加工，以车削普通螺纹（三角形）最为常见。

螺纹的主要参数

① 普通螺纹车刀。

三角形螺纹车刀的种类及特点

a. 高速钢外螺纹车刀。在低速车削或精车螺纹时使用，车削时应加注切削液。

i. 高速钢外螺纹粗车刀。如图 2.79（a）所示，有较大的背前角，刀具容易刃磨，适用于粗车普通螺纹。

ii. 高速钢外螺纹精车刀。如图 2.79（b）所示，具有 4°～6° 的正前角，前刀面磨有半径 $R = 4$～6 mm 的圆弧形排屑槽，适用于精车普通螺纹。

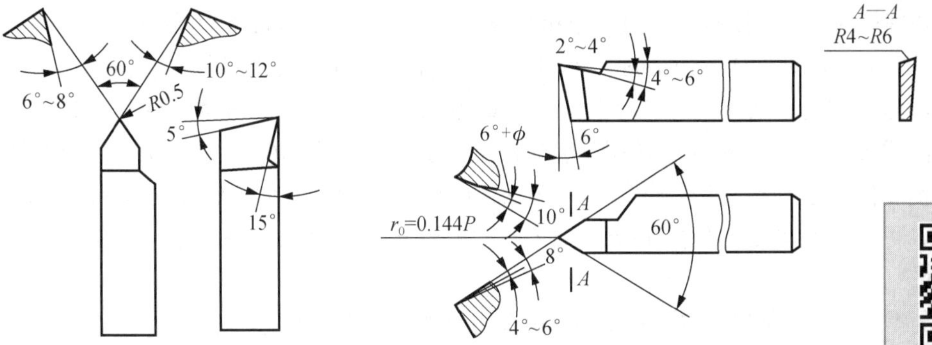

（a）高速钢外螺纹粗车刀

（b）高速钢外螺纹精车刀

图 2.79　高速钢外螺纹车刀

高速钢梯形螺纹精车刀

b. 硬质合金外螺纹车刀。如图 2.80（a）所示，刀片材料为 YT15，刀尖角为 59° 30′，适用于高速切削螺纹。车刀两侧刀刃上具有宽 0.2～0.4 mm、$\gamma_o = -5°$ 的倒棱，并磨有 1 mm 宽的刃带，起修光和增强刀头强度的作用，可车削较大螺距（$P > 2$ mm）的螺纹。

c. 硬质合金内螺纹车刀。如图 2.80（b）所示，与硬质合金外螺纹车刀基本相同，刀杆的粗细与长度应根据螺纹孔径决定。

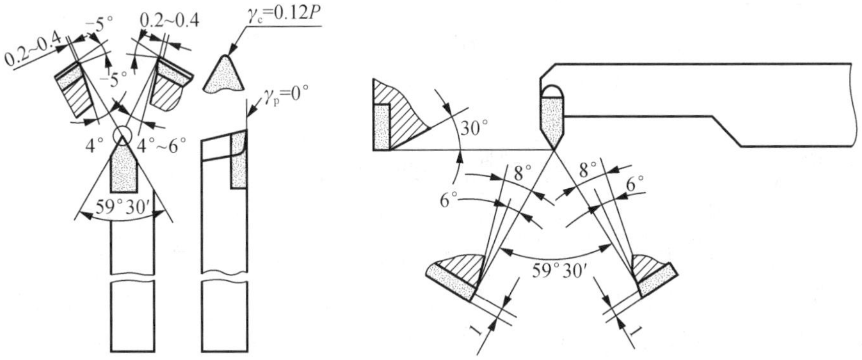

（a）硬质合金外螺纹车刀

（b）硬质合金内螺纹车刀

图 2.80　硬质合金螺纹车刀

硬质合金梯形螺纹车刀

② 普通螺纹车削方法。车削螺纹时，一般可采用低速车削和高速车削两种方法。低速车削螺纹可获得较高的精度和较细的表面粗糙度，但生产率很低；高速车削螺纹相较于低速车削螺纹生产率可提高 10 倍以上，也可以得到较细的表面粗糙度，在工厂中应用广泛。

a. 低速车削螺纹。低速车削三角形螺纹时，为了保持螺纹车刀的锋利状态，车刀材料最好用高速钢制成，并且把车刀分成粗、精车刀并进行粗、精加工。车螺纹主要有以下三种进刀方法。

i. 直进法。如图 2.81（a）所示，低速车螺纹时，只利用中溜板做横向进给，其背吃刀量 a_p 与螺距 P 的关系是 $a_p \approx 0.65P$。高速车螺纹时，应根据总背吃刀量分几次进给来控制中径尺寸。直进法车螺纹可以得到比较正确的牙型，但车刀左、右两侧刀刃和刀尖全部参加切削，螺纹齿面不易车光，并且容易产生“扎刀”现象。因此，其只适用于车削螺距 $P < 1.5$ mm 的螺纹。

ii. 斜进法。如图 2.81（b）所示，开始 1～2 刀用直进法车削，以后用中、小滑板交替进给车削，小滑板切削量约为中滑板的 1/3。其用于粗车螺纹，每边约留 0.2 mm 精车余量。

iii. 左右切削法。如图 2.81（c）所示，车削时，除中滑板横向进给外，同时小滑板向左或向右微量进给，这样重复切削几次工作行程，直至螺纹的牙型全部车好。这种方法用于各类螺纹粗、精车（除梯形螺纹外）。精车时选用 $v_c < 5$ m/min 的切削速度，并加注切削液，可以获得很小的表面粗糙度值；但背吃刀量不能过大，一般 $a_p < 0.05$ mm，否则会使牙底过宽或凹凸不平。在实际工作中，可用观察法控制左右进给量。当排出切屑很薄时，车出的螺纹表面粗糙度一定很细。

螺距较大的螺纹（一般情况下 $P > 1.5$ mm）粗车用斜进法，精车用左右切削法。这两种方法在车削时，因为车刀都是单面切削，所以不容易产生“扎刀”现象。

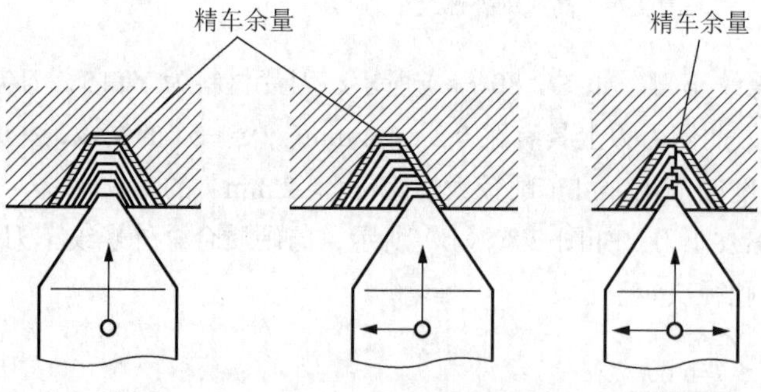

（a）直进法　　（b）斜进法　　（c）左右切削法

图 2.81　车螺纹时的进刀方法

知识拓展

车螺纹时乱牙的产生及预防

车削螺纹时，一般都要分几次进给才能完成，退刀时车刀刀尖可能不在前一次工作行程的螺旋槽内，而是偏左、偏右或在牙顶中间，使螺纹车乱，这种现象称为乱牙。产生乱牙的主要原因是工件转数不是车床丝杠倍数的整数倍。判断车螺纹时是否会产生乱牙，可参阅相关公式进行计算。

b. 高速车削螺纹。高速车螺纹时，最好使用 YT15 的硬质合金螺纹车刀，切削速度取 $v_c = 50$～100 m/min。车削时只能用直进法进刀，使切屑垂直于轴线方向排出或卷成球状较理想。如果用左右切削法，车刀只有一个切削刃参加切削，高速排出的切屑会把另外一面拉毛。如果车刀刃磨得不对称或倾斜，也会使切屑侧向排出，拉毛螺纹表面或损坏刀头。

因工件受车刀挤压会使大径胀大，所以车削螺纹大径应比基本尺寸小 0.15～0.2P。

高速车削螺距一般为 1.5～3 mm。车削中碳（合金）钢螺纹时，一般只要 3～5 次工作行程就可以完成。横向进给时，开始深度大一些，以后逐步减少，但最后一次不要小于 0.1 mm。

③ 螺纹车削时切削速度的选用。用高速钢螺纹车刀车塑性材料时，选择 12～150 r/min 的低速；用硬质合金螺纹车刀车塑性材料时，选择 480 r/min 左右的高速。工件螺纹直径小、螺距小（$P \leqslant 2$ mm）时，宜选用较高转速；工件螺纹直径大、螺距大时，宜选用较低转速。

知识拓展

铣削键槽的方法与步骤

（1）选择铣刀。根据键槽的形状及加工要求选择铣刀，如铣削封闭式键槽应选择键槽铣刀。

（2）安装铣刀（详见项目 4 中相关内容）。

（3）选择夹具装夹工件。根据工件的形状、尺寸及加工要求选择装夹方法。单件生产使用平口钳装夹工件，使用平口钳时必须校正平口钳的固定钳口；还可采用分度头和顶尖、V 形槽装夹等方式铣削键槽；批量生产时使用轴用虎钳或专用夹具装夹工件。铣削键槽工件装夹方法如图 2.82 所示。

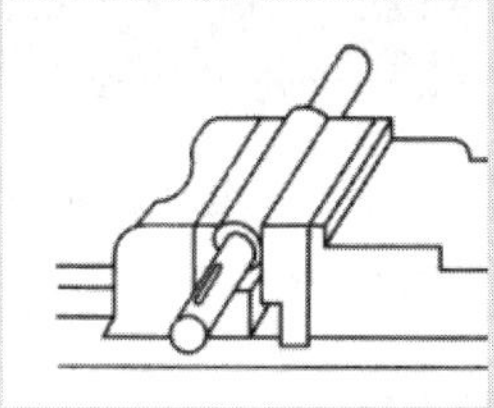

（a）平口钳装夹

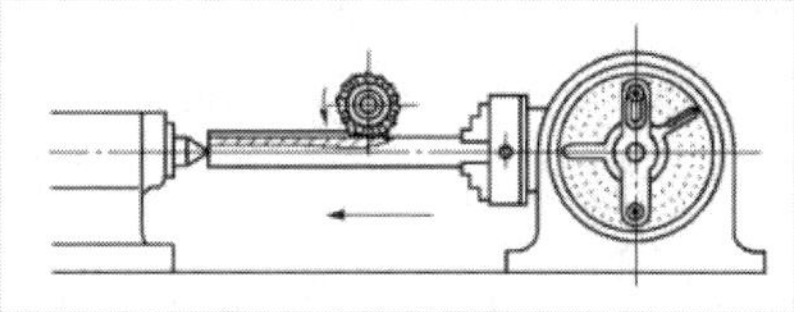

（b）分度头和顶尖装夹

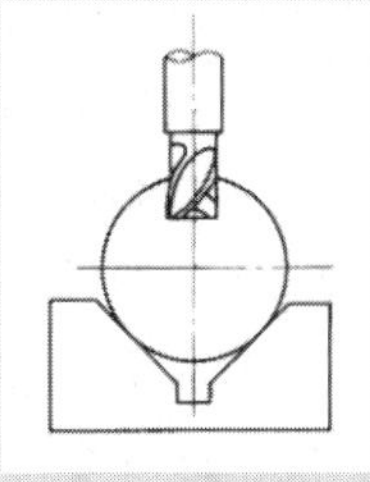

（c）V 形槽装夹

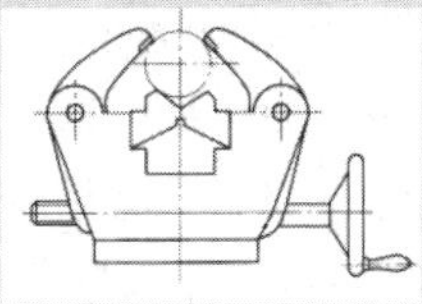

（d） 轴用虎钳装夹

图 2.82　铣削键槽工件装夹方法

（4）对刀。使铣刀对称中心面与工件轴线重合，常用对刀方法有切痕对刀法（见图 2.83）和划线对刀法。

（5）选择合理的铣削用量。

（6）调整机床，开车，先试切检验，再铣削加工出键槽。

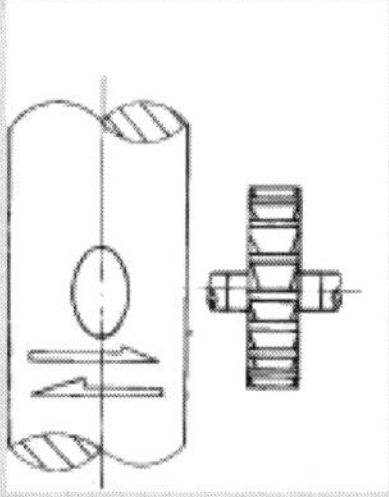

（a）切出椭圆形刀痕

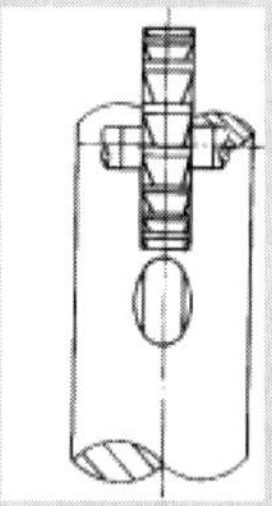

（b）切出对刀划痕

图 2.83　切痕对刀法

4. 螺纹和键槽精度检验

（1）螺纹的测量。三角形螺纹的测量一般使用螺纹量规进行综合测量，也可进行单项测量。单项测量指的是对螺纹的螺距、长度、大径和中径等分项测量。综合测量是对螺纹的各项精度要求进行综合性测量。

螺纹的检测

① 单项测量。

a. 螺距的测量。螺距测量一般用钢直尺或螺距规。用钢直尺测量时，因为普通螺纹的螺距一般较小，所以最好度量 10 个螺距的长度，通过计算得出平均螺距的尺寸。如果螺距较大，则可以量出 2 个或 4 个螺距的长度，再计算平均螺距，如图 2.84（a）所示。

如图 2.84（b）所示，用螺距规测量时，把标明螺距的螺距规平行于轴线方向嵌入牙型中，若牙型完全符合，则说明被测的螺距为螺距规标明的螺距。

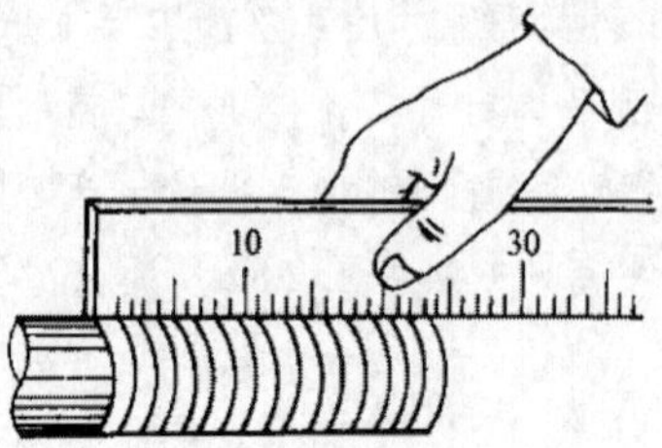

（a）钢直尺测量螺距

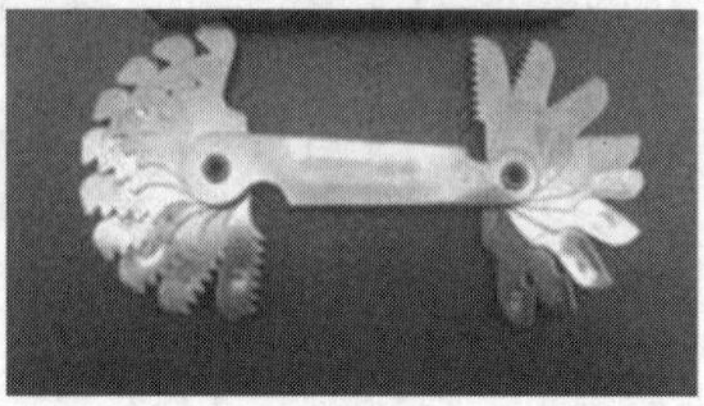

（b）螺距规测量螺距

图 2.84　螺距的测量

b. 螺纹长度的测量。可用游标卡尺测量螺纹长度。

c. 螺纹大径的测量。因其公差较大，故一般可使用游标卡尺或外径千分尺测量。

d. 螺纹中径的测量。三角螺纹的中径可用螺纹千分尺测量或用三针测量法测量。

i. 螺纹千分尺。其一般用于螺纹中径公差等级 5 级以下的螺纹测量，如图 2.85 所示。它的刻线原理和读数方法与外径千分尺相同，所不同的是螺纹千分尺附有两套适用不同牙型角（60° 和 55°）和不同螺距的测量头，测量头可根据工件螺距进行选择，然后分别插入千分尺的测杆和砧座的孔内。换上所选用的测量头后，必须调整砧座的位置，校对千分尺零位。

ii. 三针测量法。用三针测量外螺纹中径是一种比较精密的测量方法。测量所用的三根圆柱形量针是由量具厂专门制造的。测量时，把三根量针放置在螺纹两侧相应的螺旋槽内，用外径千分尺量出两边量针顶点之间的距离 M，如图 2.86 所示。根据 M 值可以计算出螺纹中径的实际尺寸。

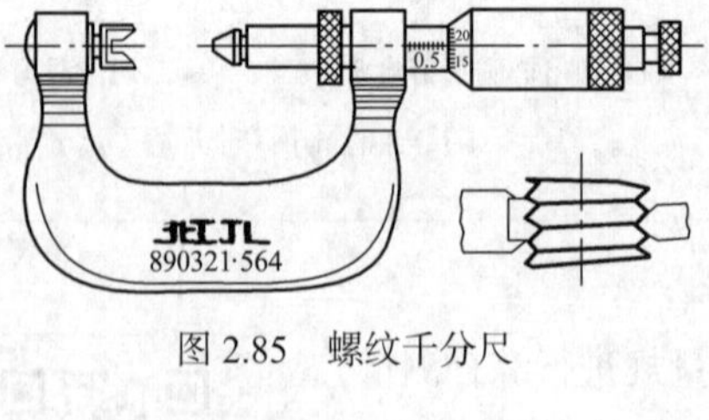

图 2.85　螺纹千分尺

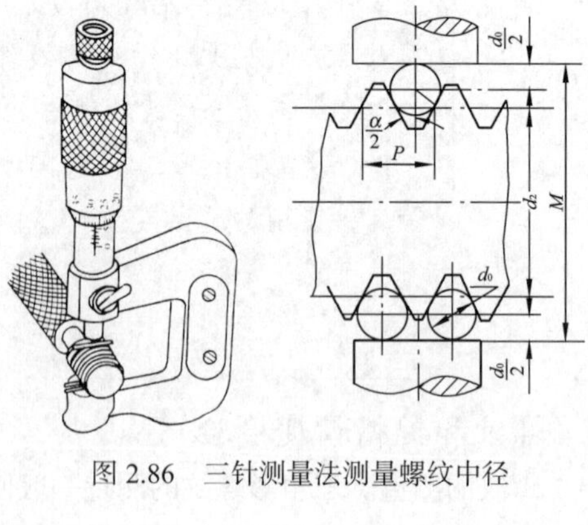

图 2.86　三针测量法测量螺纹中径

e. 螺纹长度检验。可用游标卡尺测量螺纹长度。

② 综合测量。用螺纹量规检验是一种螺纹综合检验方法。一般用螺纹塞规检验内螺纹，用螺纹环规检验外螺纹。

a. 螺纹塞规。图 2.87 所示的是一种双头螺纹塞规（测量大尺寸的螺纹时，多用单头螺纹塞规），两端分别为通端螺纹塞规和止端螺纹塞规。通端螺纹塞规是综合检验螺纹的，具有完整的外螺纹牙型和标准旋合长度，通端与工件顺利旋合通过表示通端检验合格。止端螺纹塞规用于检验螺纹中径的最大极限尺寸，做成截短牙型，止端不能通过工件。

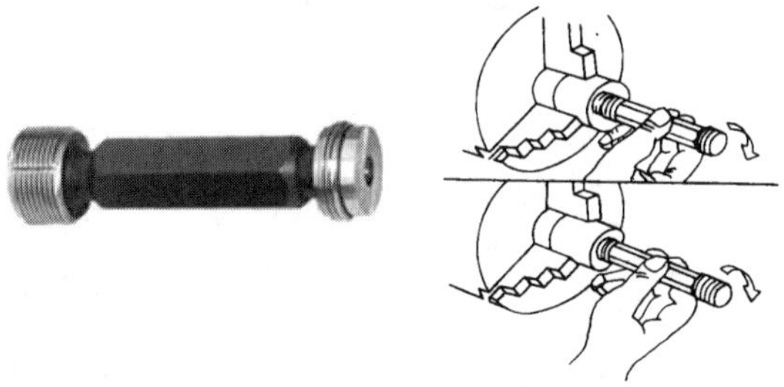

图 2.87　双头螺纹塞规

使用螺纹塞规测量工件，只有当通端能顺利旋合通过而止端不能通过工件时，才表明此螺纹合格。

b. 螺纹环规。螺纹环规是用于对外螺纹各项精度要求进行一次性测量的综合性量具。

图 2.88 所示的是一种常用的螺纹环规，通端螺纹环规和止端螺纹环规是分开的。螺纹环规与螺纹塞规相仿，通端有完整牙型和标准旋合长度，而止端是截短牙型，去除两端不完整牙型，其长度不小于 4 牙。

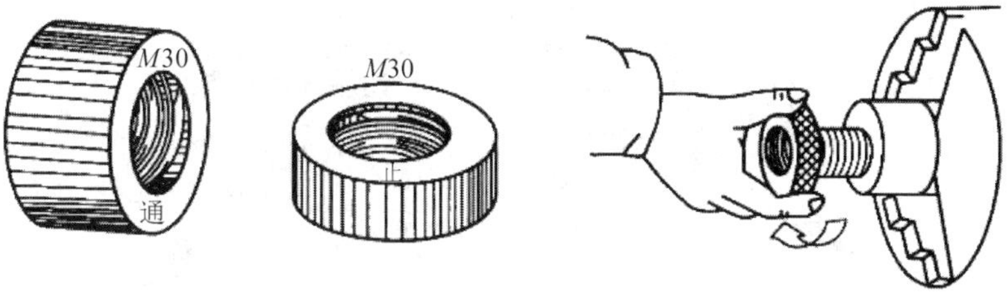

图 2.88　螺纹环规

使用螺纹环规测量工件，分别用通规、止规旋入螺纹，若通规顺利通过、止规旋不进，且表面粗糙度 $Ra \leqslant 3.2$ μm，则说明此螺纹合格。

用螺纹量规虽然不能测量出工件的实际尺寸，但能够直观地判断被测螺纹是否合格（螺纹合格时表明螺纹的基本参数中径、螺距、牙型半角等均合格）。由于采用螺纹量规检验的方法简便、工作效率高，装配时螺纹的互换性得到可靠的保证，因此螺纹量规在大批量生产中得到广泛应用。

（2）键槽精度的检验。现以半封闭键槽轴零件为例介绍键槽精度的检验方法，如图 2.89 所示。

① 测量槽宽。槽宽尺寸采用内径千分尺和塞规测量，如图 2.90 所示。

图 2.89　半封闭键槽轴零件

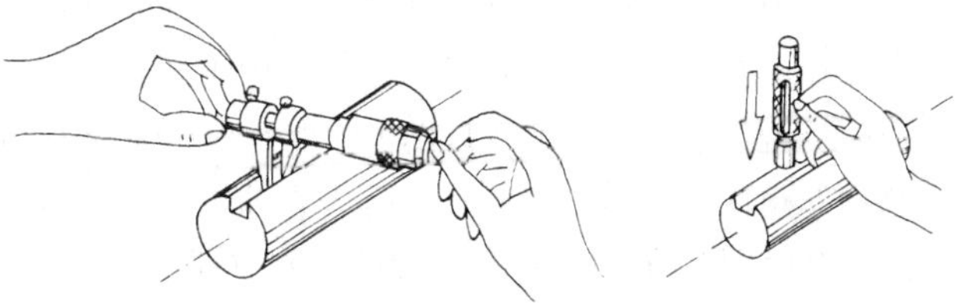

（a）用内径千分尺测量　（b）用塞规测量

图 2.90　槽宽测量

② 测量槽深。槽深即槽底至工件外圆的尺寸，应在槽深公差范围内，槽深测量如图 2.91 所示。

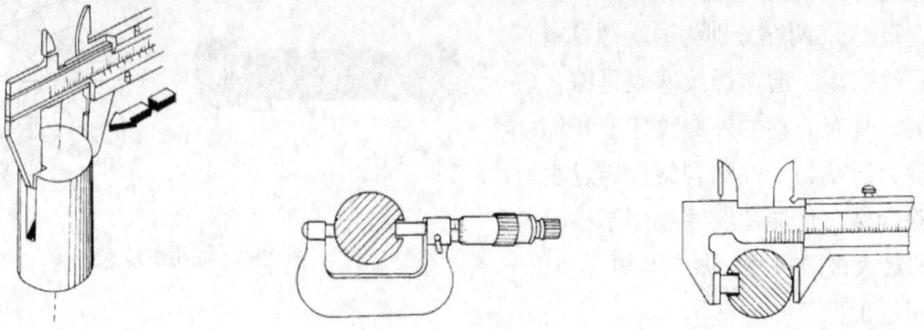

（a）用游标卡尺直接测量　（b）用千分尺测量　（c）塞入键块直接测量

图 2.91　槽深测量

③ 测量键槽对称度。将工件装夹在测量 V 形架上，用高度尺和百分表测量键槽对称度的偏差值。键槽对称度测量如图 2.92 所示。百分表的示值误差应在键槽对称度公差范围内。

④ 通过目测类比法进行键槽表面粗糙度的检验。

图 2.92　键槽对称度测量

2.3.3　任务实施

1．传动轴零件机械加工工艺规程编制

参照制定机械加工工艺规程的步骤，编制图 2.65 所示的传动轴零件的机械加工工艺规程。材料为 45#钢，生产类型为小批量生产，调质处理 24～38 HRC。

（1）分析传动轴的结构和技术要求。此轴是一个典型的阶梯轴，安装轴承的支承轴颈和安装传动零件的配合轴颈表面一般是轴类零件的重要表面；轴肩一般用来确定安装在轴上零件的轴向位置；各环槽的作用是使零件装配时有一个准确的位置，并使加工中磨削外圆或车螺纹时退刀方便；键槽用于安装键，并传递转矩；螺纹用于安装各种锁紧螺母和调整螺母。

传动轴的尺寸精度、形状精度（圆度、圆柱度等）、相互位置精度（同轴度、垂直度、平行度等）及表面粗糙度要求均较高，是轴类零件机械加工时应着重保障的要素。

如图 2.65 所示的传动轴为普通的实心阶梯轴，由圆柱面、轴肩、螺纹、螺纹退刀槽、砂轮越程槽和键槽等组成。此轴的轴颈 M 和 N 处是装轴承的，各项精度要求均较高，其尺寸为 $\phi35$（±0.008），且是其他表面的基准，因此是主要表面。配合轴颈 Q 和 P 处是安装传动零件的，与基准轴颈的径向圆跳动公差为 0.02（实际上是与 M、N 的同轴度），尺寸公差等级为 IT6。轴肩 G、

H 和 *I* 端面为轴向定位面，有较高的尺寸精度和形状、位置精度要求，与基准轴颈的圆跳动公差为 0.02 mm（实际上是与 *M*、*N* 轴线的垂直度），且有较小的表面粗糙度值，也是较重要的表面。同时，还有键槽、螺纹等结构要素。

因此，此传动轴的关键工序是支承轴颈 *M*、*N* 和配合轴颈 *P*、*Q* 的加工。

（2）明确传动轴毛坯状况。此传动轴材料为 45#钢，单件小批量生产，且属于一般的中、小传动轴，故选择 ϕ60 mm × 255 mm 的 45#热轧圆钢作为毛坯，可满足其使用要求。

（3）选择定位基准。此轴精加工的定位基面选用的是两端中心孔。在粗加工时，为了提高工件刚度，采用一夹一顶的方式，此时是以外圆和中心孔共同作为定位基面。

（4）拟订工艺路线。

① 确定各外圆表面加工方案。传动轴大多是回转面，主要采用车削和外圆磨削。由于其 *Q*、*M*、*P*、*N* 段公差等级较高，表面粗糙度值较小，因此采用磨削精加工。其他外圆表面采用粗车、半精车、精车加工的加工方案。

轴类零件的加工

② 划分加工阶段。此轴加工划分为三个加工阶段，即粗车（粗车外圆、钻中心孔）、半精车（半精车各处外圆、台肩和修研中心孔等），粗、精磨 *Q*、*M*、*P*、*N* 段外圆。各加工阶段大致以热处理为界。

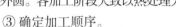

③ 确定加工顺序。

a. 机械加工工序安排。应遵循加工顺序安排的一般原则，另外还应注意以下问题。

i. 外圆表面加工顺序应为先加工大直径外圆，然后再加工小直径外圆，以免一开始就降低了工件的刚度。

ii. 轴上的花键、键槽等表面的加工应在外圆精车或粗磨之后、外圆精磨之前，这样既可保证它们的加工质量，也可保证精加工表面的精度。

iii. 轴上的螺纹一般有较高的精度，其加工应安排在工件局部淬火之后进行，避免因淬火后产生的变形而影响螺纹的精度。

b. 热处理工序安排。因为此轴毛坯为热轧钢，所以可不必进行正火处理。根据使用要求，此轴需进行调质处理，它应放在粗加工后、半精加工前进行。

此轴的加工工艺路线为毛坯→粗车→热处理→半精车→精车→铣键槽→修研中心孔→磨削。

c. 辅助工序安排。在制定工艺规程时，应确定检查项目及检验方法，安排检验工序。

（5）设计工序内容。在零件加工过程中，经常会遇到定位基准或测量基准等与设计基准不重合的情况，此时工序尺寸及其公差的合理确定需要借助尺寸链进行分析计算。

① 尺寸链基础知识。尺寸链（dimensional chain）是在零件加工或机器装配过程中，由互相联系的尺寸按一定顺序连接成的一个首尾相接的封闭尺寸组，如图 2.93 所示。

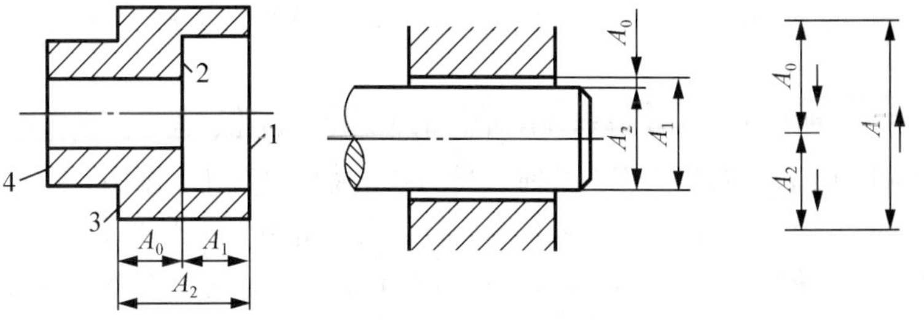

（a）定位套　　（b）轴的装配图　　（c）回路法

图 2.93　尺寸链示例

图 2.93（a）所示为一定位套，A_0 与 A_1 为图样上已标注的尺寸，当按零件图进行加工时，尺寸 A_0 不便直接测量，但可以通过测量尺寸 A_2 进行加工，间接保证 A_0 的要求。此时，尺寸 A_2 就需要应用工艺尺寸链来确定。

图 2.93（b）所示的是一轴的装配图，其装配精度 A_0 是装配后间接形成的。为保证装配精度，必须采用尺寸链理论，分析研究尺寸 A_1、A_2 与 A_0 的内在关系，确定 A_1、A_2 的尺寸。

a. 尺寸链的组成。

i. 环。列入尺寸链中的每一个尺寸均称为尺寸链的环。

ii. 封闭环。封闭环是在装配过程或加工过程中最后自然形成的尺寸，它的大小是由组成环间接保证的。一个尺寸链中必须有且只能有一个封闭环，用 A_0 表示。

iii. 组成环。组成环是尺寸链中除封闭环以外的且对封闭环有影响的其他各环，是在装配过程或加工过程中直接得到的环。根据对封闭环的影响不同，组成环又分为增环与减环。

- 增环。尺寸链中，若环的变动引起封闭环同向变动，则此环称为增环，用 $\overrightarrow{A_i}$ 表示。
- 减环。尺寸链中，若环的变动引起封闭环反向变动，则此环称为减环，用 $\overleftarrow{A_i}$ 表示。

同向变动是指组成环增大时，封闭环也增大；组成环减小时，封闭环也减小。反向变动是指组成环增大时，封闭环减小；组成环减小时，封闭环增大。

iv. 增环和减环的判别。

- 用增环、减环的定义判别。组成环的增减性质可用增环、减环的定义判别，但是环数较多的尺寸链使用定义判别比较困难，此时可采用回路法进行判别。
- 回路法，即在尺寸链图上先给封闭环任意定出一方向并画出箭头，然后沿此箭头方向环绕尺寸链回路，顺次给每个组成环画出箭头，此时凡与封闭环箭头方向相反的组成环为增环、与封闭环箭头方向相同的为减环。如图 2.93（c）所示，A_1 为增环，A_2 为减环。

b. 尺寸链的特征。

i. 关联性。组成尺寸链的各尺寸之间必然存在着一定的关系，相互无关的尺寸不组成尺寸链。尺寸链中每一个组成环不是增环就是减环，其尺寸发生变化都要引起封闭环的尺寸变化。对尺寸链中的封闭环尺寸没有影响的尺寸，就不是此尺寸链的组成环。封闭环是自然形成的尺寸，而且其精度必然低于任何一个组成环的精度。

ii. 封闭性。尺寸链必须是一组首尾相接并构成一个封闭图形的尺寸组，其中应包含一个间接得到的尺寸，即封闭环。不构成封闭图形的尺寸组合就不是尺寸链。

尺寸链有多种分类形式。按环的几何特征，可分为全部环为长度尺寸的长度尺寸链和全部环为角度尺寸的角度尺寸链；按环所处的空间位置，还可分为直线尺寸链、平面尺寸链和空间尺寸链；按尺寸链的应用场合，可分为由有关装配尺寸组成的装配尺寸链和零件有关工艺尺寸组成的工艺尺寸链。下面重点研究工艺尺寸链的应用（装配尺寸链见项目 7）。

c. 工艺尺寸链的建立。

i. 确定封闭环，即加工后间接得到的尺寸。在工艺尺寸链中，由于封闭环是加工过程中自然形成的尺寸，因此当零件的加工方案变化时，封闭环也将随之变化。如图 2.93（a）所示的零件，当分别采用以下两种方法加工时，尺寸链的封闭环将会发生相应变化。

- 方法 1：以表面 3 定位，车削表面 1 获得尺寸 A_2；然后再以表面 1 为测量基准，车削表面 2 获得尺寸 A_1。此时间接获得的尺寸 A_0 为封闭环。
- 方法 2：以加工过的表面 1 为测量基准，直接获得尺寸 A_1；然后调头以表面 2 为定位基准，采用定距装刀法车削表面 3，直接保证尺寸 A_0。此时尺寸 A_2 因间接获得而成了封闭环。

ii. 组成环的查找。组成环是加工过程中直接获得的且对封闭环有影响的尺寸，在查找时一定要根据这一基本特点进行。在图 2.93（a）所示的零件中，当采用上述第一种加工方法时，A_1、A_2 为组成环；当采用上述第二种加工方法时，A_1、A_0 为组成环。而表面 4 至表面 3 的轴向尺寸因对封闭环尺寸没有影响，所以不是尺寸链中的组成环。

iii. 画工艺尺寸链图。画工艺尺寸链图的方法是从构成封闭环的两表面同步地开始，按照工艺过程的顺序，分别向前查找各表面最近一次的加工尺寸，再进一步向前查找此加工尺寸的工序基准的最近一次的加工尺寸，如此继续向前查找，直至两条路线最后得到的加工尺寸的工序基准重合（即二者的工序基准为同一表面），上述尺寸形成封闭轮廓，即得到了工艺尺寸链图，如图 2.93（c）所示。

d. 尺寸链的计算。尺寸链的计算有极值法和概率法两种。极值法应用十分广泛，它考虑了组成环可能出现的最不利情况，因此计算结果可靠，而且计算方法简单。但是采用极值法计算工序尺寸，当封闭环公差较小时，常使各组成环太小而使制造困难，而且在成批以上生产中，各环出现极限尺寸的可能性并不大，特别是在组成环数较多的尺寸链中，所有各环均出现极限尺寸的可能性更小，因此用极值法计算显得过于保守，此时可根据各环尺寸的分布状态，采用概率法计算公式。

i. 极值法计算公式。

- 封闭环的公称尺寸为

$$A_0 = \sum_{i=1}^{m} \vec{A}_i - \sum_{i=1}^{n} \overleftarrow{A}_i \tag{2-14}$$

式中：m——增环数；

n——减环数。

- 封闭环极限尺寸为

$$A_{0\max} = \sum_{i=1}^{m} \vec{A}_{i\max} - \sum_{i=1}^{n} \overleftarrow{A}_{i\min} \tag{2-15}$$

$$A_{0\min} = \sum_{i=1}^{m} \vec{A}_{\min} - \sum_{i=1}^{n} \overleftarrow{A}_{\max} \tag{2-16}$$

式中：$A_{0\max}$——封闭环的最大值；

$A_{0\min}$——封闭环的最小值；

$\vec{A}_{i\max}$——增环的最大值；

$\vec{A}_{i\min}$——增环的最小值；

$\overleftarrow{A}_{i\max}$——减环的最大值；

$\overleftarrow{A}_{i\min}$——减环的最小值。

- 封闭环的极限偏差。

上偏差为

$$\mathrm{ES}(A_0) = \sum_{i=1}^{m} \mathrm{ES}(\vec{A}_i) - \sum_{i=1}^{n} \mathrm{EI}(\overleftarrow{A}_i) \tag{2-17}$$

下偏差为

$$\mathrm{EI}(A_0)=\sum_{i=1}^{m}\mathrm{EI}(\vec{A}_i)-\sum_{i=1}^{n}\mathrm{ES}(\overleftarrow{A}_i) \tag{2-18}$$

式中：$\mathrm{ES}(A_0)$——封闭环的上偏差；

$\mathrm{EI}(A_0)$——封闭环的下偏差；

$\mathrm{ES}(\vec{A}_i)$——增环的上偏差；

$\mathrm{EI}(\overleftarrow{A}_i)$——减环的下偏差；

$\mathrm{EI}(\vec{A}_i)$——增环的下偏差；

$\mathrm{ES}(\overleftarrow{A}_i)$——减环的上偏差。

- 封闭环公差为

$$T_0=\sum_{i=1}^{m+n}T_i \tag{2-19}$$

式中：T_0——封闭环公差；

T_i——组成环公差。

- 组成环平均公差为

$$T_{\mathrm{M}}=\frac{T_0}{m+n} \tag{2-20}$$

式中：T_{M}——组成环平均公差。

ii. 概率法计算公式。根据概率论原理，尺寸链概率法计算公式如下。

- 封闭环公差为

$$T_0=\frac{1}{k_0}\sqrt{\sum_{i=1}^{m+n}\xi_i^2k_i^2T_i^2} \tag{2-21}$$

式中：k_0——封闭环的相对分布系数，对于直线尺寸链，当各组成环在其公差内呈正态分布时，封闭环也呈正态分布，此时 $k_0=1$；

ξ_i——第 i 个组成环的传递系数，对于直线尺寸链，$|\xi_i|=1$；

k_i——第 i 个组成环的相对分布系数，当组成环在其公差内呈正态分布时，$k_i=1$。

因此，封闭环公差为

$$T_0=\sqrt{\sum_{i=1}^{m+n}T_i^2} \tag{2-22}$$

各组成环的平均公差为

$$T_{\mathrm{M}}=\frac{T_0}{\sqrt{m+n}} \tag{2-23}$$

式（2-23）与式（2-20）相比，可见概率法相较于极值法计算出的各组成环平均公差放大了 $\sqrt{m+n}$ 倍，从而使零件加工精度降低，加工成本下降。

定位基准与设计基准不重合时工序尺寸及其公差的计算

e. 工艺尺寸链的应用。其为基准不重合时，工序尺寸及其公差的确定。

i. 定位基准与设计基准不重合时工序尺寸及其公差的计算。在零件加工过程中有时为方便定位或加工，选用不是设计基准的几何要素做定位基准，在这种定位基准与设计基准不重合的情况下，需要通过工艺尺寸链换算，计算有关工序尺寸及其公差，并按换算后的工序尺寸及其公差加工，以保证零件的设计要求。

ii. 测量基准与设计基准不重合时工序尺寸及其公差的计算。在加工中，有时会遇到某些加工表面的设计尺寸不便测量甚至无法测量的情况。因此，需要在工件上另选一个容易测量的测量基准，通过对此测量尺寸的控制来间接保证原设计尺寸的精度。这就产生了测量基准与设计基准不重合时，利用工艺尺寸链进行测量尺寸及其公差的计算问题。

iii. 多次加工中间工序尺寸的计算。在零件加工过程中，有些加工表面的定位基准或测量基准是一些尚需继续加工的表面。当加工这些表面时，不仅要保证本工序对此表面的尺寸要求，同时还要考虑保证原加工表面的要求，即在一次加工后要同时保证两个以上的尺寸要求，此时也需要利用工艺尺寸链进行工序尺寸及其公差的换算。

iv. 保证渗碳、渗氮层深度的工序尺寸及其公差，也需要利用工艺尺寸链计算。

② 传动轴的加工余量、工序尺寸及其公差。

毛坯下料尺寸为 ϕ60 mm × 255 mm。

车削加工：粗车时，各外圆及各段尺寸按图样加工尺寸均留余量 2 mm；半精车时，螺纹大径车到 $\phi24_{-0.2}^{-0.1}$ mm，ϕ44 mm 及 ϕ52 mm 台阶车到图样规定尺寸，其余台阶均留 0.4 mm 磨削余量。

铣削加工：止动垫圈槽加工到图样规定尺寸；键槽铣削时，通过工艺尺寸链的计算确定其工序尺寸及其公差为 $A = 40.8_{-0.196}^{-0.054}$，并留出磨削余量。

精加工：加工螺纹到图样规定尺寸 M24 × 1.5 − 6g，各外圆车到图样规定尺寸并预留磨削余量。

磨削余量的选择：磨削余量对加工质量和磨削成本有很大的影响。磨削余量过大，需要的磨削时间长，增加磨削成本；磨削余量过小，无法保证磨削质量。

特别提示

（1）磨前毛坯加工要求。为了降低机械加工成本，在磨削加工之前，工件要进行切削加工，去除其上大部分的加工余量。半精车后，各外圆表面的尺寸精度达到 IT8～IT9，表面粗糙度为 Ra6.3～3.2 μm。各外圆表面磨削余量（直径）取 0.3～0.4 mm，轴肩端面余量取 0.1～0.2 mm，表面粗糙度为 Ra6.3～3.2 μm。

（2）磨削液的选择。选用 69-1 乳化液或 NA-802 磨削液，应注意充分冷却，防止表面烧伤。

③ 选择设备和工装。

a. 设备的选择。外圆车削设备为 CA6140 型车床，键槽铣削加工设备为 X52 型铣床。

选择磨床，一般根据磨床型号及其技术参数进行选择。外圆磨削一般采用外圆磨床或万能外圆磨床。在生产中，为了使每种机床都发挥出性能，其加工的直径有一个合理范围，外圆磨床磨削工件的合理直径 d 与其主参数 D_{max} 的关系为 $d = (1/10～1/2)D_{max}$。外圆磨床的精度等级可根据工件的尺寸精度、圆度或圆柱度确定。表面粗糙度不是选择磨床精度的主要因素，它不仅与机床精度有关，而且与磨削参数、砂轮修整、光磨次数等有关。综上所述，本项目选择 M1432A 型磨床。

b. 工艺装备的选择。

i. 夹具的选择。此轴生产类型为单件小批量生产，应优先选择通用夹具。粗加工阶段，一夹一顶装夹工件；精加工时用两顶尖装夹工件。由于工件上有轴肩（台阶端面）且加工要求较高，因此需经多次调头装夹，装夹时应仔细校正工件。

ii. 刀具的选择。

- 车床用刀具的选择。45° 和 90° 外圆车刀、螺纹车刀、ϕ2.5 mm 中心钻、3 mm 切断刀。
- 砂轮的选择。砂轮可根据工件材料、热处理、加工精度、粗磨和精磨等情况选择，并查阅相关手册或刀具资料。本任务中砂轮的选择同时兼顾粗磨和精磨，用一种砂轮，选用砂轮特性为：磨料可采用 WA 或 PA，粒度 F60～F80，硬度为 L～M，陶瓷结合剂 V。根据砂轮的磨削要求和特性，砂轮为平形砂轮，结构尺寸要与所用磨床相匹配。

iii. 量具的选择。根据工件的形状、尺寸精度和表面粗糙度等，此轴优先选择各种通用量具，如用千分表测量圆跳动，用游标卡尺、千分尺测量工件尺寸；用粗糙度样块与外圆表面进行对比，通过目测确定外圆的表面粗糙度；螺纹检验用螺纹环规。这些量具的使用范围和用途可查阅相关专业书籍或技术资料，并以此作为选择量具的依据。

另外，还要选用部分辅具，如硬卡爪与软卡爪、钻夹头、锉刀、毛刷等。

④ 切削用量及时间定额的制订（略）。

（6）传动轴零件的机械加工工艺过程。传动轴零件的机械加工工艺过程见表 2-9。

传动轴零件的加工步骤

表 2-9　　传动轴零件的机械加工工艺过程

<table>
<tr><th>工序号</th><th>工种</th><th>工序内容</th><th>工序简图</th><th>设备型号</th></tr>
<tr><td>1</td><td>下料</td><td>ϕ60 mm × 255 mm</td><td></td><td></td></tr>
<tr><td rowspan="2">2</td><td rowspan="2">车</td><td>三爪自定心卡盘夹持工件，车端面见平，钻中心孔，用尾架顶尖顶住，粗车 3 个台阶，直径、长度均留余量 2 mm</td><td>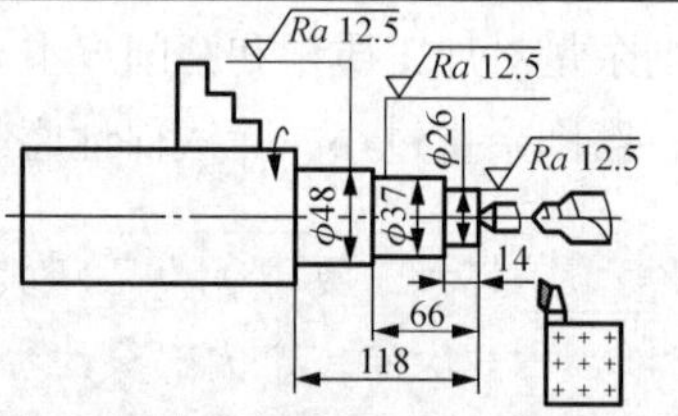
</td><td>CA6140</td></tr>
<tr><td>调头，三爪自定心卡盘夹持工件另一端，车端面保证总长 250 mm，钻中心孔，用尾架顶尖顶住，粗车另外 4 个台阶，直径、长度均留余量 2 mm</td><td>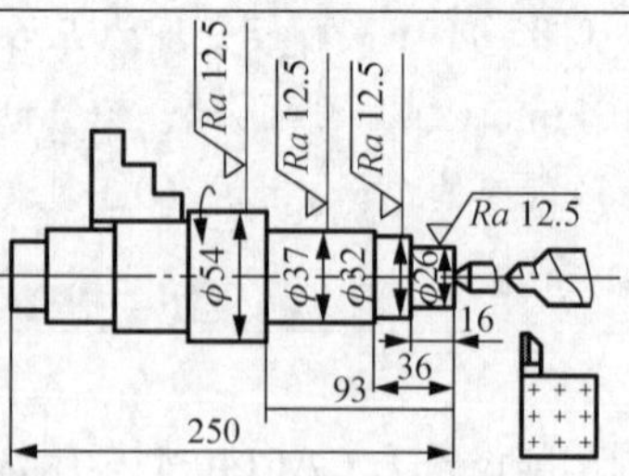
</td><td>CA6140</td></tr>
<tr><td>3</td><td>热</td><td>调质处理，217～255 HBW</td><td></td><td></td></tr>
<tr><td>4</td><td>钳</td><td>修研两端中心孔</td><td>
</td><td>CA6140</td></tr>
</table>

续表

工序号	工种	工序内容	工序简图	设备型号
5	车	双顶尖装夹，半精车 3 个台阶，螺纹大径车到 $\phi24_{-0.2}^{-0.1}$ mm，其余两个台阶直径上留余量 0.6 mm，车槽 3 个，倒角 3 个	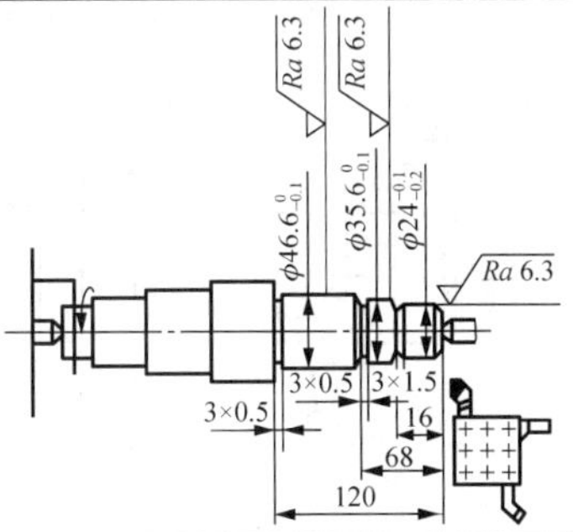	CA6140
		调头，双顶尖装夹，半精车余下的5个台阶，$\phi52$ mm及$\phi44$ mm台阶车到图样规定的尺寸。螺纹大径车到$\phi24_{-0.2}^{-0.1}$ mm，其余两个台阶直径上留余量 0.6 mm，车槽 3 个，倒角 4 个	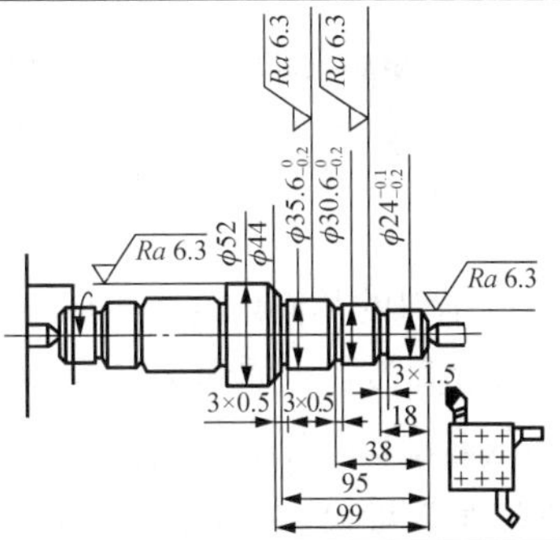	CA6140
6	车	双顶尖装夹，车一端螺纹 M24 × 1.5 − 6g；调头，双顶尖装夹，车另一端螺纹 M24 × 1.5 − 6g	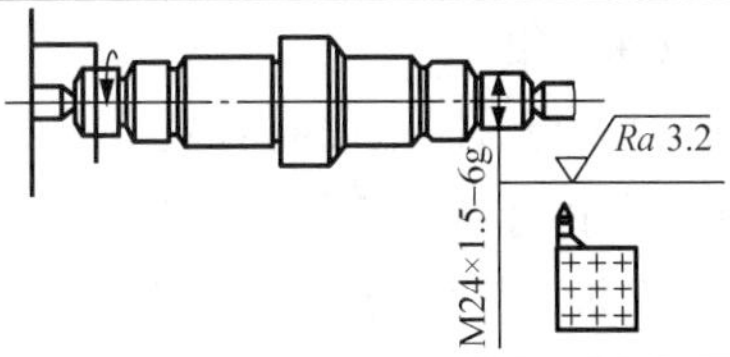	CA6140
7	钳	划键槽及1个止动垫圈槽加工线		
8	铣	两个键槽及一个止动垫圈槽，键槽深度保证 $40.8_{-0.196}^{-0.054}$ mm、$26.3_{-0.197}^{-0.053}$ mm、$20_{-0.2}^{0}$ mm	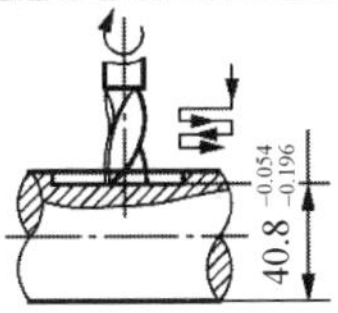	X52
9	钳	修研两端中心孔	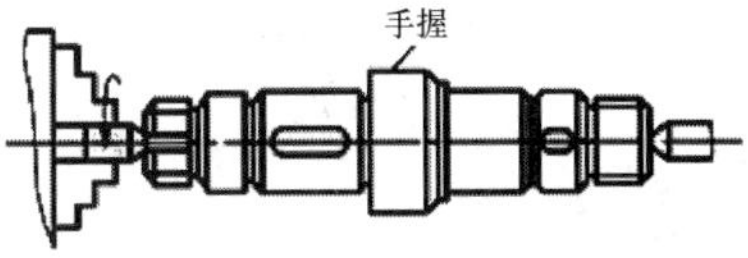	CA6140
10	磨	磨外圆 Q 和 M，并用砂轮端面靠磨台肩 H 和 I。调头，磨外圆 N 和 P，靠磨台肩 G	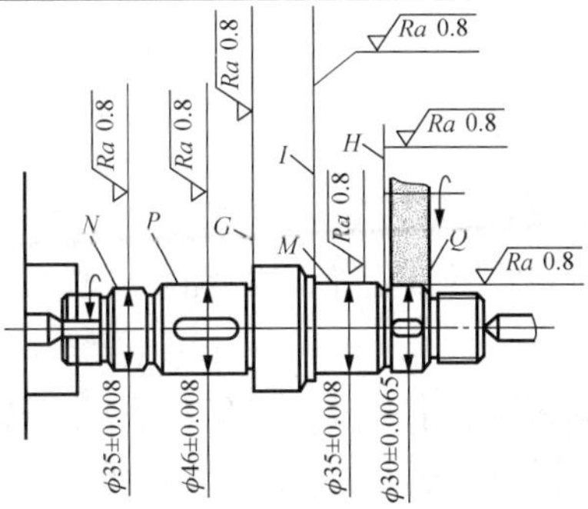	M1432A
11	检	检验	M24 × 1.5 − 6g 螺纹测量	

2. 传动轴零件机械加工工艺规程实施

根据生产实际或结合教学设计，参观生产现场或观看相关加工视频。

（1）外圆沟槽（groove）车削技术。常见外圆沟槽如图 2.94 所示。

常见沟槽的车削

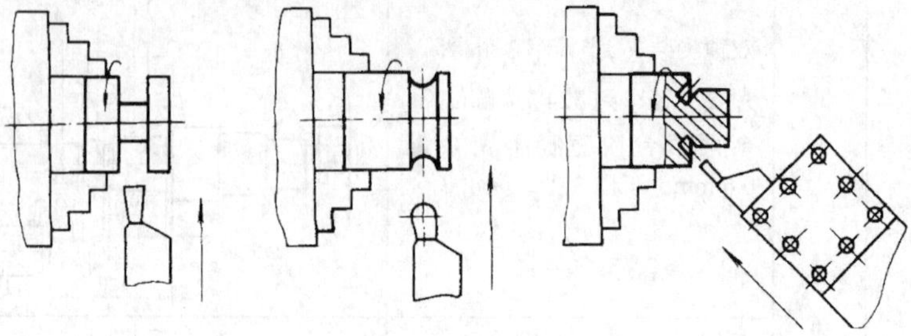

（a）矩形外圆沟槽　（b）半圆形外圆沟槽　（c）45° 外沟槽

图 2.94　常见外圆沟槽

① 车 45° 外沟槽。

a. 车刀的几何角度。车刀的几何角度与矩形车槽刀相同，主切削刃宽度等于槽宽，所不同的是，左侧的副后刀面应磨成圆弧状，如图 2.95 所示。

b. 45° 外沟槽的车削方法。

i. 将小滑板转盘的压紧螺母松开，按顺时针方向转过 45° 后用螺母锁紧。刀架位置不必转动，使车槽刀刀头与工件成 45° 角。

ii. 移动床鞍，使刀尖与台阶端面间有微小间隙。

iii. 向里摇动中滑板手柄，使刀尖与外圆间有微小间隙。

iv. 开机，移动小滑板，使两刀尖分别切入工件的外圆和端面，如图 2.96（a）所示，当主切削刃全部切入工件后，记下小滑板刻度。

v. 加切削液，均匀地摇动小滑板手柄，直到刻度到达所要求的槽深时为止，如图 2.96（b）所示。

vi. 小滑板向后移动，退出车刀，检查沟槽尺寸。

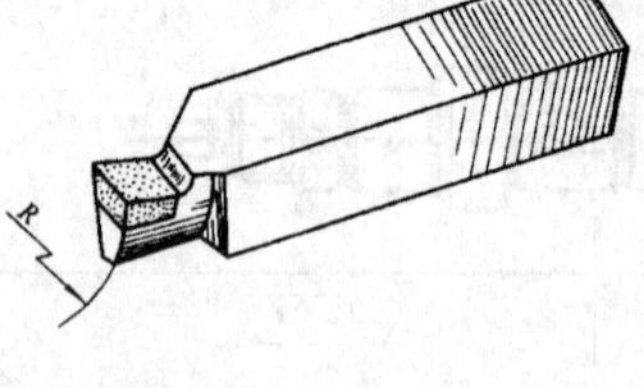

图 2.95　45° 外沟槽车刀

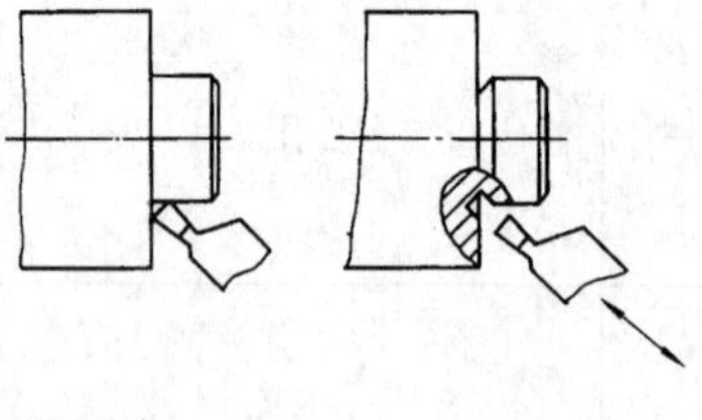

（a）　（b）

图 2.96　车 45° 外沟槽

② 车轴肩沟槽。采用刀宽等于槽宽的车槽刀，在轴肩位置处用直进法将槽车出。具体操作步骤如下。

a. 开机，移动床鞍和中滑板，使车刀靠近沟槽位置。

b. 左手摇动中滑板手柄，使车刀主切削刃靠近工件外圆；右手摇动小滑板手柄，使刀尖与台阶面轻微接触（见图 2.97）。车刀横向进给，当主切削刃与工件外圆接触后，记下中滑板刻度或将刻度调至零位。

c. 摇动中滑板手柄，手动进给车沟槽，当刻度进到槽深尺寸时，停止进给并退刀。

d. 用游标卡尺检查沟槽尺寸。

③ 车非轴肩沟槽。沟槽不在轴肩处时，确定车槽正确位置的方法有两种：一种方法如图 2.98（a）所示，直接用钢直尺测量车槽刀的工作位置，将钢直尺的一端靠在尺寸基准面上，车刀纵向移动，使左侧的刀尖与钢直尺上所需的长度对齐；另一种方法如图 2.98（b）所示，利用床鞍或小滑板的刻度盘控制车槽的正确位置，操作时将车槽刀刀尖轻轻靠向基准面，当刀尖与基准面轻微接触后，将床鞍或小滑板刻度调至零位，车刀纵向移动确定车槽位置。

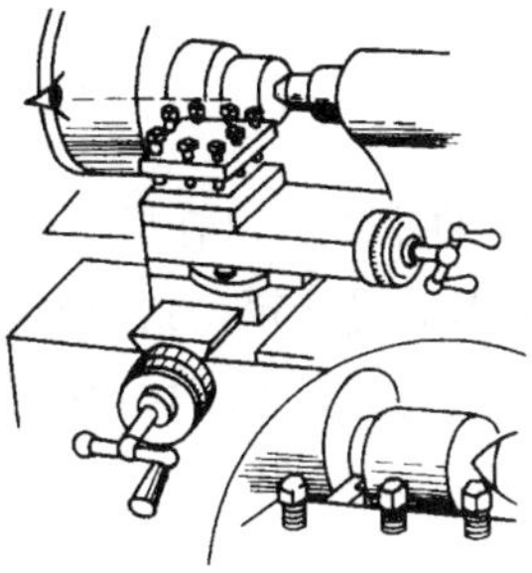

图 2.97　车轴肩沟槽

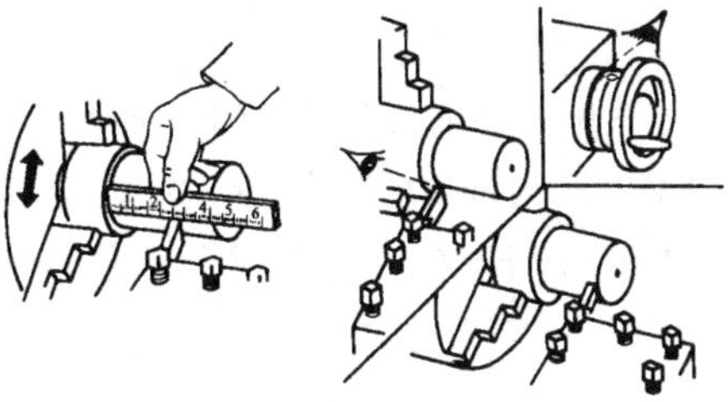

（a）用钢直尺测量　　（b）用刻度值控制

图 2.98　车非轴肩沟槽控制沟槽位置

（2）砂轮的安装与修整。砂轮在高速旋转条件下工作，为了保证安全，在安装使用前应仔细检查，不允许有裂纹等缺陷。为了使工作平稳，砂轮安装必须牢靠，并应经过平衡调整或试验，因为不平衡的砂轮在高速旋转时会产生振动，影响加工质量和机床精度，严重时还会造成机床损坏和砂轮碎裂，甚至造成人身和质量事故。

① 砂轮的安装。万能外圆磨床和平面磨床一般选用平形砂轮，装卸砂轮均采用专用的套筒扳手（见图 2.99）。安装砂轮时，砂轮内孔与砂轮轴或法兰盘之间，配合不能过紧，否则磨削时受热膨胀，易将砂轮胀裂；但配合也不能过松，否则砂轮容易发生偏心、失去平衡，以致引起振动。一般配合间隙为 0.1～0.8 mm，高速砂轮的配合间隙还要小一些。

用法兰盘装夹砂轮时，两个法兰盘直径必须相等，其外径应不小于砂轮外径的 1/3，一般取砂轮直径的一半。在法兰盘与砂轮端面间应有用厚纸板或耐油橡胶等做成的弹性垫圈（厚度为 0.5～1 mm），使压力均匀分布。螺母的拧紧力不能过大，否则易引起砂轮破裂。

② 砂轮的修整。磨削时砂轮工作一定时间后，其磨粒在摩擦、挤压作用下，棱角逐渐磨圆变钝，原有的几何形状会失真；或者在磨韧性材料时，磨屑常常嵌塞在砂轮表面的孔隙中，使砂轮表面堵塞，最后使砂轮丧失切削能力。这时砂轮与工件之间会产生打滑现象，并可能引起振动和噪声，使磨削效率下降、加工表面粗糙度变差。同时，由于磨削力及磨削热的增加，会引起工件变形和磨削精度下降，严重时还会使磨削表面出现烧伤和细小裂纹。此外，由于砂轮硬度的不均匀及磨粒工作条件的不同，砂轮工作表面磨损不均匀，各部位磨粒脱落多少不等，致使砂轮丧失外形精度，影响工件表面的形状精度及表面粗糙度。凡出现上述情况，砂轮就必须进行修整，切去砂轮表面上一层磨料，一是消除砂轮外形误差，二是修整已磨钝的砂轮表面、使其表面重新露出光整锋利的磨粒，以恢复砂轮的几何形状与切削能力。

砂轮常用金刚石笔或砂轮修整器进行修整（见图 2.100）。

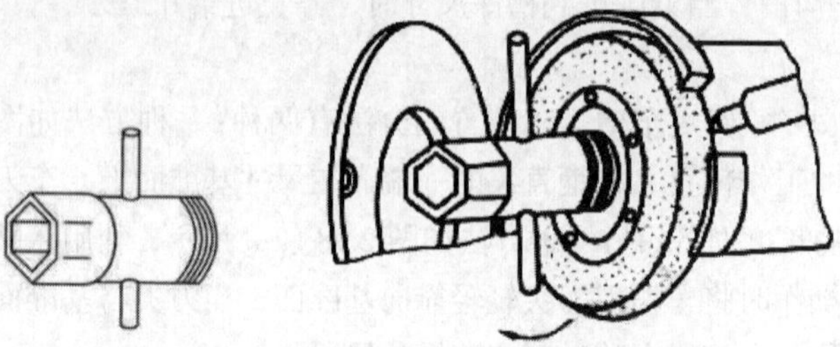

图 2.99　用专用套筒扳手装卸砂轮

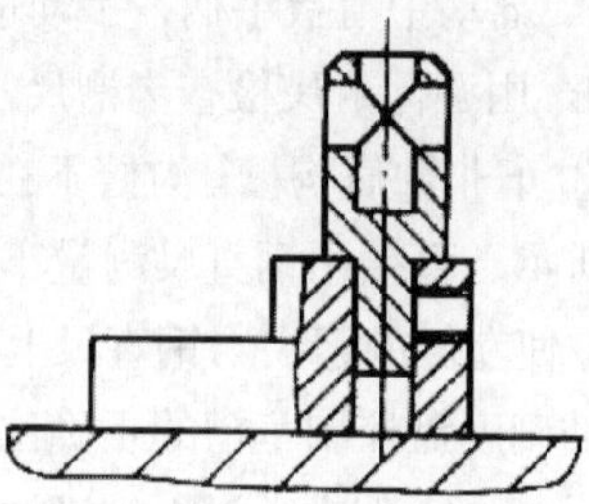

图 2.100　台面砂轮修整器

（3）阶梯轴磨削加工技术。

① 阶梯轴外圆磨削技术。

a. 首先用纵磨法磨削长度最长的外圆柱面。调整工作台，使工件的圆柱度在规定的公差之内。

b. 用纵磨法磨削轴肩台阶旁的外圆时，需细心调整工作台行程，使砂轮在靠近台阶时不发生碰撞（见图 2.101）。调整工作台行程挡铁位置时，应在砂轮适当退离工件表面并不动的情况下，调整工作台行程挡铁的位置（见图 2.102），在检查砂轮与工件台阶不碰撞后，才将砂轮引入进行磨削。

c. 为了使砂轮在工件全长上能均匀地磨削，待砂轮磨削至轴肩台阶旁换向时，可使工作台停留片刻。一般阶梯轴纵磨时采用单向横向进给，即砂轮在台阶一边换向时横向进给（见图 2.103）。这样可以减小砂轮一端尖角的磨损，以提高端面磨削的精度。

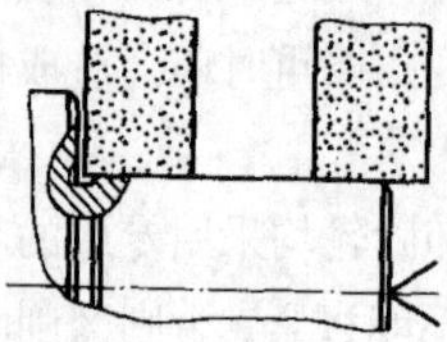

图 2.101　调整工作台行程

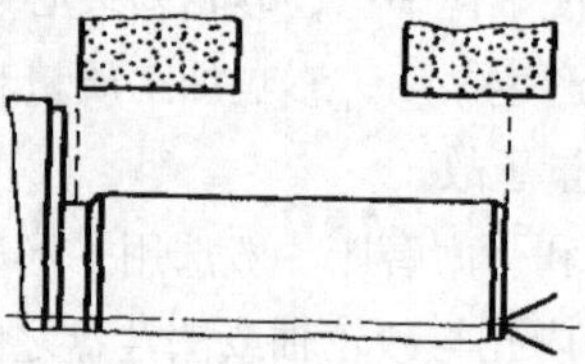

图 2.102　调整行程挡铁时防止发生碰撞

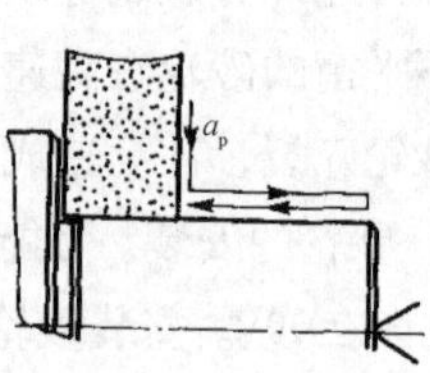

图 2.103　单向横向进给

d. 按照工件的加工要求安排磨削顺序。一般先磨削精度较低的外圆，将精度要求最高的外圆安排在最后精磨。

e. 按工件的磨削余量划分为粗、精磨削，一般留精磨余量 0.06 mm 左右。

f. 在精磨前、后均需要用百分表测量工件外圆的径向圆跳动，以保证其磨削后在规定的公差范围内。

g. 注意中心孔的清理和润滑。磨削淬硬工件时，应尽量选用硬质合金顶尖装夹工件，以减少顶尖的磨损。使用硬质合金顶尖时，需检查顶尖表面是否有损伤、裂纹等。

② 阶梯轴轴肩磨削技术。轴肩的磨削方法根据轴肩与其他零件的配合情况、表面之间的过渡结构来确定。

为了在磨削中便于让刀，常用轴肩和轴环作为砂轮的越程槽，磨外圆及端面的砂轮越程槽结构如图 2.104 所示，其结构尺寸见 GB/T 6403.5—2008《砂轮越程槽》。轴环退刀槽结构如图 2.105 所示，其结构尺寸见 JB/ZQ 4238—2006《退刀槽》。

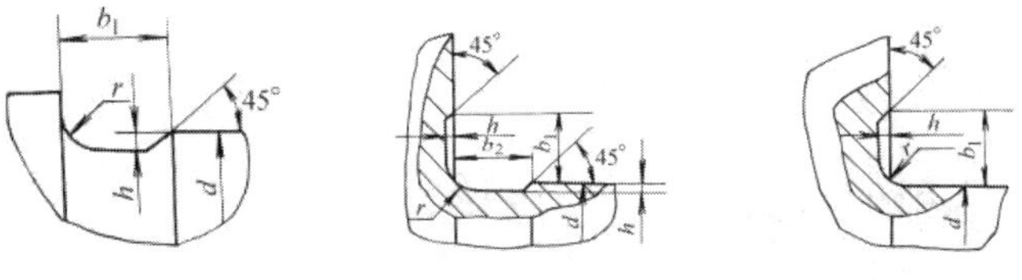

（a）磨外圆　　（b）磨外圆和端面　　（c）磨轴肩的外端面

图 2.104　砂轮越程槽结构

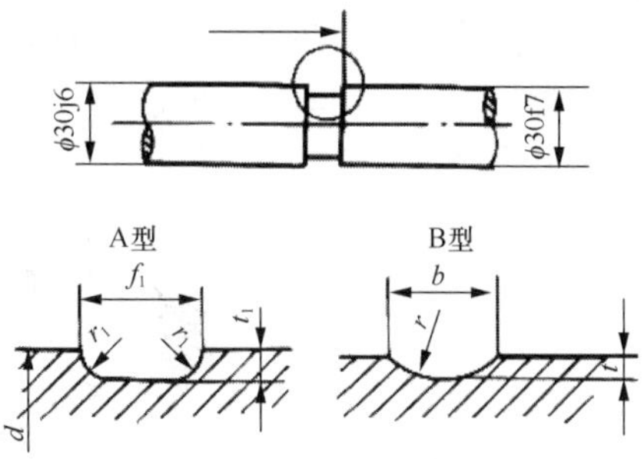

图 2.105　轴环退刀槽结构

a. 磨削台阶轴端面时，首先用金刚石笔将砂轮端面修整成内凹形，外圆砂轮的修整如图 2.106 所示。注意砂轮端面的窄边要修整锋利且平整。

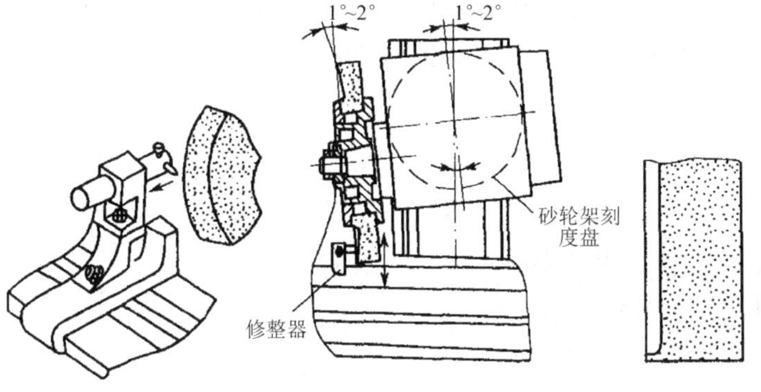

（a）修整器的安装　　（b）砂轮端面修整　　（c）砂轮端面的内凹面

图 2.106　外圆砂轮的修整

b. 磨端面时，需将砂轮横向退出距离工件外圆 0.1 mm 左右，以免砂轮与已加工外圆表面接触，轴肩的磨削如图 2.107 所示。用工作台纵向手轮来控制工件台纵向进给，借助砂轮的端面磨出轴肩端面。手摇工作台纵向进给手轮，待砂轮与工件端面接触后，做间断均匀的进给，进给量要小，可通过观察火花来控制磨削进给量。

c. 磨削带圆弧轴肩时，应将砂轮一尖角修成圆弧面。工件外圆柱面的长度较短时，可先用切入法磨削外圆，留 0.03～0.05 mm 余量，接着把砂轮靠向轴肩端面，再切入圆角和外圆，将外圆磨至尺寸（见图 2.108），这样可使圆弧连接光滑。

d. 按端面要求的磨削精度和余量大小划分粗、精磨。精磨时可适当增加光磨时间，以提高工件端面的精度。

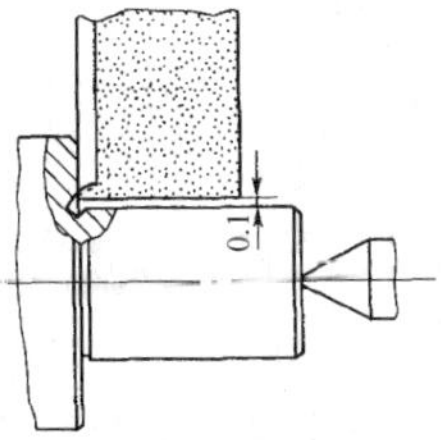

图 2.107　轴肩的磨削

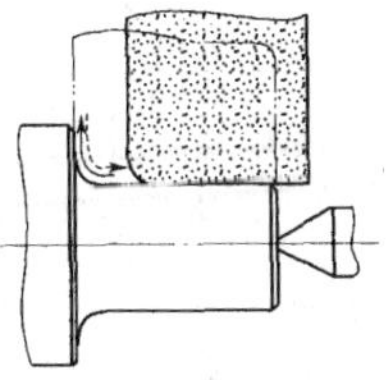

图 2.108　磨削带圆弧轴肩

工件端面的磨削花纹也反映了端面是否磨平。由于尾座顶尖偏低，因此磨削区在工件端面上方，磨出端面为内凹，端面花纹为单向花纹，如图 2.109（a）所示。端面为双向花纹，则表示端面平整，如图 2.109（b）所示。

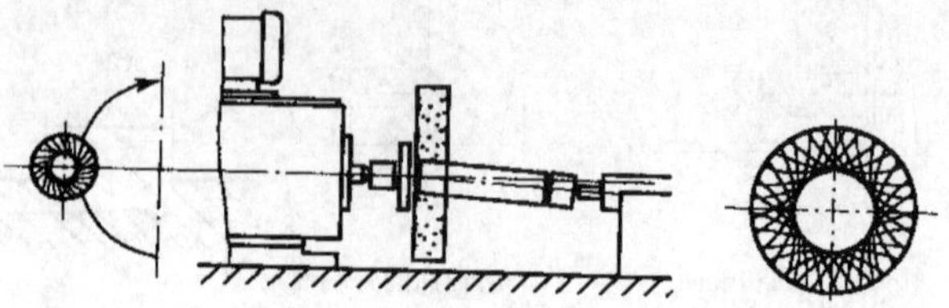

（a）单向花纹　　（b）双向花纹

图 2.109　端面的磨削花纹

（4）螺纹车刀的安装与对刀。为了保证牙型正确，车螺纹时对装刀提出了较严格的要求。安装螺纹车刀时，刀尖应与工件中心等高，刀尖角的对称中心线必须垂直于工件轴线，这样车出的螺纹，其两牙型半角相等，如图 2.110（a）所示。如果把车刀装歪，就会产生牙型歪斜，如图 2.110（b）所示。

车螺纹时对刀方法如图 2.111 所示。

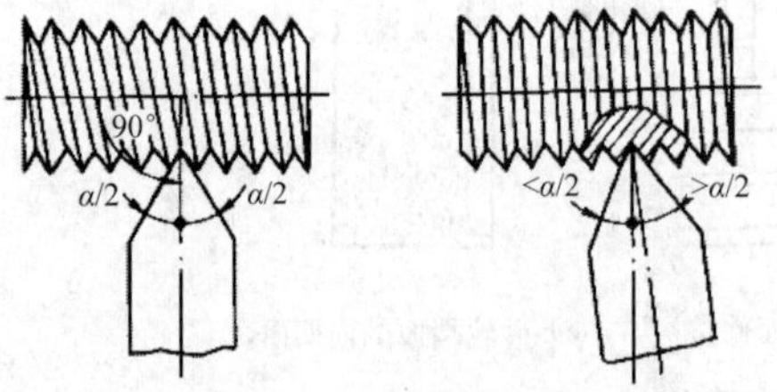

（a）牙型半角相等　　（b）半角不等使牙型歪斜

图 2.110　车螺纹时对刀要求

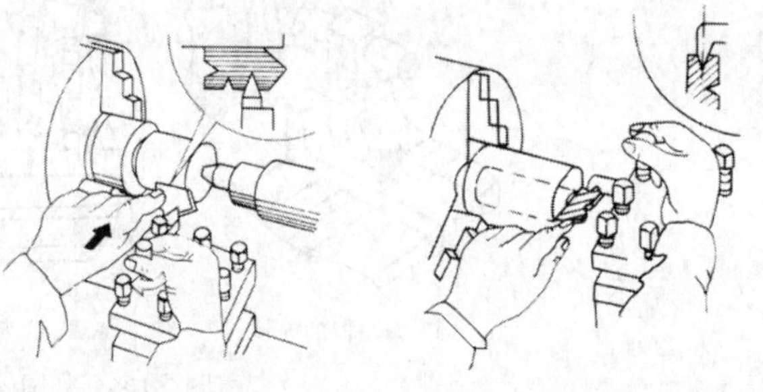

（a）车外螺纹时的对刀方法　　（b）车内螺纹时的对刀方法

图 2.111　车螺纹时对刀方法

（5）传动轴零件的加工。参照其机械加工工艺过程执行（见表 2-9）。

问题讨论

（1）如何选择 $\phi35\pm0.008$ 外圆半精车车刀及其磨削砂轮？

（2）$8^{0}_{-0.036}$ 键槽槽宽如何测量？

3. 实训工单 2——轴类零件机械加工工艺规程编制与实施

具体内容详见实训工单 2。

知识拓展

细长轴加工技术

工件长度与直径之比大于 20～25（$L/d>20～25$），称为细长轴。细长轴本身刚性较差，当受到切削力时，会引起弯曲、振动，加工起来很困难。L/d 值愈大，加工就愈困难。因此，在车削细长轴时，除车刀角度有一定要求外，还需要辅助支承，即使用中心架和跟刀架来增加工件的刚性。车刀具体要求、中心架和跟刀架的结构及其使用方法可查阅相关专业书籍或技术资料。

细长轴的装夹方法一——中心架直接支承

细长轴的装夹方法二——中心架间接支承

细长轴的装夹方法三——使用跟刀架

细长轴加工技术

75° 细长轴粗车刀

90° 细长轴车刀

93° 细长轴精车刀

细长轴刀具的特点

项目小结

本项目通过由简单到复杂的三个工作任务，详细介绍了加工轴类零件常用的车削工艺系统(车床、轴类零件、车刀、车床附件)、磨削工艺系统（磨床、砂轮、磨床附件）及其机械加工工艺规程的制定原则、方法及金属切削过程、典型表面加工方法、普通机床维护等相关知识。在此基础上，从完成任务角度出发，认真研究和分析在不同的生产批量和生产条件下，工艺系统各个环节间的相互影响，然后根据不同的生产要求及机械加工工艺规程的制定步骤，结合外圆表面加工方案及工艺尺寸链的计算，合理制定光轴、台阶轴、传动轴等零件的机械加工工艺规程，正确填写工艺文件并实施。在此过程中，学生可以体验到真实企业岗位需求，培养职业素养与习惯，积累工作经验。

思考练习

1. 车削加工工艺范围有哪些?
2. 车床如何进行维护和常规保养？车床的润滑方法有哪些?
3. CA6140 型车床由哪几部分组成?
4. 车刀有哪七个基本角度？请绘图说明。
5. 简述刀具前角、后角、主偏角、副偏角、刃倾角的作用和选择方法。
6. 怎样正确安装车刀?
7. 切断外径为ϕ36 mm、内孔为ϕ16 mm 的空心工件，试计算切断刀的主切削刃宽度和刀头长度。
8. 试比较高速钢车刀、焊接车刀、可转位车刀在结构与使用性能方面的特点。
9. 常用的车刀材料牌号及其特点有哪些?
10. 用三爪自定心卡盘装夹工件的特点是什么?
11. 用四爪卡盘装夹工件，进行找正的目的是什么?
12. 试述零件在机械加工工艺过程中，安排热处理工序的目的、常用的热处理方法及其在工艺过程中安排的位置。

13. 什么是零件的结构工艺性？

14. 毛坯的选择原则是什么？如何正确绘制毛坯图？

15. 粗基准、精基准的选择原则有哪些？如何处理在选择时出现的矛盾？

16. 车床上工件定位的方法有哪些？夹紧时应注意哪些问题？

17. 试述零件加工过程中划分加工阶段的目的和原则。

18. 刃磨高速钢车刀和硬质合金车刀时，应分别选用什么砂轮？如何刃磨？

19. 三爪自定心卡盘装夹工件的步骤是什么？

20. 车端面、车外圆及切断的方法有哪些？

21. 在大批量生产条件下，加工一批直径为 $\phi 45_{-0.005}^{\ 0}$ mm、长度为 68 mm 的光轴，表面粗糙度 Ra 为 0.16μm，材料为45#钢，试安排其机械加工工艺路线。

22. 轴类零件的装夹方式有哪些？各适合在什么条件下使用？

23. 轴类零件的中心孔起什么作用？试分析其特点。

24. 中心孔的类型及其选用方法是什么？

25. 钻中心孔时，防止中心钻折断的方法有哪些？

26. 切削时的加工余量是如何确定的？

27. 什么是时间定额？批量生产与大量生产时的时间定额分别怎样计算？

28. 车削时控制台阶长度的三种方法是什么？

29. 万能外圆磨床由哪几部分组成？它能完成哪些表面的加工？

30. 试述磨削加工的特点以及磨削时如何合理选用切削液。

31. 如何修研中心孔？

32. 为什么要划分粗、精磨？

33. 在加工过程中可通过哪些方法保证工件的尺寸精度、形状精度和位置精度？

34. 图 2.112 所示零件镗孔工序在 A、B、C 面加工后进行，并以 A 面定位。设计尺寸为 100 ± 0.15 mm，但加工时刀具按定位基准 A 调整。试计算工序尺寸 L 及其极限偏差。

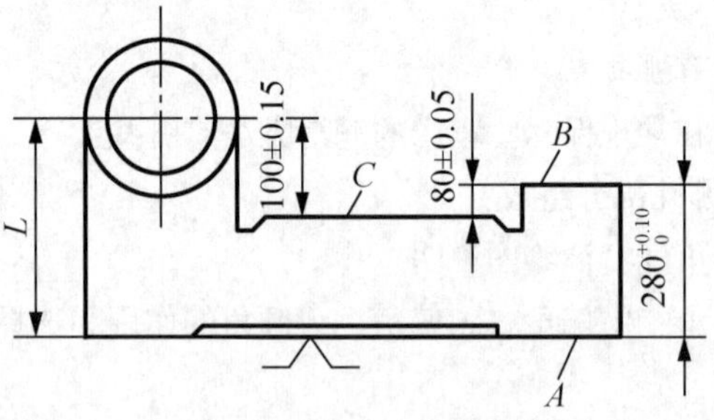

图 2.112　题 34 图

35. 如图 2.113 所示，工件成批生产时用端面 B 定位加工表面 A（调整法），以保证尺寸 $10_{-0.20}^{\ 0}$ mm，试标注铣削表面 A 时的工序尺寸及其极限偏差。

36. 图 2.114 所示零件在车床上加工阶梯孔时，尺寸 $10_{-0.40}^{\ 0}$ mm 不便测量，而需要测量尺寸 x 来保证设计要求。试换算此测量尺寸。

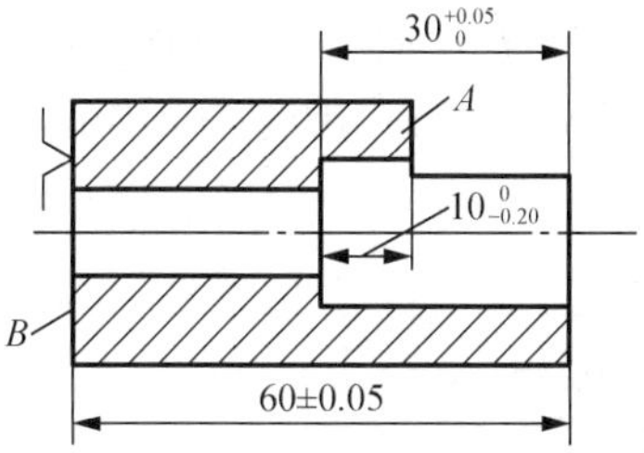

图 2.113　题 35 图

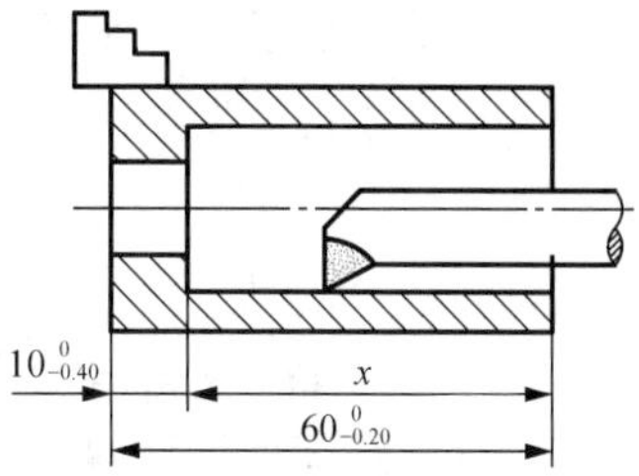

图 2.114　题 36 图

37. 衬套内孔要求渗氮，其加工工艺过程为：①先磨内孔至 $\phi142.78^{+0.04}_{0}$ mm；②渗氮处理深度为 L；③再终磨内孔至 $\phi143^{+0.04}_{0}$ mm，并保证留有渗氮层深度为(0.4±0.1) mm。渗氮处理深度 L 公差应为多大？

38. 螺纹车刀的类型有哪些？

39. 车削螺纹的方法有哪些？车螺纹时怎样防止乱扣？如何正确测量螺纹精度？

40. 如何正确使用万能角度尺？

41. 图 2.115 所示为阶梯轴零件简图，试对此零件进行工艺分析，并确定其机械加工工艺规程，生产类型为大批生产。

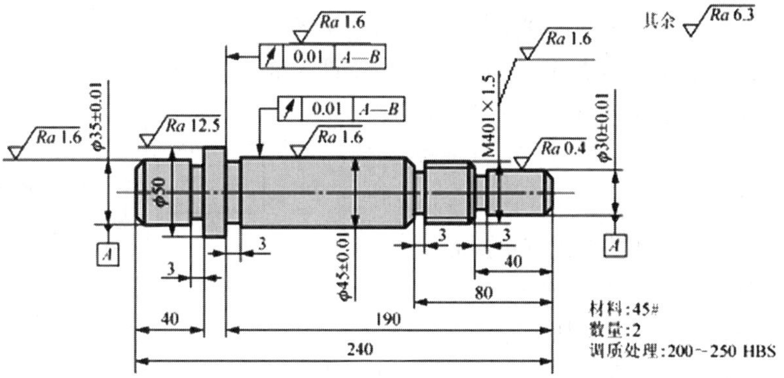

图 2.115　阶梯轴零件简图

42. 试分析图 2.116 所示的传动轴零件，制定其机械加工工艺规程，并填写相关工艺文件。生产类型：单件小批量生产，材料：45#钢，淬火硬度：35～40HRC。

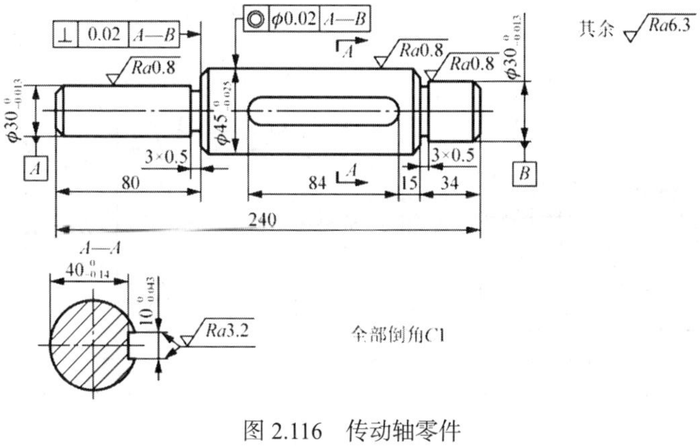

图 2.116　传动轴零件

43. 试分析图 2.117 所示的变速箱输出轴零件，制定其机械加工工艺规程，并填写相关工艺文件。生产类型：单件小批量生产，材料：45#钢，并经调质处理，硬度 235HBS。

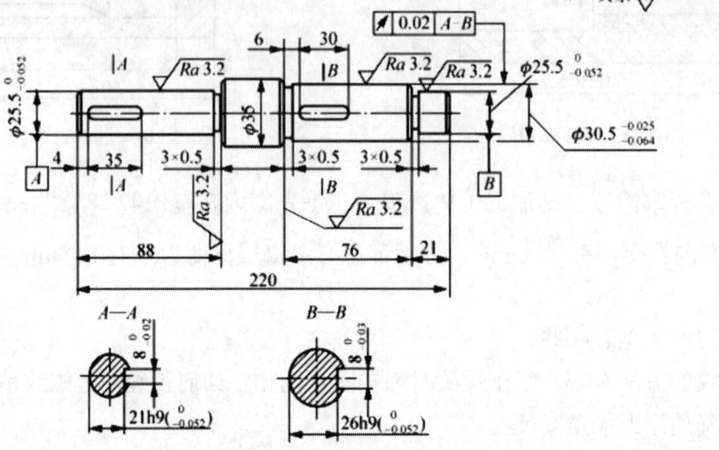

图 2.117　变速箱输出轴零件

44. 转动小滑板车削圆锥面有哪些优缺点？

45. 车削圆锥面时控制尾座偏移量的具体方法是什么？

46. 用偏移尾座法车削图 2.118 所示的圆锥体零件，试计算尾座的偏移量 s。

47. 简述用圆锥量规涂色检验工件锥度的方法。

48. 车削圆锥面时，车刀没有对准工件旋转轴线，对工件质量有哪些影响？

49. 试分析用偏移尾座法车削圆锥面时，产生锥度（角度）不正确的原因及防止方法。

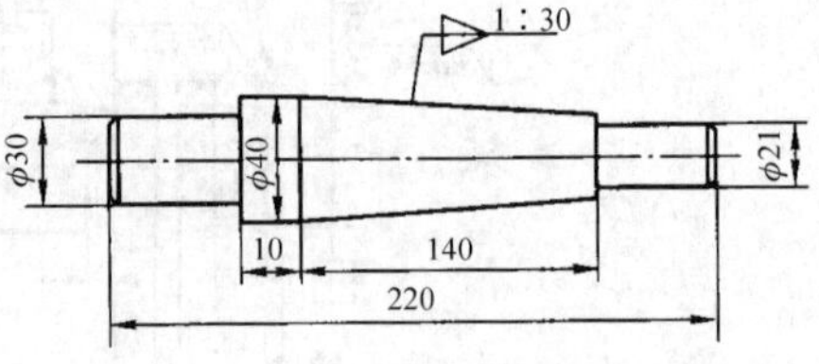

图 2.118　圆锥体零件

50. 如何正确使用中心架、跟刀架？

51. 细长轴的结构特点是什么？车削细长轴有哪些注意事项？

52. 图 2.119 所示为一蜗杆轴，材料选用 40Cr 钢，试制定蜗杆轴的加工工艺过程，生产类型为单件小批量生产。

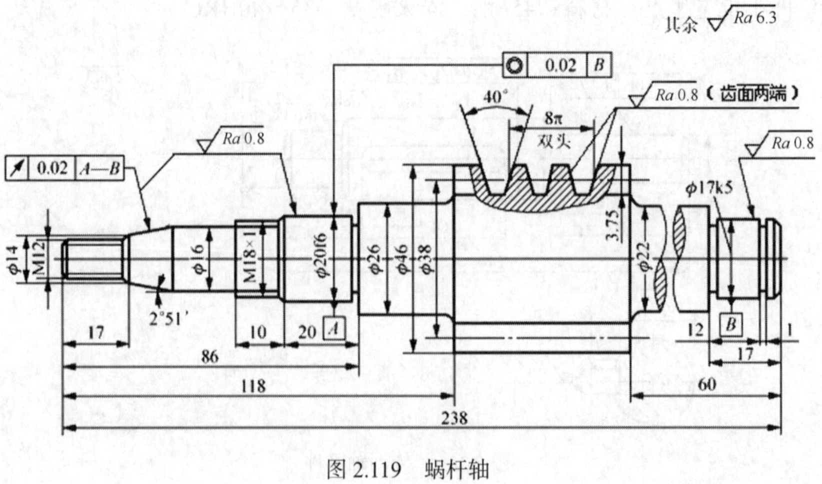

图 2.119　蜗杆轴

项目3

套筒类零件机械加工工艺规程编制与实施

※【教学目标】※

最终目标	能合理编制套筒类零件的机械加工工艺规程并实施，加工出合格的零件
促成目标	1. 能正确分析套筒类零件的结构和技术要求。 2. 能根据实际生产需要合理选用设备、工装，合理选择金属切削加工参数，进行内孔、内沟槽、内螺纹等表面的加工。 3. 能合理进行套筒类零件精度检验。 4. 能考虑零件加工成本，对零件的机械加工工艺过程进行优化设计。 5. 能合理编制套筒类零件机械加工工艺规程，正确填写相关工艺文件。 6. 能正确刃磨钻头。 7. 能查阅并贯彻相关国家标准和行业标准。 8. 能进行相关设备的常规维护与保养，执行安全文明生产。 9. 能注重培养职业素养与良好习惯

※【引言】※

套筒类零件是指回转体零件中的空心薄壁件，在各类机器中应用很广，通常起支承、导向、连接及轴向定位等作用。

套筒类零件按其结构形状来划分，大体可以分为短套筒和长套筒两大类。套筒类零件如图 3.1 所示。

（a）短套筒　　（b）长套筒

图 3.1　套筒类零件

任务 3.1 轴承套零件机械加工工艺规程编制与实施

3.1.1 任务引入

编制图 3.2 所示轴承套（bearing sleeve）零件的机械加工工艺规程并实施。零件材料为 ZQSn6-6-3（锡青铜），每批数量为 400 个。

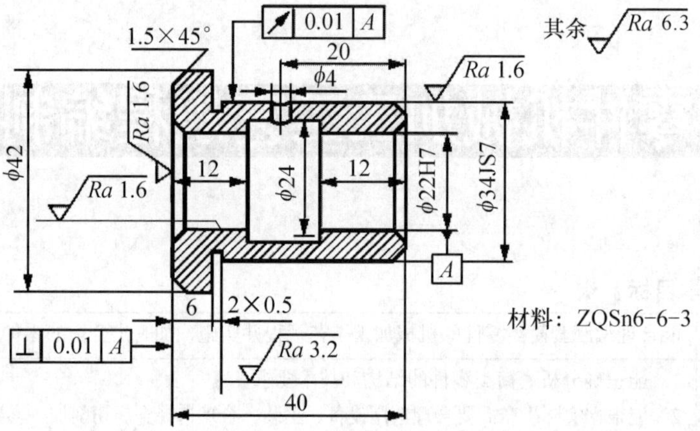

图 3.2　轴承套零件

3.1.2 相关知识

1. 套筒类零件的内孔加工方法

套筒类零件的加工表面主要有内孔、外圆表面和端面。其中，端面和外圆加工根据精度要求可选择车削或磨削。内孔作为零件支承或导向的主要表面，其加工方法就比较复杂，根据使用的刀具不同，可分为车孔、钻孔、扩孔、锪孔、铰孔、镗孔、拉孔、磨孔以及各种孔的光整加工和特种加工等。

（1）车孔。车孔是一种常用的孔加工方法。车孔可以把预制孔如铸造孔、锻造孔或钻、扩出来的孔再加工到更高精度和数值更小的表面粗糙度。车孔可以部分地纠正原来孔中心线的偏斜，既可做半精加工，也可做精加工。车孔时，可加工的直径范围很广。车孔精度一般可达 IT8～IT7 级，表面粗糙度 *Ra* 为 3.2～0.8 μm，精细车削可达到更小（$Ra < 0.8$ μm）。

车内孔示意图如图 3.3 所示，在车床上可车削加工通孔、台阶孔和盲孔。

① 内孔车刀。内孔车刀是加工孔的刀具，按被加工孔的类型，可分为通孔车刀和不通孔车刀两种，内孔车刀类型如图 3.4 所示。通常应按被加工孔径大小选用适合的刀杆尺寸，刀杆的伸出量应尽可能小，以使刀杆具有最大的刚性。

内孔车刀切削部分的几何形状基本上与外圆车刀相似，但是内孔车刀的工作条件和车外圆有所不同，所以内孔车刀又有其特点，把刀头和刀杆做成一体的整体式结构，如图 3.5（a）和（c）所示。这种刀具因为刀杆太短，只适合用于加工浅孔。加工深孔时，为了节省刀具材料，常把内孔车刀刀头做成较小的刀头，然后装夹在碳钢合金或合金钢做成的刚性较好的刀杆前端的方孔中，如图 3.5（b）和（d）所示。在车通孔的刀杆上，刀头和刀杆轴线垂直；在车不通孔的刀杆上，刀头和刀杆轴线安装成一定的角度。刀杆的悬伸量是固定的，伸出量不能按内孔加工深度来调整。其后部为方形刀杆，可以根据加工孔的深度来调整方形刀杆的伸出量，克服了悬伸量固定的缺点。

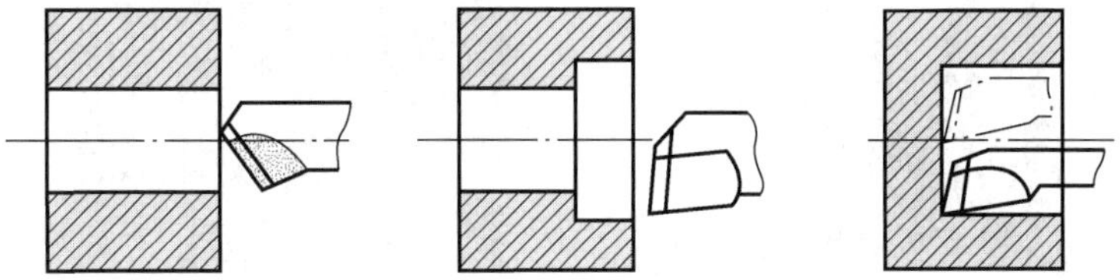

（a）车通孔　　（b）车台阶孔　　（c）车盲孔

图 3.3　车内孔示意图

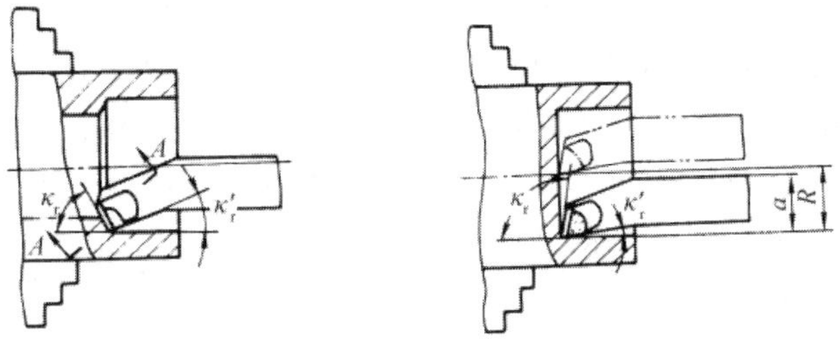

（a）通孔车刀　　（b）不通孔车刀

图 3.4　内孔车刀类型

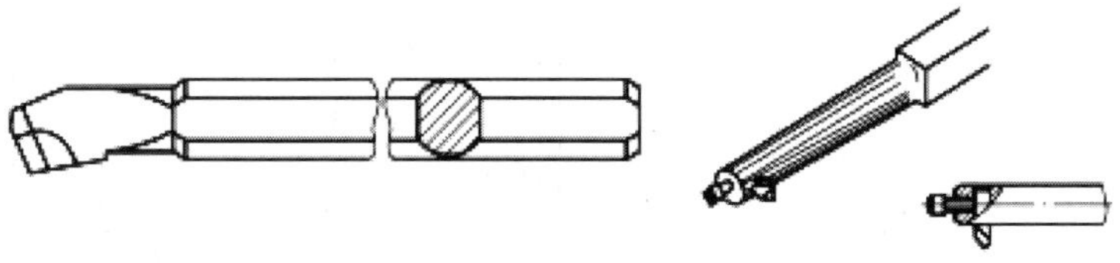

（a）整体式通孔车刀　　（b）装夹式通孔车刀

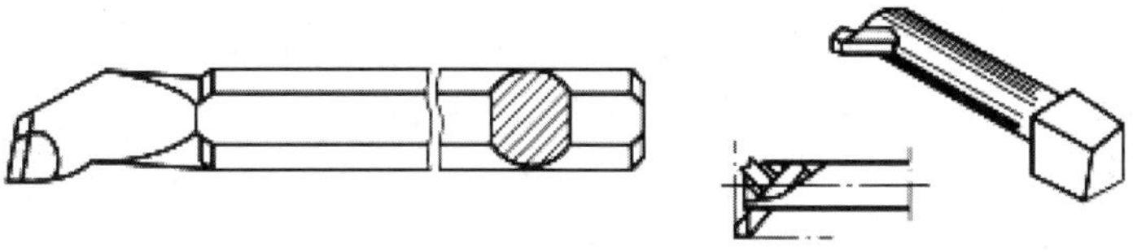

（c）整体式不通孔车刀　　（d）装夹式不通孔车刀

图 3.5　内孔车刀的结构

② 车孔的切削用量。内孔加工的工作条件比车外圆困难，特别是内孔车刀安装以后，刀杆的悬伸长度经常比外圆车刀的悬伸长度长。因此，内孔车刀的刚性比外圆车刀低，更容易产生振动，车孔的进给量和切削速度都要比外圆车削时小。如果采用装在刀排上的刀头来加工内孔，当刀排刚度足够时，也可以采用车外圆时的切削用量。

（2）钻孔。钻孔是用钻头在实体材料上加工孔，通常采用图 3.6 所示的麻花钻在钻床或车床上进行，但由于钻头强度和刚性较差、排屑较困难、切削液不易注入，因此钻孔属粗加工，尺寸精度等级为 IT13～IT11 级，表面粗糙度 *Ra* 为 50～12.5 μm。

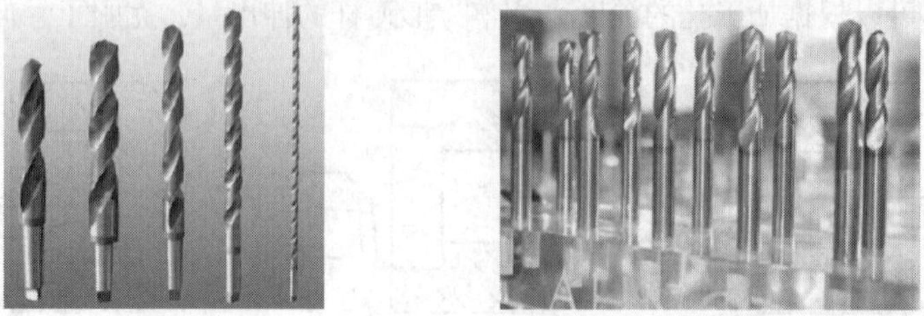

（a）高速钢麻花钻　　（b）硬质合金麻花钻

图 3.6　麻花钻

① 钻床（drill press）。钻床是指主要用钻头在工件上钻孔的机床。钻削时，通常工件固定不动，钻头旋转为主运动；钻头轴向移动为进给运动，操作可以手动，也可以机动。钻削加工方法如图 3.7 所示。钻床结构简单，加工精度相对较低，可对工件进行钻孔、扩孔、铰孔、攻螺纹、锪沉孔及锪平面等加工，是具有广泛用途的通用性机床。在钻床上配有合适的工艺装备时，还可以镗孔；在钻床上配万能工作台还能进行分割钻孔、扩孔、铰孔。

钻床和钻削加工

一般工件的钻孔方法

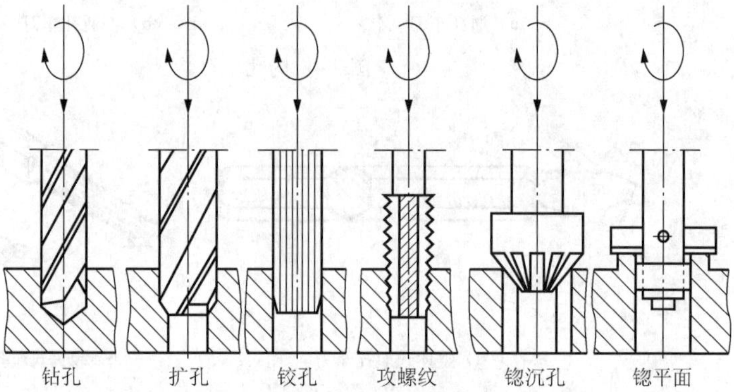

图 3.7　钻削加工方法

钻床分为台式钻床、立式钻床、摇臂钻床、铣钻床、深孔钻床、中心孔钻床、数控钻床、卧式钻床、多轴钻床等。其中，立式钻床和摇臂钻床应用最为广泛。

a. 立式钻床。立式钻床是应用较广的一种机床，其主参数是最大钻孔直径，常用的型号有 Z5125、Z5135 和 Z5140A 等几种。

立式钻床的特点是主轴轴线垂直布置，而且位置是固定的。加工时，为使刀具旋转中心线与被加工孔的中心线重合，必须移动工件，因此立式钻床生产率不高，只适用于单件小批量生产中加工中、小型零件上直径 $d \leqslant 50$ mm 的孔。

立式钻床分为圆柱立式钻床、方柱立式钻床和可调多轴立式钻床三个系列。图 3.8 所示为 Z5140 型方柱立式钻床，主轴箱中装有主运动变速传动机构、进给运动变速机构及操纵机构。主轴回转方向的变换靠电动机的正反转来实现。钻床的进给量 f(mm/r)是用主轴每转 1 周时主轴的轴向位移来表示的。

工作台在水平面内既不能移动也不能转动。因此，当钻头在工件上钻好一个孔而需要钻第二个孔时，就必须移动工件的位置，使被加工孔的中心线与刀具回转轴线重合。

大批生产中，钻削平行孔系时，为提高生产效率，应使用可调多轴立式钻床。这种机床加工时，全部钻头可一起转动并同时进给，具有很高的生产率。

b. 摇臂钻床（radial drilling machine）。摇臂钻床广泛地用于单件或批量生产中大、中型零件上直径为ϕ25～ϕ125 mm孔的加工，常用的型号有Z3035 × 10、Z3040 × 16、Z3063 × 20等。

对于体积和质量都比较大的工件，若用移动工件的方式来找正其在机床上的位置非常困难，此时可选用摇臂钻床进行孔加工。

i. 摇臂钻床及其运动形式。图3.9所示为Z3040型摇臂钻床，主轴箱装在摇臂上，并可沿摇臂上的导轨做水平移动。摇臂既可以绕立柱转动，又可沿立柱垂直升降。较小的工件可安装在工作台上，较大的工件可直接放在机床底座或地面上。

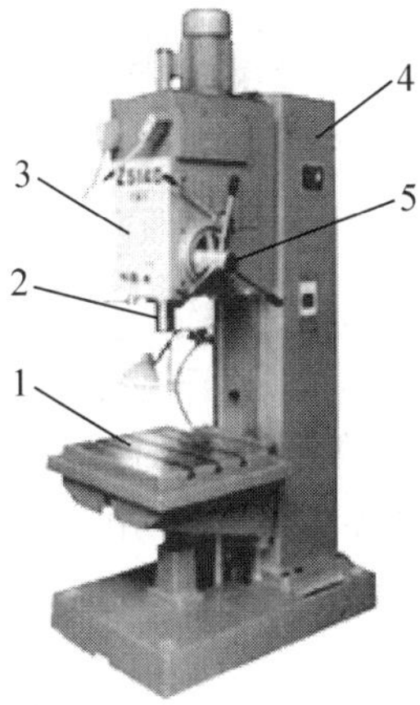

1—工作台；2—主轴；3—主轴箱；
4—立柱；5—操纵机构

图3.8 Z5140型方柱立式钻床

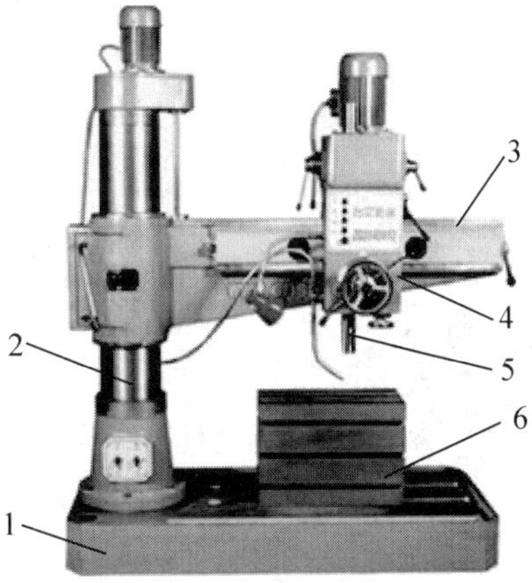

1—底座；2—主柱；3—摇臂；4—主轴箱；
5—主轴；6—工作台

图3.9 Z3040型摇臂钻床

当摇臂钻床进行钻削加工时，钻头一边旋转切削，一边纵向进给，其运动形式如下。

- 主运动。主轴的旋转运动。
- 进给运动。主轴的纵向进给。
- 辅助运动。摇臂沿外立柱的垂直移动、主轴箱沿摇臂长度方向的移动、摇臂与外立柱一起绕内立柱的回转运动。

ii. 万向摇臂钻床。加工任意方向和任意位置的孔和孔系时，可选用万向摇臂钻床。此类机床可在空间绕特定轴线做360°的回转；机床上端装有吊环，可将工件调放在任意位置。机床的钻孔直径范围为ϕ25～ϕ125 mm。

c. 其他钻床。

i. 台式钻床。简称台钻，是一种体积小巧、操作简便、通常安装在专用工作台上使用的小型立式钻床（见图3.10）。台式钻床钻孔直径范围为ϕ0.1～ϕ13 mm。其主轴变速一般通过改变三角带在塔形带轮上的位置来实现，主轴进给靠手动操作。其由于最低转速较高，因此不适用于铰孔和锪孔。

ii. 中心孔钻床。用于加工轴类零件两端面上的中心孔。

iii. 深孔钻床。用于加工孔深与直径比L/D>5的深孔。

② 麻花钻（twist drill）。麻花钻按制造材料分，有高速钢麻花钻和硬质合金麻花钻两种，如图 3.6 所示。

麻花钻切削部分的结构

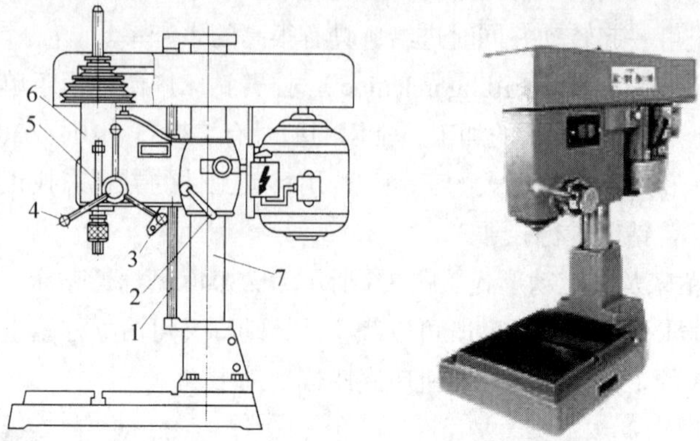

1—丝杆；2—紧固手柄；3—升降手柄；4—进给手柄；

5—标尺杆；6—头架；7—立柱

图 3.10　台钻

麻花钻的组成

a. 麻花钻的结构要素。麻花钻有标准型和加长型，长度不可调。图 3.11 所示为标准麻花钻结构，它由工作部分、柄部和颈部三部分组成。

i. 工作部分。工作部分是钻头的主要组成部分，位于钻头的前半部分，也就是具有螺旋槽的部分，包括切削部分和导向部分。切削部分主要起切削的作用，导向部分主要起导向、排屑、为切削部分备磨的作用，如图 3.11（a）和（b）所示。

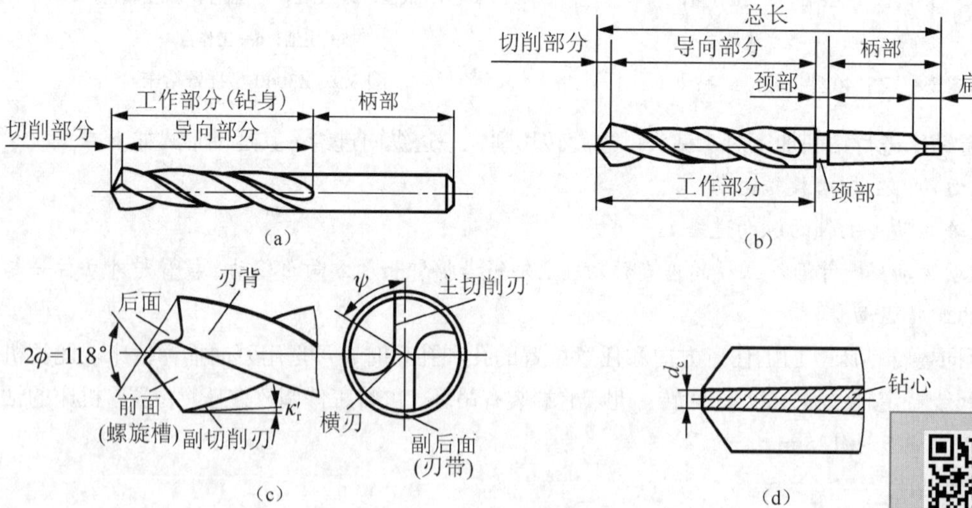

图 3.11　标准麻花钻结构

麻花钻的结构缺陷

- 麻花钻切削部分的组成。钻头的切削部分组成如图 3.12 所示。
- 横刃与主切削刃在端面上投影之间的夹角称为横刃斜角，横刃斜角 ψ 为 50°～55°。主切削刃上各点的前角、后角是变化的，外缘处前角约为 30°，钻心处前角接近 0°，甚至是负值。两条主切削刃在与其平行的平面内的投影之间的夹角为顶角。标准麻花钻的顶角 $2\phi=118°$，如图 3.11（c）所示。

ii. 柄部。柄部位于钻头的后半部分，起夹持钻头、传递转矩的作用，如图 3.11 所示。根据麻花钻柄部有莫氏锥柄（圆锥形）和直柄（圆柱形）两种。直径为 ϕ13～ϕ80 mm 的麻花钻多为莫氏锥柄，利用莫氏锥套与机床锥孔连接。直径为 ϕ0.1～ϕ20 mm 的麻花钻多为直柄，可利用钻夹头夹持住钻头。中等尺寸麻花钻两种形式均可选用。

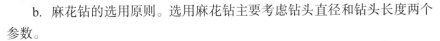

麻花钻的选用原则

iii. 颈部。如图 3.11（b）所示，颈部是工作部分和柄部的连接处（焊接处）。颈部的直径小于工作部分和柄部的直径，其作用是便于磨削工作部分和柄部时砂轮的退刀。颈部还可作为打印标记处。小直径的直柄钻头不做出颈部。

钻头引偏及其纠正

b. 麻花钻的选用原则。选用麻花钻主要考虑钻头直径和钻头长度两个参数。

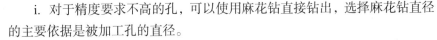

i. 对于精度要求不高的孔，可以使用麻花钻直接钻出，选择麻花钻直径的主要依据是被加工孔的直径。

ii. 对于精度要求较高的孔，钻孔后还要进行扩孔、铰孔等后续加工，在选择麻花钻加工直径时，应为后续加工留下必要的加工余量。

iii. 选择长度时，应使钻头的导向部分略长于孔的深度。此外，不宜选太长或太短的麻花钻。麻花钻太长时，其刚度下降；太短时，排屑困难，且不能加工通孔。

c. 硬质合金钻头。目前，钻孔的刀具仍以高速钢麻花钻为主。但是，随着高速度、高刚性、大功率的数控机床、加工中心的应用日益增多，高速钢麻花钻已满足不了先进机床的使用要求，于是出现了硬质合金钻头和硬质合金可转位浅孔钻头等，并日益受到重视。

硬质合金麻花钻一般制成镶片焊接式，直径 ϕ5 mm 以下的硬质合金麻花钻制成整体的，直径较大时还可以采用可转位式结构。无横刃硬质合金钻头的结构如图 3.13 所示。

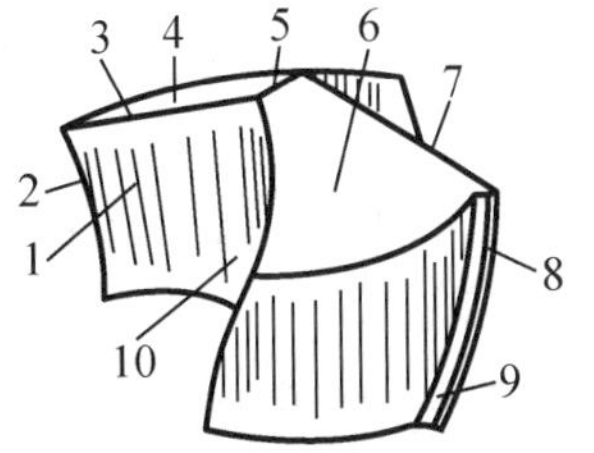

1—前面；2、8—副切削刃；
3、7—主切削刃；4、6—后面；
5—横刃；9—副后面；10—螺旋槽

图 3.12 麻花钻切削部分的组成

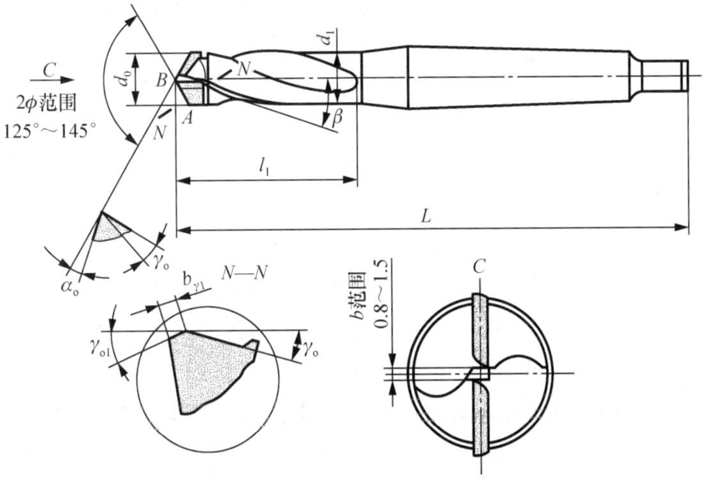

图 3.13 无横刃硬质合金钻头的结构

d. 麻花钻的装夹。直柄麻花钻如图 3.14（a）所示，通过辅助工具——钻夹头装夹后再装到机床上。钻夹头的前端有三个可以张开和收缩的卡爪，用来夹持钻头的直柄。卡爪的张开和收缩靠拧动滚花套来实现。钻夹头的后端是锥柄，将它插入车床尾座套筒的锥孔中来实现钻头和机床的连接，如图 3.14（b）所示。

锥柄麻花钻可以直接或通过过渡套与机床连接。当钻头锥柄的锥度号数和尾座套筒锥孔的锥度号数相同时，可以直接插入钻头，实现连接；如果它们的锥度号数不同，就必须通过一个过渡套才能连接，如图 3.14（c）所示。

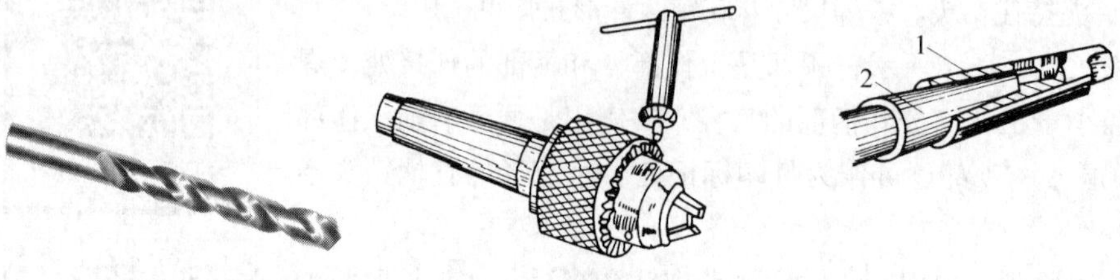

（a）　　（b）　　（c）

内孔钻削注意事项

1—过渡套；2—钻头锥柄

图 3.14　麻花钻的装夹

e. 钻孔时切削液的选用。钻孔时孔里积累的热量会导致钻尖卷曲，使其切削刃变钝，甚至崩刃或造成钻头在孔中折断。使用适宜的切削液能保持钻头刃部处于相对较低的工作温度，还能保持工件润滑。润滑有助于钻尖保持其锋利的切削刃，并延长其寿命。切削液的选择见表 3-1。

表 3-1　切削液的选择

工件材料	钢料	铝	铸铁、黄（青）铜	镁合金
冷却或润滑方式	加注充分的切削液，可查相关手册	煤油	一般不用切削液。如果需要，也可用乳化液	切忌用切削液，只能用压缩空气来排屑和降温

特别提示

钻孔时，钻头直径一般不超过ϕ75 mm，钻较大的孔（$D>30$ mm）时，常采用两次钻削，即先钻较小的孔（孔径为被加工孔径的 0.5～0.7 倍），第二次再用大直径钻头进行扩钻，以减小进给抗力。

③ 钻床夹具的典型结构形式。在钻床上进行钻、扩、铰、锪、攻螺纹等加工所用的夹具称为钻床夹具，简称钻模。它主要由钻套、钻模板、定位元件、夹紧装置和夹具体组成。

a. 钻床夹具的主要类型。钻床夹具的类型较多，一般分为固定式、回转式、翻转式、盖板式和滑柱式等几种类型。

i. 固定式钻模。在使用中，这类钻模与工件在机床上的位置固定不变（见图 3.15），而且加工精度较高，主要用于立式钻床上加工直径较大的单孔或摇臂钻床加工平行孔系。

ii. 回转式钻模。这类钻模必须有回转分度装置，靠钻模依次回转，工件在一次装夹中可加工分布在同一圆周上的轴向平行孔系、垂直和斜交于工件轴线的多个径向孔或几个表面上的孔（见图 3.16）。

回转式钻模使用方便、结构紧凑，在成批生产中广泛使用，可以缩短夹具设计和制造周期，提高工艺装备的利用率，夹具的回转分度部分多采用已标准化的回转工作台。

iii. 翻转式钻模。这类钻模的夹具体在几个方向上有支承面，加工时用手将其翻转到各个所需的方向进行钻孔，适用于加工中、小型工件不同表面上的孔，孔径小于 ϕ10 mm（见图 3.17）。它可以减少工件安装次数，提高被加工孔的位置精度。其结构比较简单，加工时钻模一般手工进行翻转，所以夹具及工件质量以小于 10 kg 为宜，加工批量也不宜过大。

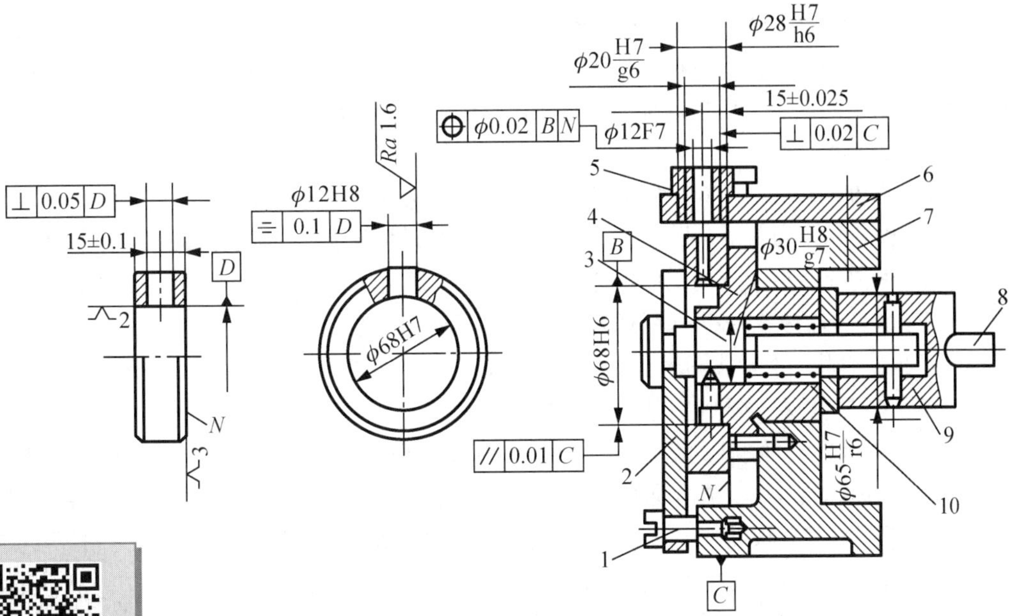

钻床夹具——固定式钻模

1—螺钉；2—转动开口垫圈；3—拉杆；4—定位法兰；5—快换钻套；

6—钻模板；7—夹具体；8—手柄；9—圆偏心凸轮；10—弹簧

图 3.15　固定式钻模

钻床夹具——回转式钻模

钻床夹具——翻转式钻模

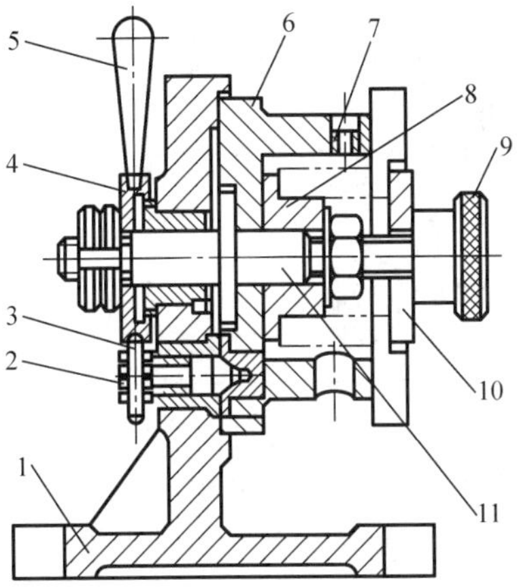

1—夹具体；2—对定销；3—横销；

4—螺套；5—手柄；6—转盘；

7—钻套；8—定位件；9—滚花螺母；

10—开口垫圈；11—转轴

图 3.16　回转式钻模

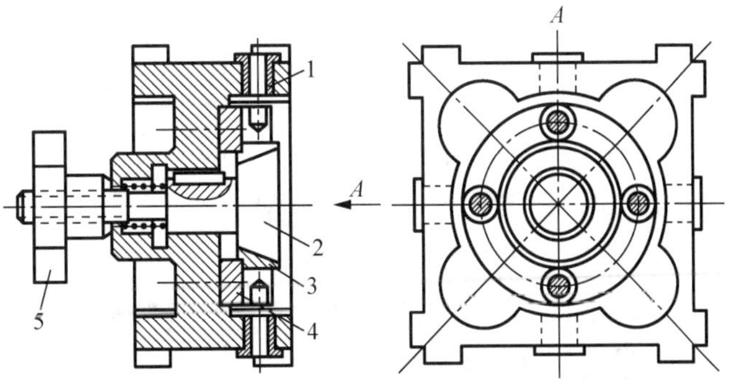

1—钻套；2—倒锥螺栓；3—胀套；

4—支承板；5—夹紧螺母

图 3.17　翻转式钻模

iv. 盖板式钻模。这类钻模只有钻模板而无夹具体，其定位元件和夹紧装置直接装在钻模板上。使用时把钻模板直接安装在工件的定位基面上，适用于加工大型工件上的小孔。夹具结构简单、轻便，易清除切屑，但是每次加工时夹具需在工件上装卸，较费时。此类钻模的质量一般不宜超过 10 kg。

如箱体零件的端面法兰孔，常用图 3.18 所示的盖板式钻模进行钻削。以箱体的孔及端面为定位基面，盖板式钻模像盖子一样置于图 3.18 所示位置并实现定位，靠滚花螺钉 2 旋进时压迫钢球使径向均布的三个滑柱 5 顶向工件内孔表面，从而实现夹紧。若法兰孔位置精度要求不高，可不设置夹紧装置，但需先钻一个孔后插入定位销，再钻其他孔。

v. 滑柱式钻模。滑柱式钻模是一种带有升降钻模板的通用可调夹具，其结构已标准化、系列化。这种钻模结构简单、操作方便，生产中应用较广。

图 3.19 所示为手动滑柱式钻模的通用结构，由夹具体、三根导向柱、钻模板和传动、锁紧机构所组成。其自锁性能可靠、结构简单、操作方便、动作迅速，具有通用可调的优点，特别适用于加工中、小型零件。只要根据工件的形状、尺寸和加工要求等具体情况，专门设计制造相应的定位元件、夹紧装置和钻套等，装在夹具体的平台和钻模板上的适当位置，就可用于加工。手动滑柱式钻模的机械效率较低，夹紧力不大，并且由于导向柱和导孔为间隙配合（一般为 H7/f7），因此被加工孔的垂直度和孔的位置尺寸难以达到较高的精度。

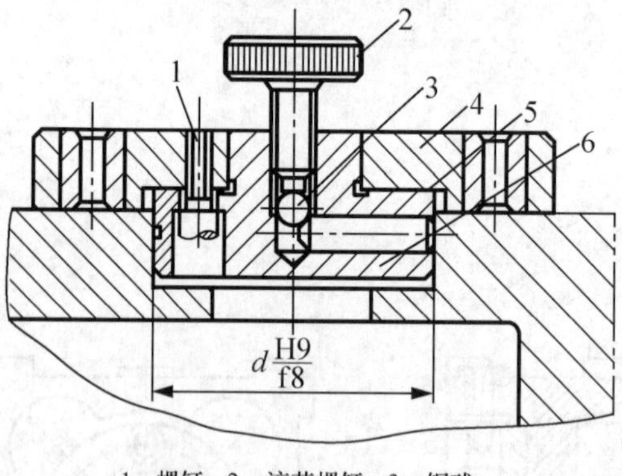

1—螺钉；2—滚花螺钉；3—钢球；
4—钻模板；5—滑柱；6—定位销

图 3.18　盖板式钻模

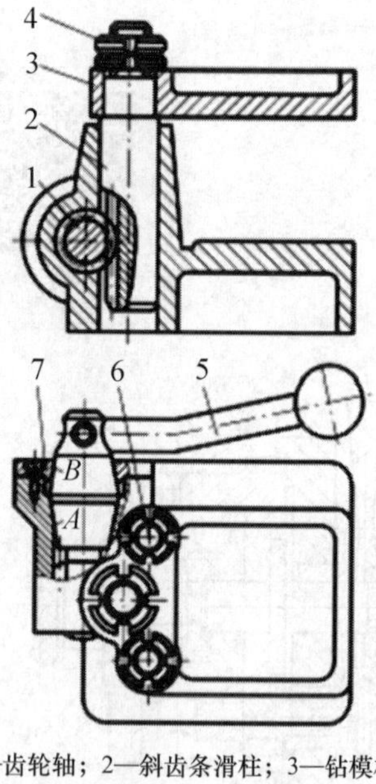

1—齿轮轴；2—斜齿条滑柱；3—钻模板；
4—锁紧螺母；5—手柄；6—导向柱；7—锥套

图 3.19　手动滑柱式钻模的通用结构

除手动外，滑柱式钻模还可以采用其他动力装置，如气动、液压等。

b. 钻模的设计要点。

i. 钻模类型的选择。在设计钻模时，首先要根据工件的形状、尺寸、质量和加工要求，并考虑生产类型、工厂工艺装备的技术状况等具体条件，选择钻模的结构类型。

- 工件被加工孔径大于 ϕ10 mm 时，宜采用固定式钻模（特别是钢件），因此其夹具体上应有专供夹压用的凸缘或凸台。

- 当工件上加工的孔处在同一回转半径且夹具的总重力超过 100 N 时，应采用具有分度装置的回转式钻模，如若能与通用回转工作台配合使用则更好。
- 当在一般的中型工件某一平面上加工若干个任意分布的平行孔系时，宜采用固定式钻模，在摇臂钻床上加工；大型工件则可采用盖板式钻模，在摇臂钻床上加工。若生产批量较大，则可在立式钻床或组合机床上，采用多轴传动头加工。
- 对于孔的垂直度公差大于 0.1 mm 和孔距尺寸公差大于±0.15 mm 的中、小型工件，宜优先采用滑柱式钻模，以缩短夹具的设计制造周期。

ii. 钻套（drill bushing）的选择和设计。钻套安装在钻模板或夹具体上，用来确定工件上加工孔的位置，引导刀具（也可引导扩孔钻或铰刀）进行加工，提高加工过程中工艺系统的刚性并防振。钻套可分为标准钻套和特殊钻套两大类。标准钻套又分为固定钻套、可换钻套和快换钻套。

- 固定钻套。如图 3.20（a）和（b）所示，它分为 A、B 型两种。钻套安装在钻模板或夹具体中，其配合为 H7/n6 或 H7/r6。固定钻套的结构简单、钻孔精度高，但磨损后不能更换，适用于单一钻孔工序和单件小批量生产。
- 可换钻套。如图 3.20（c）所示，当工件为单一钻孔工序的大批量生产时，为便于更换磨损的钻套，应选用可换钻套。钻套与衬套（JB/T 8045.4—1999）之间采用 H7/g6 或 H7/h6 配合，衬套与钻模板之间采用 H7/n6 或 H7/r6 配合。当钻套磨损后，可卸下钻套螺钉（JB/T 8045.5—1999），更换新的钻套。螺钉能防止加工时钻套的转动或退刀时随刀具自行拔出。
- 快换钻套。如图 3.20（d）所示，当工件需钻、扩、铰多工序加工时，为能快速更换不同孔径的钻套，应选用快换钻套。

更换快换钻套时，不用卸下螺钉，逆时针旋转钻套削边至螺钉处即可取下。削边的方向应考虑刀具的旋向，注意从钻头尾端向尖端看，以钻头旋转方向为参照，钻套肩部台阶面位置应始终位于削边位置后面，以免钻套随刀具自行拔出。

以上三类钻套已标准化，其结构参数、材料、热处理及配合类型等可查阅行业标准或《机床夹具设计手册》等资料。

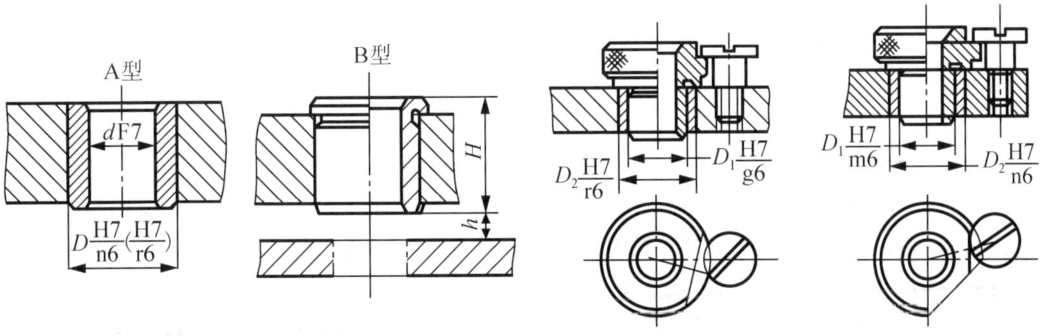

（a）固定钻套-无肩　（b）固定钻套-带肩　（c）可换钻套　（d）快换钻套

图 3.20　标准钻套

- 特殊钻套。当工件的结构形状或被加工孔位置不适合采用标准钻套时，可自行设计与工件相适应的特殊钻套。图 3.21 所示的是几种特殊钻套的结构。

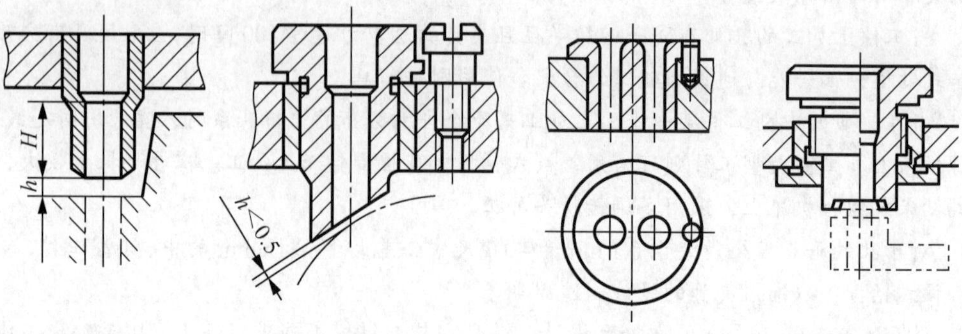

（a）加长钻套　（b）斜面钻套　（c）小孔距钻套　（d）多功能钻套

图 3.21　几种特殊钻套的结构

图 3.21（a）所示为加长钻套，在加工凹面上的孔时使用。为减少刀具与钻套的摩擦，可将钻套引导高度 H 以上的孔径放大。

图 3.21（b）为斜面钻套，用于在斜面或圆弧面上钻孔，排屑空间的高度 $h<0.5$ mm，可增加钻头刚度，避免钻头引偏或折断。

图 3.21（c）为小孔距钻套，用圆柱销确定钻套位置，用于钻中心距较近的钻孔。

图 3.21（d）为兼有定位与夹紧功能的多功能钻套，在钻套与衬套之间，一段为圆柱间隙配合，一段为螺纹连接，钻套下端为内锥面，用于工件定位。

iii. 钻套基本尺寸及公差配合的选择。

- 钻套内孔 d。钻套内孔（又称导孔）直径的基本尺寸应为刀具刃部的最大极限尺寸，并采用基轴制间隙配合。

钻套导孔尺寸见表 3-2。

表 3-2　钻套导孔尺寸

工序	导孔基本尺寸	导孔偏差
钻、扩	刀具刃部基本尺寸	上偏差 = 刀具刃部上偏差 + F7（F8）上偏差 下偏差 = 刀具刃部上偏差 + F7（F8）下偏差
粗铰		上偏差 = 刀具刃部上偏差 + G7 上偏差 下偏差 = 刀具刃部上偏差 + G7 下偏差
精铰		上偏差 = 刀具刃部上偏差 + G6 上偏差 下偏差 = 刀具刃部上偏差 + G6 下偏差

- 导向长度 H。如图 3.21（a）所示，钻套的导向长度 H 对刀具的导向作用影响很大。H 较大时，刀具在钻套内不易产生偏斜，但会加快刀具与钻套的磨损；H 过小时，则钻孔时导向性不好。通常取 $H/d=1\sim2.5$。当加工精度要求较高或加工的孔径较小时，由于所用的钻头刚性较差，因此 H/d 值可取较大值。当钻孔直径 $d<5$ mm 时，应取 $H/d\geqslant2.5$；当加工两孔的距离公差为 ±0.05 mm 时，可取 $H/d=2.5\sim3.5$；当加工斜孔时，可取 $H/d=4\sim6$。

- 排屑间隙 h。如图 3.21（a）所示，排屑间隙 h 是指钻套底部与工件表面之间的空间。如果 h 太小，则排屑困难，会损伤加工表面，甚至还可能折断钻头；如果 h 太大，则会使钻头的偏斜增大，影响被加工孔的位置精度。一般加工铸铁件时，$h=(0.3\sim0.7)d$；加工钢件时，$h=(0.7\sim$

1.5）d。对于位置精度要求很高的孔或加工斜孔，可将 h 值取得尽量小些，甚至可以取为零，取 $h=$（0～0.2）d。

- 钻套材料。钻套必须有很高的硬度和耐磨性，常用材料为 T10A、T12A、CrMn 或 20 渗碳钢。一般 $d \leqslant 10$ mm 时，用 CrMn；10 m < $d \leqslant 25$ mm 时，用 T10A 或 T12A，经淬硬至 58～64 HRC；$d>25$ mm 时，用 20 渗碳钢经渗碳（深度 0.8～1.2 mm）淬火至 58～64 HRC。
- 钻套内、外径配合的选择见表 3-3，其同轴度≤0.01 mm。

表 3-3　钻套内、外径配合的选择

配合关系		配合公差带
钻套与刀具（当孔径精度 IT8）		钻套孔径公差可选 F8、G7、G6
钻套与衬套	固定式①	H7/g6、H7/f7、H7/h6、H6/g5
	可换式	F7/m6、F7/k6
	快换式	
钻套（或衬套）与钻模板		H7/n6、H7/r6

① 如果钻套引导的是刀具的导向部分，也可选用。

c. 钻模板类型及其设计要点。

i. 钻模板类型。钻模板通常装配在夹具体或支架上，或与夹具体上的其他元件相连接，用于安装钻套，确保钻套在钻模上的正确位置，常见的有以下几种类型。

- 固定式钻模板。这种钻模板是直接固定在夹具体上的，故钻套相对于夹具体也是固定的，钻孔精度较高，结构简单，制造容易。但是这种结构对某些工件而言，装拆不太方便。固定式钻模板一般采用图 3.22 所示的三种结构：整体铸造结构、焊接结构和用螺钉和销钉连接的结构。

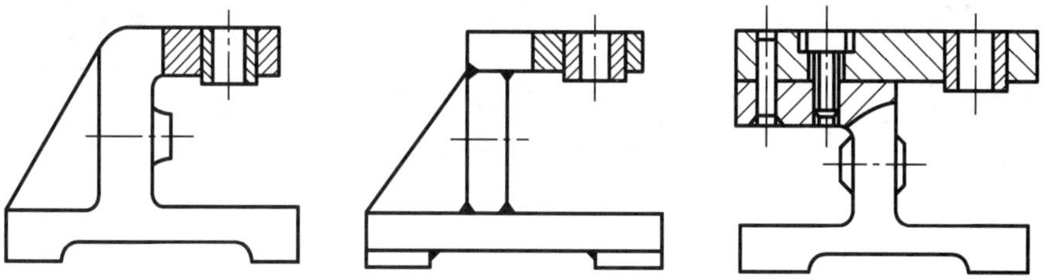

（a）整体铸造结构　（b）焊接结构　（c）用螺钉和销钉连接的结构

图 3.22　固定式钻模板

- 铰链式钻模板。如图 3.23 所示，这种钻模板通过铰链与夹具体固定支架相连接，钻模板可绕铰链销翻转。当钻模板妨碍工件装卸或钻孔后需扩孔、攻螺纹时常采用这种结构。铰链销与钻模板的销孔采用基轴制间隙配合（G7/h6），与铰链座的销孔采用基轴制过盈配合（N7/h6）。钻模板与铰链座凹槽采用基孔制间隙配合（H8/g7），精度要求高时配合（控制 0.01～0.02 mm 的间隙）。钻套导向孔与夹具安装面的垂直度可通过调整两个支承钉的高度予以保证。加工时，钻模板由菱形螺母锁紧。使用铰链式钻模板，装卸工件方便，但由于铰链销、孔之间存在配合间隙，因此其加工孔的位置精度比固定式钻模板低。

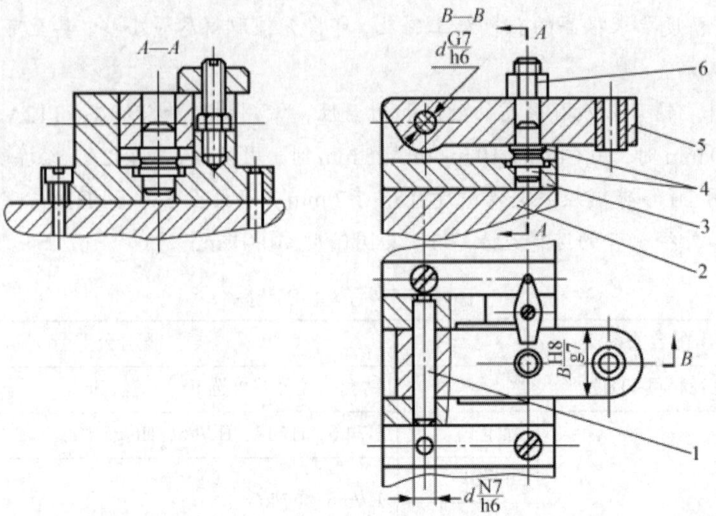

1—铰链销；2—夹具体；3—铰链座；4—支承钉；5—钻模板；6—菱形螺母

图 3.23　铰链式钻模板

- 可卸式钻模板。可卸式钻模板又称分离式钻模板，图 3.24 所示为三种常见的可卸盖式钻模板，钻模板与夹具体是分离的，成为一个独立部分。当装卸工件必须将钻模板取下时，应采用可卸式钻模板。这类钻模板钻孔精度比铰链式钻模板高，但每装卸一次工件就需装卸一次钻模板，装卸时间较长、效率较低。

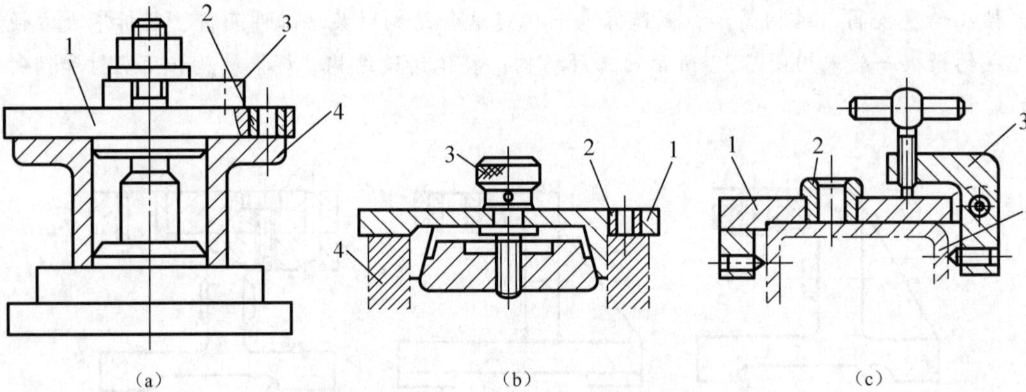

1—钻模板；2—钻套；3—压板［图（b）中为螺钉］；4—工件

图 3.24　三种常见的可卸盖式钻模板

- 悬挂式钻模板。如图 3.25 所示，这类钻模板的位置由导向滑柱确定，并悬挂在滑柱上，通过弹簧和横梁与机床主轴或主轴箱连接。这类钻模板多与组合机床或多轴箱联合使用。

ii. 钻模板的设计要点。在设计钻模板的结构时，主要根据工件的外形大小、加工部位、结构特点、生产规模以及机床类型等条件而定，要求所设计的钻模板结构简单、使用方便、制造容易，并注意以下几点。

- 在保证钻模板有足够刚度的前提下，要尽量减轻其质量。在生产中，钻模板的厚度往往按钻套的高度来确定，一般为 15～30 mm。如果钻套较高，可将钻模板局部加厚、设置加强肋。此外，钻模板一般不宜承受夹紧力。

- 钻模板上安装钻套的底孔与定位元件间的位置精度直接影响工件孔的位置精度，因此至关重要。在上述各钻模板结构中，固定式钻模板钻套底孔的位置精度最高，而悬挂式钻模板钻套底孔的位置精度最低。

- 焊接结构的钻模板往往因焊接内应力不能彻底消除而不易保持精度。一般当工件孔距公差大于±0.1 mm 时方可采用该结构。当孔距公差小于±0.05 mm 时，可采用装配式钻模板。

- 要保证加工过程的稳定性。若用悬挂式钻模板，则其导柱上的弹簧力必须足够大，以使钻模板在夹具体上能维持所需的定位压力。当钻模板本身的质量超过 80 kg 时，导柱上可不装弹簧。为保证钻模板移动平稳和工作可靠，当钻模板处于原始位置时，装在导柱上经过预压的弹簧长度一般不应小于工作行程的 3 倍。

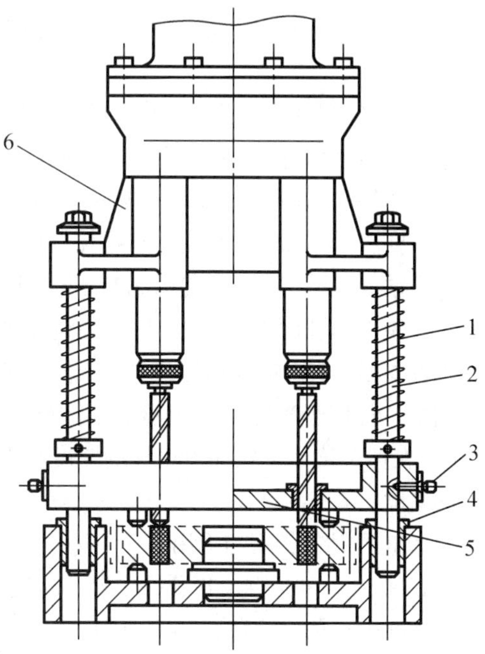

1—弹簧；2—导向滑柱；3—螺钉；4—衬套；5—钻模板；6—横梁

图 3.25 悬挂式钻模板

（3）扩孔（core drilling）。扩孔是用扩孔刀具对已有孔（如钻孔、铸造孔或锻造孔）做进一步加工，以扩大孔径并提高加工精度和降低表面粗糙度。常用的扩孔刀具有麻花钻、专用扩孔钻等。一般工件的扩孔，可用麻花钻；对于孔的半精加工，可用扩孔钻。扩孔后的精度可达 IT11～IT10 级，表面粗糙度 *Ra* 为 12.5～6.3 μm。扩孔余量与孔径大小有关，一般为 0.5～2 mm。

① 用麻花钻扩孔。即用大直径的钻头将已钻出的小孔扩大，钻孔直径一般取被加工孔径的 0.5～0.7 倍。扩孔时，因为钻头的横刃不参与切削，所以进给省力。但是应该注意，钻头外缘处的前角大，进给量不能过大，否则会使钻头在尾座套筒内打滑而不能切削。因此，在扩孔时，应把钻头外缘处的前角修磨得小一些，并对进给量加以适当控制。

扩台阶孔和不通孔时，往往需要将孔底扩平，此时将麻花钻磨成平头钻作为扩孔钻使用（见图 3.26）。

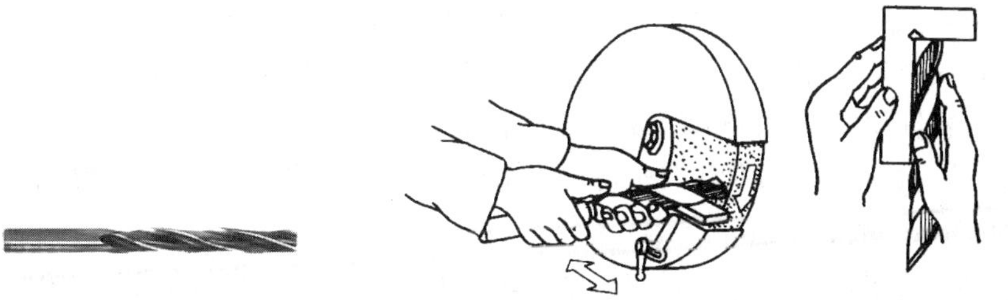

（a）平头钻 （b）刃磨平头钻 （c）用 90° 角尺检验

图 3.26 将麻花钻磨成 180° 平头钻

a. 用平头钻扩台阶孔。扩台阶孔时，由于平头钻不能很好定心，扩孔开始阶段容易产生摆动而使孔径扩大，因此选用平头钻扩孔时钻头直径应偏小些。扩孔的切削速度一般应略低于钻孔的切削速度。

扩孔前先钻出台阶孔的小孔直径，如图 3.27（a）所示。开动车床，当平头钻与工件端面接触时，记下尾座套筒上标尺读数，然后慢慢均匀进给，直至标尺上刻度读数到达所需深度时退出。

b. 用平头钻扩不通孔。先按不通孔的直径和深度钻孔。注意，钻孔深度应从钻尖算起，并比所需深度浅 1～2 mm。然后用与钻孔直径相等的平头钻再扩平孔底面，如图 3.27（b）所示。

控制不通孔深度的方法：用一薄钢板紧贴在工件端面上，向前摇动尾座套筒，使钻头顶紧钢板，记下套筒上的标尺读数，当扩孔到终点时，在标尺读数上应加上钢板的厚度和不通孔的深度。

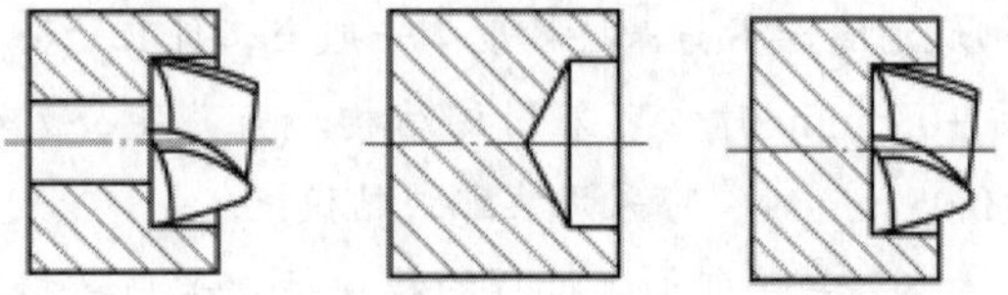

（a）扩台阶孔　　（b）扩平孔底面

图 3.27　用平头钻扩孔

② 扩孔钻的类型与选用。

a. 扩孔钻的类型。扩孔钻主要有高速钢扩孔钻和硬质合金扩孔钻两类。

标准扩孔钻一般有 3～4 条主切削刃，其结构形式随直径不同而不同，有直柄式、锥柄式和套装式三种形式（见图 3.28）。

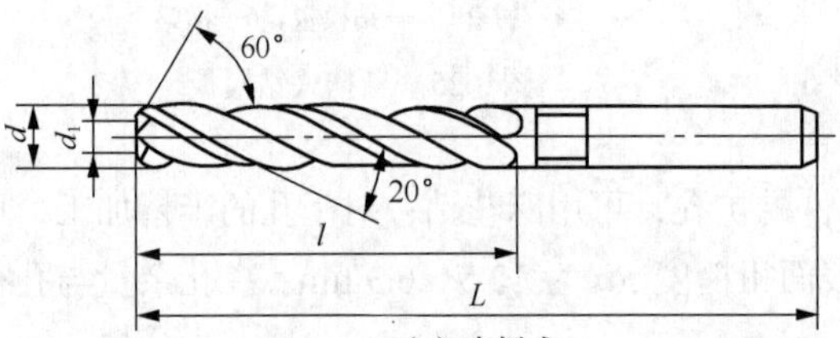

（a）直柄式

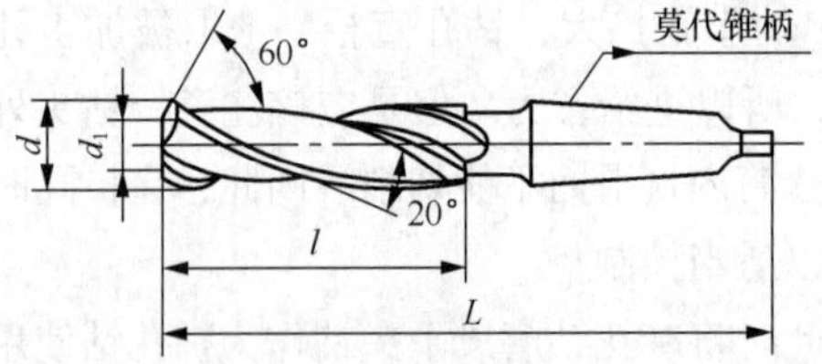

（b）锥柄式

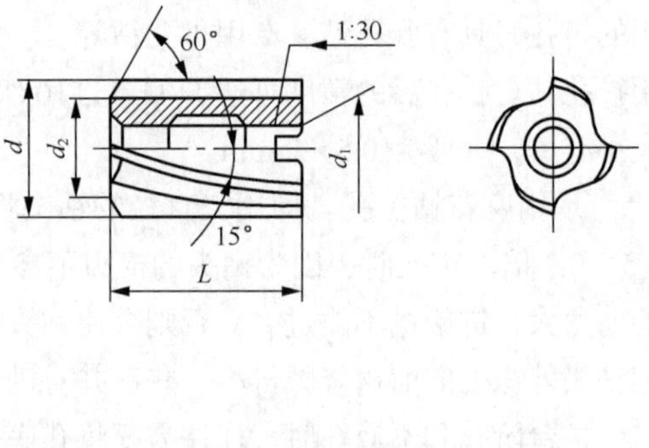

（c）套装式

图 3.28　扩孔钻类型

扩孔钻与麻花钻相比，没有横刃，工作平稳，容屑槽小，刀体刚性好，工作中导向性好，故对于孔的位置误差有一定的校正能力。使用高速钢扩孔钻加工钢料时，切削速度可取 15～40 m/min，进给量可取 0.4～2 mm/r，故扩孔钻的加工质量和生产率都比麻花钻高。

扩孔通常作为铰孔前的预加工，也可作为孔的最终加工。扩孔方法和所使用的机床与钻孔基本相似，扩孔余量一般取（1/8）D。

b. 扩孔钻的选用。扩孔直径较小时，可选用直柄式扩孔钻；扩孔直径为 ϕ10～ϕ32 mm 时，可选用锥柄式扩孔钻；扩孔直径为 ϕ25～ϕ80 mm 时，可选用套装式扩孔钻。

扩孔直径为 ϕ20～ϕ60 mm，且机床刚性好、功率大时，可选用图 3.29 所示的可转位扩孔钻。这种扩孔钻的两个可转位刀片的外刃位于同一个外圆直径上，并且刀片径向可做微量（±0.1 mm）调整，以控制扩孔直径。

当孔径大于 ϕ100 mm 时，切削力矩很大，故很少应用扩孔，而应采用镗孔。

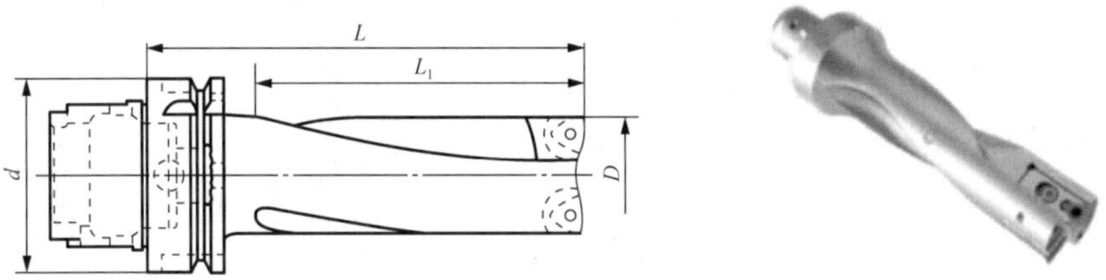

图 3.29　可转位扩孔钻

（4）锪孔（counter sinking）。对工件上的已有孔进行孔口型面的加工称为锪削，如图 3.30 所示。锪削又分锪孔和锪平面。锪削时，钢件需加润滑油，切削速度不宜过高，以免锪削表面产生径向振纹或出现多棱形等质量问题。

锪钻用于加工各种埋头螺钉沉孔、锥孔和凸台面等。常见的锪钻有三种：圆柱形沉头锪钻、锥形锪钻及端面锪钻，如图 3.30 所示。在单件小批量生产中，常把麻花钻改制成锪钻。

① 圆柱形沉头锪钻。其端刃主要起切削作用，周刃作为副切削刃，起修光作用。为了保持原有孔与埋头孔同心，锪钻前端带有导柱，可与已有的孔间隙配合，起定心作用。

② 锥形锪钻。其上有 6～12 个刀刃，顶角有 60°、75°、90° 及 120° 共四种类型，其中 90° 的应用最广泛。

③ 端面锪钻。主要用于锪削与孔垂直的孔口端面（凸台平面）。小直径孔口端面可直接用圆柱形沉头锪钻加工，较大孔口的端面可另行制作端面锪钻。

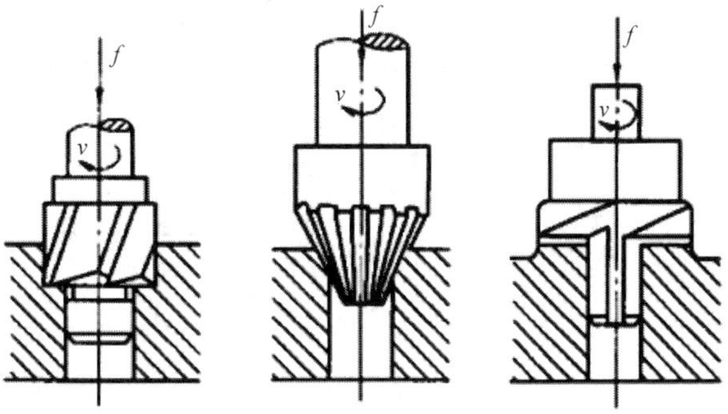

（a）锪圆柱孔　（b）锪锥孔　（c）锪凸台端面

图 3.30　锪削

（5）铰孔（reaming）。铰孔是利用铰刀从未淬火的孔壁切除薄层金属，以获得精确的孔径和几何形状以及较低的表面粗糙度的精加工方法，在生产中应用很广。铰孔一般在钻孔、扩孔或镗孔之后进行，用于加工精密的圆柱孔和圆锥孔，加工孔径范围一般为 ϕ1～ϕ80 mm。

相对于内圆磨削及精镗而言，铰孔是一种较为经济实用的加工方法。铰孔时，铰削速度低，加工余量少（一般只有 0.1～0.3 mm），且由于铰刀的切削刃长，铰削时同时参与切削的刀齿多，因此生产率高，铰孔后的质量较高，孔径尺寸精度一般为 IT9～IT6 级，表面粗糙度 Ra 为 1.6～0.4 μm，甚至更细。因为铰孔时以本身孔作为导向，不能纠正位置误差，所以孔的有关位置精度应由铰孔前的预加工工序保证。

① 铰刀。铰刀是具有一个或多个刀齿，用以切除已加工孔表面薄层金属的旋转刀具，应用十分普遍。铰刀的齿数一般为 4～8 齿，都做成偶数齿，目的是便于测量铰刀直径和在切削中使切削力对称，使铰出的孔具有精确的尺寸和形状（较高的圆度）。

铰刀可以加工圆柱孔、圆锥孔、通孔和盲孔。它可以在车床、钻床、镗床、数控机床等多种机床上进行铰削（又称机铰），也可以用手工进行铰削（又称手铰）（见图 3.31）。机铰生产率高，劳动强度小，适宜于大批量生产；手铰尺寸精度可达 IT6 级，表面粗糙度 Ra 为 0.8～0.4 μm。

a. 铰刀的结构要素。铰刀结构如图 3.32 所示，由柄部、工作部分和颈部三部分组成。

i. 柄部。铰刀的柄部有圆柱形、圆锥形和圆柄方榫三种形状。柄部的作用是装夹和传递转矩。手用铰刀的柄部均为直柄，机用铰刀的柄部有直柄和莫氏锥柄之分。

ii. 工作部分。铰刀的工作部分又分引导锥（手用铰刀）、切削部分、校准部分和倒锥部分（机用铰刀）。

iii. 颈部。它是工作部分与柄部的连接部位，用于标注、打印刀具尺寸。

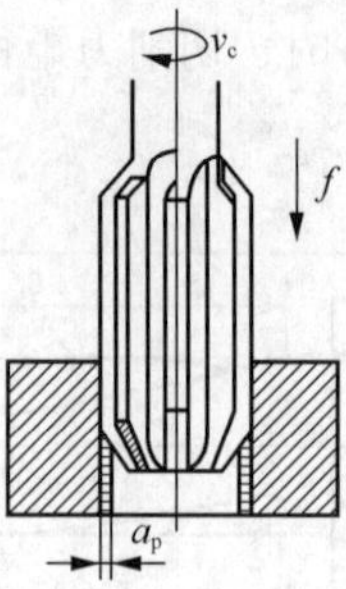

（a）机铰

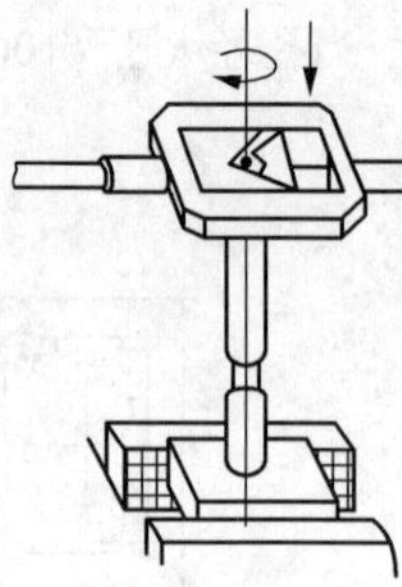
（b）手铰

图 3.31 铰削加工示意图

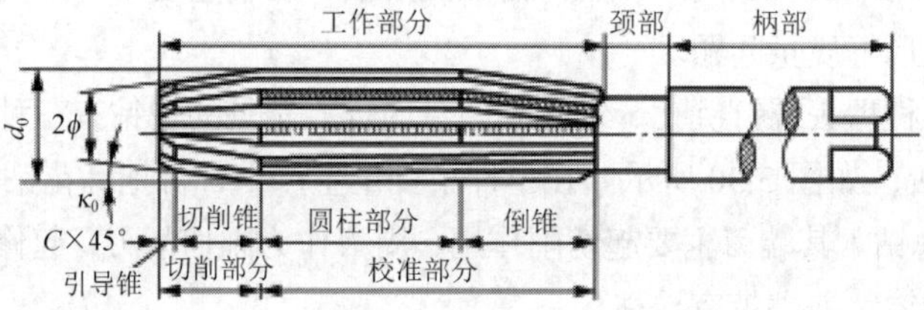

（a）直柄手用铰刀

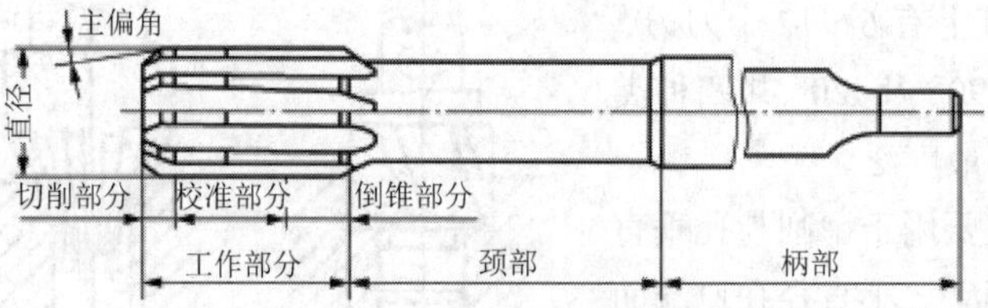

（b）锥柄机用铰刀

图 3.32 铰刀结构

b. 铰刀类型。

i. 常用铰刀。铰刀按切削部分的材料分为高速钢铰刀和硬质合金铰刀；按铰孔的形状分为圆柱形、圆锥形和阶梯形铰刀；按装夹方法分为带柄式和套装式铰刀；按铰刀直径调整方式分为整体式铰刀和可调式铰刀；按齿槽的形状分为直槽铰刀和螺旋槽铰刀；按使用方式分为手用铰刀和机用铰刀。机用铰刀与手用铰刀主要区别为前者工作部分较短，齿数较少，柄部较长；后者相反。图 3.33 所示为常用铰刀类型。

认识铰刀

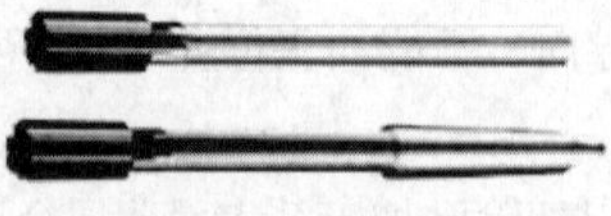
（a）直柄、锥柄机用铰刀

（b）套装式机用铰刀

（c）整体式手用铰刀

（d）可调式手用铰刀

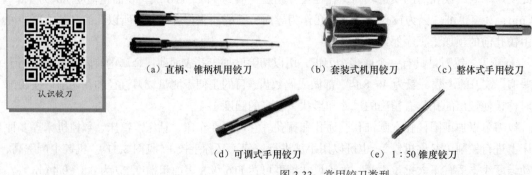

（e） 1∶50 锥度铰刀

图 3.33 常用铰刀类型

机用铰刀可分为带柄式的和套装式两种。带柄式直柄铰刀直径为 $\phi6\sim\phi20$ mm，带柄式小孔直柄铰刀直径为 $\phi1\sim\phi6$ mm，带柄式锥柄铰刀直径为 $\phi10\sim\phi32$ mm，如图 3.33（a）所示。套装式铰刀直径为 $\phi25\sim\phi80$ mm，如图 3.33（b）所示。手用铰刀可分为整体式和可调式两种，如图 3.33（c）和（d）所示。铰削不仅可以用来加工圆柱孔，也可用锥度铰刀加工圆锥孔，如图 3.33（e）所示。

铰削精度为 IT9～IT8 级、表面粗糙度 Ra 为 1.6～0.8 μm 的孔时，多选用通用标准铰刀。

ii. 浮动铰刀。铰削精度为 IT7～IT6 级、表面粗糙度 Ra 为 1.6～0.8 μm 的大直径通孔时，可选用专门设计的浮动铰刀，如图 3.34 所示。

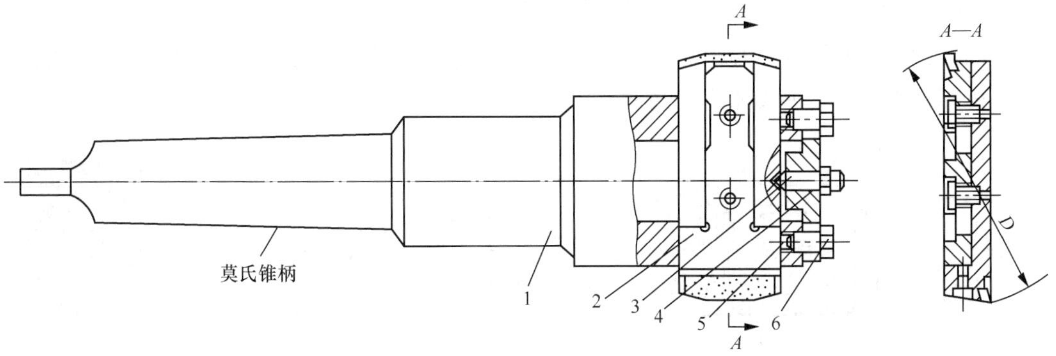

1—刀杆体；2—可调式浮动铰刀体；3—圆锥端螺钉；4—螺母；5—定位滑块；6—螺钉

图 3.34　浮动铰刀

c. 铰刀的选用。

i. 铰孔的尺寸精度和表面质量在很大程度上取决于铰刀的质量，因此在选用铰刀时应检查刃口是否锋利和完好无损，铰刀柄部要保持平整、光滑、无毛刺。铰刀柄部一般有精度等级标记，选用时要与被加工孔的精度等级相符。

ii. 铰刀尺寸的确定。铰削的精度主要取决于铰刀尺寸。铰刀的基本尺寸与孔的基本尺寸相同，因此只需要确定铰刀的公差。铰刀的公差由孔的精度等级、加工时的扩大量（或收缩量）、铰刀的留磨余量等因素确定，其计算公式为

$$\text{上偏差}=\frac{2}{3}\times\text{被加工孔直径公差} \tag{3-1}$$

$$\text{下偏差}=\frac{1}{3}\times\text{被加工孔直径公差} \tag{3-2}$$

一般情况下，除用硬质合金铰刀高速铰削外，铰孔时会产生孔径扩大的现象。

d. 铰刀的装夹。

i. $D<12$ mm 的机用铰刀一般直接或通过钻夹头（直柄铰刀）、过渡套筒（锥柄铰刀）插入尾座套筒的锥孔中。用钻夹头装夹铰刀时，要使装夹长度在不影响夹紧的前提下尽可能短。这种安装方式对车床尾座要求高，首先要找正尾座水平中心线，使铰刀的轴线与工件旋转轴线严格重合，否则铰出的孔径将会扩大。当它们不重合时，一般靠调整尾座的水平位置来达到重合。

ii. 如图 3.35（a）所示，$D\geqslant12$ mm 的直柄铰刀一般采用浮动套筒装夹。浮动套筒锥柄再装入尾座套筒的锥孔或机床主轴的锥孔内，如图 3.35（b）所示。它利用衬套和套筒之间的间隙产生

浮动，使铰刀自动定心进行铰削。浮动套筒装置中的圆柱销和衬套是间隙配合的，衬套与套筒接触的端面与轴线保持严格垂直。

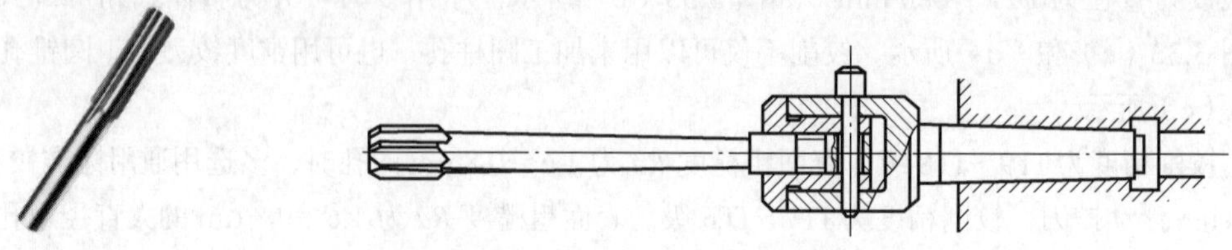

（a）直柄铰刀　　（b）浮动套筒

图 3.35　直柄铰刀的安装

iii. D>12 mm 的锥柄铰刀与机床主轴常采用浮动连接，以防铰削时孔径扩大或产生孔的形状误差，机用铰刀的浮动夹头如图 3.36 所示。

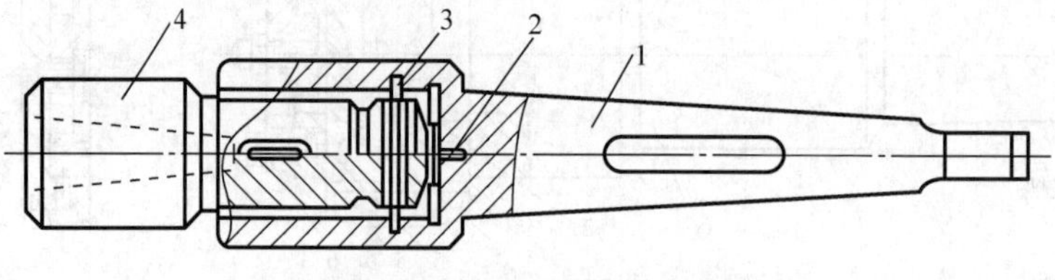

1—锥柄；2—挡钉；3—销钉；4—锥套

图 3.36　机用铰刀的浮动夹头

铰削的工艺特点及注意事项

② 铰削时切削液的选用。铰孔时正确选用切削液，对降低摩擦系数、改善散热条件以及冲走切屑均有很大作用，除了能提高铰孔质量和铰刀耐用度外，还能消除积屑瘤、减少振动、降低孔径扩张量。

浓度较高的乳化油对降低表面粗糙度效果较好，硫化油对提高加工精度效果较明显。一般铰削钢件时，通常选用乳化油和硫化油；铰削铸铁件时，一般不加切削液，如要进一步提高表面质量，可选用润湿性较好、黏性较小的煤油做切削液；铰削铜件时，可用菜籽油。

（6）镗孔（boring）。镗孔是用镗刀对锻出、铸出或已钻出孔进一步加工的方法，可以分为粗镗、半精镗和精镗。镗孔可扩大孔径、提高加工精度、减小表面粗糙度，还可以较好地纠正原有孔轴线的偏斜。精镗孔的尺寸精度可达 IT8～IT7，表面粗糙度 Ra 为 1.6～0.8 μm。对于直径较大的孔，几乎全部采用镗孔的方法。镗孔可以在多种机床上进行加工，相关内容详见项目 4。

（7）拉孔（broaching）。在拉床上用拉刀加工工件的工艺过程称为拉削加工。拉削过程中，一般工件不动，机床只有主运动即拉刀的直线运动，进给量是由拉刀的齿升量来实现的。

拉削工艺范围广，不仅可以加工各种形状的通孔，还可以拉削平面及各种组合成形表面。图 3.37 所示为适用于拉削加工的典型工件截面形状（主要是孔或键槽）。受拉刀制造工艺以及拉床动力的限制，过小或过大尺寸的孔均不适宜拉削加工（拉削孔径一般为 $\phi10$～$\phi100$，$L/D \leqslant 5$），盲孔、台阶孔和薄壁孔不适宜拉削加工，某些复杂工件的孔也不适宜进行拉削，如箱体上的孔。

拉削是一种高效率的加工方法，加工质量好，尺寸精度一般为 IT8～IT7，表面粗糙度 Ra 为 1.6～0.8 μm。

① 拉床。拉床是用拉刀加工工件各种内外成形表面的机床（见图 3.38）。按工作性质的不同，拉床可分为内拉床和外拉床。拉床一般都是液压传动，只有主运动，结构简单。液压拉床的优点

是运动平稳、无冲击振动，拉削速度可无级调节，拉力大小可通过调节压力来控制。

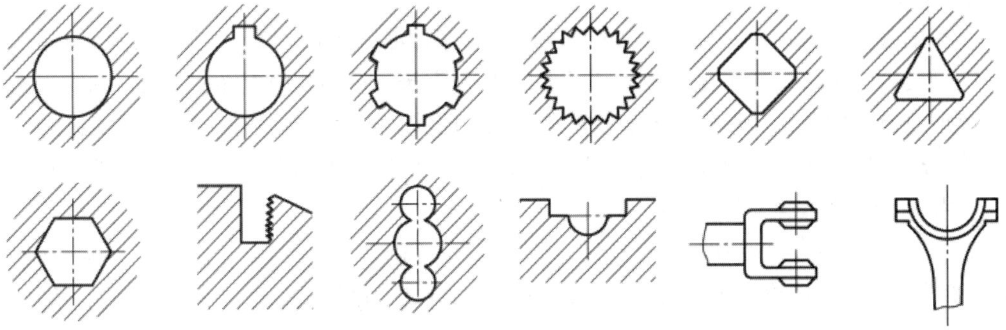

图 3.37　适用于拉削加工的典型工件截面形状

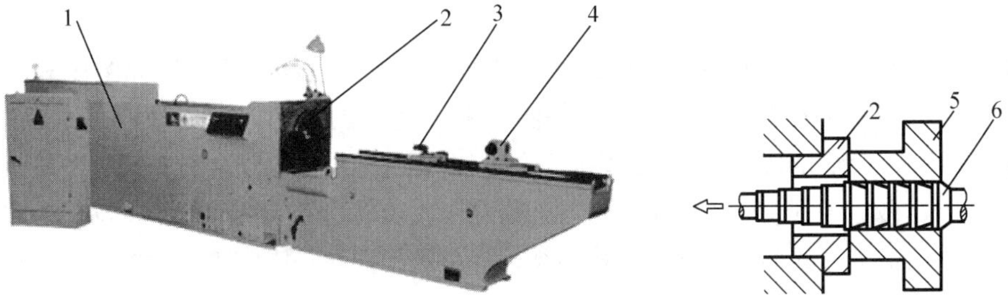

拉削加工原理

（a）拉床的外形图　　（b）拉削示意图

1—床身；2—支承座；3—滚柱；4—护送夹头；5—工件；6—拉刀

图 3.38　卧式内拉床的外形及工件安装

② 拉刀。拉刀是用于拉削的成形刀具。圆孔拉刀如图 3.39 所示，拉刀是多齿刀具，刀具表面上有多排刀齿，各排刀齿的尺寸和形状从切入端至切出端依次增加和变化。在拉削时，由于切削刀齿的齿高逐渐增大，因此每个刀齿只切下一层较薄的切屑，最后由后面几个刀齿对孔进行校准。拉刀切削时不仅参加切削的刀刃长度长，而且同时参加切削的刀齿多，孔径能在一次拉削中完成。

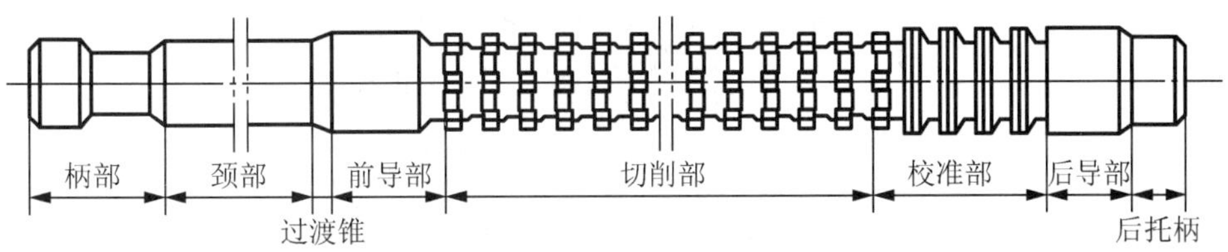

图 3.39　圆孔拉刀

拉刀按加工表面部位的不同，分为内拉刀和外拉刀；按工作时受力方式的不同，分为拉刀和推刀，其中推刀常用于校准热处理后的型孔。

拉刀常用高速钢整体制造，也可做成组合式。硬质合金拉刀一般为组合式，但制造困难。

③ 拉削的工艺特点。

a. 拉削时拉刀多齿同时工作，在一次行程中完成粗、精加工，因此生产效率高。

b. 拉刀为定尺寸刀具，且有校准齿进行校准和修光。拉床采用液压系统，拉削速度很低（$v_c = 2$～5 m/min），切削厚度薄，不易产生积屑瘤，因此拉削过程平稳，加工质量较高。

c. 由于一把拉刀只适用于一种规格尺寸的表面，且拉刀制造复杂、成本昂贵，因此拉削主要用于大批量生产或定型产品的成批生产。

d. 拉削过程和铰孔相似，都是以被加工孔本身作为定位基准，因此不能纠正孔的位置误差。

（8）磨孔（grinding）。磨孔常常作为孔的精加工方法，特别适用于淬硬的孔、断续表面的孔（带键槽或花键槽的孔）和长度较短的精密孔加工。内圆磨削精度为 IT8～IT6，表面粗糙度 *Ra* 为 0.8～0.2 μm。磨孔不仅能保证孔本身的尺寸精度和表面质量，还能提高孔的位置精度和轴线的直线度。用同一砂轮可以磨削不同直径的孔，灵活性较大。

磨孔时，砂轮的尺寸受被加工孔径尺寸的限制，一般砂轮直径为工件孔径的 50%～90%；磨头轴的直径和长度也取决于被加工孔的直径和深度，因此磨削速度低，磨头的刚度差，磨削质量和生产率均受到影响。

内孔磨削可以磨削圆柱孔（通孔、盲孔、阶梯孔）、圆锥孔及孔端面等，采用内圆磨床或万能外圆磨床进行加工。

内圆磨床的主要类型有普通内圆磨床、半自动内圆磨床、无心内圆磨床、坐标磨床和行星内圆磨床等，不同的内圆磨床其磨削方法也不相同，其中普通内圆磨床应用最广。

a. 普通内圆磨床组成。图 3.40 所示为普通内圆磨床，主要由床身、工作台、头架、砂轮架和滑鞍等组成。磨削时，砂轮轴的旋转为主运动，头架带动工件旋转运动为圆周进给运动，工作台带动头架完成纵向进给运动，横向进给运动由砂轮架沿滑鞍的横向移动来实现。磨锥孔时需将头架转过相应角度。

普通内圆磨床的另一种形式为砂轮架安装在工作台上做纵向进给运动。

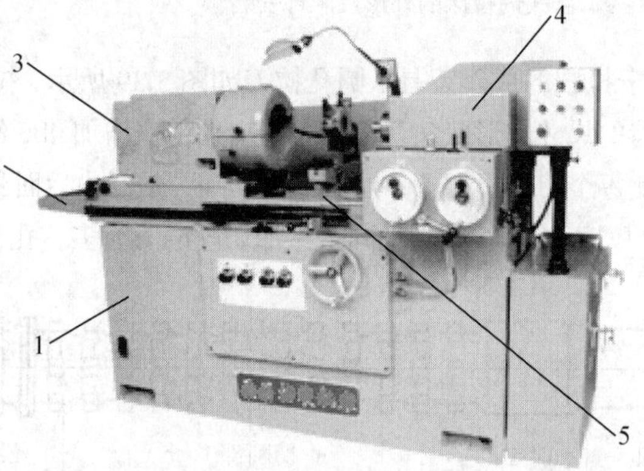

1—床身；2—工作台；3—头架；4—砂轮架；5—滑鞍

图 3.40　普通内圆磨床

b. 普通内圆磨床的磨削方法。图 3.41 所示为普通内圆磨床的工艺范围。磨削时，根据工件的形状和尺寸不同，可采用纵磨法［见图 3.41（a）～图 3.41（d）］、横磨法［见图 3.41（e）和（f）］。有些普通内圆磨床上备有专门的端磨装置，可在一次装夹中磨削内孔和端面，如图 3.41（b）所示，这样不仅容易保证内孔和端面的垂直度，而且生产率较高。

纵磨时，内圆磨床的运动有：砂轮的高速旋转运动做主运动 n_s，头架带动工件旋转做圆周进给运动 f_w，砂轮或工件沿其轴线往复做纵向进给运动 f_a；在每次（或几次）往复行程后，工件沿其径向做一次横向进给运动 f_r。这种方法适用于磨削形状规则、便于旋转的工件。

横磨时，内圆机床无须进行纵向进给运动 f_a，适用于磨削带有沟槽的内孔。

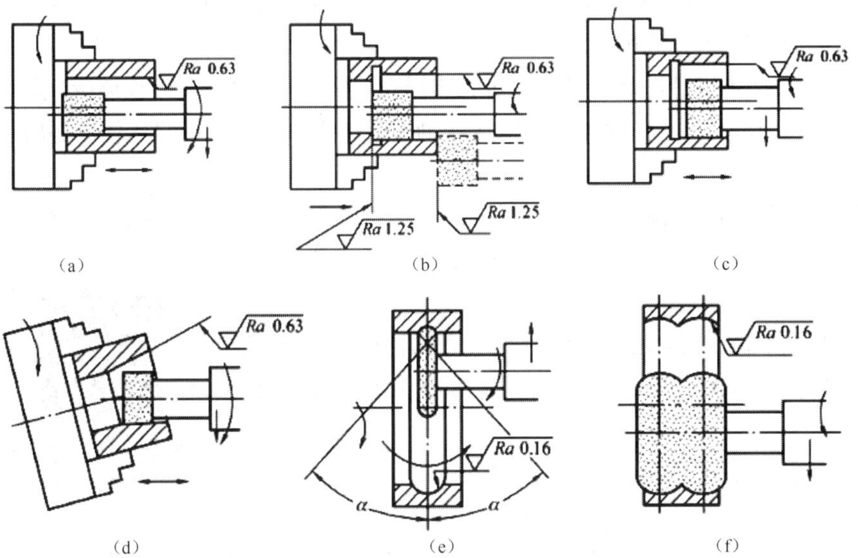

图 3.41　普通内圆磨床的工艺范围

内圆磨削时工件的装夹和找正

c. 无心内圆磨床磨削。图 3.42 所示为无心内圆磨床的磨削方法。磨削时，工件支承在滚轮和导轮上，压紧轮使工件紧靠在导轮上，工件即由导轮带动旋转，实现圆周进给运动 f_w。砂轮除完成主运动 n_s 外，还做纵向进给运动 f_a 和周期性横向进给运动 f_r。加工结束时，压紧轮沿箭头 A 方向摆开，以便装卸工件。这种磨削方法适用于大批量生产、外圆表面已精加工的薄壁工件，如轴承套等。

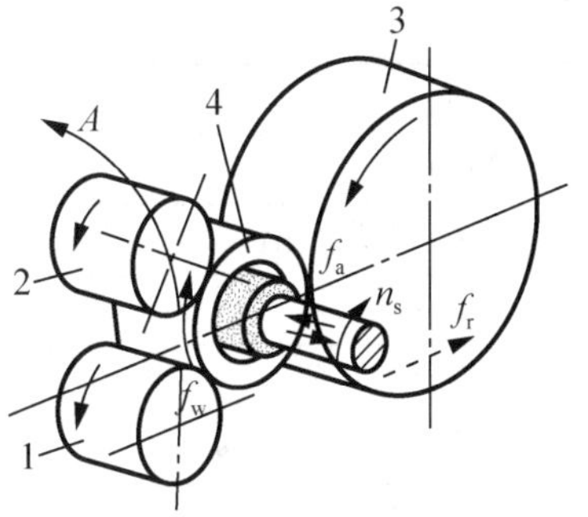

1—滚轮；2—压紧轮；3—导轮；4—工件

图 3.42　无心内圆磨床的磨削方法

特别提示

内孔的精密加工方法

套筒类零件内孔加工精度要求很高和表面粗糙度要求很小时，内孔精加工之后还要进行精密加工。常用的精密加工方法有精细镗、珩磨、研磨、滚压等，需要时可查阅手册或相关资料选用。

内孔的精密加工方法

珩磨的工作原理

内圆柱面的研磨

套筒类零件内孔的特种加工方法

（9）孔加工的特点及内圆表面加工方案。

① 孔加工的特点。

由于孔加工在工件内部进行，对加工过程的观察、控制困难，加工难度要比外圆表面等开放型表面的加工大得多，因此测量内孔也比测量外圆困难。孔加工主要有以下特点。

a. 孔加工刀具多为定尺寸刀具（如钻头、铰刀、拉刀等），在加工过程中刀具磨损造成的形状和尺寸的变化会直接影响被加工孔的精度。

b. 由于受被加工孔径大小的限制，因此切削速度很难提高，影响加工效率和表面质量，尤其是在对较小的孔进行精密加工时，为达到所需的速度，必须使用专门的装置，对机床性能提出了更高的要求。

c. 刀杆尺寸由于受孔径和孔深的限制，不能做得太粗又不能太短，刚性较差，在加工时由于轴向力的影响，容易产生弯曲变形和振动，孔的 L/D 越大，刀具刚性对加工精度的影响就越大。

孔加工工艺路线的确定

d. 孔加工时，刀具一般是在半封闭的空间工作，切屑排除困难。冷却液难以进入加工区域，散热条件不好，切削区热量集中，温度较高，影响刀具的耐用度和加工质量。

② 内圆表面加工方案。常用的内圆表面加工方案见表 3-4。

表 3-4　常用的内圆表面加工方案

<table>
<tr><th>序号</th><th>加工方案</th><th>经济精度等级</th><th>表面粗糙度 Ra/μm</th><th colspan="2">适用范围</th></tr>
<tr><td>1</td><td>钻</td><td>IT13～IT11</td><td>12.5</td><td colspan="2" rowspan="3">加工未淬火钢及铸铁的实心毛坯，也可用于加工有色金属（但表面粗糙度稍粗糙，孔径在 ϕ15～ϕ20 mm 范围内）</td></tr>
<tr><td>2</td><td>钻→铰</td><td>IT9～IT8</td><td>3.2～1.6</td></tr>
<tr><td>3</td><td>钻→粗铰→精铰</td><td>IT8～IT7</td><td>1.6～0.8</td></tr>
<tr><td>4</td><td>钻→扩</td><td>IT11～IT10</td><td>12.5～6.3</td><td colspan="2" rowspan="4">同上，但孔径在 ϕ15～ϕ20 mm 范围内</td></tr>
<tr><td>5</td><td>钻→扩→铰</td><td>IT9～IT8</td><td>3.2～1.6</td></tr>
<tr><td>6</td><td>钻→扩→粗铰→精铰</td><td>IT8～IT7</td><td>1.6～0.4</td></tr>
<tr><td>7</td><td>钻→扩→机铰→手铰</td><td>IT7～IT6</td><td>0.4～0.1</td></tr>
<tr><td>8</td><td>钻→（扩）→拉</td><td>IT9～IT7</td><td>1.6～0.4</td><td colspan="2">大批量生产（精度由拉刀的精度而定）、各种形状的通孔</td></tr>
<tr><td>9</td><td>粗镗（或扩孔）</td><td>IT13～IT11</td><td>12.5～6.3</td><td colspan="2" rowspan="4">毛坯有铸孔或锻孔的未淬火钢</td></tr>
<tr><td>10</td><td>粗镗（粗扩）→半精镗（精扩）</td><td>IT10～IT9</td><td>3.2～1.6</td></tr>
<tr><td>11</td><td>粗镗（扩）→半精镗（精扩）→精镗（铰）</td><td>IT8～IT7</td><td>1.6～0.8</td></tr>
<tr><td>12</td><td>粗镗（扩）→半精镗（精扩）→精镗→浮动镗刀精镗</td><td>IT7～IT6</td><td>0.8～0.4</td></tr>
<tr><td>13</td><td>粗镗（扩）→半精镗→磨孔</td><td>IT8～IT7</td><td>0.8～0.2</td><td colspan="2" rowspan="2">主要用于淬火钢，也可用于未淬火钢，但不宜用于有色金属</td></tr>
<tr><td>14</td><td>粗镗（扩）→半精镗→粗磨→精磨</td><td>IT7～IT6</td><td>0.2～0.1</td></tr>
<tr><td>15</td><td>粗镗→半精镗→精镗→金刚镗</td><td>IT7～IT6</td><td>0.4～0.05</td><td colspan="2">主要用于精度要求高的有色金属加工</td></tr>
<tr><td>16</td><td>钻→（扩）→粗铰→精铰→珩磨</td><td rowspan="3">IT7～IT6</td><td rowspan="3">0.25～0.2</td><td>小孔</td><td rowspan="3">精度要求很高的孔</td></tr>
<tr><td>17</td><td>钻→（扩）→拉→珩磨</td><td>大批量生产</td></tr>
<tr><td>18</td><td>粗镗→半精镗→精镗→珩磨</td><td>大孔</td></tr>
<tr><td>19</td><td>粗镗→半精镗→精镗→研磨</td><td>IT6 级以上</td><td>< 0.1</td><td colspan="2">精度要求很高的孔</td></tr>
<tr><td>20</td><td>钻（粗镗）→扩（半精镗）→精镗→金刚镗→脉冲滚挤</td><td>IT7～IT6</td><td>0.1</td><td colspan="2">主要用于有色金属及铸件上的小孔</td></tr>
</table>

2. 车削内沟槽

（1）常见内沟槽种类。

内沟槽在机器零件中起退刀、密封、定位、通气等作用。按沟槽的截面形状分，常见的内沟槽有矩形（直槽）、圆弧形、梯形等几种；按沟槽所起的作用分，又可分为退刀槽、空刀槽、密封槽和油、气通道槽等几种。常见内沟槽如图 3.43 所示。

① 退刀槽。如图 3.43（a）所示，当不是在内孔的全长上车内螺纹时，需要在螺纹终了位置处车出直槽，以便车削螺纹时把螺纹车刀退出。

② 空刀槽。空刀槽的形状也是直槽。空刀槽的作用有如下几种。

a. 如图 3.43（a）所示，在车削或磨削内台阶孔时，为了能消除内圆柱面和内端面连接处不能得到直角的影响，通常要在靠近内端面处车出矩形空刀槽来保证内孔和内端面垂直。

b. 如图 3.43（b）所示，当利用较长的内孔作为配合孔使用时，为了减少孔的精加工时间，在配合时使孔两端接触良好、保证有较好的导向性，常在内孔中部车出较宽的空刀槽。这种空刀槽常用在有配合要求的套筒类零件上，如套装式刀具、圆柱铣刀、齿轮滚刀等。

c. 当需要在内孔的部分长度上加工出纵向沟槽时，为了断屑必须在纵向沟槽终了的位置上车出矩形空刀槽。如图 3.43（c）所示的是为了插内齿轮齿形而车出的空刀槽。

③ 密封槽。如图 3.43（a）所示，密封槽的截面形状为梯形，可以在其中间嵌入油毡，防止润滑滚动轴承的油脂渗漏。另一种截面形状为圆弧形，用来防止稀油渗漏，如图 3.43（d）所示。

④ 油、气通道。在各种油、气滑阀中，多用矩形内沟槽作为油、气通道。这类内沟槽的轴向位置有较高的精度要求，否则，油、气应该流通时不能流通，应该切断时不能切断，使滑阀不能工作，如图 3.43（e）所示。

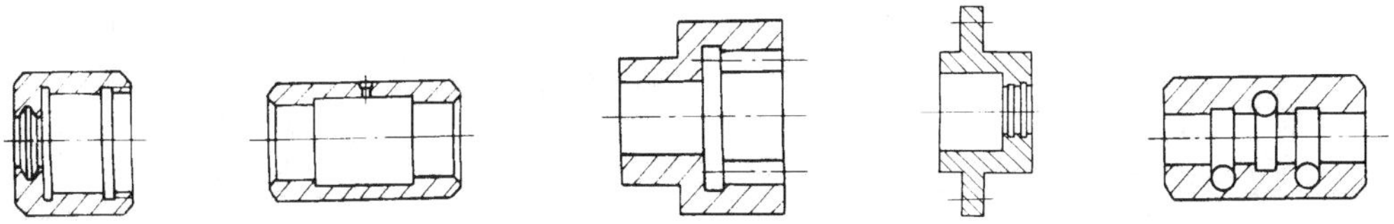

（a）　（b）　（c）　（d）　（e）

图 3.43　常见内沟槽

（2）内沟槽车刀的选用。

内沟槽车刀刀头部分形状和主要切削角度与矩形外沟槽车刀（切断刀）基本相似，只是装夹方向相反。内沟槽车刀有整体式和装夹式两种（见图 3.44）：整体式用于孔径较小的工件；装夹式用于孔径较大的工件。

整体式又分为高速钢和硬质合金两种，如图 3.44（c）和（d）所示。在大直径内孔中车内沟槽的车刀可做成车槽刀刀体，然后装夹在刀柄上使用，如图 3.44（b）所示，这样车刀刚性较好。

3. 套筒类零件的装夹

套筒类零件加工除保证尺寸精度外，还须同时保证图样规定的各项形位公差，其中同轴度和垂直度是套筒类零件加工中最常见的，通常采用以下几种加工方法以保证其位置精度。

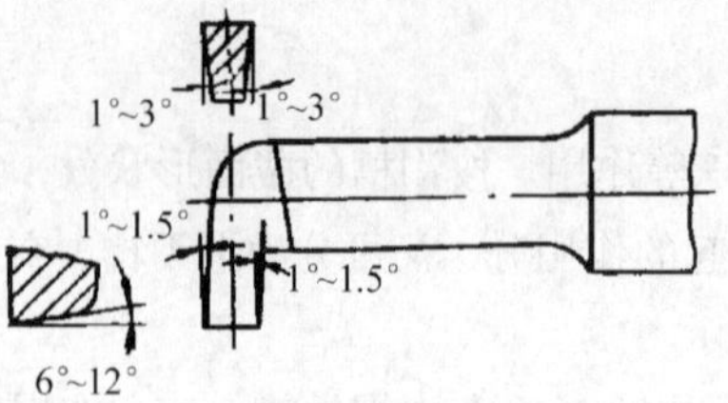

（a）整体式

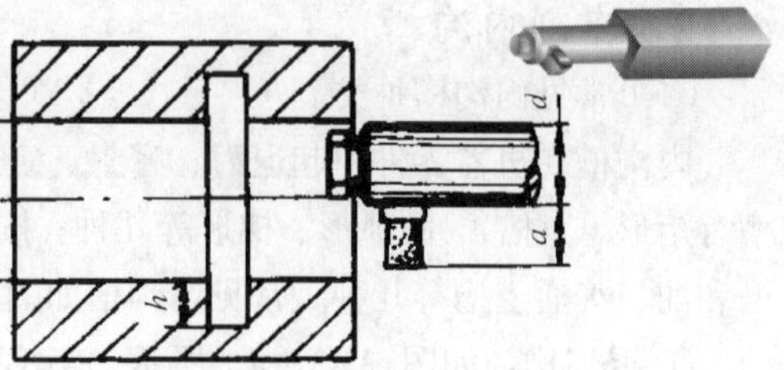

（b）装夹式

（c）高速钢整体式

（d）硬质合金整体式

图 3.44　内沟槽车刀

（1）在一次装夹中完成外圆、内孔和端面的加工如图 3.45 所示。对于尺寸不大的套筒零件，可用棒料毛坯，在一次装夹中完成外圆、内孔和端面的加工。这种方法消除了工件的安装误差，可获得较高的位置精度。只是这种方法对于尺寸较大（尤其是 *L*/*D* 较大）的套筒不便安装，且工序比较集中，加工过程中要多次换用不同的刀具和切削用量，故生产效率不高，多用于单件小批量生产中。

（2）套筒类零件主要表面加工分在几次安装中进行。这时又有两种不同的安排。

① 先终加工孔，然后以孔为精基准最终加工外圆。这种方法由于所用专用夹具（通常为心轴）结构简单，且制造和安装误差较小，因此可获得较高的位置精度，在套筒类零件加工中一般多采用这种方法。心轴装夹轴套如图 3.46 所示。

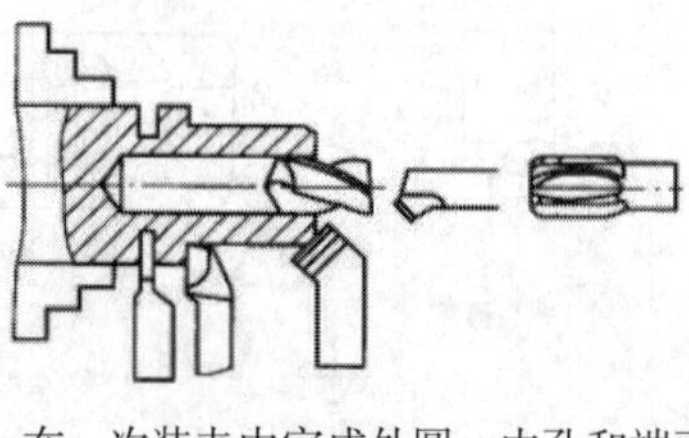

图 3.45　在一次装夹中完成外圆、内孔和端面的加工

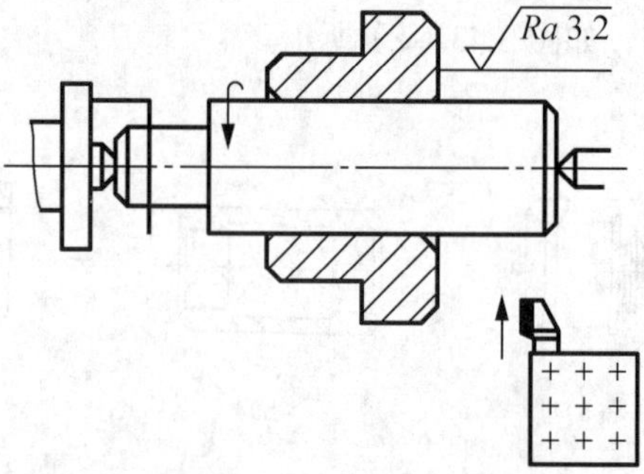

图 3.46　心轴装夹轴套

实际生产中，常用的心轴有以下几种类型。

a.　实体心轴。实体心轴有两种：小锥度心轴和圆柱心轴。

i.　小锥度心轴。小锥度心轴的锥度为 1 : 1 000～1 : 5 000，如图 3.47（a）所示。这种心轴的优点是制造容易，加工出的零件精度较高；缺点是轴向无法定位，承受切削力小，装卸不太方便。

ii.　圆柱心轴。其又称间隙配合心轴，如图 3.47（b）所示。它的圆柱部分与工件内孔保持较小的间隙配合，工件靠螺母、垫圈压紧。其优点是一次可以装夹多个零件；缺点是精度较低。如果采用开口垫圈，装卸工件会比较方便。

b.　胀胎心轴。胀胎心轴依靠材料弹性变形所产生的胀力来固定工件，装卸方便，精度较高，工厂中应用广泛。装在机床主轴孔中的胀胎心轴如图 3.47（c）所示。根据实践经验可知，胀胎心轴的锥角最好为 30° 左右，最薄部分壁厚 3～6 mm。为了使胀力保持均匀，槽子可做成三等份，如图 3.47（d）所示，临时使用的胀胎心轴可用铸铁做成，长期使用的胀胎心轴可用弹簧钢（65Mn）制成。

用心轴装夹工件虽然比较容易达到技术要求，但当加工内孔很小、外圆很大、定位长度较短的工件时，应该采用外圆为定位基准保证技术要求。

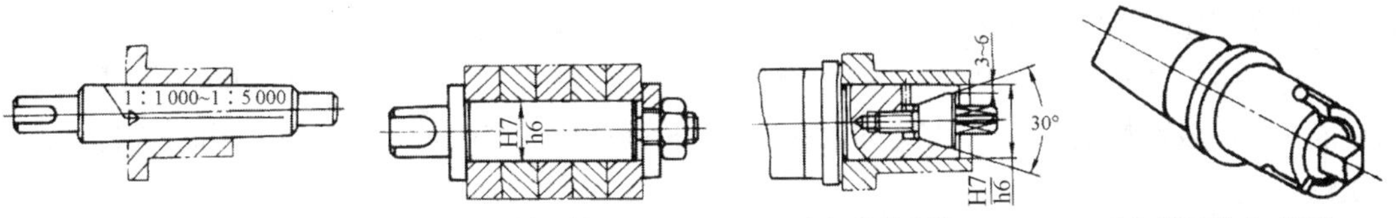

（a）小锥度心轴　（b）圆柱心轴　（c）胀胎心轴　（d）槽子做成三等份

图 3.47　各种常用心轴

② 先终加工外圆，然后以外圆为精基准最终加工孔。采用这种方法时，工件装夹迅速可靠，但因一般卡盘安装误差较大，加工后的工件位置精度较低。若要获得较高的同轴度，则必须采用定心精度较高的夹具，如弹性膜片卡盘、液压塑料夹头，经过修磨的三爪自定心卡盘和“软卡爪”等。

以外圆为基准装夹套类零件

a. 工件以外圆为定位基准保证位置精度时，零件的外圆和一个端面必须在一次装夹中先完成精加工，然后作为定位基准。

b. 以外圆为定位基准车削薄壁套筒时，要特别注意夹紧力引起的工件变形，如图 3.48（a）所示。工件外圆夹紧后会略微变成三角形，但车孔后所得是一个圆柱孔。当松开卡爪拿下工件，它就弹性复原成外圆柱形，而内孔则变成弧形三边形，如图 3.48（b）所示。当用内径千分尺测量时，各个方向内径 D 仍相等，但内孔已变形，因此称为等直径变形。

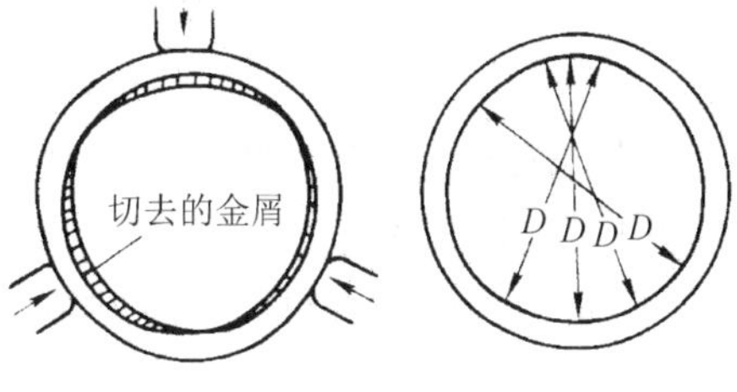

（a）　（b）

图 3.48　薄壁工件的变形

c. 应用软卡爪卡盘装夹工件。软卡爪是用未经淬火的钢料（45#钢）制成的。这种卡爪可以自行制造，即把原来的硬卡爪前半部拆下，如图 3.49（a）所示，换上软卡爪，用两只螺钉紧固在卡爪的下半部上，然后把卡爪车成所需要的形状，工件就可装夹在其上。如果卡爪是整体式的，在旧卡爪的前端焊上一块钢料也可制成软卡爪，如图 3.49（b）所示。

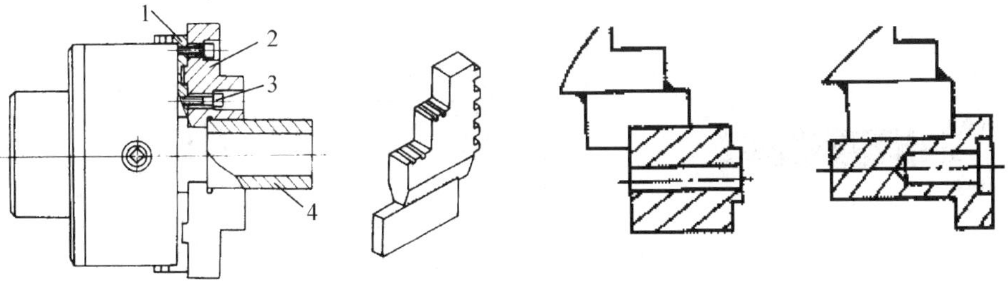

（a）装配式软卡爪　（b）焊接式软卡爪

1—卡爪的下半部；2—软卡爪；3—螺钉；4—工件

图 3.49　应用软卡爪装夹工件

软卡爪装夹工件的最大特点是可根据工件的形状需要车制软卡爪。工件虽经几次装夹，但仍能保持一定的相互位置精度（一般在 0.05 mm 以内），可减少大量的装夹找正时间，且当装夹已加工表面或软金属工件时，不易夹伤工件表面。软卡爪在工厂中已得到越来越广泛的应用。

4. 套筒类零件精度检验

（1）圆柱孔的检验。包括圆柱孔尺寸精度、形状精度和位置精度等的检验。

① 尺寸精度的检验。孔的尺寸精度要求较低时，可采用钢直尺、内卡钳或游标卡尺测量。孔的尺寸精度要求较高时，可用以下几种方法。

a. 内卡钳。在孔口试切削或位置狭小时，使用内卡钳灵活方便。内卡钳与外径千分尺配合使用也能测量出较高精度（IT8～IT7）的内孔。这种检验孔径的方法是生产中最常用的一种方法（见图 3.50）。

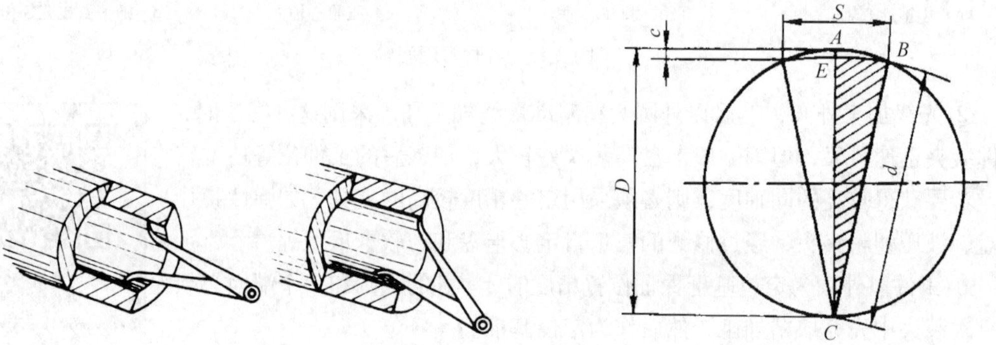

（a）正确　　（b）不正确

图 3.50　用内卡钳测量孔径

b. 塞规。用塞规检验孔径（见图 3.51），当塞规通端能进入孔内，而止端无法进入孔内时，说明工件孔径合格。

测量不通孔用的塞规，为了排除孔内的空气，在塞规的外圆上（轴向）开有排气槽。

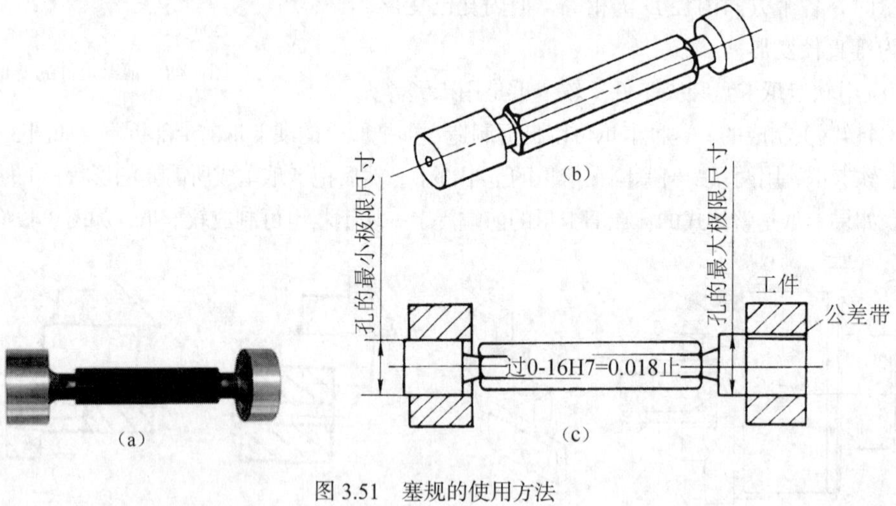

图 3.51　塞规的使用方法

c. 内径千分尺。内径千分尺的使用方法如图 3.52 所示。测量时，内径千分尺应在孔内轻微摆动，在直径方向找出最大尺寸，在轴向找出最小尺寸，这两个重合尺寸就是孔的实际尺寸。

d. 内径百分表。使用内径百分表测量属于比较测量法。测量时轻微摆动内径百分表，如图 3.53 所示，所得的最小尺寸是孔的实际尺寸。内径百分表与外径千分尺或标准套规配合使用，也可以比较出孔径的实际尺寸。

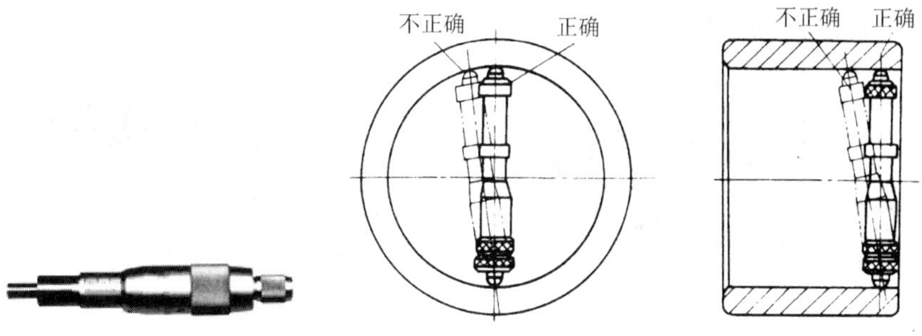

图 3.52　内径千分尺的使用方法

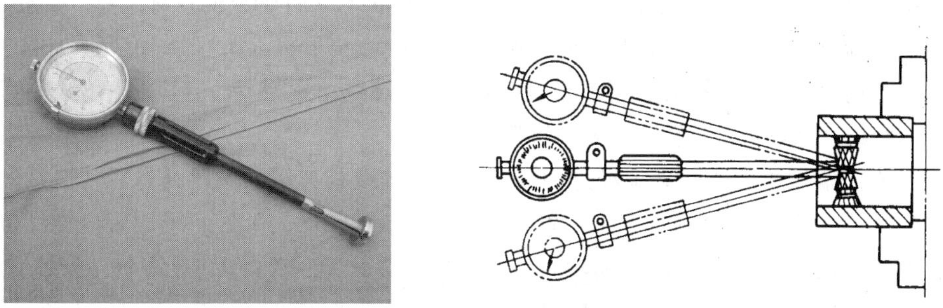

图 3.53　内径百分表的使用方法

② 形状精度的检验。在车床上加工的圆柱孔，其形状精度一般仅测量孔的圆度和圆柱度（一般测量锥度）两项形状偏差。当孔的圆度要求不高时，在生产现场可用内径表（或千分表）在孔的圆周各个方向上测量，测量的最大值与最小值之差的一半即为圆度误差。

测量孔的圆柱度时，只需在孔的全长上取前、中、后几点，比较其测量值，其最大值与最小值之差的一半即为孔全长上圆柱度误差。

③ 位置精度的检验。

a. 径向圆跳动的检验方法。一般测量套筒类工件的径向圆跳动时，都可以用内孔做基准，把工件套在高精度心轴上，用百分表（或千分表）来检验（见图 3.54）。百分表在工件上转一周中的读数差即为工件的径向圆跳动误差。

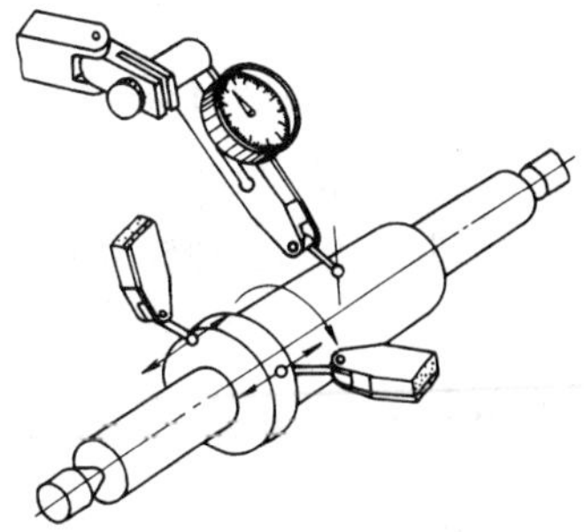

图 3.54　用百分表检验径向圆跳动

如图 3.55（a）所示，对于某些外形比较简单而内部形状复杂的套筒零件，径向圆跳动不能安装在心轴上测量时，可把工件放在 V 形架上并轴向定位，如图 3.55（b）所示，以外圆为基准来检验。测量时，将杠杆式百分表的测杆插入孔内，使测杆圆头接触内孔表面，转动工件，观察百分表指针跳动情况，其在工件上旋转一周中的读数差就是工件的径向圆跳动误差。

b. 端面圆跳动的检验方法。端面圆跳动是当工件绕基准轴线无轴向移动回转时，所要求的端面上任一测量直径处的轴向跳动Δ（见图 3.56）。检验套筒类工件端面圆跳动时，先把工件安装在高精度心轴上，利用心轴上极小的锥度使工件轴向定位，然后把杠杆式百分表的圆测头靠在所需要测量的端面上，转动心轴，测得百分表的读数差就是工件的端面圆跳动误差。

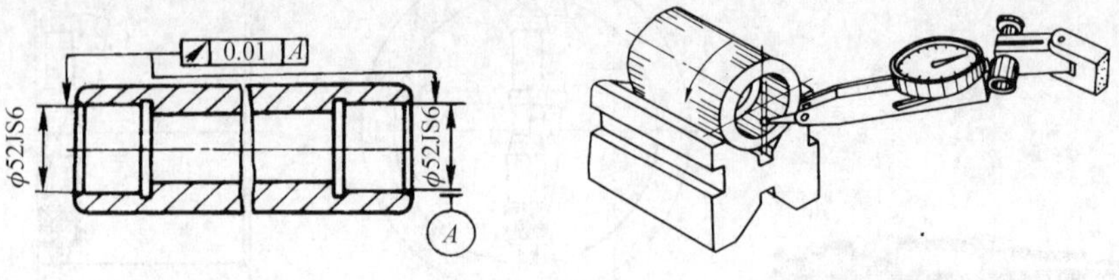

（a）工件　　（b）测量方法

图 3.55　用 V 形块检验径向圆跳动

c. 端面对轴线垂直度的检验方法。垂直度是整个端面对工件轴线的垂直误差。如图 3.56（a）所示，当工件端面是一个平面时，其端面圆跳动量为Δ，垂直度也为Δ，二者相等。如图 3.56（b）所示，若工件端面不是一个平面，而是凹面，虽然端面圆跳动量为零，但其垂直度误差为ΔL，因此仅用端面圆跳动来评定端面垂直度是不准确的。

检验工件的端面垂直度，必须经过两个步骤。首先要检查端面圆跳动是否合格，如果符合要求，再用第二个方法检验端面的垂直度。对于精度要求较低的工件，可用刀口直尺检查。检验工件端面垂直度的方法如图 3.57 所示，当端面圆跳动检查合格后，再把工件 2 安装在 V 形架 1 上的小锥度心轴 3 上，并放在高精度的平板上检验端面垂直度。检验时，先找正心轴的垂直度，然后用百分表从端面的最里一点一点向外拉出，百分表指示的读数差就是端面对内孔轴线的垂直度误差。

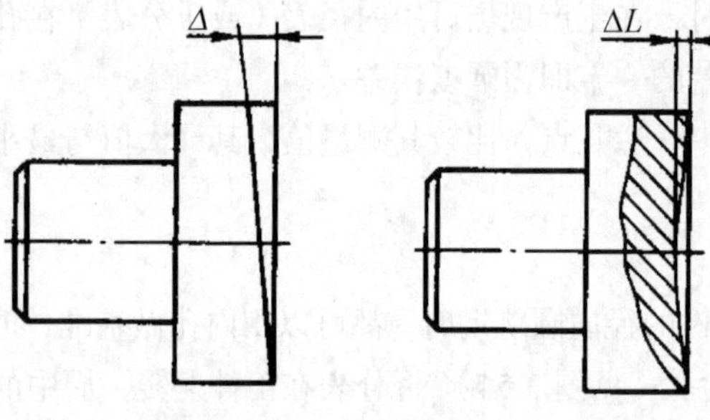

（a）倾斜　　（b）凹面

图 3.56　端面圆跳动和垂直度的区别

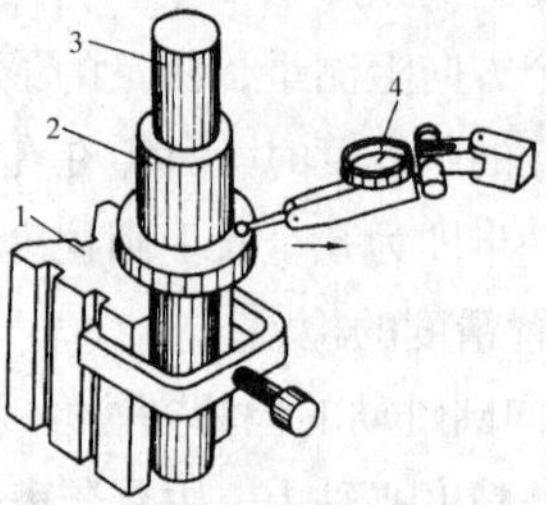

1—V 形架；2—工件；3—心轴；4—百分表

图 3.57　检验工件端面垂直度的方法

（2）内沟槽的测量如图 3.58 所示。深度较深的内沟槽一般用弹簧卡钳测量；内沟槽直径较大时，可用弯脚游标卡尺测量；内沟槽的轴向尺寸可用钩形游标深度卡尺测量；内沟槽的宽度可用样板或游标卡尺（当孔径较大时）测量。

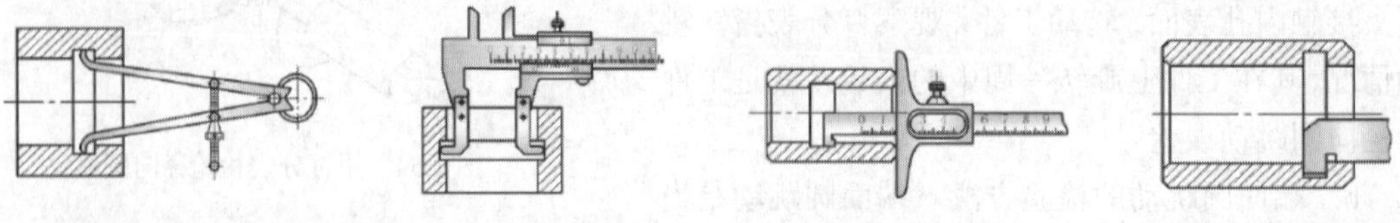

（a）弹簧卡钳的应用　　（b）弯脚游标卡尺的应用　　（c）内沟槽轴向位置测量　　（d）内沟槽宽度测量

图 3.58　内沟槽的测量

3.1.3 任务实施

1. 轴承套零件机械加工工艺规程编制

图 3.2 所示的是一个较为典型的轴承套零件，材料为 ZQSn6-6-3，每批数量为 400 件。加工时，应根据工件的毛坯材料、结构形状、加工余量、尺寸精度、形状精度和生产纲领正确选择定位基准、装夹方法和机械加工工艺过程，以保证达到图样要求。

（1）分析轴承套的结构和技术要求。

① 套筒类零件的结构特点。由于套筒类零件的功用不同，因此其结构和尺寸有着很大的差别，但从结构上看仍存在共同点，即零件的主要表面为同轴度要求较高的内孔和外圆表面及端面，零件壁厚较薄且易变形，零件长度一般大于直径等。其中，内孔主要起导向或支承作用，常与运动轴、主轴、活塞、滑阀相配合；外圆表面多以过盈或过渡配合与机架或箱体孔相配合，起支承作用；有些套筒的端面或凸缘端面有定位或承受载荷的作用。

② 套筒类零件的技术要求。套筒类零件的主要加工表面有内孔、外圆表面和端面，除这些表面本身的尺寸精度和表面粗糙度要求外，还要求它们之间满足一定的相互位置精度，如内孔与外圆的同轴度、端面与内孔中心线的垂直度以及两平面的平行度等。

a. 内孔与外圆的尺寸精度和表面粗糙度要求。

内孔作为零件支承或导向的主要表面，尺寸精度一般为 IT7～IT6，为保证其耐磨性要求，对表面粗糙度要求较高（*Ra* 为 1.6～0.1 μm，有的高达 0.025 μm）。有的精密套筒及阀套的内孔尺寸精度为 IT5～IT4，也有的套筒（如液压缸、气缸缸筒）由于与其相配的活塞上有密封圈，因此对尺寸精度要求较低，一般为 IT9～IT8，但对表面粗糙度要求较高，一般 *Ra* 为 1.6～3.2 μm。

外圆表面是套筒零件的支承表面，其尺寸精度通常为 IT7～IT5；表面粗糙度 *Ra* 为 3.2～0.8 μm，要求较高的可达 0.04 μm。

b. 形状精度要求。通常将套筒类零件外圆与内孔的几何形状精度控制在对应直径公差以内；对精密轴套，内孔形状精度有时控制在孔径公差的 1/3～1/2，甚至更严。对于长套筒，内孔除有圆度要求外，还应有圆柱度要求。

c. 位置精度要求。主要根据套筒类零件在机器中的功用和要求而定。当内孔的最终加工是在套筒装配之后（如机座或箱体）进行时，可降低对套筒内、外圆表面的同轴度要求；反之，则内、外圆表面的同轴度要求较高，通常同轴度公差为 0.01～0.05 mm。套筒端面（或凸缘端面）与外圆和内孔轴线的垂直度要求较高，一般垂直度公差为 0.01～0.05 mm。

③ 套筒类零件的材料及热处理。

a. 套筒类零件的材料。套筒类零件材料的选择主要取决于零件的功能、结构特点及使用时的工作条件，一般用钢、铸铁、青铜、黄铜或粉末冶金等材料制成。有些特殊要求的套类零件（如滑动轴承）可采用双层金属结构或选用优质合金钢。双层金属结构是应用离心铸造法在钢或铸铁轴套的内壁上浇注一层巴氏合金等轴承合金材料，采用这种制造方法虽增加了一些工时，但能节省有色金属，且提高了零件的使用寿命。

b. 套筒类零件的热处理。套筒类零件的功能要求和结构特点决定了其热处理方法有渗碳淬火、表面淬火、调质、高温时效及渗氮处理等方式。

④ 轴承套零件的结构和技术要求。此轴承套的长径之比 $L/d<5$，属短套筒类零件。内孔 $\phi22$ 是重要加工表面，外圆 $\phi34$ 和左端面均与内孔 $\phi22$ 轴线有较高的位置精度要求。

轴承套零件壁厚较薄，加工中易变形，其技术要求如下。

a. 内孔与外圆的精度要求。

i. 外圆直径精度为 IT7，表面粗糙度 Ra 为 1.6 μm。

ii. 内孔尺寸精度为 IT7，表面粗糙度 Ra 为 1.6 μm。

b. 形状精度要求。

外圆与内孔的几何形状精度控制在直径公差以内即可。

c. 位置精度要求。

i. $\phi34$JS7 外圆对 $\phi22$H7 孔轴线的径向圆跳动公差为 0.01 mm。

ii. 左端面对 $\phi22$H7 孔轴线的垂直度公差为 0.01 mm。

（2）明确轴承套毛坯状况。

① 套筒类零件的毛坯。套筒类零件的毛坯制造方式，与毛坯尺寸、结构、材料和生产类型等因素有关。孔径较大（一般直径大于 $\phi20$ mm）时，常采用无缝钢管、带孔的锻件或铸件；孔径较小时，一般多选择热轧或冷拉棒料，也可采用实心铸件。大批量生产时，可采用冷挤压、粉末冶金等先进的毛坯制造工艺，不仅节约原材料，而且生产率及毛坯精度均可提高。

② 轴承套零件的毛坯选择。此零件在机器中主要起支撑作用，要求耐磨并承受一定的载荷，且生产类型属小批量生产，零件材料为（铸造）锡青铜 ZQSn6-6-3，故毛坯选用棒料即可。

（3）选择定位基准。套筒类零件各表面的设计基准一般是孔的中心线，其加工时的定位基准，最常用的是法兰凸台端面和内孔，以保证各外圆轴线的同轴度以及端面与内孔轴线的垂直度要求，并符合基准重合和基准统一的原则。

（4）拟订工艺路线。

① 确定各表面加工方案。

套筒类零件的主要加工表面为外圆和内孔。外圆表面加工根据精度要求可选择车削和磨削。内孔加工方法的选择比较复杂，需要综合考虑零件结构特点、孔径大小、长径比、加工精度及表面粗糙度要求以及生产规模等各种因素。对于精度要求较高的孔，往往需采用几种方法顺次进行加工。

轴承套内孔 $\phi22$ 是重要加工表面，通过铰孔可以满足 IT7 级精度要求，因此需经粗加工、半精加工和精加工三个阶段才能完成，其加工顺序为钻孔→车孔→铰孔。

轴承套外圆为 IT7 级精度，采用精车可以满足要求。

由于外圆对内孔轴线的径向圆跳动要求在 0.01 mm 内，用软卡爪装夹无法保证，因此精车外圆时应以内孔为定位基准，使轴承套在小锥度心轴上定位，用两顶尖装夹，如图 3.51 所示，这样可使定位基准和设计基准一致，容易达到图样要求。

轴承套零件车孔、铰孔时应与端面在一次装夹中加工出，以保证端面与内孔轴线的垂直度在 0.01 mm 以内。

② 划分加工阶段。

套筒类零件在加工时会因切除大量金属后引起残余应力重新分布而变形。应将其粗、精加工分开，先粗加工再进行半精加工和精加工，主要表面精加工放在最后进行。

此轴承套属于短套，其直径尺寸和轴向尺寸均不大，粗加工可以单件加工，也可以多件加工。

单件加工时，每件都要留出工件装夹的长度，因此原材料浪费较多。本任务中采用同时加工 5 件的方法来提高生产率。

轴承套加工划分为三个加工阶段：粗车（外圆）、钻孔；车孔、铰孔；精车（外圆）。

③ 确定加工顺序。

应遵循加工顺序安排的一般原则，如先粗后精、先主后次等。

此轴承套的机械加工工艺路线为毛坯→粗加工外圆、端面和孔→半精、精加工内孔和端面→精加工外圆→钻油孔→检验。

（5）设计工序内容。

① 工序加工余量、工序尺寸及其公差的确定。

粗车时，各端面、外圆、内孔各按图样加工尺寸分别留加工余量 0.5 mm、1 mm、2 mm；车孔后分别留 0.14 mm、0.06 mm 的粗、精铰余量。精加工时，外圆车到图样规定尺寸。

② 选择设备、工装。

a. 设备与夹具。外圆、内孔加工设备和夹具：选用 CA6140 型普通车床、心轴、三爪自定心卡盘（硬卡爪与软卡爪装夹）等。钻削加工设备和夹具：立式钻床、固定式钻模（专用夹具）。

b. 刀具。选用 45° 外圆车刀、90° 外圆车刀、45° 内孔车刀、3 mm 车槽刀、ϕ3 mm A 型中心钻，ϕ4 mm、ϕ18 mm 麻花钻以及ϕ22H7 机用铰刀。

c. 量具。选用游标卡尺、外径千分尺、塞规。

d. 辅具。选用钻夹头毛刷等。

③ 确定切削用量及时间定额（略）。

a. 钻孔时的切削用量。

i. 背吃刀量 a_p。钻孔时的背吃刀量是钻头直径的一半，它随钻头直径大小而改变。

ii. 进给量 f。使用小直径钻头钻孔时，进给量太大会使钻头折断。在车床上，钻头的进给量是用手转动车床尾座手轮来实现的，需要时可查阅相关手册或参考书选用。

iii. 切削速度 v_c。钻孔时切削速度为

$$v_c = \pi Dn/1\,000 \tag{3-3}$$

式中：v_c——切削速度（m/min）；

D——钻头直径（mm）；

n——工件转速（r/min）。

用高速钢钻头钻钢料时，切削速度一般为 20～40 m/min；钻铸铁时，速度应稍低一些。

常用高速钢钻头钻孔切削用量表

b. 铰孔时的切削用量。铰孔前内孔一般先经过车孔、扩孔、粗铰或镗孔等工序进行半精加工，为铰孔留出合适的铰削余量。铰削余量的多少直接影响孔的加工质量。铰削余量太小时，往往不能全部切去上道工序的加工痕迹，同时因刀齿不能连续切削而以很大的压力沿孔壁打滑，使孔壁质量下降；余量太大时，则会因切削力大、发热多引起铰刀直径增大及颤动，致使孔径扩大，而铰刀会因负荷过大而迅速磨损，严重时会使铰刀刃口崩碎。

i. 背吃刀量 a_p。a_p 是铰孔余量的一半。铰孔余量视孔径大小、精度要求及工件材料等而异。铰削余量一般为 0.08～0.20 mm。用高速钢铰刀时铰削余量取小值，为 0.08～0.15 mm；用硬质合金铰刀时则取大值，为 0.15～0.20 mm。对于孔径为ϕ6～ϕ75 mm、精度为 IT10～IT7 的孔，一般

分粗铰和精铰，铰孔前孔的直径及铰孔加工余量参见表 3-5。

表 3-5　铰孔前孔的直径及铰孔加工余量　（单位：mm）

加工余量	孔径				
	$\phi6\sim\phi12$	$>\phi12\sim\phi18$	$>\phi18\sim\phi30$	$>\phi30\sim\phi50$	$>\phi50\sim\phi75$
粗铰	0.08	0.10	0.14	0.18	0.20
精铰	0.04	0.05	0.06	0.07	0.10
总余量	0.12	0.15	0.20	0.25	0.30

ii. 进给量 f。铰孔的进给量也应适中。进给量太小，切屑会过薄，致使刀刃不易切入金属层而打滑，甚至产生啃刮现象，破坏表面质量，还会引起铰刀振动，使孔径扩大；进给量太大，则切削力也大，孔径可能扩大。

因为铰刀有修光作用，所以进给量可选大一些。一般铰削钢件时，$f = 0.3\sim2$ mm/r；铰削铸铁或有色金属时，$f = 0.5\sim3$ mm/r。机铰的进给量可比钻孔时高 3～4 倍，一般取 0.5～1.5 mm/r。

iii. 铰削速度。合理选用铰削速度可以减少积屑瘤的产生，防止表面质量下降。一般铰削速度应小于 10 m/min，然后根据选定的切削速度和孔径大小调整机床主轴转速。

铰铸铁件时铰削速度选 8～10 m/min。铰削钢件时的铰削速度要比铸铁件时低，粗铰为 4～10 m/min，精铰为 1.5～5 m/min。

c. 在标准刀具的产品资料中，也提供切削刀具的相关数据，可借鉴选用。

（6）填写工艺文件。轴承套机械加工工艺过程见表 3-6。

表 3-6　轴承套机械加工工艺过程

工序号	工序名称	工序内容		定位与夹紧
1	下料	棒料，按 5 件合一下料		
2	钻中心孔	车端面，钻中心孔		三爪自定心卡盘夹外圆
		调头，车另一端面，钻中心孔		
3	粗车	车外圆 $\phi42$，长度≥45	5 件同加工，尺寸均相同	中心孔
		车分割槽 $\phi20\times3$，总长 40.5		
		车外圆 $\phi34$js7 至 $\phi35$，保证 $\phi42$ 长 6.5		
		车退刀槽 2×0.5		
		两端倒角 C1.5		
4	钻	钻 $\phi22$H7 孔至 $\phi20$ 成单件		软卡爪夹 $\phi42$ 外圆
5	车、铰	车大端面，总长 40 至尺寸		软卡爪夹 $\phi35$ 外圆
		车内孔 $\phi22$H7，留 0.2 铰削余量		
		车内槽 $\phi24\times16$ 至尺寸		
		粗、精铰孔 $\phi22$H7 至尺寸		
		倒角（孔两端）		
6	精车	精车 $\phi34$js7 至尺寸，车台阶平面 6 至尺寸，倒角		$\phi22$H7 小锥度心轴，两顶尖装夹
7	钻	钻径向 $\phi4$ 油孔		$\phi22$ 内孔及大端面，钻夹具
8	检验	检验入库		

2. 轴承套零件机械加工工艺规程实施

根据生产实际或结合教学设计，参观生产现场或观看相关加工视频。

车孔的关键技术

（1）内孔车削技术。

① 内孔车刀的安装。内孔车刀安装时，刀尖必须和工件的中心等高或稍高，以便增大内孔车刀的后角。否则在切削力作用下刀尖会下降，使孔径扩大。

内孔车刀安装后，在开机车内孔以前，应先在毛坯孔内试切一刀，以防车孔时刀杆装得歪斜而使刀杆碰到内孔表面。

② 内孔深度的控制。车削台阶孔和不通孔时，需要控制内孔深度。控制方法和车削外圆台阶时控制台阶长度的方法相同，即用纵向进给刻度盘或用纵向死挡铁和定位块，也可用在刀杆上做记号等方法来控制深度，这时尺寸精度较低。

（2）麻花钻的刃磨。

① 刃磨要求。麻花钻的刃磨比较困难，刃磨技术要求较高。麻花钻一般需刃磨两个主后面，并同时磨出顶角、后角和横刃斜角。刃磨后应满足以下要求：麻花钻的两个主切削刃和钻心线之间的夹角应对称，且顶角 $2\phi = 118° \pm 2°$；两条主切削刃要对称，长度一致。

图 3.59 所示为钻头刃磨对孔加工的影响。图 3.59（a）所示为刃磨正确；图 3.59（b）、（c）、（d）所示为刃磨不正确，在钻孔时都将使钻出的孔扩大或歪斜。同时，两主切削刃所受的切削抗力不均衡会造成钻头很快磨损。

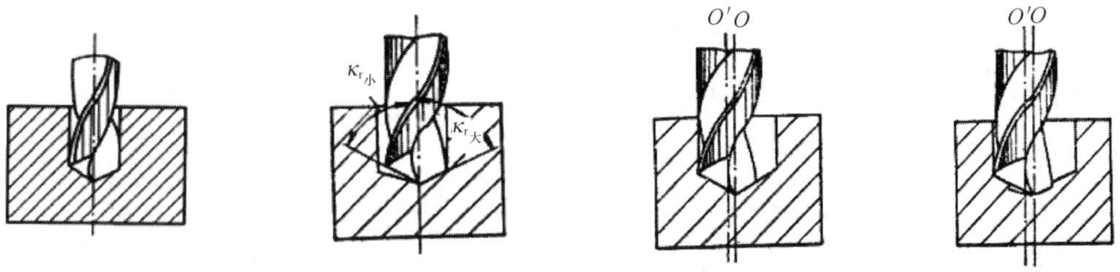

（a）刃磨正确　（b）顶角不对称　（c）主切削刃长度不等　（d）顶角和刃磨长度不对称

图 3.59　钻头刃磨对孔加工的影响

② 刃磨方法。

a. 刃磨时，钻头切削刃应放在砂轮中心水平面上或稍高些。钻头中心线与砂轮外圆柱面母线在水平面内的夹角应等于顶角的一半，同时钻尾向下倾斜，如图 3.60（a）所示。

b. 钻头刃磨时用右手握住钻头前端做支点，左手握钻尾，以钻头前端支点为圆心，钻尾做上下摆动，如图 3.60（b）所示，并略做旋转，但不能旋转过多或上下摆动过大，以防磨出负后角或把另一面的主切削刃磨掉，在磨小直径麻花钻时更应注意。

c. 当一个主切削刃磨完以后，把钻头转过 180° 刃磨另一个主切削刃，人和手要保持原来的姿势和位置，这样容易达到两刃对称的目的。

钻头刃磨过程中要经常冷却，以防其因过热退火降低硬度。

③ 刃磨检验。钻头刃磨过程中，可用角度样板检验刃磨角度，也可以用钢直尺配合目测进行检验。图 3.61 所示为检验顶角 2ϕ 时的情形。

（3）内沟槽车削技术。内沟槽车削方法基本与车外沟槽基本相似。窄沟槽可利用主切削刃宽度等于槽宽的内沟槽车刀采用一次直进法车出，如图 3.62（a）所示。要求较高或较宽的内沟槽，可采用多次直进法车出。粗车时，槽的两侧和槽底留精车余量，然后根据槽宽、槽深精车至尺寸，如图 3.62（b）所示。沟槽深度较浅、宽度又较大时，可采用纵向进给法，用盲孔粗车刀先车出凹槽，再用内沟槽刀车沟槽两端垂直面，如图 3.62（c）所示。

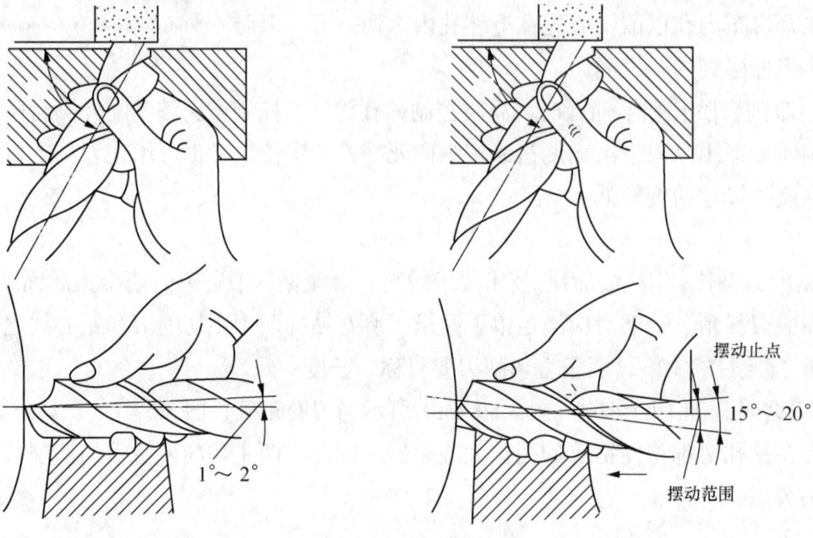

（a）　　　　（b）

图 3.60　麻花钻的刃磨

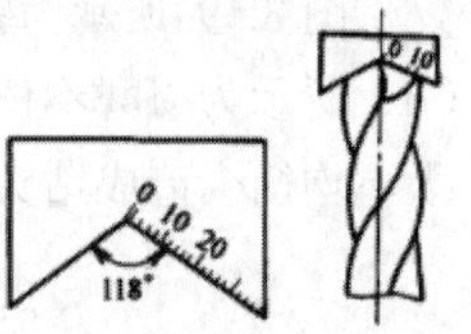

图 3.61　检查顶角 2ϕ

直进法车削内沟槽时，内沟槽车刀横向进给，此时进给量不宜太快，取 0.1～0.2 mm/r。

内沟槽的车削方法

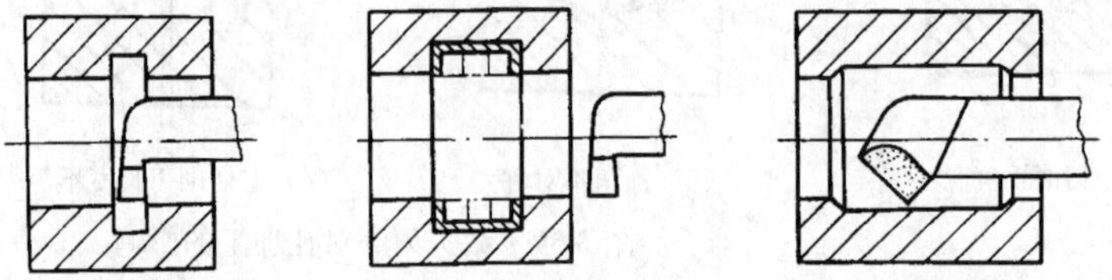

（a）一次直进法车削　　（b）多次直进法车削　　（c）纵向进给法

图 3.62　内沟槽车削方法

（4）轴承套零件的加工。参照轴承套零件机械加工工艺规程执行（见表 3-6）。

问题讨论

（1）如何测量 ϕ22H7 内孔？

（2）轴承套加工时采用的精基准和粗基准各是哪个表面？

3. 实训工单 3——套筒零件机械加工工艺规程编制与实施

具体内容详见实训工单 3。

任务 3.2　滚花螺母零件机械加工工艺规程编制与实施

3.2.1　任务引入

编制图 3.63 所示的滚花螺母零件的机械加工工艺规程并实施。材料为 45#钢，毛坯采用热轧圆钢，小批量生产，技术要求：调质 235 HBS。

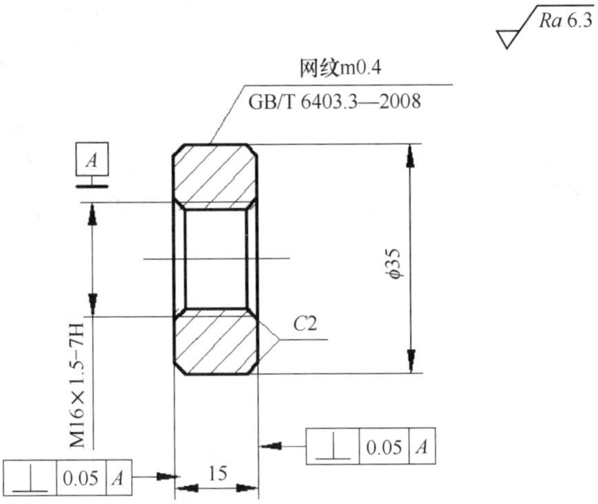

（a）滚花螺母零件简图

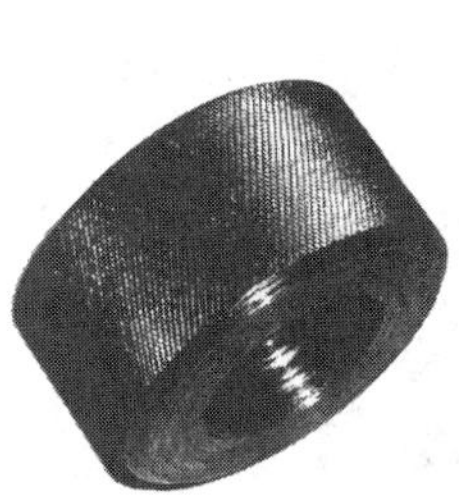

（b）滚花螺母零件

图 3.63　滚花螺母零件

3.2.2　相关知识

1. 套螺纹和攻螺纹

除车螺纹外，对于直径和螺距较小的螺纹，可以用板牙套螺纹和丝锥攻螺纹。

板牙和丝锥是一种成形、多刃螺纹切削工具。使用板牙、丝锥加工螺纹，操作简单，可以一次切削成形，生产率较高。

（1）套螺纹。用板牙在圆柱件上套螺纹，一般用于螺距<2 mm 的外螺纹。

① 板牙类型。板牙有固定式和开缝式（可调式）两种。固定式板牙的结构形状如图 3.64（a）所示，板牙上的排屑孔可以容纳和排出切屑，排屑孔的缺口与螺纹的相交处形成前角 γ_o = 15°～20° 的切削刃，在后面磨有 α_o = 7°～9° 的后角，切削部分的 $2\kappa_r$ = 50°。板牙两端都有切削刃，因此正、反面都可以使用。

开缝式板牙的结构形状如图 3.64（b）所示，其板牙螺纹孔的大小可进行微量的调节。板牙孔的两端带有 60° 的锥度部分，是板牙的切削部分。

认识板牙

② 套螺纹工具（见图 3.65）。车床用套螺纹板牙架如图 3.65（b）所示，在板牙架左端孔内可装夹板牙，螺钉用于固定板牙，套筒上有长槽，套螺纹时板牙架可自动随着螺纹向前移动。销钉用来防止板牙架切削时转动。

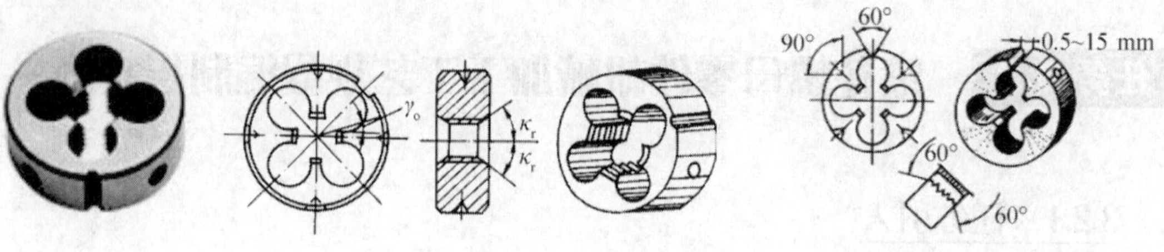

（a）固定式板牙　　（b）开缝式板牙

图 3.64　板牙结构形状

套螺纹的操作方法

套螺纹方法简介

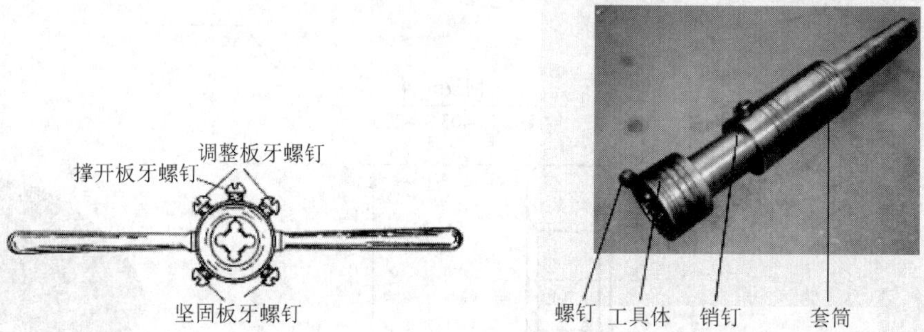

（a）手用板牙扳手　　（b）车床用套螺纹板牙架

图 3.65　套螺纹工具

（2）攻螺纹（tapping）。用丝锥加工内螺纹，称攻螺纹。直径较小或螺距较小的内螺纹可以用丝锥直接攻出来。

① 丝锥的结构形状。丝锥是加工内螺纹的标准刀具。常用丝锥按使用工具分为机用丝锥和手用丝锥两种；按牙型又可分为普通螺纹丝锥、圆柱管螺纹丝锥、圆锥螺纹丝锥等。

通常 M6～M24 的丝锥一套为两支，称头锥、二锥；M6 以下及 M24 以上一套有三支、称头锥、二锥和三锥。

图 3.66 所示的是常用的三角形牙型丝锥结构。丝锥上面开有容屑槽，这些槽形成了丝锥的切削刃，同时也起排屑作用。它的工作部分由切削锥与校准部分组成，切削锥铲磨成有后角的圆锥形，主要担任切削工作。校准部分有完整齿形，用来控制螺纹尺寸参数。

认识丝锥

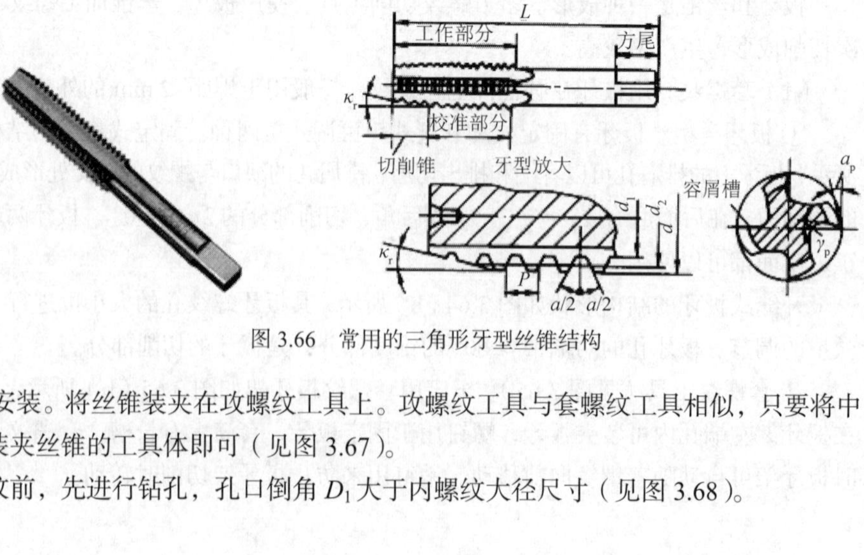

图 3.66　常用的三角形牙型丝锥结构

② 机用丝锥的安装。将丝锥装夹在攻螺纹工具上。攻螺纹工具与套螺纹工具相似，只要将中间工具体改换成能装夹丝锥的工具体即可（见图 3.67）。

在车床上攻螺纹前，先进行钻孔，孔口倒角 D_1 大于内螺纹大径尺寸（见图 3.68）。

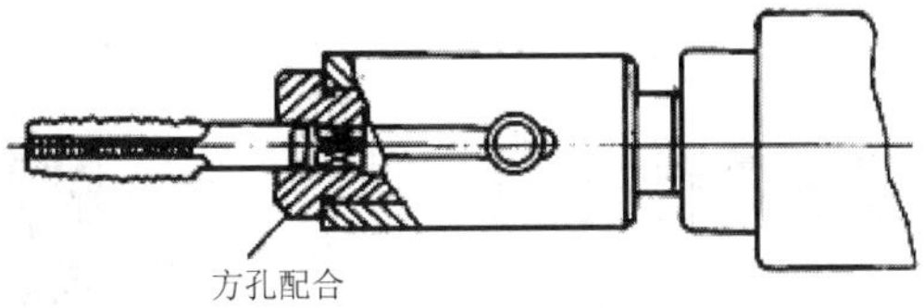

图 3.67　攻螺纹工具

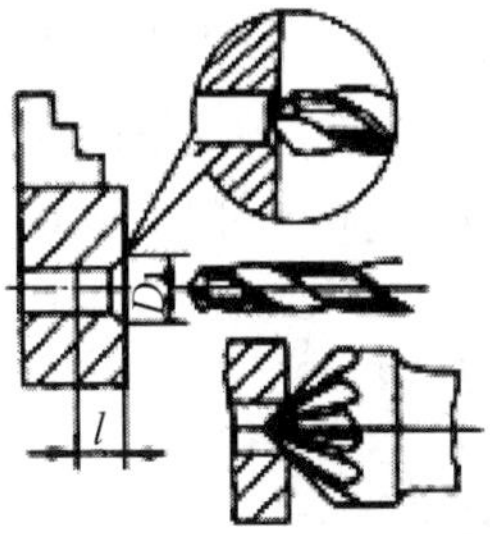

图 3.68　钻螺纹孔和孔口倒角

③ 手用丝锥攻螺纹。手用丝锥在车床上攻螺纹时，一般分头攻、二攻或三攻，依次攻入螺纹孔内。如果攻不通孔内螺纹，由于丝锥前端有段不完全牙，因此钻孔深度要大于螺孔深度，即孔深 = 螺孔深度 +（0.7～1.0）× 螺纹大径。

铰杠是手工攻螺纹时用的辅助工具，可分为普通铰杠和丁字铰杠两类，每类铰杠又可分为固定式和活络式两种，如图 3.69 所示。攻制 M5 以下的螺孔，多使用固定式。活络式铰杠方孔尺寸可调节，规格以柄长表示（见表 3-7），常用于夹持 M6～M24 的丝锥。

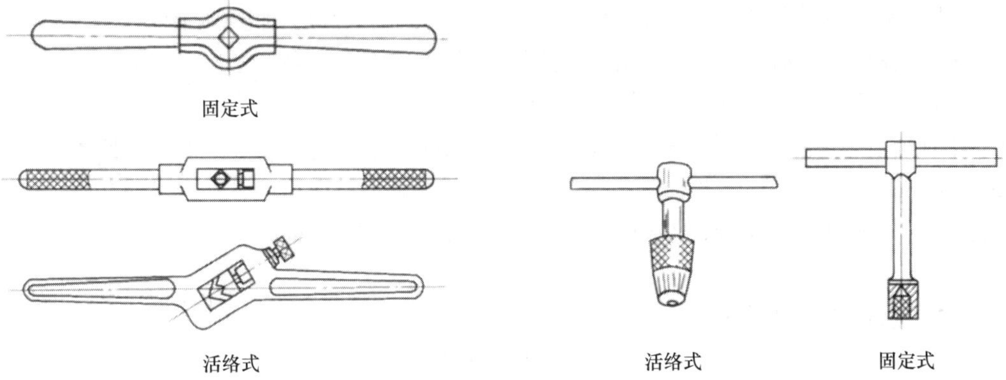

图 3.69　铰杠

表 3-7　活络式铰杠规格应用表

铰杠规格	150 mm	220 mm	280 mm	380 mm	480 mm
夹持丝锥的范围	M5～M8	M8～M12	M12～M14	M4～M16	M16～M24

④ 攻螺纹前钻底孔的钻头直径确定见附录 C 中表 C-7。

2. 滚花

滚花是用滚花刀挤压工件，使其表面产生塑性变形而形成花纹。有些工具和机器零件的捏手部分，为了增加摩擦力和使零件美观，常常在零件表面上滚出不同的花纹，如千分尺上的微分筒、各种滚花螺母和螺钉等。这些花纹一般是在车床上用滚花刀滚压而成的。

（1）花纹的种类。花纹一般有直纹和网纹两种，并有粗细之分。花纹的粗细由花纹模数 m 决定，模数小，则花纹细。

（2）滚花刀。滚花刀可做成单轮和双轮。图 3.70（a）所示单轮滚花刀是滚直纹用的。图 3.70（b）所示双轮滚花刀是滚网纹用的，由一个左旋的滚花刀和一个右旋的滚花刀组成一组。

滚花刀的直径一般为 ϕ20～ϕ25 mm。

滚花刀的种类

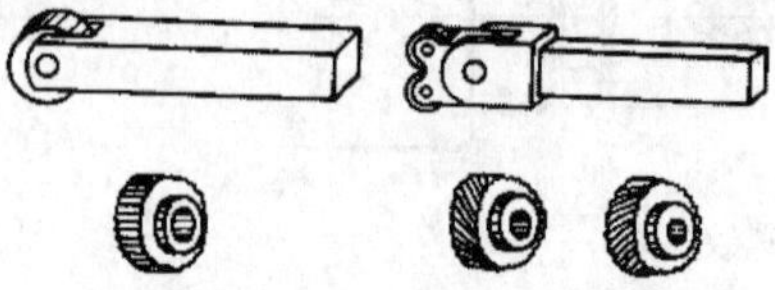

图 3.70　滚花刀的种类

滚花操作要点

（3）滚花方法。

① 滚花时会产生很大的径向挤压力，因此滚花前，根据工件材料的性质，须把滚花部分的直径车小（0.8～1.2）m。

② 在滚花刀接触工件时，必须用较大的压力使工件刻出较深的花纹，否则就容易产生乱纹。为了减少滚花开始时的径向压力，可先把滚花刀表面宽度的一半与工件表面相接触，然后停车检查花纹符合要求后，再纵向机动进给反复滚压 1～3 次，直到花纹凸出为止（见图 3.71）。

③ 在滚压过程中，还必须经常加润滑油并清除切屑，以免损坏滚花刀和防止滚花刀被切屑滞塞而影响花纹的清晰程度。

④ 滚花时应选择较低的切削速度（一般为 5～10 m/min），纵向进给量为 0.3～0.6 mm/r。

⑤ 滚花时工件必须装夹牢固，还要防止工件顶弯，对薄壁零件要防止其变形。

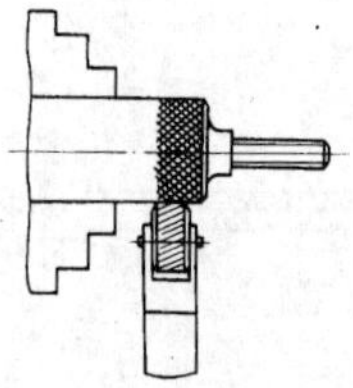
图 3.71　滚花方法

3. 滚花螺母零件精度检验

（1）滚花螺母的内径、外径、长度均用游标卡尺测量。

（2）滚花螺母的内螺纹用螺纹环规进行综合精度检验。

3.2.3　任务实施

1. 滚花螺母零件机械加工工艺规程编制

（1）分析滚花螺母零件的结构特点和技术要求。滚花网纹的模数 0.4。ϕ40 mm 外圆端面对 M16 螺纹轴线的垂直度公差为 0.05 mm。

根据内螺纹标记，M16 × 1.5-7H 的中径尺寸 $D_2 = 16 - 0.649\,5P = 15.026(\text{mm})$，小径尺寸 $D_1 = 16 - 1.082\,5P = 14.376(\text{mm})$，中径尺寸及其公差 $D_2 = \phi 15.026^{+0.236}_{0}$ (mm)，小径尺寸及其公差 $D_1 = \phi 14.376^{+0.375}_{0}$ (mm)。由于内螺纹的直径及螺距都较小，因此可用丝锥加工，攻螺纹前的螺纹底孔可用钻头钻出。但因为钻削精度较差，所以需要再采用车孔保证精度。

（2）明确毛坯状况。毛坯选择 45#圆棒料，调质钢，规格 ϕ40 mm × 180 mm。

（3）选择定位基准。滚花螺母零件的 M16 螺纹轴线为定位基准。

（4）拟订工艺路线。滚花螺母的机械加工工艺路线为下料→（调质）→车端面→钻中心孔→车外圆→滚花→钻孔→车孔→倒角→攻内螺纹→车端面→切断；换软卡爪，车另一端面→倒角→检验。

（5）设计工序内容。

① 确定各表面加工余量、工序尺寸及其公差。

② 选择设备、工装。

a. 设备、夹具。选用 CA6140 型普通车床，三爪自定心卡盘分别选用硬卡爪与软卡爪装夹。

b. 刀具。选用ϕ13 mm 麻花钻，丝锥 M16 × 1.5，90° 外圆车刀，45° 外圆车刀，ϕ2.5 mm A 型中心钻，75° 内孔车刀，3 mm 切断刀等。

c. 量具。选用游标卡尺、螺纹环规。

d. 辅具。选用钻夹头、扳手等。

（6）填写工艺文件。滚花螺母机械加工工艺过程见表 3-8。

表 3-8　　　　滚花螺母机械加工工艺过程

序号	加工内容	简图
1	下料	
2	在三爪自定心卡盘上夹住ϕ40 mm 毛坯外圆。 ① 车端面，用 45° 外圆车刀，车平即可； ② 钻中心孔，在尾架上安装 A2.5 中心钻	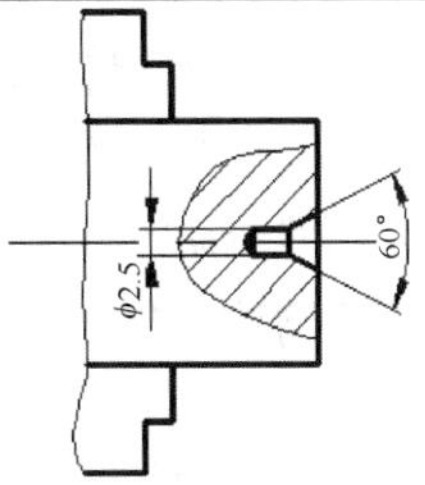
3	一夹一顶装夹工件。 ① 车ϕ35 mm 外圆，滚花外圆尺寸应比图样中实际外圆尺寸ϕ35 mm 小（0.8～1.6）mm； ② 滚花，滚花刀的模数是 0.4 网纹	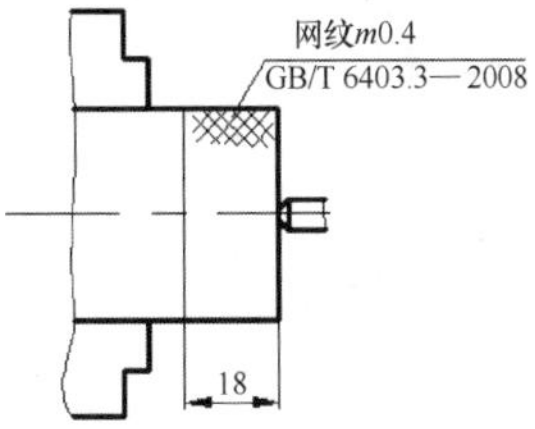
4	用三爪自定心卡盘装夹。 ① 钻孔，用ϕ13 麻花钻钻孔，深度大于 18 mm； ② 车孔，用内孔车刀车孔，尺寸至ϕ14.5 mm； ③ 倒角 C2； ④ 攻螺纹，用 M16 × 1.5 丝锥； ⑤ 切断	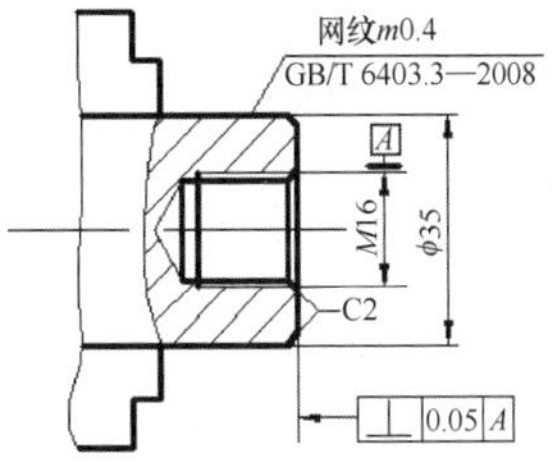
5	用三爪自定心卡盘软卡爪夹住滚花外圆。 ① 校正外圆； ② 车端面，取总长 15 mm； ③ 内外圆倒角 C2	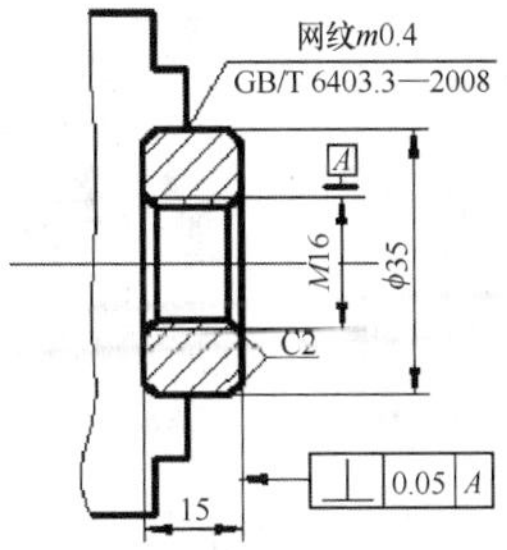

2. 滚花螺母零件机械加工工艺规程实施

根据生产实际或结合教学设计，参观生产现场或观看相关加工视频。

（1）在车床上攻螺纹。

① 机用丝锥攻螺纹。先装夹好丝锥，然后找正尾座套筒轴线与主轴轴线同轴，移动尾座向工件靠近，根据攻螺纹长度，在丝锥上做好长度标记。开车攻螺纹时，转动尾座手柄，使套筒跟着丝锥前进，当丝锥已攻进数牙时，手柄可停止转动，让攻螺纹工具自动跟随丝锥前进直到需要尺寸，然后开倒车退出丝锥。

② 手用丝锥攻螺纹。在车床上手动攻螺纹时，其操作方法如下。

a. 用铰杠套在丝锥方榫上锁紧（见图 3.72），用顶尖轻轻顶在丝锥尾部的中心孔内，使丝锥前端圆锥部分进入孔口。

b. 将主轴转速调整至最低速，以使卡盘在攻螺纹时不会因受力而转动。

c. 攻螺纹时，用左手扳动铰杠带动丝锥做顺时针转动，同时右手摇动尾座手轮，使顶尖始终与丝锥中心孔接触（不能太紧或太松），以保持丝锥轴线与机床主轴轴线基本重合。攻入 1～2 牙后，用手逆时针扳铰杠半周左右以做断屑，然后继续顺时针扳转攻螺纹，顶尖则始终随进随退。随着丝锥攻进的深度增加而逐渐增加反转丝锥断屑的次数，直至丝锥攻出孔口 1/2 以上，再用二攻重复攻螺纹至中径尺寸。攻螺纹时应加注切削液润滑，以减小螺纹的表面粗糙度值。

d. 手工攻丝时，将丝锥头部垂直放入孔内，转动铰杠，适当加些压力，直至切削部分全部切入后，即可用两手平稳地转动铰杠，不加压力旋到底。为了避免切屑过长而缠住丝锥，操作时，丝锥每顺转 1 圈后，轻轻倒转 1/4 圈，再继续顺转，如图 3.73 所示。对钢料攻丝时，要加乳化液或机油润滑；对铸铁件攻丝时，一般不加切削液，但若螺纹表面要求光滑，可加注煤油润滑。

e. 攻不通孔内螺纹时，螺纹攻入深度的控制方法有两种：一种是将螺纹攻入深度预先量出，用线或铁丝扎在丝锥上作记号（见图 3.74）；另一种是测量孔的端面与铰杠之间的距离。

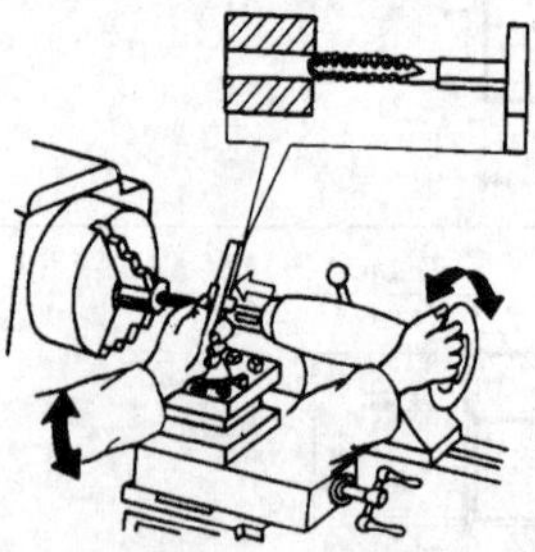

图 3.72　丝锥的装夹

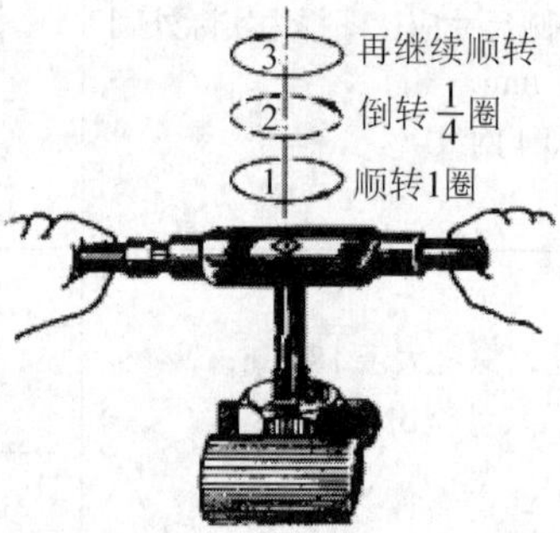

图 3.73 攻丝操作

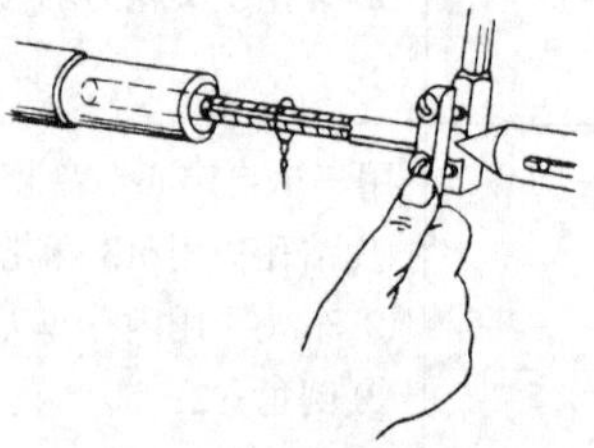

图 3.74　攻螺纹长度控制

攻螺纹的操作方法（上）

攻螺纹的操作方法（下）

滚花刀的装夹方法

（2）滚花刀的装夹。把滚花刀装夹在刀架上，使滚花刀的表面与工件平行接触，如图 3.70 所示，注意滚花刀与工件对准中心，或把滚花刀装得与工件表面有一很小的夹角（3°～5°），这样比较容易切入。

（3）滚花螺母零件的加工。按表 3-8 所示的机械加工工艺过程执行。

问题讨论

（1）内螺纹加工方法有哪几种？加工注意事项有哪些？

（2）滚花加工的目的是什么？

项目小结

本项目选取较为典型的套筒类零件，通过两个工作任务，详细介绍了常用的孔加工方法，如车孔、钻孔、扩孔（锪孔）、铰孔、拉孔、磨孔等的工艺系统（机床、套筒零件、刀具、夹具），加工操作、机床维护以及螺纹、滚花的加工方法。在此基础上，从完成任务角度出发，认真研究和分析在不同的生产类型和生产条件下，工艺系统各个环节间的相互影响，然后根据不同的生产要求及机械加工工艺规程的制定原则与步骤，结合常用孔加工方案，合理制定轴承套、滚花螺母零件的机械加工工艺规程，正确填写工艺文件并实施。在此过程中，学生会懂得机床安全生产规范，体验岗位需求，培养职业素养与习惯，积累工作经验。

此外，通过了解内孔的精密加工方法和套筒类零件特种加工方法等基础知识，可以进一步扩大知识面，提高分析问题、解决问题的能力。

思考练习

1. 简述不通孔车刀与通孔车刀的区别。
2. 标准高速钢麻花钻由哪几部分组成？切削部分包括哪些几何参数？
3. 标准麻花钻在结构上存在哪些缺点？
4. 钻孔时应注意哪些事项？
5. 简述钻模的类型、特点及应用场合。
6. 钻套分哪几种？各用在什么场合？
7. 铰孔时什么情况下采用浮动刀杆？为什么？
8. 试分析钻孔、扩孔和铰孔三种孔加工方法的工艺特点，并说明三者之间的联系。
9. 试述拉削工艺特点及其应用场合。
10. 常用圆孔拉刀的结构由哪几部分组成？各部分起什么作用？
11. 内圆表面常用加工方法有哪些？如何选用？
12. 装夹套筒类零件常用的心轴种类有哪些？各适合用在什么场合？
13. 套筒类零件的毛坯常选用哪些材料？其毛坯的选择具有哪些特点？
14. 保证套筒类零件的相互位置精度有哪些方法？试举例说明这些方法的特点和适用性。
15. 某箱体零件上有一设计尺寸为 $\phi72.5^{+0.03}_{0}$ mm 的孔需要加工，其材料为 45#钢，其加工工艺过程为：扩孔→粗镗→半精镗→精镗→精磨。已知各工序尺寸及公差如下：模锻孔为 $\phi59^{+1}_{-2}$ mm；扩孔为 $\phi64^{+0.46}_{0}$ mm；粗镗为 $\phi68^{+0.30}_{0}$ mm；半精镗为 $\phi70.5^{+0.19}_{0}$ mm；精镗为 $\phi71.8^{+0.046}_{0}$ mm；精磨为 $\phi72.5^{+0.03}_{0}$ mm。试计算各工序加工余量及余量公差。
16. 普通麻花钻使用的进给量、切削速度的大致范围是多少？

17. 铰孔时的加工余量、切削用量怎样确定？

18. 车削内孔时容易产生锥度的原因是什么？

19. 加工薄壁套筒零件时有哪些技术难点？解决这些难点，工艺上一般采取哪些措施？

20. 编制图 3.75 所示衬套零件的机械加工工艺规程，材料：ZCuSn10Zn2，生产类型：单件小批量生产。

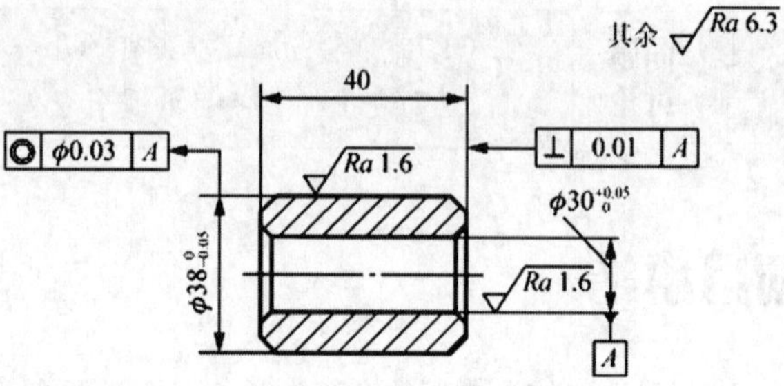

图 3.75　衬套零件

21. 编制图 3.76 所示的带肩轴套零件机械加工工艺规程，材料：45#钢，单件小批量生产。

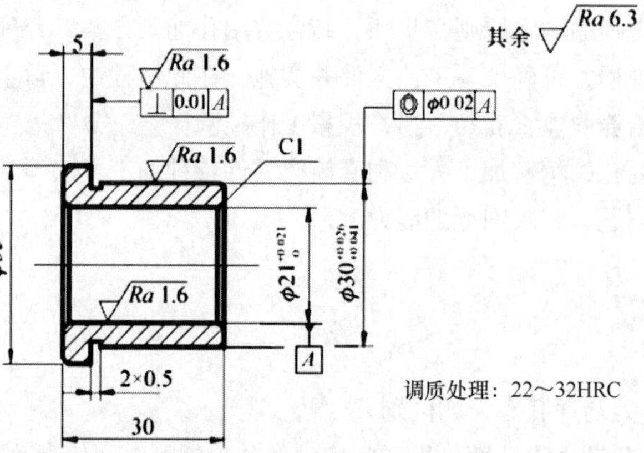

图 3.76　带肩轴套零件

22. 编制图 3.77 所示轴套零件的机械加工工艺规程，材料：45#钢，单件小批量生产。

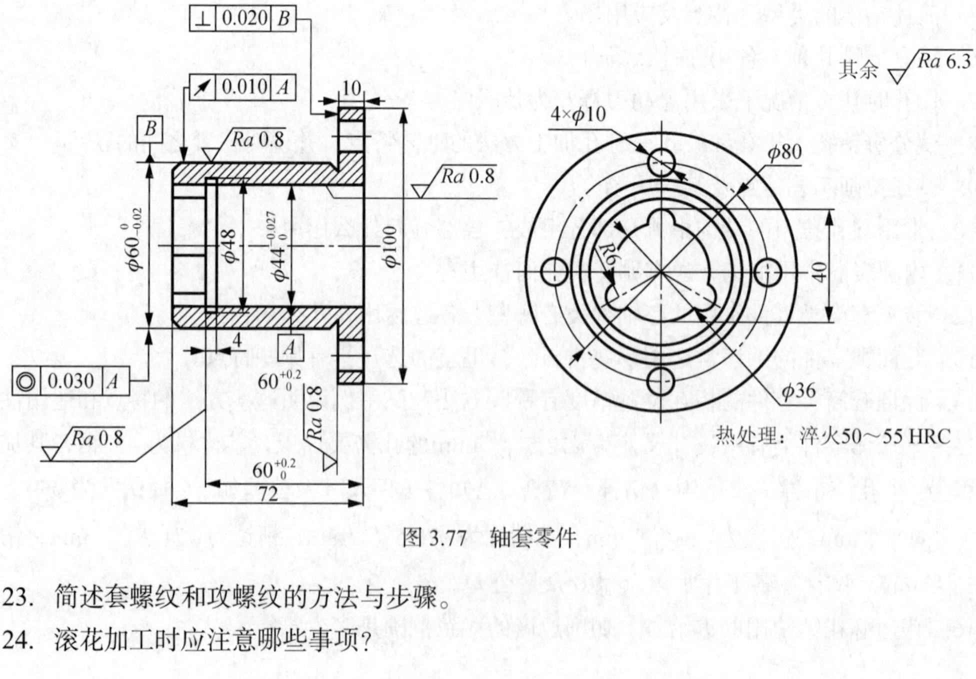

图 3.77　轴套零件

23. 简述套螺纹和攻螺纹的方法与步骤。

24. 滚花加工时应注意哪些事项？

项目4

箱体类零件机械加工工艺规程编制与实施

※【教学目标】※

最终目标	能合理编制箱体零件的机械加工工艺规程并实施，加工出合格的零件
促成目标	1. 能正确分析箱体零件的结构和技术要求。 2. 能根据实际生产需要合理选用机床、工装（含机床附件），合理选择金属切削加工参数进行平面与孔系的加工。 3. 能合理进行箱体零件精度检验。 4. 能考虑加工成本，对零件的机械加工工艺过程进行优化设计。 5. 能合理编制箱体零件机械加工工艺规程，正确填写机械加工工艺文件。 6. 能查阅并贯彻相关国家标准和行业标准。 7. 能进行相关设备的常规维护与保养，执行安全文明生产。 8. 能注重培养职业素养与良好习惯

※【引言】※

箱体零件（box part）通常作为机器或部件装配时的基础件，它将机器或部件中的轴、套、轴承和齿轮等零件装成一个整体，使它们之间保持正确的相互位置关系，并按照一定的传动关系协调传递动力或改变转速来完成规定的运动。因此，箱体零件的加工质量不仅直接影响箱体的装配精度和运动精度，而且会影响机器的工作精度、使用性能和寿命。

箱体零件的种类有很多，常见的箱体零件有机床主轴箱体、机床进给箱体、变速箱体、减速箱体、发动机缸体和机座等。图 4.1 所示为几种常见的箱体零件。

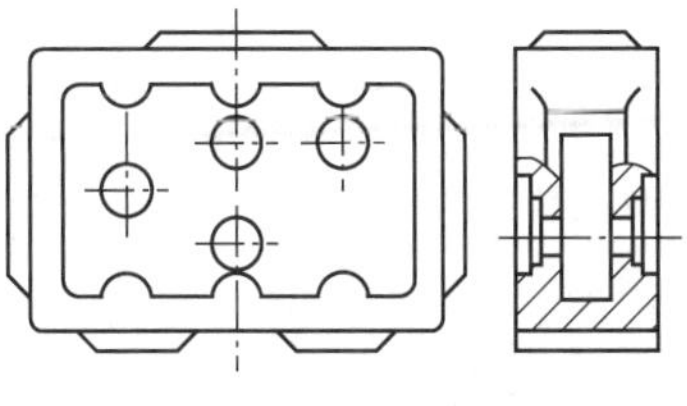

（a）组合机床主轴箱体

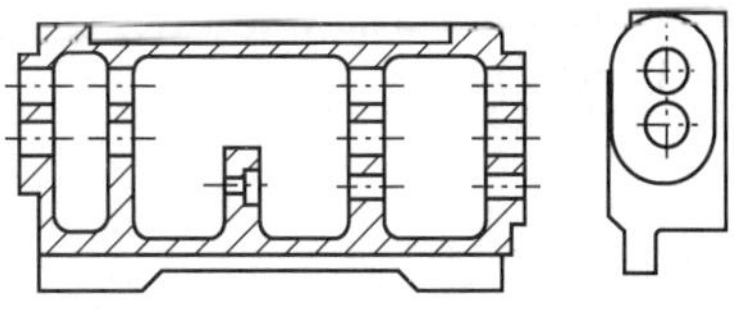

（b）车床进给箱体

图 4.1　几种常见的箱体零件

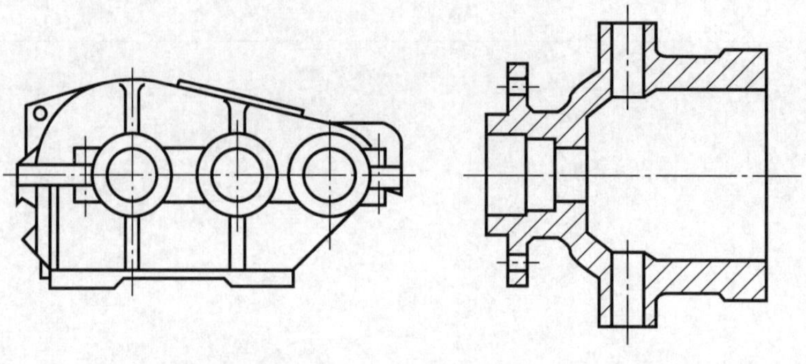

（c）分离式减速箱体　　（d）泵壳

图 4.1　几种常见的箱体零件（续）

根据结构形式不同，箱体零件可分为整体式箱体［见图 4.1（a）、图 4.1（b）、图 4.1（d）］和分离式箱体［见图 4.1（c）］两大类。前者是整体铸造、整体加工，加工较困难，但装配精度高；后者可分别制造，便于加工和装配，但增加了装配工作量。

箱体零件的结构形式虽然多种多样，但其加工表面主要是平面和孔，通常平面的加工精度比较容易保证，而精度要求较高的支承孔的加工精度以及孔与孔之间、孔与平面之间的相互位置精度较难保证，所以应将如何保证孔的精度作为重点来考虑。

任务 4.1　矩形垫块零件机械加工工艺规程编制与实施

4.1.1　任务引入

编制图 4.2 所示矩形垫块零件的机械加工工艺规程并实施。零件材料为 HT200，生产类型为单件小批量生产（毛坯：110 mm × 50 mm × 60 mm 的矩形铸件）。

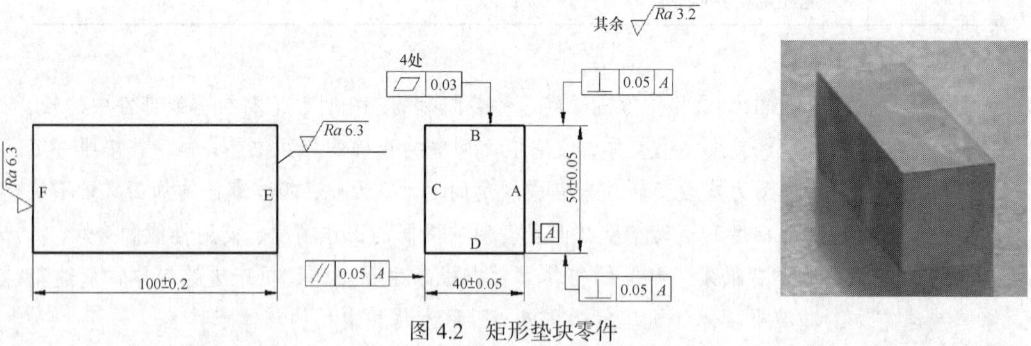

图 4.2　矩形垫块零件

4.1.2　相关知识

1. 平面加工方法

平面加工的常用方法有刨削、铣削和磨削三种。刨削和铣削常用于平面的粗加工和半精加工，而磨削则用于平面的精加工。

（1）刨削与插削。

① 刨削（planing）。在刨床上用刨刀切削加工工件称为刨削加工。刨削主要用来加工各种平面、沟槽及成形面等，刨削加工典型表面如图 4.3 所示（图中的切削运动按牛头刨床加工时标注）。刨削是单件小批量生产最常用的平面加工方法，加工精度一般可达 IT9～IT7 级，表面粗糙度 *Ra* 为 12.5～1.6 μm。

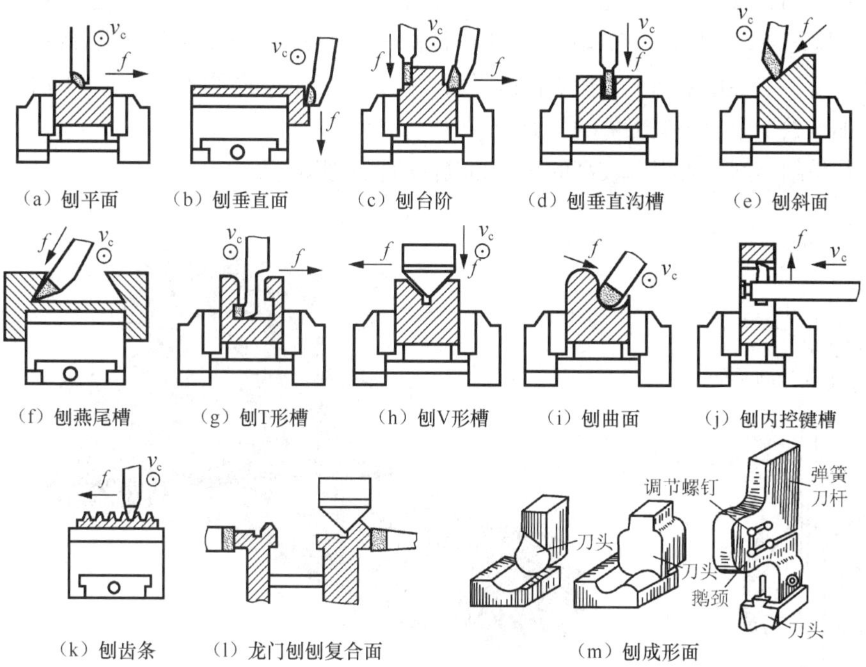

图 4.3　刨削加工典型表面

斜面的刨削要领

燕尾槽的刨削要领

a. 刨床（planer）。刨削加工可以在牛头刨床或龙门刨床上进行。

i. 牛头刨床。其一般用来加工长度不超过 1 000 mm 的中、小型工件。其主运动是滑枕的往复直线运动，进给运动是工作台或刨刀的间歇移动。B6065 型牛头刨床及刨削运动如图 4.4 所示。

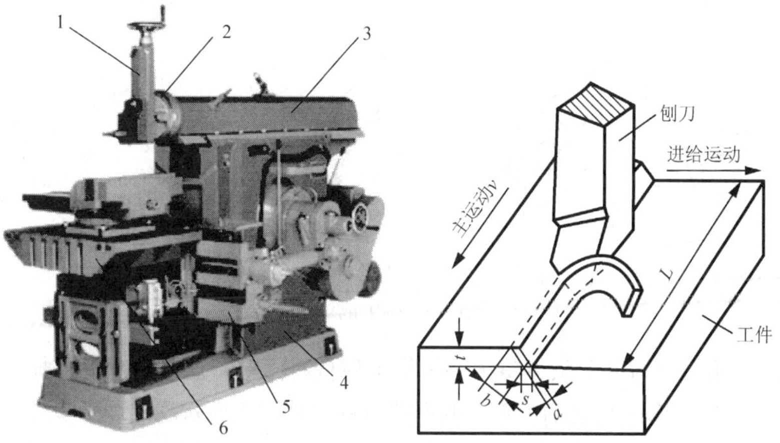

1—刀架；2—转盘；3—滑枕；4—床身；5—横梁；6—工作台

图 4.4　B6065 型牛头刨床及刨削运动

注：B6065 型牛头刨床的编号含义为：B—刨床；60—牛头刨床；65—刨削工件的最大长度的 1/10 即牛头刨床的主参数，最大刨削长度为 650 mm。

如图 4.4 所示，牛头刨床的主要由刀架、转盘、滑枕、床身、横梁、工作台等组成，因其滑枕和刀架形似“牛头”而得名。其中，刀架的作用是夹持刨刀，刀架结构如图 4.5 所示。

ii. 龙门刨床（double housing planer）。除牛头刨床外，刨削类机床还有龙门刨床，图 4.6 所示为龙门刨床的外形，因它具有一个“龙门”式框架而得名。与牛头刨床相比，龙门刨床具有形体大、动力强劲、结构复杂、刚性好、工作稳定、工作行程长、适应性强和加工精度高等特点。其主参数是最大刨削宽度，主要用来加工大型零件的平面，尤其是窄而长的平面，也可加工沟槽或在一次装夹中同时加工数个中、小型工件的平面。

应用龙门刨床进行精细刨削，可得到较高的精度和较低的表面粗糙度。

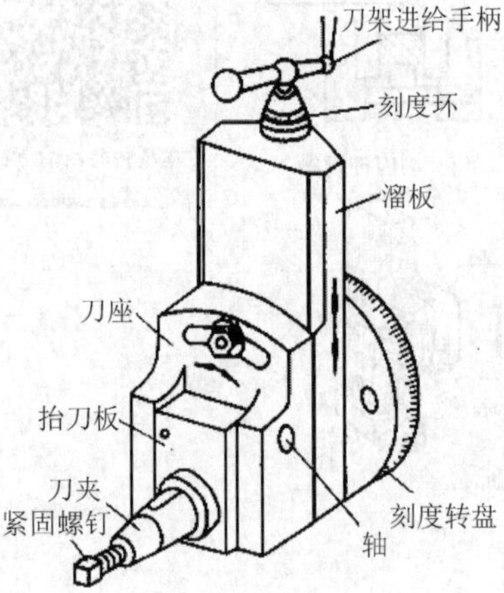

图 4.5　刀架结构

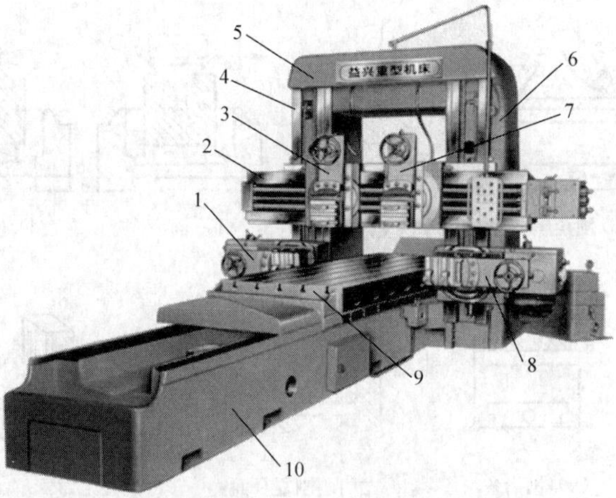

1，8—左、右侧刀架；2—横梁；3，7—垂直刀架；
4，6—左、右立柱；5—顶梁；9—工作台；10—床身

图 4.6　龙门刨床的外形

b. 刨刀（planer tool）。

i. 刨刀的种类。按加工表面分类，刨刀可分为平面刨刀、沟槽刨刀；按加工方式分类，刨刀可分为普通刨刀、偏刀、角度偏刀、切刀、弯切刀等。刨刀的种类如图 4.7 所示。

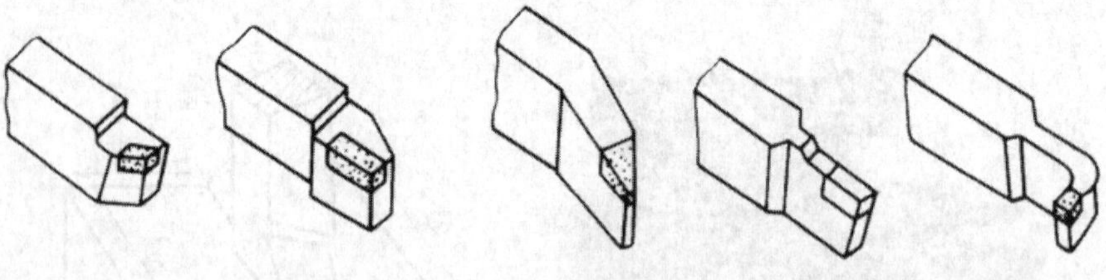

（a）普通刨刀　（b）偏刀　（c）角度偏刀　（d）切刀　（e）弯切刀

图 4.7　刨刀的种类

ii. 刨刀的选用。刨刀的刀头材料主要根据工件材料而定。通常情况下，加工铸铁件时选用硬质合金，加工钢件时选用高速钢。刨刀的形状应视工件的表面状况及加工步骤而定，通常情况下，粗刨或加工有硬皮的工件时，采用刀尖为尖头的弯头刨刀；精刨时，可采用圆头或平头刨刀。

c. 矩形工件的装夹方法。矩形工件刨削加工时，应根据其形状、大小选择安装方法。对于

小型工件，通常采用平口虎钳进行装夹（见图 4.8）。当工件宽度大于钳口张开尺寸或平口钳难以夹持时，可采用角铁装夹（见图 4.9），还可以使用 T 形螺栓和压板将工件直接固定在工作台上（见图 4.10）。为保证加工精度，在装夹工件时，应根据加工要求使用固定在机床主轴上的百分表，还可以采用划针或宽度角尺等工具找正平口虎钳（见图 4.11）。

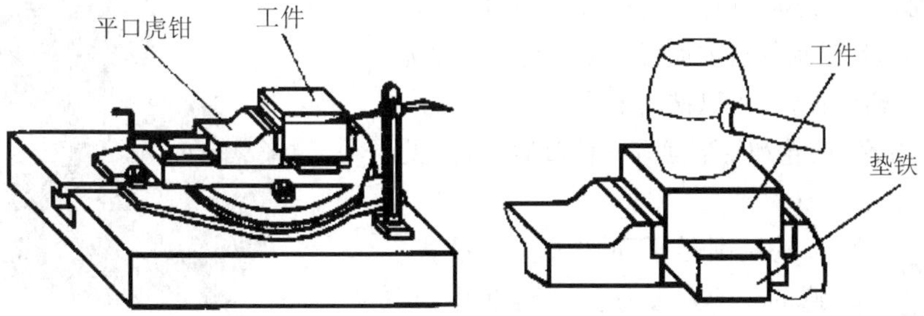

图 4.8　平口虎钳装夹工件

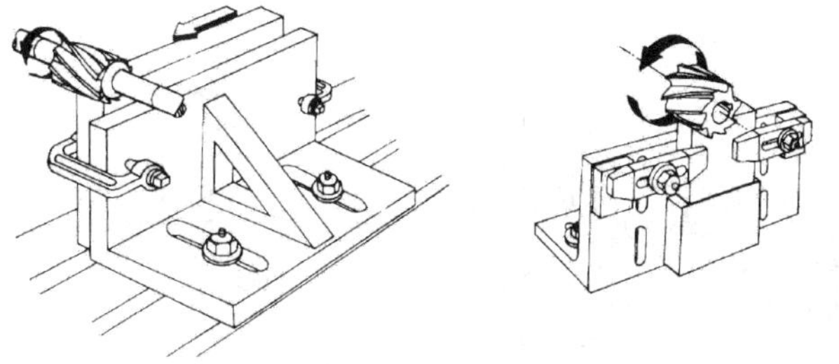

（a）C 形夹头装夹工件　（b）用螺栓及压板装夹工件

图 4.9　角铁装夹工件

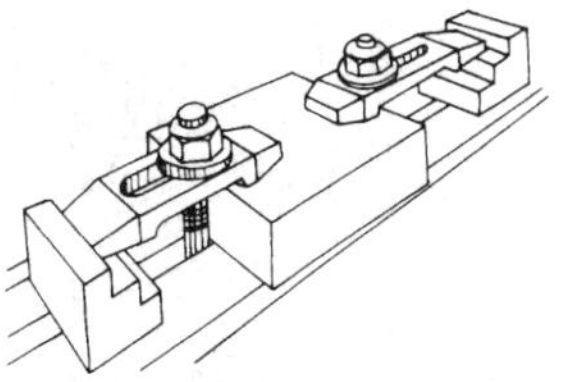

图 4.10　在工作台上直接固定工件

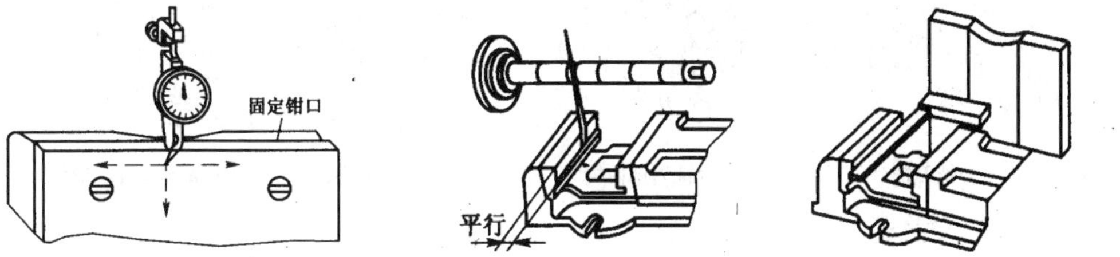

（a）用百分表找正虎钳　（b）用划针找正虎钳　（c）用宽度角尺找正虎钳

图 4.11　机用平口虎钳的找正

d. 刨削加工的工艺特点。

i. 刨床结构简单，调整、操作方便，刨刀制造、刃磨、安装容易，加工费用低。

ii. 刨刀只在一个运动方向上进行切削，返回时不进行切削，空行程损失大，且加工时通常只能单刀加工。此外，滑枕在换向的瞬间有较大的冲击惯性，因此主运动速度不能太高。刨削加工切削速度低，加之空行程所造成的损失，生产率比较低。

iii. 刨削特别适宜加工尺寸较大的 T 形槽、燕尾槽、窄长平面以及多件或多刀加工，这时的生产率并不比铣削低。

② 插削。插削和刨削的切削方式基本相同，只是插削是在竖直方向进行的，主要用于单件小批量生产中加工工件的内表面，如方孔、多边形孔和键槽等。在插床上加工内表面比刨床方便，

但插刀刀杆刚性差，为防止“扎刀”，刀具前角不宜过大，因此加工精度比刨削低。

插床如图 4.12 所示，可以认为插床是一种立式刨床，其主参数是最大插削长度。

1—圆工作台；2—滑枕；3—滑枕导轨座；4—销轴；5—分度装置；6—床鞍；7—溜板

图 4.12 插床

（2）铣削。所谓铣削，就是以铣刀旋转做主运动，工件或铣刀做进给运动的切削加工方法。利用各种铣刀、铣床和机床附件等，可以铣削平面、沟槽、弧形面、螺旋槽、齿轮、凸轮和特形面等各种典型表面（见图 4.13）。

铣床和铣削加工

铣削是平面加工应用最普遍的一种方法，适用于各种生产类型。平面经粗铣、精铣后，一般尺寸精度可达 IT9～IT7，表面粗糙度 *Ra* 可达 12.5～1.6 μm。

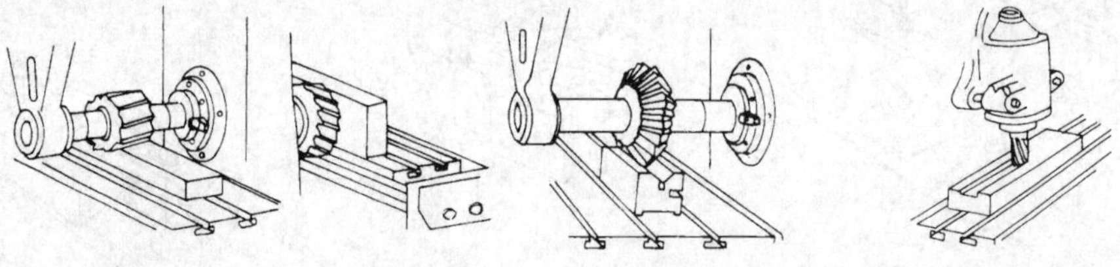

（a）圆柱铣刀铣平面 （b）面铣刀铣平面 （c）角度铣刀铣 V 形槽 （d）立铣刀铣沟槽

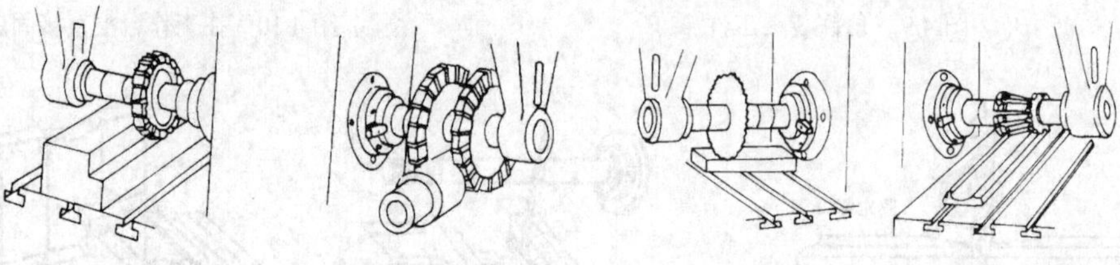

（e）三面刃铣刀铣台阶 （f）组合铣刀铣两侧面 （g）锯片铣刀切断 （h）成形刀铣成形面

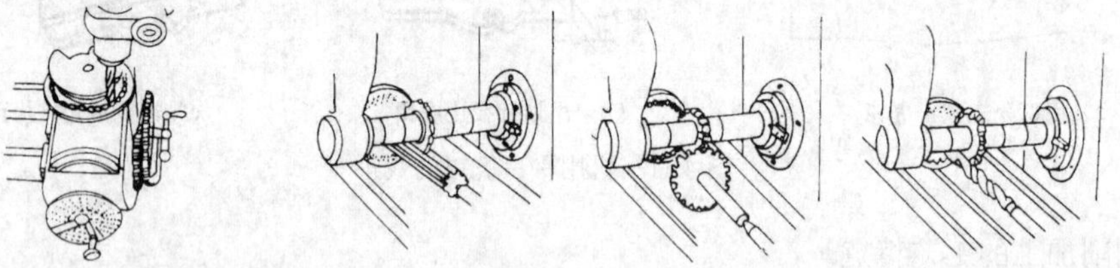

（i）铣凸轮 （j）花键铣刀铣花键轴 （k）齿轮铣刀铣齿轮 （l）成形铣刀铣螺旋槽

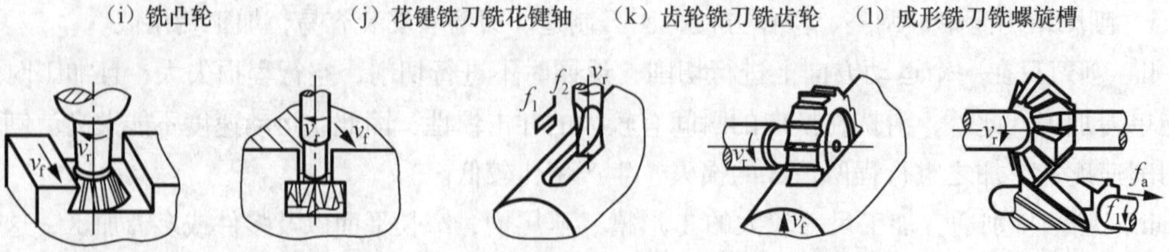

（m）燕尾槽铣刀铣燕尾槽 （n）T 形槽铣刀铣 T 形槽 （o）键槽铣刀铣键槽 （p）半圆键槽铣刀铣半圆键槽 （q）角度铣刀铣螺旋槽

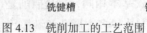

图 4.13 铣削加工的工艺范围

① 铣床（milling machine）及其附件。铣床是用铣刀进行切削加工的机床，用途极为广泛。铣床工作时，主运动是主轴部件带动铣刀的旋转运动，进给运动是工作台在 3 个互相垂直方向的直线运动。图 4.14 所示为圆柱铣刀和面铣刀的切削运动。

由于铣刀是多齿刀具，切削过程中存在冲击和振动，因此铣床在结构上具有较高的刚度。铣床种类很多，主要类型有升降台铣床、龙门铣床、工具铣床、仿形铣床、仪表铣床和各种专门化铣床（如键槽铣床、曲轴铣床），数控铣床、加工中心的应用也越来越普遍。

常用的铣床是升降台铣床，其主要特征是有沿床身垂直导轨运动的升降台，工作台可随着升降台做上下（垂直）运动，工作台在升降台上还可做纵向和横向运动。这类铣床按主轴位置不同又可分为卧式万能升降台铣床和立式升降台铣床两种。

a. 卧式万能升降台铣床。其主轴轴线呈水平安置，工作台可以做纵向、横向和垂直运动，并可在水平平面内调整一定的角度，图 4.15 所示的是应用最为广泛的 X6132 型卧式万能升降台铣床，其主要组成部件及功用见表 4-1。

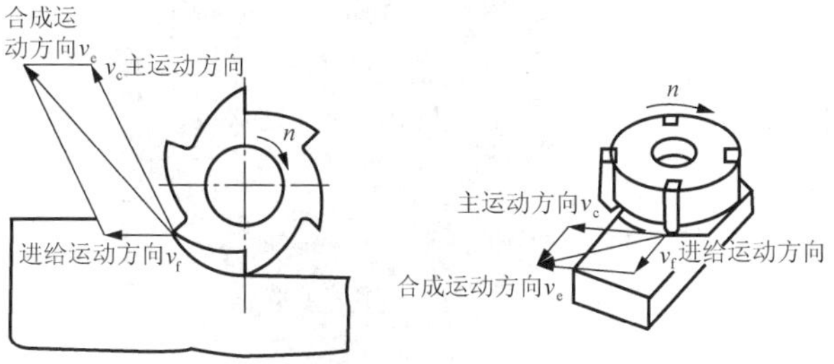

图 4.14　圆柱铣刀和面铣刀的切削运动

认识铣床

X6132 型卧式万能升降台铣床的切削运动

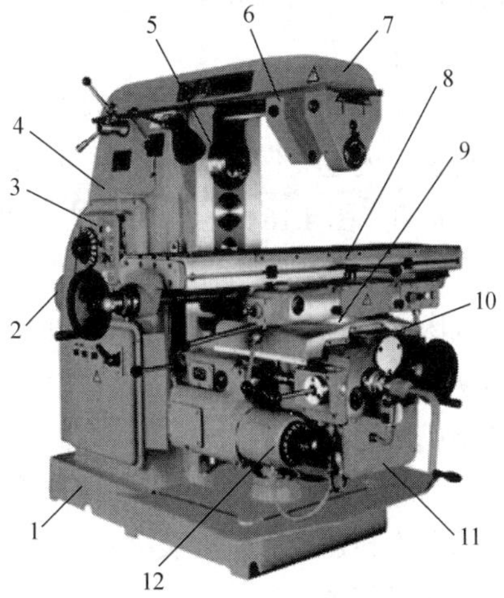

1—底座；2—主电动机；3—主轴变速机构；4—床身；5—主轴；6—刀杆支架；7—横梁；8—工作台；9—转台；10—床鞍；11—升降台；12—进给变速机构

图 4.15　X6132 型卧式万能升降台铣床

表 4-1　X6132 型卧式万能升降台铣床主要组成部件及功用

部件名称	功用
床身 4	用来固定和支承铣床上的部件，主电动机、主轴变速机构、主轴等安装在其内部
主轴 5	是空心轴，前端有 7∶24 的精密锥孔，作用是安装铣刀刀杆并带动铣刀旋转
横梁 7	横梁的上面可安装刀杆支架，用来支承刀杆外伸的一端，以加强刀杆的刚性，横梁可沿床身的水平导轨移动，以调整其伸出的长度
工作台 8	纵向工作台可以在转台的导轨上做纵向移动，以带动台面上的工件做纵向进给
转台 9	唯一作用是能将纵向工作台在水平面内扳转一个角度（正、反最大均可转过 45°），以便铣削螺旋槽等，带有转台的卧式铣床，其工作台除了能做纵向、横向和垂直方向移动外，尚能在水平面内左右扳转 45°，因此称为万能卧式铣床

续表

部件名称	功用
床鞍 10	位于升降台上面的水平导轨上，可带动纵向工作台一起做横向进给
升降台 11	升降台可以使整个工作台沿床身的垂直导轨上、下移动，以调整工作台面到铣刀的距离，并做垂直进给

注：X6132 型卧式万能升降台铣床编号的含义：X—铣床；6—卧式升降台铣床；1—万能升降台铣床；32—工作台宽度的 1/10，即其主参数工作台宽度为 320 mm，其旧编号为 X62W。

卧式升降台铣床与卧式万能升降台铣床的结构基本相同，二者的主参数均为工作台面宽度，但卧式升降台铣床在工作台和床鞍之间没有回转盘，因此工作台不能在水平面内调整角度，这种铣床除不能铣削螺旋槽外，可以完成和卧式万能升降台铣床一样的各种铣削加工，主要用于中、小零件的加工。

b. 立式升降台铣床。立式升降台铣床与卧式升降台铣床的主要区别仅在于其主轴轴线与工作台台面垂直。图 4.16 所示为常见的 X5032 型立式升降台铣床，其工作台、床鞍及升降台与卧式升降台铣床相同，立铣头可在垂直平面内旋转一定的角度，以扩大加工范围，主轴可沿轴线方向进行调整或做进给运动。

1—机床电器部分；2—床身部分；3—变速操纵部分；4—立铣头；5—冷却部分；6—工作台；7—升降台；8—进给变速部分；9—床鞍

图 4.16　X5032 型立式升降台铣床

铣削时，铣刀安装在与主轴相连接的刀轴上，绕主轴做旋转运动，工件装夹在工作台上做进给运动，完成切削过程。

立式铣床加工范围很广，通常可以利用面铣刀、立铣刀、成形铣刀等，铣削各种沟槽、平面；利用机床附件，如回转工作台、分度头等，还可以加工圆弧、曲线表面、齿轮、螺旋槽、离合器等较复杂的零件。当生产批量较大时，在立式铣床上采用硬质合金刀具进行高速铣削，可以大大提高生产率。

与卧式铣床相比，立式铣床在操作方面还具有观察清楚、检查调整方便等特点。

立式铣床按其立铣头的不同结构，又可分为以下两种。

i. 立铣头与机床床身成一整体，这种立式铣床刚性较好，但加工范围较小。

ii. 立铣头与机床床身之间有一回转盘，盘上有刻度线，主轴随立铣头可扳转一定角度，以适应铣削各种角度面、椭圆孔等工件，在生产中应用广泛。

c. 龙门铣床。龙门铣床是一种大型高效能通用机床，主要用于加工各类大型工件上的平面、沟槽，可对工件进行粗铣、半精铣和精铣加工。其主参数是工作台面的宽度。图 4.17 所示为具有三个铣头的中型龙门铣床。加工时，工作台带动工件做纵向进给运动，其余运动均由铣头实现。根据加工需要，每个铣头还能旋转一定的角度。

由于龙门铣床的刚性和抗震性比龙门刨床好，因此它允许采用较大切削用量，并可用多个铣头同时从不同方向加工工件的多个表面，生产率高，在成批和大量生产中得到广泛应用。

d. 铣床附件（accessory）及其选用。铣床配备有多种附件，用来扩大工艺范围，常用的有平口虎钳、立铣头、回转工作台（圆工作台）和万能分度头四种。

i. 平口虎钳（parallel-jaw vice）。机用平口虎钳如图 4.18 所示，平口虎钳的底座可以通过 T 形螺栓与铣床工作台稳固连接。钳口可夹持体积较小、形状较规则的工件。在铣床上安装平口虎钳时，应用划针或百分表校正固定钳口与工作台面的垂直度、平行度，使之与进给方向平行。

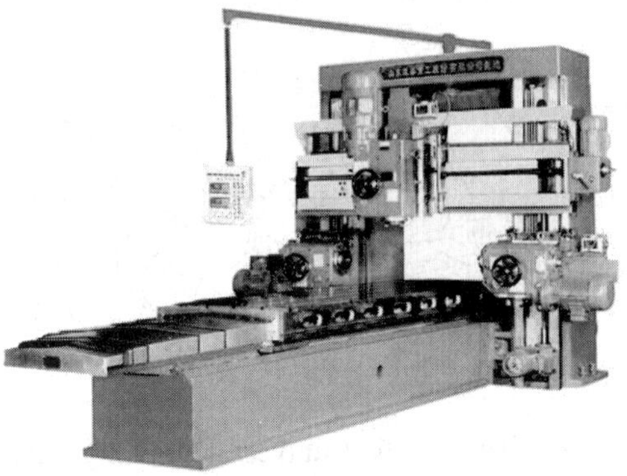

图 4.17　具有三个铣头的中型龙门铣床

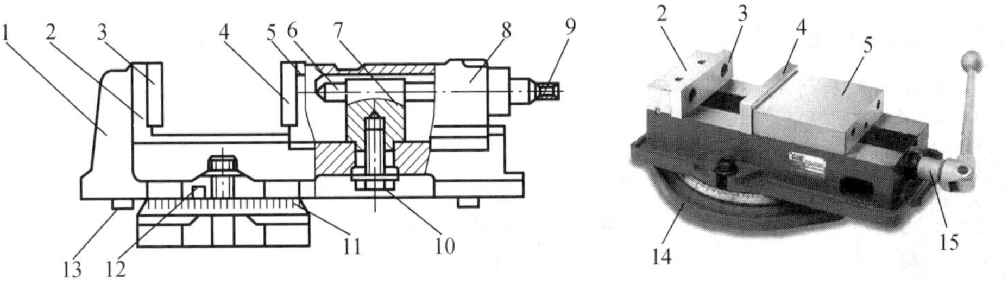

1—钳体；2—固定钳口；3、4—钳口铁；5—活动钳口；6—丝杆；7—螺母；8—活动座；9—方头；

10—吊装螺钉；11—回转底盘；12—钳座零线；13—定位键；14—底座；15—螺杆

图 4.18　机用平口虎钳

ii. 立铣头（vertical milling head）。立铣头安装在卧式铣床上，使卧式铣床可以完成立式铣床的工作，扩大了卧式铣床的加工范围，其主轴与铣床主轴的传动比为 1∶1。万能立铣头如图 4.19 所示，其壳体可根据加工要求绕铣床主轴偏转任意角度，使卧式铣床的加工范围更大。虽然加装立铣头的卧式铣床可以完成立式铣床的工作，但由于立铣头与卧式铣床的连接刚度比立式铣床差，铣削加工时切削用量不能太大，因此不能完全替代立式铣床。

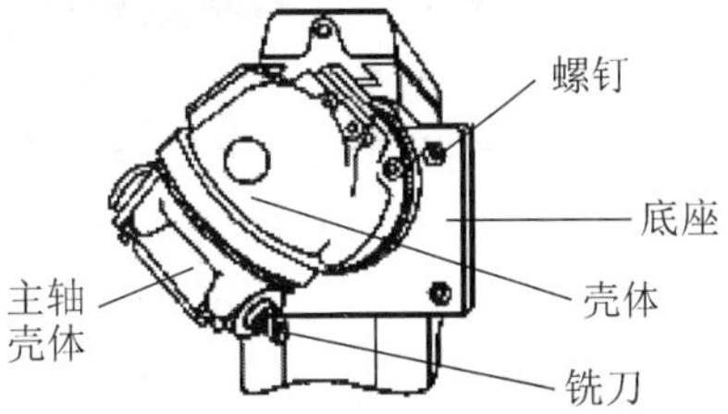

图 4.19　万能立铣头

iii. 回转工作台（rotary table）。回转工作台简称转台，可用 T 形螺栓固定在铣床工作台上，其主要功用是在转台台面上装夹工件、进行圆周分度和做圆周进给运动铣削曲面轮廓。回转工作台的规格用转台的外径表示，常用的规格有 ϕ250 mm、ϕ315 mm、ϕ400 mm 和 ϕ500 mm 四种。

回转工作台按驱动方法不同，可分为手动和机动两种。手动回转工作台如图 4.20 所示，只能手动进给。摇动手轮时，通过蜗轮蜗杆传动机构，转台绕中心轴线回转。机动回转工作台如图 4.21 所示，既可机动进给，也可手动进给。其结构与手动回转工作台基本相同，主要差别在于可利用万向联轴器由铣床传动装置带动机动回转工作台上的传动轴，此时传动轴上的锥齿轮就带动手轮轴上的锥齿轮，使蜗杆带动蜗轮和转台转动。当不需要机动时，可使离合器手柄处于中间位置，直接转动手轮实现手动进给。

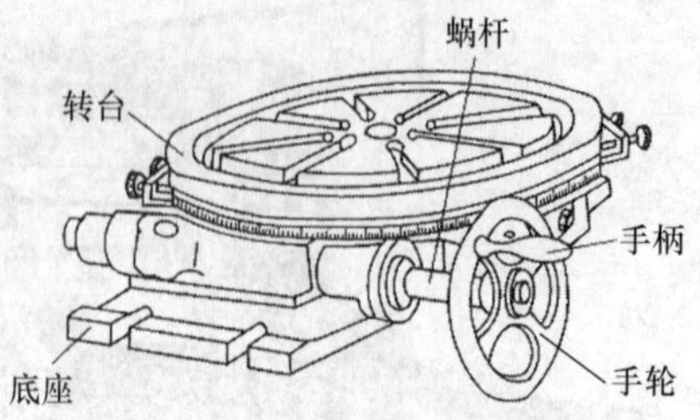

图 4.20　手动回转工作台

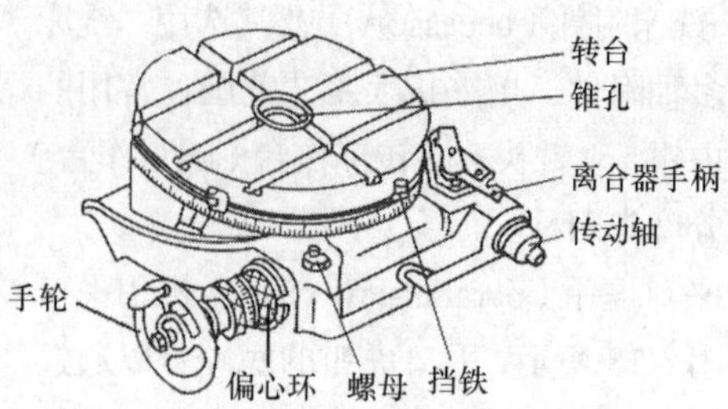

图 4.21　机动回转工作台

iv. 万能分度头（universal dividing head）。万能分度头是重要的铣床精密附件。根据加工要求，利用分度头可以将工件在水平、倾斜或垂直的位置上进行装夹分度，用于铣削多边形、花键、齿轮等，还可与工作台联动铣削螺旋槽。在铣床上使用的分度头有万能分度头、半万能分度头和等分分度头三种，其中万能分度头用途最为广泛。

目前常用的万能分度头型号有 FW125、FW200、FW250 和 FW300 等几种。图 4.22 所示为 FW250 型万能分度头外部结构和传动系统。

万能分度头及其功用

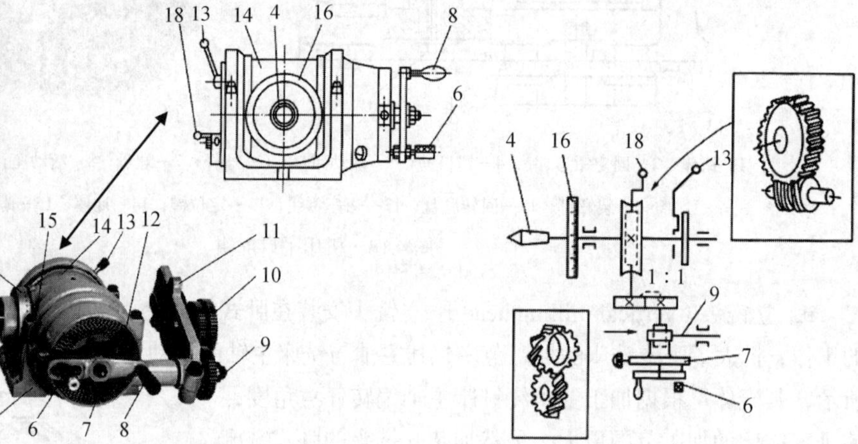

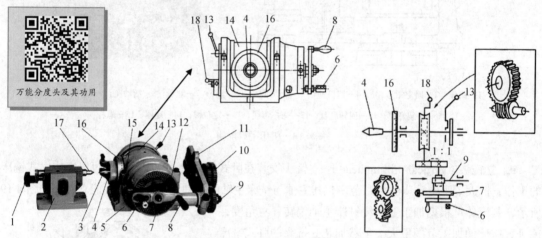

1—尾座旋钮；2—尾座；3—前顶尖；4—主轴；5—底座；6—分度定位销；7—分度盘；8—分度手柄；
9—交换齿轮轴；10—交换齿轮；11—交换齿轮架；12—分度叉；13—主轴锁紧手柄；
14—壳体；15—孔盘紧固螺钉；16—刻度盘；17—尾座顶尖；18—蜗杆脱落手柄

图 4.22　FW250 型万能分度头外部结构和传动系统

万能分度头的结构

简单分度方法

② 铣刀（milling cutter）。

a. 铣刀类型。铣刀主要用于在铣床上加工平面、台阶、沟槽、成形表面和切断工件等。铣刀为多齿回转刀具，其每一个刀齿都相当于一把车刀固定在铣刀的回转面上，工作时各刀齿依次间歇地切去工件加工余量，其刀齿的几何角度和切削过程都与车刀或刨刀基本相同。

铣刀的种类很多（大部分已标准化），结构不一，应用范围很广，是种类最多的刀具之一。按照安装方式，铣刀可分为带孔铣刀和带柄铣刀，铣刀种类如图 4.23 所示。其中，带孔铣刀一般用于卧式铣床，带柄铣刀又分为直柄铣刀和锥柄铣刀两种。

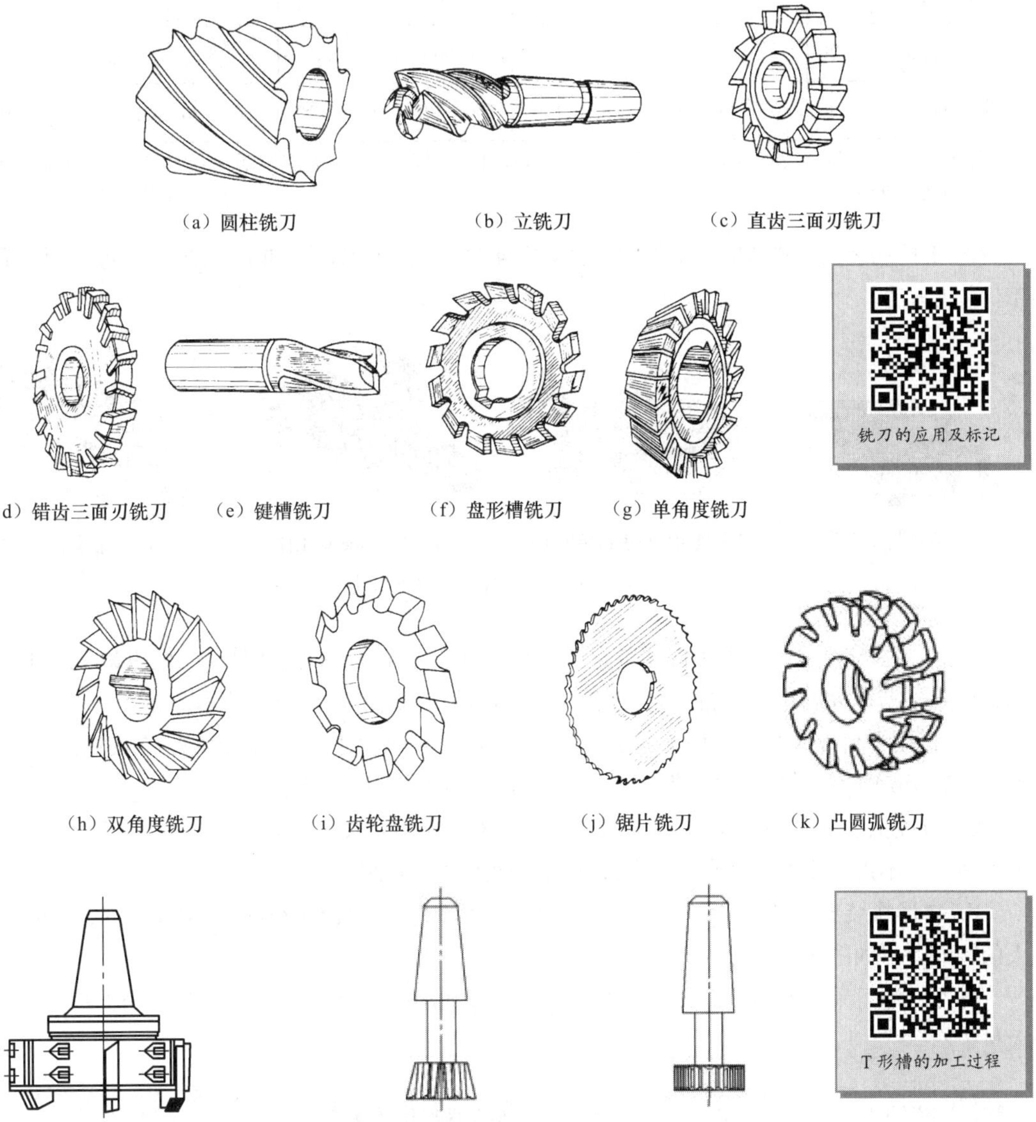

（a）圆柱铣刀　（b）立铣刀　（c）直齿三面刃铣刀

（d）错齿三面刃铣刀　（e）键槽铣刀　（f）盘形槽铣刀　（g）单角度铣刀

（h）双角度铣刀　（i）齿轮盘铣刀　（j）锯片铣刀　（k）凸圆弧铣刀

（l）端铣刀　（m）燕尾槽铣刀　（n）T 形槽铣刀

图 4.23　铣刀种类

铣刀的应用及标记

T 形槽的加工过程

特别提示

立铣刀常用的材料有两种：高速钢和硬质合金。硬质合金相较于高速钢硬度高、切削力强，可提高转速和进给量，提高生产率，让刀不明显，并可加工不锈钢、钛合金等难加工材料；但是成本高，且在切削力快速交变的情况下容易断刀。

b. 铣刀的选择。通常根据铣削用量选择铣刀，常用铣刀的选择方法见表 4-2。

表 4-2　　常用铣刀的选择方法　　（单位：mm）

项目	高速钢圆柱铣刀			硬质合金端铣刀					
背吃刀量 a_p	≤5	~8	~10	≤4	~5	~6	~7	~8	~10
铣削宽度 a_c	≤70	~90	~100	≤60	~90	~120	~180	~260	~350
铣刀直径 d_o	≤80	80~100	100~125	≤80	100~125	160~200	200~250	320~400	400~500

注：如 a_p、a_c 不能同时与表中数值统一，而 a_p 或 a_c 选择铣刀又较大时，主要应根据 a_p（圆柱铣刀）或 a_c（端铣刀）选择铣刀直径。

③ 工件的装夹。铣削加工工件的装夹如图 4.24 所示，在铣床上加工工件时，一般采用以下几种工件装夹方法。

（a）直接装夹工件　（b）机用平口虎钳装夹工件　（c）分度头装夹工件　（d）V 形块装夹工件

图 4.24　铣削加工工件的装夹

a. 直接装夹工件。大型工件通常直接装夹在铣床工作台上，用螺柱、压板压紧。这种方法需用百分表、划针等工具找正加工面与铣刀的相对位置，如图 4.24（a）所示。

b. 机用平口虎钳装夹工件。对于形状简单的中、小型工件，一般可装夹在机用平口虎钳中，如图 4.24（b）所示，使用时需保证平口虎钳在机床中的正确位置。

c. 分度头装夹工件。如图 4.24（c）所示，对于需要分度的工件，一般可直接装夹在分度头上。另外，不需分度的工件有时用分度头装夹加工也很方便。

d. V 形块装夹工件。这种方法一般适用于轴类零件，除具有较好的对中性以外，还可承受较大的切削力，如图 4.24（d）所示。

另外，还可采用专用铣床夹具装夹工件，定位准确、夹紧方便，效率高，一般适用于成批、大量生产。

特别提示

铣床夹具的设计要点

铣床夹具的主要类型

铣床夹具是指用于各类铣床上安装工件的机床专用夹具。这类夹具主要用于加工零件上的平面、凹槽、键槽、花键、缺口及各种成形面。铣削加工通常是把夹具安装在铣床工作台上，工件连同夹具随工作台做进给运动。按工件的进给方式不同，铣床夹具可分为直线进给式、圆周进给式和靠模进给式三种类型，其具体结构形式和设计要点可查阅《机床夹具设计手册》等相关书籍。

④ 平面铣削方式及其选用。铣削方式是指铣削时铣刀相对于工件的运动关系。平面铣削方式包括周边铣削和端面铣削。

a. 周边铣削。其又称圆周铣削，简称周铣。周边铣削的逆铣和顺铣如图 4.25 所示，是指用铣刀的圆周切削刃进行的铣削。周铣加工而成的平面，其平面度和表面粗糙度主要取决于铣刀的圆柱度和铣刀刃口的修磨质量。

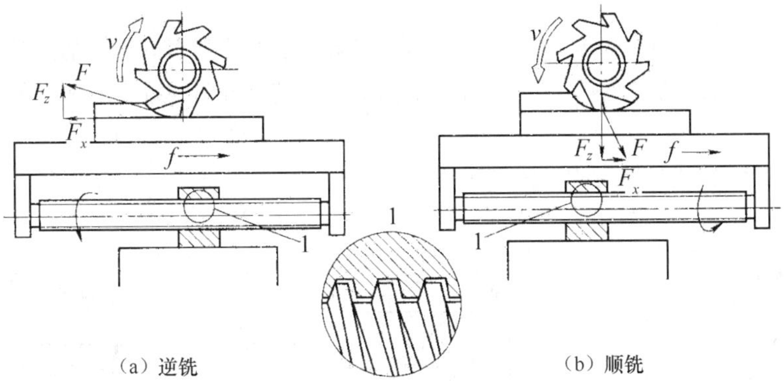

（a）逆铣　　（b）顺铣

图 4.25　周边铣削的逆铣和顺铣

周铣与端铣介绍

i. 逆铣的特点。如图 4.25（a）所示，逆铣具有如下特点。

- 作用在工件上的铣削力在进给方向上的纵向分力 F_x，总是与工作台的进给方向相反，不会把工作台向进给方向拉动一个距离，因此丝杠轴向间隙的大小对铣削加工无明显的影响。
- 作用在工件上的垂直铣削力 F_z，在切入工件前向下，在切入工件后向上，有把工件从夹具中挑起的趋势，所以对加工薄而长的和不易夹紧的工件极为不利。另外，在铣削的过程中，垂直铣削力 F_z 的方向变化易使工件和铣刀产生周期性的振动，影响加工面的表面粗糙度，因此逆铣时要求夹紧力较大。

顺铣和逆铣的区别——稳定性对比

- 切削刃（铣刀后刀面）在加工表面上要挤压、滑动一小段距离，切削刃容易磨损，同时也降低了工件的加工表面质量。
- 铣床消耗在工件进给运动上的功率较大（约占全动力的 20%）。
- 逆铣时切削厚度从零开始逐渐增大，加工表面上有前一刀齿加工时造成的冷硬层，因此不易切削。

顺铣和逆铣的区别——切削力对比

ii. 顺铣的特点。如图 4.25（b）所示，顺铣具有如下特点。

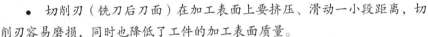

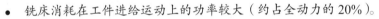

- 作用在工件上的铣削力在进给方向的纵向分力 F_x 总是与工作台的进给方向相同，当丝杠与螺母及轴承的轴向间隙较大时，有可能发生工作台轴向窜动，造成每齿进给量的突然增加，严重时将会损坏铣刀，造成工件报废甚至更严重的事故。若铣床进给机构中没有丝杠和螺母消除间隙机构，则不能采用顺铣。
- 作用在工件上的垂直铣削力 F_z 始终是向下的，有压紧工件的作用，而且垂直铣削力的变化较小，故产生的振动也较小，从而使切削平稳，提高了铣刀耐用度和加工表面质量，对不易夹紧的、细长的和较薄的工件尤为合适。
- 切削刃从表面厚处切入工件，故切削刃比逆铣磨损小，铣刀耐用度比逆铣提高 2～3 倍。但是顺铣不宜于铣削表面有硬皮和杂质的工件，否则刀齿一开始就切到硬皮，容易损坏。
- 切削厚度比逆铣大，切屑短而厚且变形小，可节省铣床功率的消耗。
- 加工表面上没有冷硬层，避免了挤压、滑行现象，所以容易切削。

综上所述，尽管顺铣相较于逆铣有较多的优点，但由于逆铣时工作台无轴向窜动，因此一般情况下都采用逆铣进行加工。当铣削余量较小、铣削力在进给方向的分力小于工作台和导轨面之间的摩擦力时，可采用顺铣。为了改善铣削质量而采用顺铣时，必须调整工作台与丝杠之间的轴向间隙（0.01～0.04 mm）。

b. 端面铣削。其简称端铣，如图 4.26 所示，是指用铣刀端面上的切削刃进行铣削。端铣加工而成的平面，其平面度和表面粗糙度主要取决于铣床主轴轴线与进给方向的垂直度和铣刀刀尖部分的刃磨质量。

端铣有对称铣削、不对称逆铣和不对称顺铣三种方式。

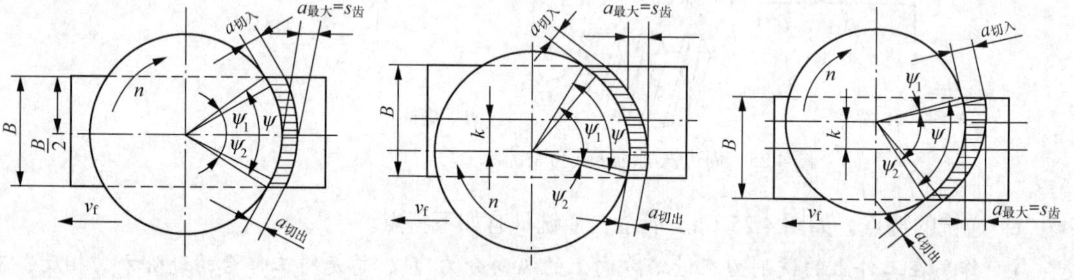

（a）对称铣削　（b）不对称逆铣　（c）不对称顺铣

图 4.26　端铣

i. 对称铣削。如图 4.26（a）所示，铣刀轴线始终位于工件的对称面内，它切入、切出时的切削厚度相同，有较大的平均切削厚度。端铣多用对称铣削，尤其适用于铣削淬硬钢。

若用纵向工作台进给进行对称铣削，工件铣削层宽度在铣刀轴线的两边各占一半。上半部分为进刀部分且是逆铣，下半部分为出刀部分且是顺铣，从而使作用在工件上的纵向分力在中分线两边大小相等、方向相反，所以工作台在进给方向不会产生突然窜动现象。但是，这时作用在工作台横向进给方向上的分力较大，会使工作台沿横向产生突然窜动。因此，铣削前必须紧固横向工作台。用面铣刀进行对称铣削时，只适用于加工短而宽或较厚的工件。

ii. 不对称逆铣。如图 4.26（b）所示，铣刀偏置于工件对称面的一侧，它切入时切削厚度最小，切出时切削厚度最大。这种铣削方法切入冲击较小，切削力变化小，切削过程平稳，适用于铣削碳钢和高强度低合金钢，且加工表面粗糙度值小，刀具耐用度较高。

iii. 不对称顺铣。如图 4.26（c）所示，铣刀偏置于工件对称面的另一侧，它切入时切削厚度最大，切出时切削厚度最小。这种铣削方法适用于加工不锈钢等中等强度和高塑性的材料，刀具的耐用度可提高 3 倍以上。

c. 周铣与端铣的分析对比。周铣和端铣在铣削单一平面时是分开的，在铣削台阶和沟槽等结构时则往往是同时存在的。现就铣削单一平面，分析对比周铣和端铣的情况。

i. 端铣用面铣刀的刀杆短、装夹刚性较好，同时参与切削的刀齿数较周铣多，铣削时振动较小，工作较平稳，加工表面的质量好。而周铣用圆柱铣刀刀杆较长，轴径较小，同时工作的刀齿比较少，故容易使刀杆产生弯曲变形，引起振动。

ii. 端铣用面铣刀切削时，其刀齿的主、副切削刃同时工作。

iii. 端铣用面铣刀便于镶装硬质合金刀片，进行高速铣削和阶梯铣削，效率较高；而周铣用圆柱铣刀镶装硬质合金刀片比较困难。

iv. 端铣用面铣刀的直径最大可达ϕ1 000 mm，一次能铣出较宽的表面，加工较大平面优势明显；而用圆柱铣刀周铣宽度较大的工件时，一般都要接刀铣削，会残留接刀痕迹。

v. 周铣用圆柱铣刀可采用大的刃倾角，以充分发挥刃倾角在铣削过程中的作用，对难加工材料的铣削有一定帮助。

由此可见，端铣的加工质量和生产率都比周铣高，加工平面时一般采用端铣。

铣削运动及铣削用量

⑤ 铣削用量及其选用。

a. 铣削用量。在铣削过程中选用的切削用量称为铣削用量。铣削用量包括吃刀量 a、进给量 f 和铣削速度 v_c。

i. 吃刀量 a。吃刀量 a 是指两平面之间的距离，又分为背吃刀量 a_p 和侧吃刀量 a_e。

- 背吃刀量 a_p。其指在通过切削刃基点并垂直于工作平面的方向上测量的吃刀量。
- 侧吃刀量 a_e。其指在平行于工作平面并垂直于切削刃基点的进给运动方向上测量的吃刀量。

ii. 进给量 f。进给量是指刀具在进给运动方向上相对于工件的位移量，有三种表示形式。进给量的三种表示形式见表 4-3。

表 4-3　　进给量的三种表示形式

进给量的表示形式	含义	用途
每齿进给量 f_z/(mm · z^{-1})	铣刀每转过一个刀齿时，工件与铣刀沿进给方向的相对位移量	用来计算切削力、验算刀齿强度
每转进给量 f/(mm · r^{-1})	铣刀每转一周时，工件与铣刀沿进给方向的相对位移量	
进给速度 v_f/(mm · min^{-1})	单位时间（每分钟）内，工件与铣刀沿进给方向的相对位移量	机床调整及计算加工工时的依据

iii. 铣削速度 v_c。铣刀切削刃上最大直径处的线速度（m/min）即为铣削速度，其大小为

$$v_c = \pi dn/1\,000 \tag{4-1}$$

式中：v_c——铣削速度，m/min；

d——铣刀切削刃上最大直径，mm；

n——铣刀转速，r/min。

b. 铣削用量的选用。铣削用量应根据工件材料、加工精度、铣刀耐用度及机床刚度等因素进行选择。

i. 选择铣削用量的原则。

- 保证刀具有合理的使用寿命，有较高的生产率和较低的生产成本。
- 保证加工质量，主要是保证加工精度和表面粗糙度达到图样要求。
- 铣削时不超过铣床允许的动力和转矩、不超过工艺系统（工件、刀具、机床、夹具）的刚度和强度，同时又充分发挥它们的潜力。

上述三条原则，根据具体情况应有所侧重。一般在粗加工时，应尽可能发挥刀具、机床的潜力，保证合理的刀具寿命；精加工时，首先要保证加工精度和表面粗糙度，同时兼顾合理的刀具寿命。

ii. 选择铣削用量的顺序。在铣削过程中，如果能在一定的时间内切除较多的金属，就有较高

的生产率。显然，增加吃刀量、铣削速度和进给量都能提高生产率。但是，影响刀具寿命最显著的因素是铣削速度，其次是进给量，而吃刀量影响最小。因此，在工艺系统刚性允许的条件下，为保证必要的刀具寿命，首先应尽可能选择较大的铣削深度和铣削宽度；其次选择较大的每齿进给量；最后根据所选定的刀具耐用度计算铣削速度。

iii. 铣削用量的选择。

- 选择吃刀量 a。铣削吃刀量的选取见表 4-4。

表 4-4　　铣削吃刀量的选取　　（单位：mm）

工件材料	高速钢铣刀		硬质合金铣刀	
	粗铣	精铣	粗铣	精铣
铸铁	5～7	0.5～1	10～18	1～2
软钢	<5	0.5～1	<12	1～2
中硬钢	<4	0.5～1	<7	1～2
硬钢	<3	0.5～1	<4	1～2

- 选择每齿进给量 f_z。每齿进给量 f_z 是衡量铣削加工效率水平的重要指标。粗铣时，限制进给量提高的主要因素是切削力，进给量主要根据铣床进给机构的强度、刀杆刚度、刀齿强度以及机床、夹具、工件的刚度来确定；在强度、刚度许可的条件下，进给量应尽量选取得大一些。半精铣和精铣时，限制进给量提高的主要因素是表面粗糙度，为了减少工艺系统的振动、减小已加工表面的残留面积高度，一般选取较小的进给量。

每齿进给量 f_z 的选取可查阅《机械工艺师手册》或其他参考资料。

- 选择铣削速度 v_c。在确定了吃刀量 a 和每齿进给量 f_z 之后，可在保证合理的刀具寿命的前提下，确定铣削速度 v_c。

粗铣时，确定 v_c 必须考虑铣床的许用功率，若超过铣床的许用功率，则应适当降低 v_c。

精铣时，一方面应考虑合理的 v_c，以抑制积屑瘤产生，提高表面质量；另一方面，由于刀尖磨损会影响加工精度，因此应选用耐磨性较好的刀具材料，并使刀具尽可能在最佳铣削速度范围内工作。

铣削速度 v_c 可查阅《机械工艺师手册》或相关参考资料，按照推荐范围进行选取，并在试切后加以调整。

（3）平面磨削（surface grinding）。对于精度要求高的平面以及淬火零件的平面加工，需要采用平面磨削方法。平面磨削主要在平面磨床上进行。磨削平面一般以一个平面为定位基准，磨削另一个平面，如果两个平面都要求磨削，可互为基准反复磨削。

生产批量较大时，箱体的平面常用磨削来精加工，表面粗糙度 Ra 可达 1.25～0.32 μm。为提高生产率和保证平面间的相互位置精度，还常采用组合磨削的方式精加工平面，组合磨削如图 4.27 所示。

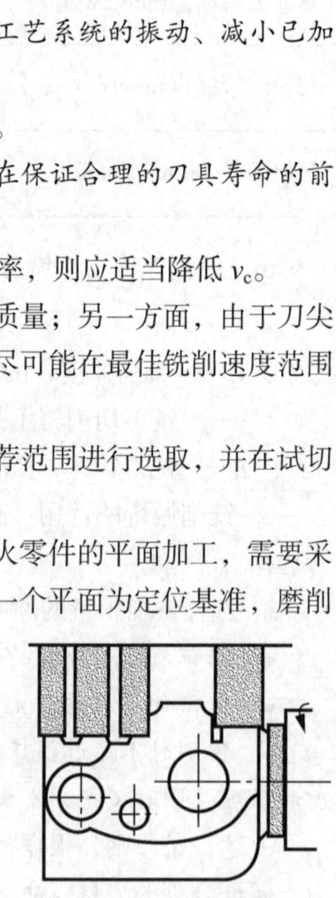

图 4.27　组合磨削

① 平面磨削方式。根据砂轮工作面的不同，平面磨削分为周磨和端磨两类。

a. 周磨。如图 4.28（a）和（b）所示，它是采用砂轮圆周面对工件平面进行磨削。卧轴的平面磨床磨削属于这种形式。采用这种磨削方式时，砂轮与工件的接触面积小，磨削力小，磨削热小，冷却和排屑条件较好，砂轮磨损均匀。

b. 端磨。如图 4.28（c）和（d）所示，它是采用砂轮端面对工件平面进行磨削。立轴的平面磨床磨削均属于这种形式。采用这种磨削方式时，砂轮与工件的接触面积大，磨削力大，磨削热多，冷却和排屑条件差，工件受热变形大。此外，由于砂轮端面径向各点的圆周速度不相等，因此砂轮磨损不均匀。

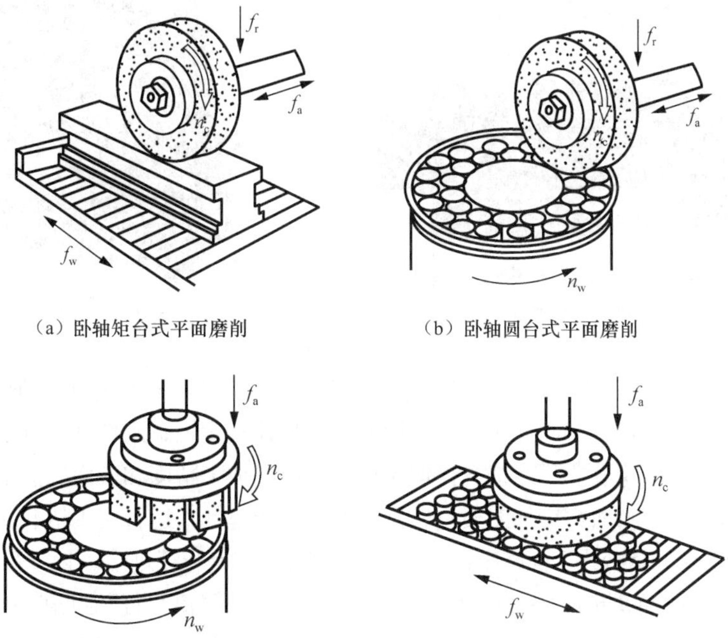

（a）卧轴矩台式平面磨削　（b）卧轴圆台式平面磨削

（c）立轴圆台式平面磨削　（d）立轴矩台式平面磨削

图 4.28　平面磨床加工示意图

② 平面磨床。根据平面磨床工作台的形状和砂轮工作面的不同，普通平面磨床可分为四种类型：卧轴矩台式平面磨床、卧轴圆台式平面磨床、立轴矩台式平面磨床和立轴圆台式平面磨床。

a. 卧轴矩台式平面磨床。如图 4.29 所示，砂轮架 5 与工作台台面平行，工件安装在矩形电磁吸盘上，并随工作台做纵向往复直线运动。砂轮在高速旋转的同时做间歇的横向移动，在工件表面磨去一层后，砂轮反向移动，同时做一次垂向进给，直至将工件磨削到所需的尺寸。

b. 卧轴圆台式平面磨床。卧轴圆台式平面磨床的主轴是卧式的，工作台是圆形电磁吸盘，用砂轮的圆周面磨削平面。磨削时，圆形电磁吸盘将工件吸在一起做单向匀速旋转运动；砂轮除高速旋转外，还在圆台外缘和中心之间做往复运动，以完成磨削进给，每往复一次或每次换向后，砂轮向工件垂直进给，直至将工件磨削到所需的尺寸。由于工作台是连续旋转的，因此磨削效率高，但不能磨削台阶面等。

c. 立轴矩台式平面磨床。其主轴轴线与工作台面垂直，工作台是矩形电磁吸盘，用砂轮的端面磨削平面。这类磨床只能磨削简单的平面零件。由于砂轮的直径大于工作台的宽度，砂轮不需要做横向进给运动，因此磨削效率较高。

d. 立轴圆台式平面磨床。如图 4.30 所示，其主轴轴线与工作台面垂直，工作台是圆形电磁吸盘，用砂轮的端面磨削平面。磨削时，圆工作台匀速旋转，砂轮除高速旋转外，还定时做垂向进给。

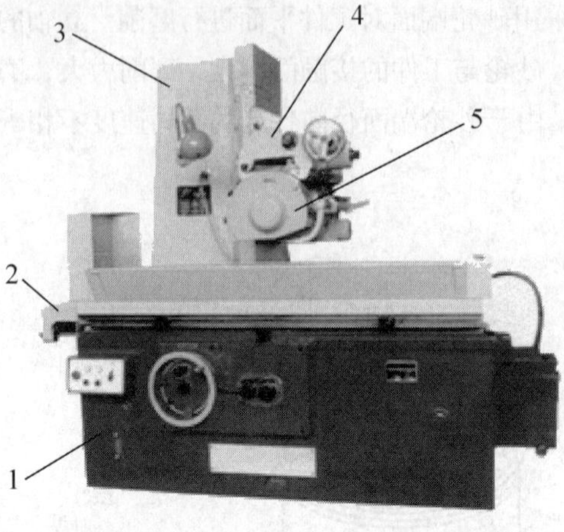

1—床身；2—工作台；3—立柱；4—滑座；5—砂轮架

图 4.29　卧轴矩台式平面磨床

图 4.30　立轴圆台式平面磨床

用砂轮端面磨削的平面磨床与用砂轮圆周面磨削的平面磨床相比，端面磨削的砂轮直径较大，能同时磨削出工件的全宽、磨削面积较大，同时砂轮悬伸长度短、刚性好，可采用较大的磨削用量，生产率较高；但砂轮散热、冷却、排屑条件差，所以加工精度和表面质量不高，一般用于粗磨。而用圆周面磨削的平面磨床加工质量较高，但其生产率低，适合用于精磨。

圆台式平面磨床和矩台式平面磨床相比，圆台式平面磨床是连续进给，生产率高，适用于磨削小零件和大直径环形零件的端面，不能磨削长零件；矩台式平面磨床可方便地磨削各种常用零件，包括直径小于工作台面宽度的环形零件。生产中常用的是卧轴矩台式平面磨床和立轴圆台式平面磨床。

③ 平面磨削砂轮的选择。平面磨削时，由于砂轮与工件的接触面积较大，磨削热也随之增加，尤其当磨削薄壁工件如活塞环、垫圈等时，容易产生翘曲变形和烧伤现象，因此应选硬度较软、粒度较粗、组织疏松的砂轮。平面磨削砂轮应根据磨削方式、工件材料、加工要求等内容，查阅相关标准或刀具手册进行选择。

④ 工件的装夹。平面磨削时，工件的装夹方法应根据工件的形状、尺寸和材料而定。对于形状简单的铁磁性材料工件，采用电磁吸盘装夹工件，操作简单方便，能同时装夹多个工件，而且能保证定位基面与加工表面之面的平行度要求。对于形状复杂或非铁磁性材料的工件，可采用精密平口虎钳或专用夹具装夹，然后用电磁吸盘或真空吸盘吸牢。

a. 电磁吸盘及其应用。电磁吸盘（electromagnetic chuck）根据电的磁效应原理制成，是平面磨削中最常用的夹具之一，用于钢、铸铁等磁性材料制成的有两个平行平面的工件装夹。其外形有矩形和圆形两种，如图 4.28 所示。

使用电磁吸盘装夹工件时，工件定位基面盖住绝缘磁层条数应尽可能地多，以充分利用磁性吸力，小工件的装夹如图 4.31 所示；或在工件的四周放上面积较大的挡块，狭高工件的装夹如图 4.32 所示。每次工件装夹完毕后，应用手拉一下工件，检查工件是否被吸牢。检查无误后，再启动砂轮进行磨削。

电磁吸盘的应用

b. 垂直面磨削时工件的装夹。

i. 侧面有吸力的电磁吸盘装夹。有一种电磁吸盘不仅工作台板的上平面能吸住工件，其侧面也能吸住工件。若被磨平面有与其垂直的相邻面且工件体积又不大时，用此方法装夹比较方便、可靠。

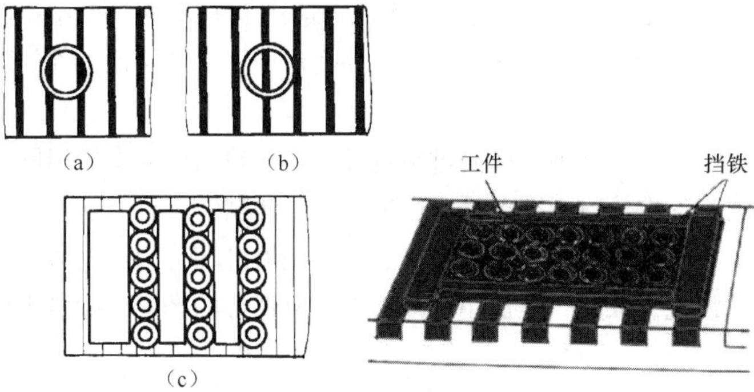

图 4.31　小工件的装夹

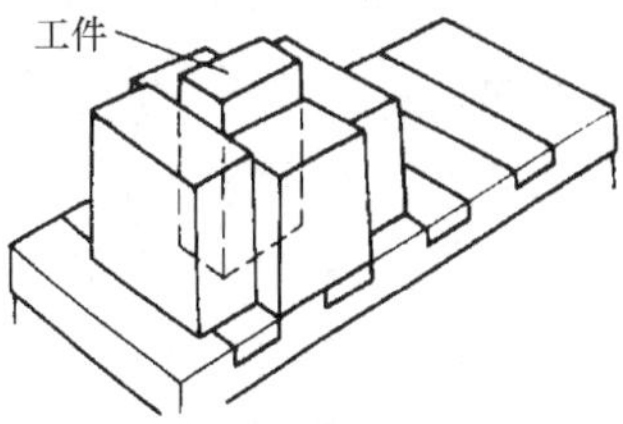

图 4.32　狭高工件的装夹

ii. 精密平口虎钳装夹。如图 4.33（a）所示，磨削垂直面时，先把平口虎钳的底面吸紧在电磁吸盘上，再把工件装夹在钳口内，先磨削第一面，如图 4.33（b）所示；然后把平口虎钳连同工件一起翻转 90°，将平口虎钳侧面吸紧在电磁吸盘上，再磨削垂直面，如图 4.33（c）所示。精密平口虎钳适用于装夹小型或非磁性材料的工件，以及被磨平面的相邻面为垂直平面的工件。

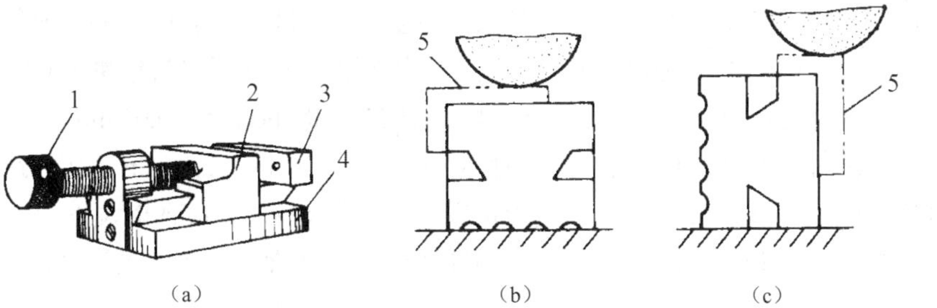

1—螺杆；2—活动钳口；3—固定钳口；4—底座；5—工件

图 4.33　精密平口虎钳装夹

⑤ 平面磨削技术。平面磨削时，尽管使用的磨床及磨削方式有所不同，但加工方法基本上是相同的。现以卧轴矩台式平面磨床为例，说明平面磨削的三种基本方法，即横向磨削法、深度磨削法和阶梯磨削法。平面磨削方法如图 4.34 所示。

三种平面磨削方法的切削运动

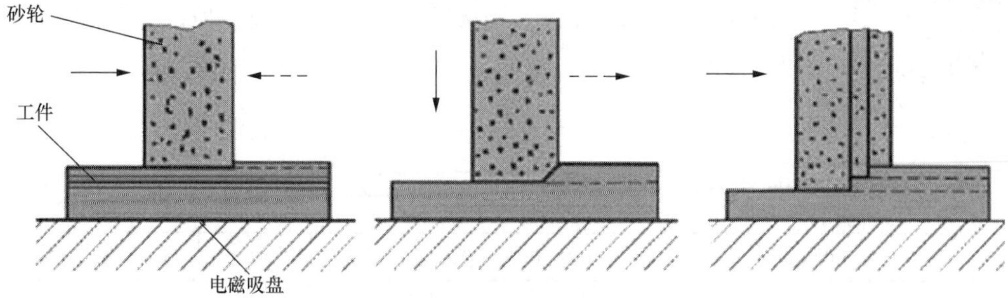

（a）横向磨削法　（b）深度磨削法　（c）阶梯磨削法

图 4.34　平面磨削方法

a. 横向磨削法。如图 4.34（a）所示，它是最常用的一种磨削方法。粗磨时，应选较大的垂直进给量和横向进给量；精磨时，二者均应选较小值。

横向磨削法适用于磨削长而宽的平面，也适用于相同小件按序排列集合磨削。因其磨削接触面积小、排屑和冷却条件好，所以砂轮不易堵塞、磨削热较小、工件变形小，容易保证工件的加工质量，但生产率较低，砂轮磨损不均匀。

b. 深度磨削法。如图 4.34（b）所示，深度磨削时纵向进给量较小，砂轮只做粗磨、精磨两次垂向进给。另外，也可采用切入磨削法，先分段粗磨，最后用横向磨削法精磨。

此方法因磨削抗力大，磨削时须将工件装夹牢固，并供给充足的切削液冷却。因深度磨削时垂直进给次数少，生产率较高，加工质量也有保证，故适用于动力大、刚性好的磨床，批量生产或磨削较大的工件。

c. 阶梯磨削法。如图 4.34（c）所示，它是根据工件磨削余量的大小，将砂轮修整成阶梯形，使其在一次垂向进给中采用较小的横向进给量磨去全部余量。

由于磨削用量分配在各段阶梯的轮面上，阶梯磨削法生产率较高，但修整砂轮比较麻烦，且机床须具有较高的刚度，因此在应用上受到一定的限制。

⑥ 平面磨削用量的选择。磨削用量的大小一般由加工方法、磨削性质、工件材料等决定。

a. 砂轮垂向进给量。其大小是依据横向进给量的大小来确定的。横向进给量大时，垂向进给量应小，以免影响砂轮和机床的寿命及工件加工精度；横向进给量小时，垂向进给量应大。一般粗磨时，横向进给量为（0.1～0.48）B/双行程（B 为砂轮宽度），垂向进给量为 0.015～0.05 mm；精磨时，横向进给量为（0.05～0.1）B/双行程，垂向进给量为 0.005～0.01 mm。

b. 工作台纵向进给量。工作台为矩形时，纵向进给量选 1～12 m/min。当磨削宽度大，精度要求高和横向进给量大时，工作台纵向进给量应选得小些；反之，应选得大些。

c. 磨削速度。砂轮的磨削速度不宜过高或过低，平面磨削砂轮速度的选择范围见表 4-5。

表 4-5　　平面磨削砂轮速度的选择范围

磨削形式	工件材料	粗磨/（$m \cdot s^{-1}$）	精磨/（$m \cdot s^{-1}$）
圆周磨削	灰铸铁	20～22	22～25
	钢	22～25	25～30
端面磨削	灰铸铁	15～18	18～20
	钢	18～20	20～25

平面加工工艺路线的确定

（4）平面加工方案。平面加工方案应根据零件的形状、尺寸、材料、技术要求和生产类型等情况正确选择，以保证平面加工质量，平面加工方案汇总见表 4-6。

表 4-6　　平面加工方案汇总

序号	加工方案	经济精度等级	表面粗糙度 Ra/μm	适用范围
1	粗车	IT13～IT11	25～12.5	回转体零件的端面
2	粗车→半精车	IT10～IT9	6.3～3.2	
3	粗车→半精车→精车	IT8～IT7	1.6～0.8	

续表

序号	加工方案	经济精度等级	表面粗糙度 *Ra*/μm	适用范围
4	粗车→半精车→磨削	IT8～IT6	0.8～0.2	
5	粗刨（粗铣）	IT13～IT11	25～6.3	精度要求不太高的淬硬平面、未淬硬平面（端铣表面粗糙度 *Ra* 较小）
6	粗刨（粗铣）→半精刨（半精铣）	IT12～IT11	6.3～1.6	
7	粗刨（粗铣）→精刨（精铣）	IT10～IT8	6.3～1.6	
8	粗刨（粗铣）→半精刨（半精铣）→精刨（精铣）	IT8～IT7	3.2～1.6	
9	粗刨（粗铣）→精刨（精铣）→刮研	IT6～IT5	0.8～0.1	精度要求较高的未淬硬平面，批量较大时宜采用宽刃刀精刨方案
10	粗刨（粗铣）→精刨（精铣）→宽刃刀精刨	IT7～IT6	0.8～0.2	
11	粗刨（粗铣）→半精刨（半精铣）→精刨（精铣）→刮研	IT6～IT5	0.8～0.1	
12	粗刨（粗铣）→半精刨（半精铣）→精刨（精铣）→宽刃刀低速精刨	IT5	0.8～0.2	
13	粗刨（粗铣）→精刨（精铣）→磨削	IT7～IT6	0.8～0.2	精度要求高的淬硬平面或未淬硬平面
14	粗刨（粗铣）→半精刨（半精铣）→精刨（精铣）→磨削	IT6～IT5	0.4～0.2	
15	粗刨（粗铣）→精刨（精铣）→粗磨→精磨	IT7～IT6	0.4～0.025	
16	粗铣→拉	IT9～IT7	0.8～0.2	大量生产、较小的平面（精度视拉刀精度而定）
17	粗铣→精铣→磨削→研磨	IT5 以上	0.1～0.006（或 *Rz* 为 0.05）	高精度平面

知识拓展

平面的光整加工

对于尺寸精度和表面粗糙度要求很高的零件，一般要进行光整加工。平面的光整加工方法有很多，常用的有研磨、刮研、超精加工、抛光。需要时，可查阅相关专业书籍或技术资料，了解其工作原理、特点和使用场合。

平面的光整加工

刮削及刮刀

平面的刮削工序

研磨种类——湿研磨

研磨种类——干研磨

认识研磨工具

2. 矩形垫块零件精度检验

（1）检验尺寸精度和平行度误差。因平行度公差为 0.05 mm，用千分尺测得的尺寸最大偏差应在 0.05 mm 以内，即用千分尺测量平行面之间的尺寸应在 49.95～50.05 mm、39.95～40.05 mm 范围内。

（2）检验平面度误差。平面度误差的常用检验方法有以下几种。

① 涂色法。在工件的平面上涂一层极薄的显示剂（红印油等），然后将工件放在精密平板上，使涂显示剂的平面与平板接触，双手扶住工件前后左右平稳地呈 8 字形移动几下，再取下工件仔细地观察摩擦痕迹分布情况，以确定工件的平面度误差。

② 透光法。工件的平面度误差也可用样板平尺测量，样板平尺及其应用如图 4.35 所示。样板平尺有刀刃式、宽面式和楔式等几种，其中刀刃式样板平尺也称为刀口形直尺，最为准确，应用最广。

测量时将样板平尺刃口垂直放在被检验平面上并且对着光源，观察刃口与工件平面之间缝隙透光是否均匀。若各处都不透光，表明工件平面度误差很小；若有个别段透光，则可凭操作者的经验，估计出平面度误差的大小。用刀口形直尺测量平面度误差如图 4.36 所示，各个方向的直线度均应小于 0.05 mm，必要时可用 0.05 mm 的塞尺检查刀口形直尺与被测平面之间缝隙的大小。

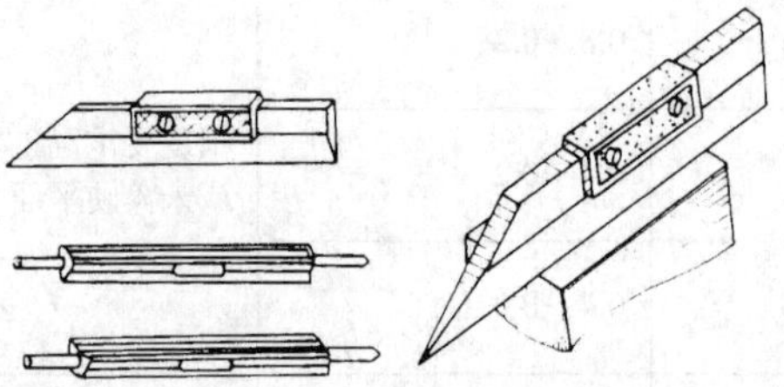

图 4.35　样板平尺及其应用

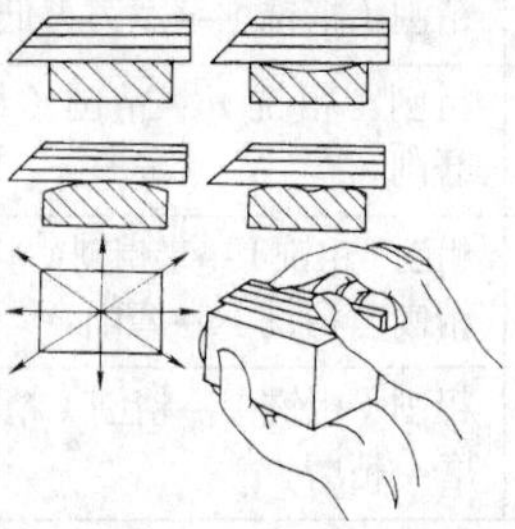

图 4.36　用刀口形直尺测量平面度误差

③ 千分表法。用千分尺检验平面度误差如图 4.37 所示，在精密平板上用三个千斤顶顶住工件（千斤顶开距尽量大一些），通过调节千斤顶，用千分表把工件表面 *A*、*B*、*C*、*D* 四点调至高度相等，误差不大于 0.005 mm。然后以此高度为准测量整个平面，百分表上的读数差即为平面度误差值。测量时，平板和千分表底座要清洁，移动千分表时要平稳。这种方法测量精度较高，而且可以得到平面度误差值，但测量时需有一定的技能。

（3）检验垂直度误差。用 90° 角度尺测量垂直度如图 4.38 所示，用 90° 角度尺测量相邻面垂直度时，应以工件 *A* 面为基准，并注意在平面的两端测量，以测得最大实际误差值，分析并找出垂直度误差产生的原因。

（4）采用目测类比法检验表面粗糙度。

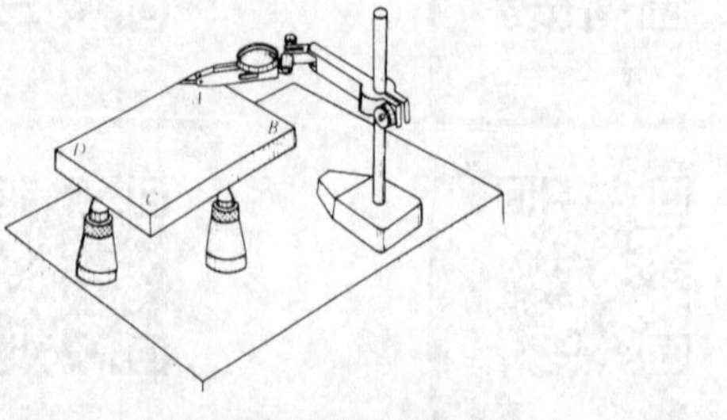

图 4.37　用千分尺检验平面度误差

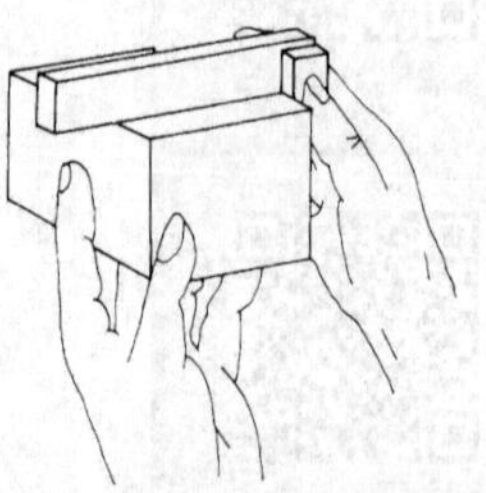

图 4.38　用 90° 角度尺测量垂直度

4.1.3　任务实施

1. 矩形垫块零件机械加工工艺规程编制

（1）分析矩形垫块零件的结构和技术要求。此零件为矩形零件，结构简单。其主要加工表面和加工要求如下。

① 各平面的尺寸为 50 mm × 100 mm、40 mm × 100 mm，平面度公差为 0.05 mm。

② 平行面之间的尺寸为 50 mm ± 0.05 mm、40 mm ± 0.05 mm，垂直面垂直度公差为 0.05 mm。

③ 工件各表面粗糙度 *Ra* 均为 3.2 μm，铣削加工可达到要求。

（2）明确矩形垫块零件的毛坯状况。此零件材料选用 HT200，毛坯选用 110 mm × 50 mm × 60 mm 的矩形铸件。灰铸铁不仅成本低，而且具有较好的耐磨性、可铸性、可切削性和阻尼特性。

（3）选择定位基准。本任务中要求工件的 *B*、*D* 平面垂直于平面 *A*，平面 *C* 平行于平面 *A*。根据基准重合原则，可选择平面 *A* 为定位基面。

（4）矩形垫块零件的机械加工工艺路线。

① 确定各表面加工方案。经分析，任务中工件各加工表面采用铣削加工即可达到要求。

② 划分加工阶段。粗、精加工分开进行，会使机床、夹具的数量及工件安装次数增加，而使成本提高。所以对单件小批量生产、精度要求不高的零件，常常将粗、精加工合并在一道工序进行，但必须采取相应措施，以减少加工过程中的变形。例如，粗加工后松开工件让其充分冷却，然后用较小的夹紧力以较小的切削用量多次走刀进行精加工。

此零件加工时采用将粗、精加工合并在一道工序进行，并分别选用不同的切削用量。

③ 矩形垫块零件的机械加工工艺路线为毛坯→铣 *A* 面→铣 *B* 面→铣 *D* 面→铣 *C* 面→铣 *E* 面→铣 *F* 面→检验。

（5）设计工序内容。

① 确定各表面加工余量、工序尺寸及其公差。

② 选择设备、工装。根据单件小批量生产类型的工艺特征，选择通用机床进行零件加工。工艺装备选择时，应采用标准型号的刀具和量具；夹具选择时，为加工方便，可根据需要选用部分专用夹具。矩形垫块零件加工设备、工装具体选用情况如下。

a. 设备。选用 X5032 型立式铣床或类似的立式铣床。

b. 夹具。工件外形尺寸不大，选用带网纹钳口的机用平口虎钳装夹。

c. 刀具。根据图样给定的平面宽度尺寸选择铣刀规格，选用外径为 ϕ80 mm、宽度为 45 mm、孔径为 ϕ32 mm、齿数为 10 的套式面铣刀。

根据工件材料，加工时既可选用高速钢铣刀，也可选用硬质合金铣刀。

d. 量具。选用刀口形直尺、外径千分尺、90° 角尺检验。

e. 辅具。选用平行垫块、铜片、扳手等。

矩形工件的装夹操作方法

③ 确定切削用量。按工件材料（HT200）和铣刀的规格，选择、计算和调整铣削用量。

a. 粗铣时，取铣削速度 $v_c = 16$ m/min，每齿进给量 $f_z = 0.10$ mm/z，则铣床主轴转速为

$$n=\frac{1\,000v_c}{\pi D}=\frac{1\,000\times16}{\pi\times80}(\mathrm{r/min})\approx63.69(\mathrm{r/min})$$

每分钟进给量为

$$v_f = f_z z n = 0.10 \times 10 \times 60(\text{mm/min}) = 60(\text{mm/min})$$

实际调整铣床主轴转速 $n = 60$ r/min，每分钟进给量 $v_f = 60$ mm/min。

b. 精铣时，取铣削速度 $v_c = 20$ m/min，每齿进给量 $f_z = 0.063$ mm/z，实际调整铣床主轴转速 $n = 75$ r/min，每分钟进给量 $v_f = 47.5$ mm/min。

c. 粗、精铣时的背吃刀量分别为 4.5 mm 和 0.5 mm，铣削层宽度分别为 40 mm 和 50 mm。

（6）填写工艺文件。根据以上分析，拟定矩形垫块零件机械加工工艺过程，见表 4-7。

表 4-7 矩形垫块零件机械加工工艺过程

工序	工序名称	工序内容	加工简图
1	铸	110 mm × 50 mm × 60 mm 的矩形铸件	
2	时效处理		
3	铣 *A* 面	① 工件以 *B* 面为粗基准，并靠向固定钳口，在虎钳的导轨面垫上平行垫铁，在活动钳口处放置圆棒后夹紧工件； ② 操纵机床各手柄，使工件处于铣刀下方，开动机床，垂向缓缓升高，使铣刀刚好擦到工件后停机，退出工件； ③ 垂向工作台升高 4.5 mm，采用纵向机动进给，铣出 *A* 面，表面粗糙度 *Ra* 小于 6.3 μm	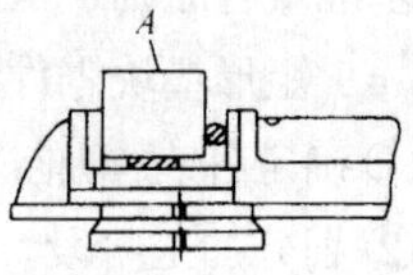
4	铣 *B* 面	① 以 *A* 面为精基准，将 *A* 面与固定钳口贴紧，虎钳导轨面垫上适当高度的平行垫铁，在活动钳口处放置圆棒夹紧工件； ② 开动机床，当铣刀擦到工件后，垂向工作台升高 4.5 mm，铣出 *B* 面，并在垂向刻度盘上做好记号； ③ 卸下工件，用宽座 90° 角尺检验 *B* 面对 *A* 面的垂直度，检验时观看 *A* 面与长边测量面缝隙是否均匀，或用塞尺检验垂直度的误差值，若测得 *A* 面与 *B* 面的夹角大于 90° ，应在固定钳口下方垫纸片（或铜片），若测得 *A* 面与 *B* 面的夹角小于 90° ，则应在固定钳口上方垫纸片，如右图所示，所垫纸片（或铜片）的厚度应根据垂直度误差大小而定，然后垂向少量升高后再进行铣削，直至垂直度达到要求为止	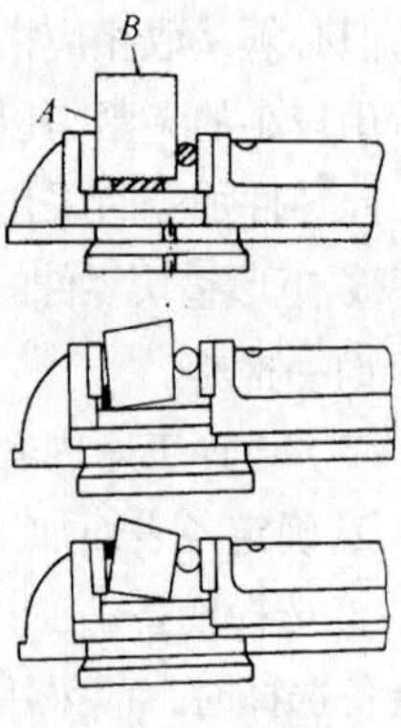
5	铣 *D* 面	① 工件以 *A* 面为基准面，贴靠在固定钳口上，在虎钳的导轨面放上平行垫铁，使 *B* 面紧靠平行垫铁，在活动钳口放置圆棒后夹紧，并用铜棒轻轻敲击，使之与平行垫铁贴紧； ② 根据原来的记号，垂向工作台升高 4.5 mm 后，做好记号，铣出 *D* 面； ③ 用千分尺测量工件的各点，若测得千分尺读数差在 0.05 mm 之内，则符合图样上平行度要求； ④ 根据千分尺读数测得工件精铣余量后，升高垂向工作台，进行精铣，使工件尺寸达到 50 mm ± 0.05 mm	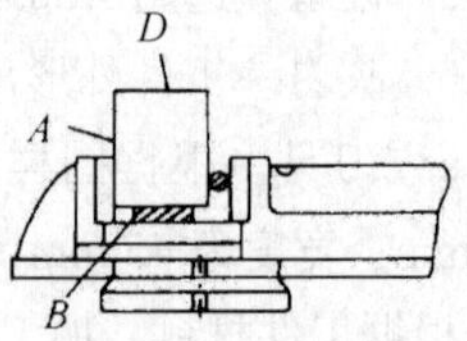
6	铣 *C* 面	① 将工件 *B* 面与固定钳口贴紧，*A* 面与导轨面上的平行垫铁贴合后，夹紧工件，用铜棒轻轻敲击工件，使工件与垫铁贴紧； ② 开动机床，重新调整工作台，使铣刀与工件表面擦到后退出工件，垂向工作台升高 4.5 mm，并在垂向刻度盘上做好记号，粗铣出 *C* 面； ③ 预检平行度达 0.05 mm 以内，再根据测得工件实际尺寸后，调整垂向工作台，精铣 C 面，使其尺寸达到 40 mm ± 0.15 mm	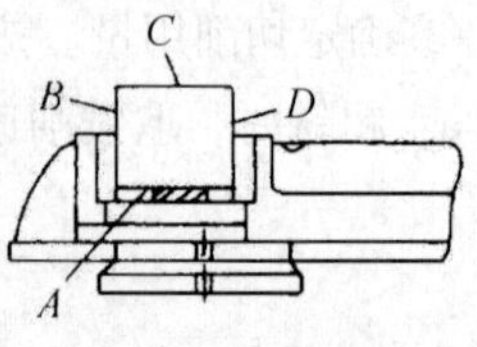

续表

工序	工序名称	工序内容	加工简图
7	铣 *E* 面	① 将工件 *A* 面与固定钳口贴合，轻轻夹紧工件； ② 用宽座 90° 角尺找正 *B* 面，将宽座 90° 角尺的短边基面与导轨面贴合，使长边的测量面与工件 *B* 面贴合，夹紧工件； ③ 重新调整垂向工作台，使铣刀擦到工件表面后，退出工件，垂向工作台升高 4.5 mm，铣出 *E* 面； ④ 检测垂直度，以 *E* 面为测量基准，检测 *A*、*C* 面对 *E* 面的垂直度，检测方法如右图所示，若测得垂直度误差较大，应重新装夹、找正，然后再进行铣削，直至铣出的垂直度达到要求	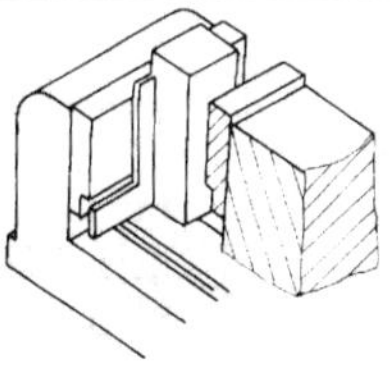 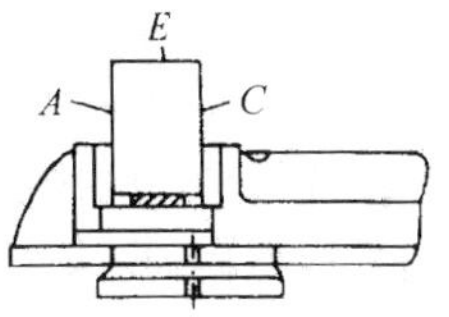
8	铣 *F* 面	① 工件 *A* 面与固定钳口贴合，使 *E* 面与虎钳导轨面上的平行垫铁贴合，夹紧工件后，用铜棒轻轻敲击工件，使之与平行垫铁贴紧； ② 重新调整垂向工作台，使铣刀刚好擦到工件后退出，垂向工作台升高 4.5 mm，铣出 *F* 面； ③ 预检平行度。用千分尺测量各点，若测得各点间误差在 0.05 mm 之内，则平行度及垂直度符合图样要求； ④ 精铣尺寸，根据千分尺读数测得工件精铣余量后，升高垂向工作台，精铣后使工件尺寸达到 110 mm ± 0.15 mm	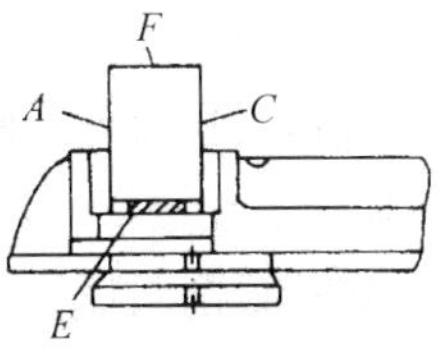
9	检验	检验入库	刀口形直尺、外径千分尺、90° 角尺检验

2. 矩形垫块零件机械加工工艺规程实施

根据生产实际或结合教学设计，参观生产现场或观看相关加工视频。

（1）铣削加工技术。

① 铣刀的安装。

a. 带柄铣刀的安装。如图 4.39 所示，分两种安装情况。

i. 直柄铣刀的安装。直柄铣刀直径较小，可用弹簧夹头进行安装。

ii. 锥柄铣刀的安装。锥柄铣刀的锥柄上有螺纹孔，可通过拉杆将铣刀拉紧，安装在主轴上。锥柄铣刀有两种规格，一种锥柄锥度为 7 : 24；另一种锥柄锥度采用莫氏锥度。常用铣床的主轴通常采用锥度为 7 : 24 的内锥孔。锥度为 7 : 24 的锥柄铣刀可直接或通过锥套安装在主轴上。采用莫氏锥度的锥柄铣刀，由于与主轴锥度规格不同，因此安装时要根据铣刀锥柄尺寸选择合适的过渡锥套，过渡锥套的外锥锥度为 7 : 24，与主轴锥孔一致，其内锥孔为莫氏锥度，与铣刀锥柄相配。

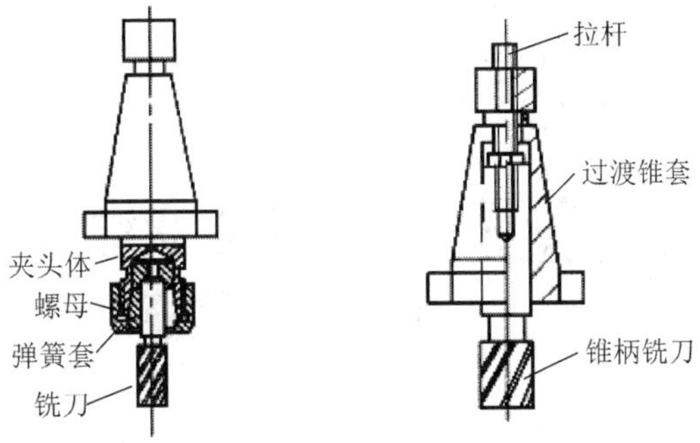

（a）直柄铣刀的安装　　（b）锥柄铣刀的安装

图 4.39　带柄铣刀的安装

b. 带孔铣刀的安装。如图 4.40 所示，在卧式铣床上一般使用拉杆安装铣刀。刀杆一段安装在卧式铣床的刀杆支架上，刀杆穿过铣刀孔，通过套筒将铣刀定位，然后将刀杆的锥体装入机床主轴锥孔，用拉杆将刀杆在主轴上拉紧。铣刀应尽量靠近主轴，减少刀杆的变形，提高加工精度。

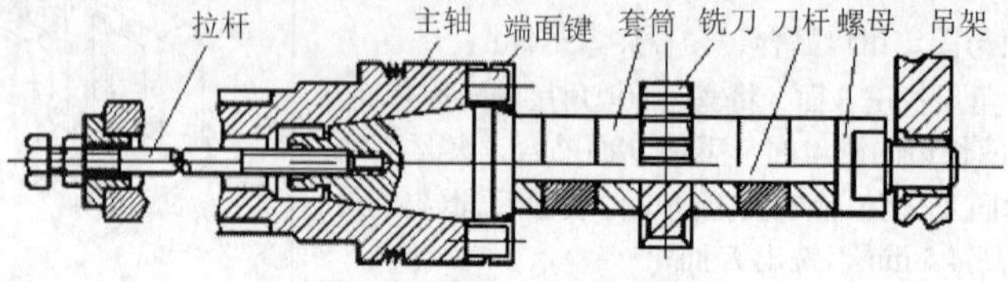

图 4.40　带孔铣刀的安装

② 铣削平面的操作方法。

a. 选择铣刀。根据工件的形状、切削层的尺寸及加工要求选择铣刀。加工较大平面应选择端铣刀，加工较小的平面一般选择铣削平稳的圆柱铣刀。铣刀的直径应尽量大于待加工表面的宽度，以减少走刀次数。

b. 安装铣刀。

c. 选择夹具装夹工件。根据工件的形状、尺寸及加工要求选择平口虎钳、回转工作台、分度头、螺栓压板或铣床夹具等装夹工件。

d. 选择铣削用量。根据工件材料特性、刀具材料特性、加工余量、加工要求等制定合理的加工顺序和切削用量。

e. 调整机床。检查铣床各部件及手柄位置，调整主轴转速及进给速度。

f. 按铣削操作规程进行加工。

（2）矩形垫块零件的加工。零件的加工步骤按其机械加工工艺过程执行（见表 4-7）。

问题讨论

（1）矩形零件的装夹方法有哪些？

（2）加工矩形零件时，如何保证加工表面间的位置精度？

3. 实训工单 4——箱体零件机械加工工艺规程编制与实施

具体内容详见实训工单 4。

任务 4.2　坐标镗床变速箱壳体零件机械加工工艺规程编制与实施

4.2.1 任务引入

编制图 4.41 所示坐标镗床变速箱壳体零件的机械加工工艺规程并实施。零件材料为 ZL106，生产类型为小批量生产。

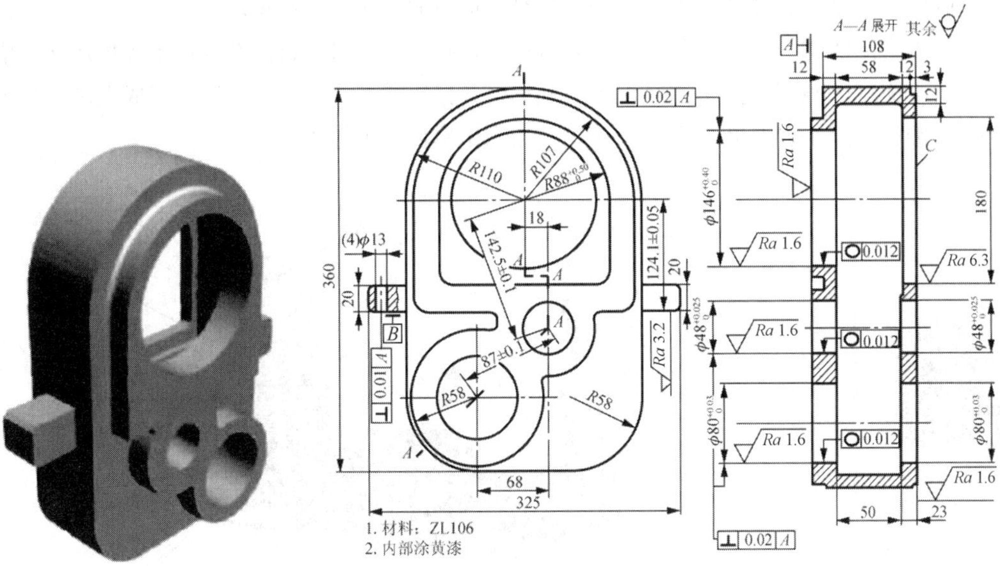

（a）实物图　　（b）零件图

图 4.41　坐标镗床变速箱壳体零件

4.2.2　相关知识

1. 镗孔（boring）

镗孔是最常用的孔加工方法，即使用镗刀对已经钻出、铸出或锻出的孔做进一步的加工。它可以用于粗加工，也可以用于精加工，且加工范围很广，可加工各种零件上不同尺寸的孔。镗孔一般在镗床上进行，也可以在车床、铣床、数控机床和加工中心上进行。由于镗孔时刀具尺寸（镗杆和镗刀）受到被加工孔径的限制，一般刚性较差，容易引起弯曲、扭转和振动，特别是小直径、离支承较远的孔，振动情况更为突出，因此影响孔的精度。镗孔的加工精度为 IT10～IT7，表面粗糙度 *Ra* 为 6.3～0.8 μm。与扩孔和铰孔相比，镗孔生产率较低，但因刀具成本较低，而且镗孔能保证孔中心线的准确位置，并能修正毛坯或上道工序加工后所造成的孔的中心线歪曲和偏斜，在单件小批量生产中采用镗孔是较经济的。对于直径很大的孔和大型零件的孔，镗孔是唯一的加工方法。

（1）镗床（boring machine）。镗床主要用于加工尺寸较大且精度要求较高的孔，特别是分布在不同表面上、孔距和位置精度要求很严的孔系，如箱体、发动机缸体等零件上的孔系加工。镗床工作时，由刀具做旋转主运动，进给运动则根据机床类型和加工条件的不同由刀具或工件完成。

镗床主要类型有卧式镗床、坐标镗床等。

① 卧式镗床。如图 4.42 所示，它主要由床身、主轴箱、工作台、平旋盘和前后立柱等组成。主轴箱中装有镗轴、平旋盘及主运动和进给运动的变速操纵机构。

卧式镗床的主运动有镗轴和平旋盘的旋转运动（二者是独立的，分别由不同的传动机构驱动）。其进给运动有镗轴的轴向进给运动，平旋盘上径向刀架的径向进给运动，主轴箱的垂直进给运动，工作台的纵向、横向进给运动。此外，其辅助运动有工作台转位，后立柱纵向调位，后立柱支架垂直方向调位，主轴箱沿垂直方向和工作台沿纵、横方向的快速调位运动。

卧式镗床结构复杂、工艺范围很广，除可进行镗孔外，还可进行钻孔、加工各种形状沟槽、铣平面、车削端面和螺纹等。一般情况下，利用卧式镗床零件可在一次安装中完成大部分甚至全部的加工工序。它广泛用于机修和工具车间，适用于单件小批量生产。

镗削加工原理

卧式镗床的切削运动

1—后支承架；2—后立柱；3—工作台；4—平旋盘；

5—镗轴；6—径向刀架；7—前立柱；8—主轴箱；

9—后尾筒；10—床身；11—下滑座；12—上滑座

图 4.42　卧式镗床

图 4.43 所示为卧式镗床的典型加工方法。其中，图 4.43（a）所示为利用装在镗轴上的镗刀镗孔，纵向进给运动 f_1 由镗轴移动完成；图 4.43（b）所示为利用后立柱支架支承长镗杆镗削同轴孔，纵向进给运动 f_3 由工作台移动完成；图 4.43（c）所示为利用平旋盘上刀具镗削大直径孔，纵向进给运动 f_3 由工作台完成；图 4.43（d）所示为利用装在镗轴上的端铣刀铣平面，垂直进给运动 f_2 由主轴箱完成；图 4.43（e）和（f）所示为利用装在平旋盘径向刀架上的刀具车内沟槽和端面，径向进给运动 f_4 由径向刀架完成。

卧式镗床的主参数是镗轴直径。

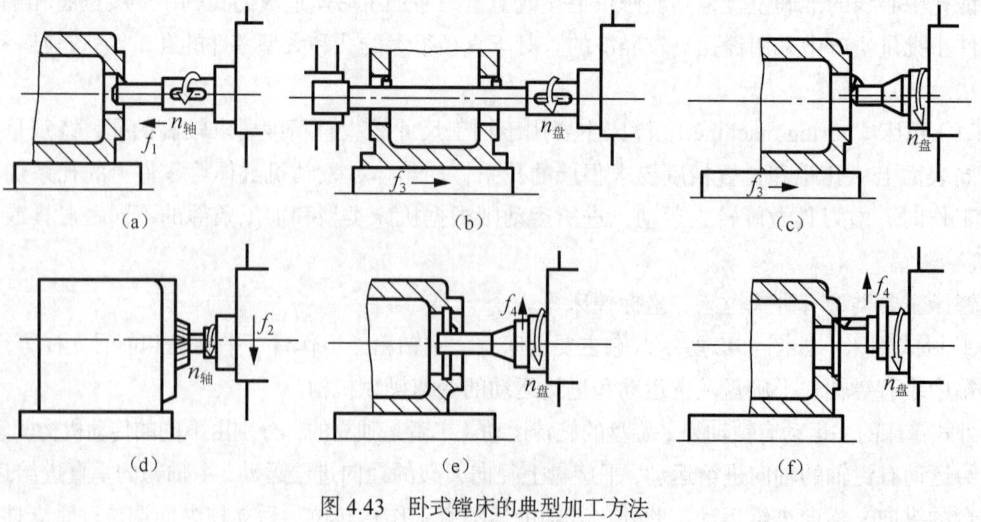

图 4.43　卧式镗床的典型加工方法

② 坐标镗床（jig boring machine）。此类机床具有精密的坐标测量装置，是保证加工精度的关键。加工孔时，按直角坐标实现工件孔和刀具轴线的精确定位（定位精度可达 2 μm），所以称为坐标镗床。其上主要零部件的制造、装配精度都很高，并具有良好的刚性和抗震性，是一种高精度机床，主要用于镗削尺寸精度和位置精度要求很高的孔或孔系，如钻模、镗模等的孔系。坐标镗床除按坐标尺寸镗孔以外，还可以实现钻、扩、铰孔，锪端面，铣平面和沟槽等。此外，利用坐标测量装置，可进行精密刻线、划线以及孔距和直线尺寸的精密测量等工作。坐标镗床主要用于工具、模具、量具等的单件小批量生产。

坐标镗床有立式单柱、立式双柱和卧式三种类型，图 4.44 所示为立式双柱坐标镗床。

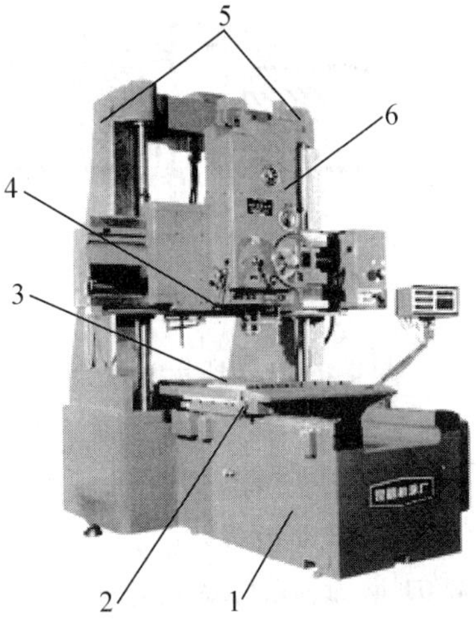

1—床身；2—滑座；3—工作台；4—主轴；5—左、右立柱；6—主轴箱

图 4.44　立式双柱坐标镗床

（2）镗刀（boring cutter）。

① 镗刀类型。镗刀是具有一个或两个切削部分，专门用于对已有孔进行粗加工、半精加工或精加工的刀具。镗刀可在镗床、车床或铣床上使用。因装夹方式的不同，镗刀柄部有方柄、莫氏锥柄和 7∶24 锥柄等多种形式。

镗刀有多种类型，按其切削刃数量可分为单刃镗刀、双刃镗刀和多刃镗刀；按其加工表面不同可分为内孔镗刀和端面镗刀，内孔镗刀又分为通孔镗刀、阶梯孔镗刀和盲孔镗刀；按其结构可分为整体式、装配式和可调式镗刀。

② 镗刀的选用。

a. 单刃镗刀。大多数单刃镗刀制成可调结构，图 4.45（a）、（b）、（c）所示分别为通孔镗刀、阶梯孔镗刀和盲孔单刃镗刀。调节螺钉用于调整尺寸，紧固螺钉起锁紧作用。单刃镗刀刀头结构与车刀类似，因刚性差切削时易引起振动，所以其主偏角选得较大，以减小径向力。

单刃镗刀结构简单，可以校正原有孔轴线偏斜和小的位置偏差，适应性较广，可用来进行粗加工、半精加工或精加工。但是，所镗孔径的大小要靠人工调整刀头的悬伸长度来保证，较为麻烦，加之仅有一个主切削刃参加工作，故生产率较低，多用于单件小批量生产。

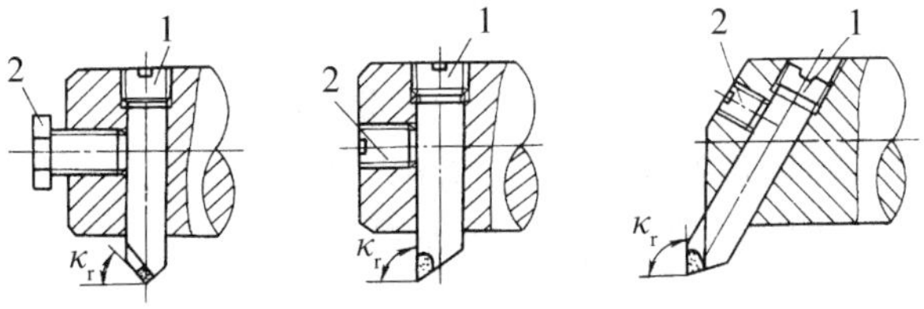

（a）通孔镗刀　（b）阶梯孔镗刀　（c）盲孔单刃镗刀

1—调节螺钉；2—紧固螺钉

图 4.45　单刃镗刀

b. 双刃镗刀。简单的双刃镗刀，就是镗刀的两端有一对对称的切削刃同时参与切削，其优点是消除了径向力对镗杆的影响，对其刚度要求低、不易振动，可以用较大的切削用量，切削效率高。工件孔径尺寸精度由镗刀径向尺寸保证。

常用的双刃镗刀有固定式镗刀和浮动镗刀两种。

i. 固定式镗刀。如图 4.46（a）所示，工作时，镗刀块可通过斜楔、锥销或螺钉装夹在镗杆上，镗刀块相对于轴线的位置偏差会造成孔径误差。双刃固定式镗刀是定尺寸刀具，适用于粗镗或半精镗直径较大的孔（直径 > 40 mm）。

镗刀既可由高速钢制成整体式，也可由硬质合金制成焊接式或可转位式。

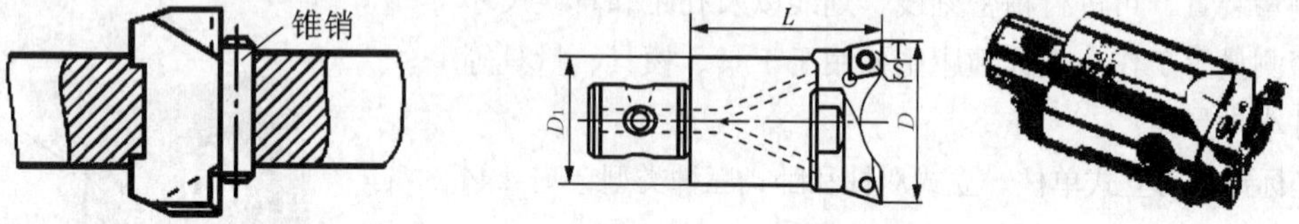

（a）双刃固定式镗刀　　（b）双刃机夹镗刀

图 4.46　双刃固定式镗刀

图 4.46（b）所示为近年来广泛使用的双刃机夹镗刀。其刀片更换方便，不需重磨，易于调整，对称镗孔的精度较高。与单刃镗刀相比，其每转进给量可提高 1 倍左右，生产率高。大直径的镗孔加工可选用可调双刃镗刀，其镗刀头部可做大范围的更换调整，最大镗孔直径可达ϕ1 000 mm。

ii. 浮动镗刀。它是一种尺寸可调并可自动定心的双刃镗刀。图 4.47（a）所示为可调节浮动镗刀块。调节时，先松开紧固螺钉，转动调节螺钉，改变刀片的径向位置至两切削刃之间尺寸等于所要加工孔径尺寸，最后拧紧紧固螺钉。工作时，镗刀块能在镗杆的径向槽中自由滑动，并在切削力的作用下保持平衡对中，这样可以减少镗刀块安装误差及镗杆径向跳动所引起的加工误差，而获得较高的加工精度；但它不能校正原有孔轴线的直线度误差和相互位置误差，应在单刃镗之后使用。如图 4.47（b）所示，浮动镗孔适用于批量较大、较大孔径的精加工。

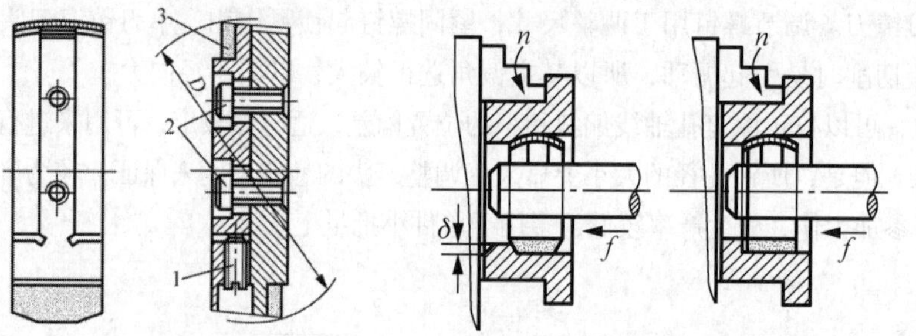

（a）可调节浮动镗刀块　　（b）浮动镗孔

1—调节螺钉；2—紧固螺钉；3—镗刀块

图 4.47　浮动镗刀及浮动镗孔

镗模类型及其结构特点

（3）镗床夹具。镗床夹具又称镗模（boring jig），是一种精密专用夹具，主要用于加工箱体或支座类零件上的孔或孔系。加工孔的尺寸精度和位置精度可不受镗床精度的影响，而主要由镗模保证。与钻模相比，镗模结构要复杂得多，制造精度也高很多。镗模不仅广泛应用于各类镗床上，还可以用于车床、摇臂钻床及组合机床上。

镗床夹具的设计要点

镗模主要由镗模底座、支架、镗套、镗杆及必要的定位元件和夹紧装置组成。

特别提示　设计镗模时，除定位元件、夹紧装置外，主要考虑与镗刀密切相关的刀具导向装置（镗套、镗杆）以及镗模支架和底座的合理选用，其具体结构形式和设计要点可查阅《机床夹具设计手册》等相关书籍。

（4）镗削用量。根据加工设备、尺寸精度、镗削方法等选用镗削用量，或查阅附录 A 中相关内容，也可参考相关手册或书籍进行选择。

（5）镗孔加工方法。镗孔加工往往要经过粗镗、半精镗、精镗的过程。粗镗、半精镗、精镗工序的选择决定于所镗孔的精度要求、工件材质及工件的具体结构等因素。

① 粗镗。粗镗是圆柱孔镗削加工的重要工艺过程，它主要是对工件的毛坯孔（铸、锻孔）或对钻、扩后的孔进行预加工，为下一步半精镗、精镗加工达到要求奠定基础，并能及时发现毛坯的缺陷，如裂纹、夹砂、砂眼等。

粗镗后一般单边留 2～3 mm 作为半精镗和精镗的加工余量。对于精密箱体零件，一般粗镗后还应安排回火或时效处理，以消除粗镗时所产生的内应力，最后再进行精加工。

由于在粗镗中采用较大的切削用量，因此在粗镗中产生的切削力大、切削温度高，刀具磨损严重。为保证粗镗的生产率及一定的镗削精度，要求粗镗刀应有足够的强度、能承受较大的切削力，并有良好的抗冲击性能。要求镗刀有合适的几何角度，以减小切削力，并有利于镗刀的散热。

② 半精镗。半精镗是精镗的预备工序，主要是解决粗镗时残留下来的余量不均部分。对精度要求高的孔，半精镗一般分两次进行：第一次主要是去掉粗镗时留下的余量不均匀的部分；第二次是镗削余下的余量，以提高孔的尺寸精度、形状精度及减小表面粗糙度。半精镗后一般单边留精镗余量为 0.3～0.4 mm。对精度要求不高的孔，粗镗后可直接进行精镗，不必设半精镗工序。

③ 精镗。精镗是在粗镗和半精镗的基础上，用较高的切削速度、较小的进给量，切去粗镗或半精镗留下的较少余量，准确地达到图纸规定的内孔表面。粗镗后应将夹紧压板松一下，再重新进行夹紧，以减少夹紧变形对加工精度的影响。通常精镗背吃刀量大于等于 0.01 mm，进给量大于等于 0.05 mm/r。

2. 箱体零件孔系加工

箱体上一系列相互位置有精度要求的孔的组合称为孔系。孔系可分为平行孔系、同轴孔系和交叉孔系，孔系分类如图 4.48 所示。孔系加工不仅孔本身的精度要求较高，而且孔距精度和相互位置精度的要求也高，因此是箱体加工的关键。孔系的加工方法根据箱体加工类型和孔系精度要求不同而不同，现分别予以分析。

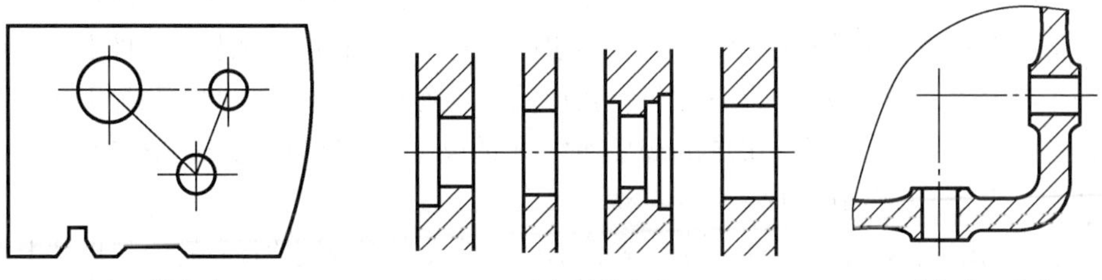

（a）平行孔系　　（b）同轴孔系　　（c）交叉孔系

图 4.48　孔系分类

（1）平行孔系的加工。平行孔系的主要技术要求是各平行孔中心线之间及中心线与基准面之间的距离尺寸精度和相互位置精度。保证平行孔系加工精度的方法有如下几种。

① 找正法。找正法是在通用机床（镗床、铣床）上利用辅助工具来找正要加工孔的正确位置的加工方法。这种方法加工效率低，一般只适于单件小批量生产。根据找正方法的不同，找正法又可分为以下几种。

a. 划线找正法。加工前按照零件图在毛坯上划出各孔的位置轮廓线，然后按划线一一进行加工。划线和找正时间较长、生产率低，而且加工出来的孔距精度也低，一般在±0.5 mm 左右。为提高划线找正的精度，往往结合试切法进行，即先按划线找正镗出一孔，再按线将主轴调至第二孔中心，试镗出一个比图样要小的孔，若不符合图样要求，则根据测量结果重新调整主轴的位置，再进行试镗、测量、调整，如此反复几次，直至达到要求的孔距尺寸。此方法虽比单纯的按线找正所得到的孔距精度高，但孔距精度仍然较低，且操作的难度较大，生产率低，只适用于单件小批量生产。

b. 心轴和量块找正法。图 4.49 所示为心轴和量块找正法。镗削第一排孔时将心轴插入主轴孔内（或直接利用镗床主轴），然后根据孔和定位基准的距离组合一定尺寸的量块来校正主轴位置，校正时用塞尺测定量块与心轴之间的间隙，以避免量块与心轴直接接触而损伤量块，如图 4.49（a）所示。镗第二排孔时，分别在机床主轴和已加工孔中插入心轴，采用同样的方法来校正主轴轴线的位置，以保证孔距尺寸精度，如图 4.49（b）所示。这种方法获得孔距尺寸精度可达 ± 0.3 mm。

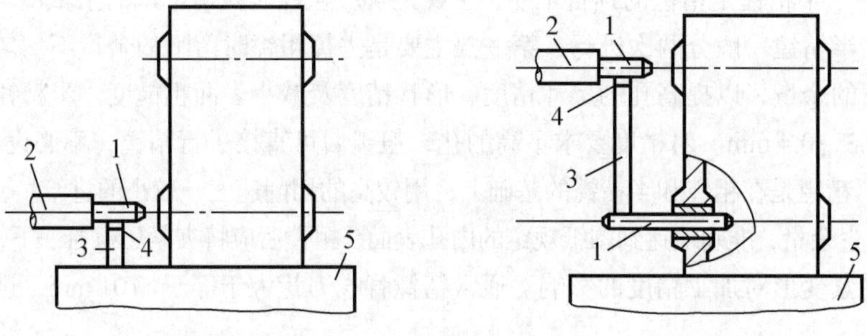

（a）第一工位　　（b）第二工位

1—心轴；2—镗床主轴；3—量块；4—塞尺；5—镗床工作台

图 4.49　心轴和量块找正法

c. 样板找正法。图 4.50 所示为样板找正法，用 10～20 mm 厚的钢板制成样板，装在垂直于各孔的端面上（或固定于机床工作台上）。样板上的孔距尺寸精度较箱体孔系的孔距尺寸精度高（一般为±0.1～±0.3 mm）。样板上的孔径较工件孔径大，以便于镗杆通过；样板上的孔径尺寸精度要求不高，但要有较高的形状精度和较小的表面粗糙度值。当样板准确地装到工件上后，在机床主轴上装一个百分表，按样板找正机床主轴；找正后，即换上镗刀加工。此方法加工孔系不易出差错，找正方便，孔距精度可达 ± 0.05 mm。这种样板的成本低，仅为镗模成本的 1/9～1/7，单件小批量生产中、大型的箱体孔系加工常用此法。

d. 定心套找正法。如图 4.51 所示，先在工件上划线，再按线攻螺钉孔，然后装上形状精度高而光洁的定心套，定心套与螺钉间有较大间隙，然后按图样要求的孔距尺寸公差的 1/5～1/3 调整全部定心套的位置，并拧紧螺钉。复查后即可装上机床，按定心套找正镗床主轴位置，卸下定心套，镗出一孔。每加工一个孔就找正一次，直至孔系加工完毕。此方法工装简单，可重复使用，特别适宜于单件生产的大型箱体和缺乏坐标镗床条件下加工钻模板上的孔系。

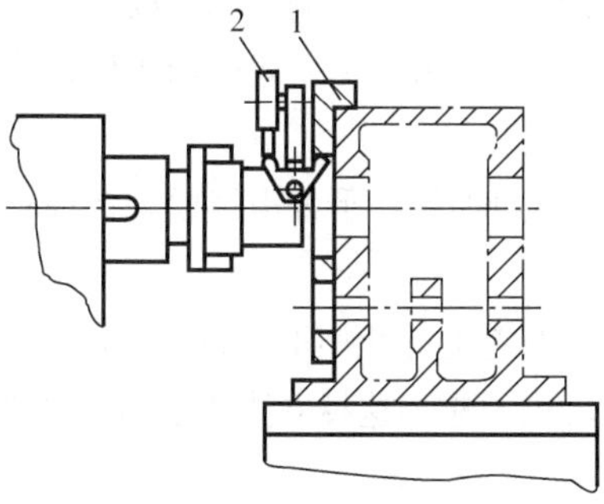

1—样板；2—百分表

图 4.50　样板找正法

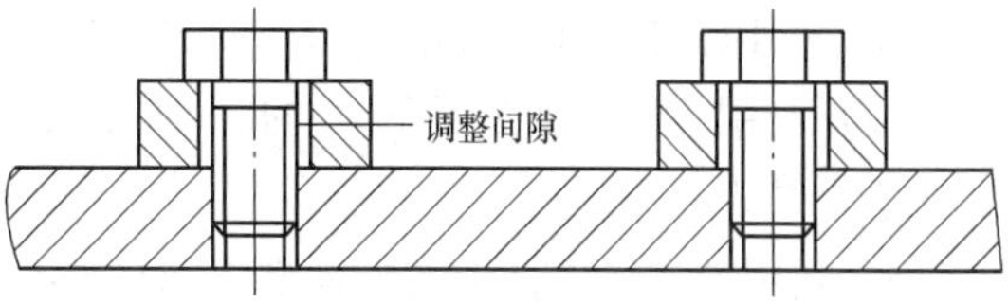

图 4.51　定心套找正法

② 镗模法。镗模法即利用镗模加工孔系，如图 4.52 所示。镗孔时，工件装夹在镗模上，镗杆被支承在镗模的导套中，增加了系统刚性。导套的位置决定了镗杆的位置。这样，装在镗杆上的镗刀通过模板上的孔将工件上相应的孔加工出来，机床精度对孔系加工精度影响很小，孔距精度主要取决于镗模，因此可以在精度较低的机床上加工出精度较高的孔系。当用两个或两个以上的镗架支承来引导镗杆时，镗杆与镗床主轴必须采用浮动连接。

镗模法加工孔系时镗杆刚度大大提高，定位夹紧迅速，节省了调整、找正的辅助时间，生产率高，是成批、大量生产中广泛采用的加工方法。但由于镗模自身存在的制造误差，导套与镗杆之间存在间隙与磨损，因此孔距的精度一般仅为±0.05 mm，同轴度和平行度从一端加工时为 0.02～0.03 mm，当分别从两端加工时为 0.04～0.05 mm。加工孔的公差等级为 IT7 级，其表面粗糙度 *Ra* 可达 5～1.25 μm。此外，镗模的制造精度高、周期长、成本高，对于大型箱体较少采用镗模法。

用镗模法加工孔系，既可在通用机床上加工，也可在专用机床或组合机床上加工。图 4.53 所示为在组合机床上用镗模加工孔系的示意图。

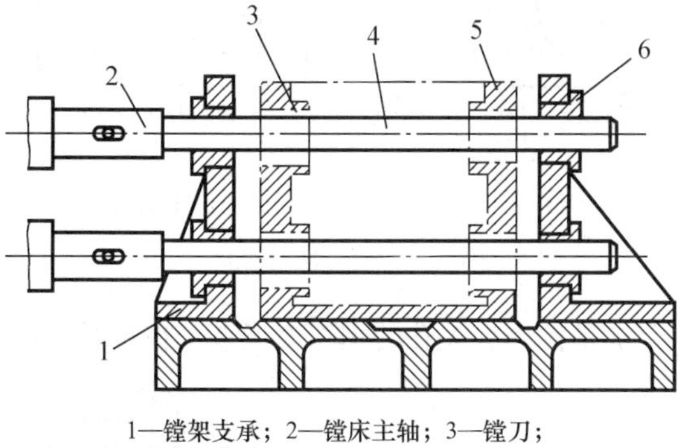

1—镗架支承；2—镗床主轴；3—镗刀；

4—镗杆；5—工件；6—导套

图 4.52　用镗模加工孔系

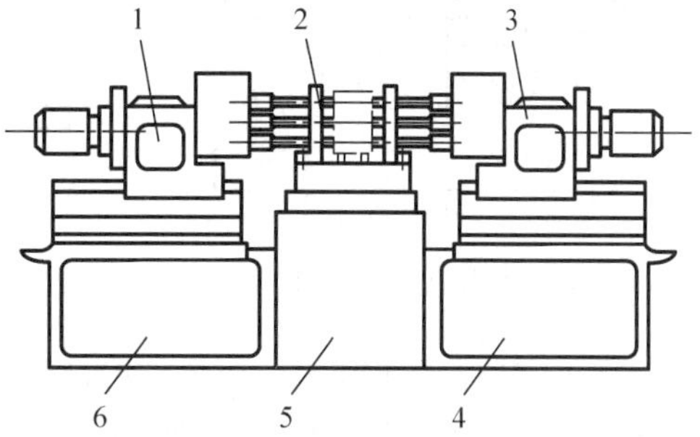

1—左动力头；2—镗模；3—右动力头；

4、6—侧底座；5—中间底座

图 4.53　在组合机床上用镗模加工孔系的示意图

③ 坐标法。坐标法镗孔是在普通卧式镗床、坐标镗床或数控镗铣床等设备上，借助于精密测量装置，调整机床主轴与工件间在水平和垂直方向的相对位置来保证孔距精度的一种镗孔方法。

采用坐标法加工孔系时，要特别注意选择基准孔和镗孔顺序，否则坐标尺寸累积误差会影响孔距精度。基准孔应尽量选择本身尺寸精度高、表面粗糙度值小的孔（一般为主轴孔），这样在加工过程中，便于校验其坐标尺寸。孔距精度要求较高的两孔应连在一起加工，加工时，应尽量使工作台朝同一方向移动，因为工作台多次往复，其间隙会产生误差，影响坐标精度。

现在国内外许多机床厂已经直接用坐标镗床或加工中心机床来加工一般机床箱体，这样就可以加快生产周期，适应机械行业多品种、小批量生产的需要。

（2）同轴孔系的加工。成批生产中，箱体上同轴孔系的同轴度几乎都由镗模来保证；单件小批量生产中，其同轴度用下面几种方法来保证。

a. 利用已加工孔做支承导向。如图 4.54 所示，当箱体前壁上的孔加工好后，在孔内装一导向套，支承和引导镗杆加工后壁上的孔，从而保证两孔的同轴度要求。这种方法适于加工箱壁相距较近的孔。

b. 利用镗床后立柱上的导向套支承导向。这种方法其镗杆系两端支承、刚性好，但调整麻烦，镗杆长、笨重，故只适于单件小批量生产中、大型箱体的加工。

c. 采用调头镗。当箱体箱壁相距较远时，可采用调头镗，调头镗孔时工件的校正如图 4.55 所示。工件在一次装夹中，镗好一端孔后，将镗床工作台回转 180°，调整工作台位置，使已加工孔与镗床主轴同轴，然后再加工另一端孔。

当箱体上有一较长并与所镗孔轴线有平行度要求的平面时，镗孔前应先用装在镗杆上的百分表对此平面进行校正，使其与镗杆轴线平行，如图 4.55（a）所示。校正后加工孔 *B*，孔 *B* 加工后，将工作台回转 180°，并用装在镗杆上的百分表沿此平面重新校正，如图 4.55（b）所示，然后再加工孔 *A*，从而保证孔 *A*、*B* 同轴。若箱体上无长的加工好的工艺基面，也可用平行长铁置于工作台上，使其表面与要加工的孔轴线平行后固定，调整方法同上，也可达到两孔同轴的目的。

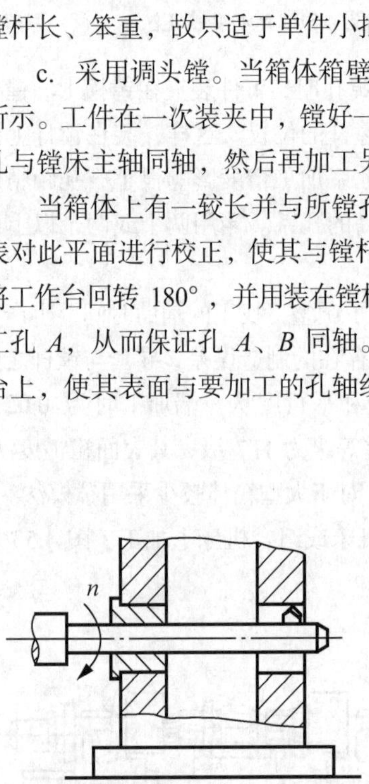

图 4.54　利用已加工孔做支承导向

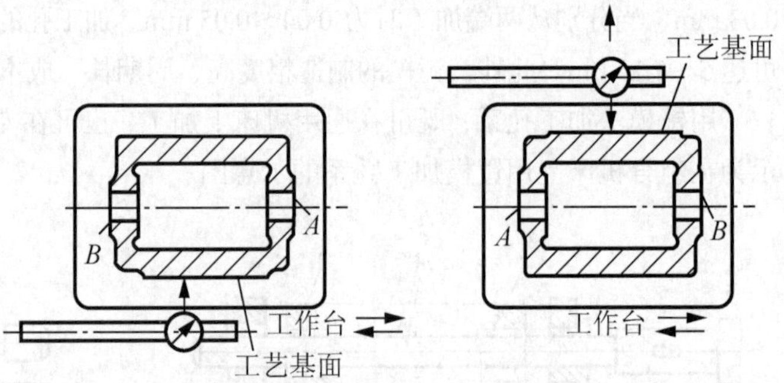

（a）第一工位　（b）第二工位

图 4.55　调头镗孔时工件的校正

（3）交叉孔系的加工。交叉孔系的主要技术要求是控制有关孔的垂直度误差。在普通镗床上主要靠机床工作台上的 90° 对准装置来完成，其为挡块装置，结构简单，但对准精度低。

当镗床工作台 90° 对准装置精度很低时，可用心轴与百分表找正来提高其定位精度，即在加工好的孔中插入心轴，工作台转位 90°，移动工作台用百分表找正，找正法加工交叉孔系如图 4.56 所示。

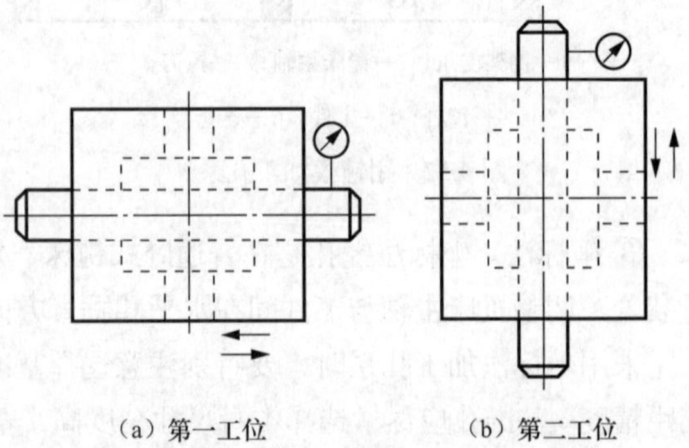

（a）第一工位　（b）第二工位

图 4.56　找正法加工交叉孔系

3. 箱体零件的精度检验

（1）箱体零件的主要检验项目。

① 各加工面的表面粗糙度及外观检查。

② 孔的尺寸精度、几何形状精度。

③ 平面的尺寸精度、几何形状精度。

④ 孔系的相互位置精度（孔轴线的同轴度、平行度、垂直度；孔轴线与平面的平行度、垂直度等）、孔距精度。

（2）各项目的检验方法。

① 表面粗糙度检验。通常用目测或样板比较法，只有当 *Ra* 值很小时，才考虑使用光学测量仪或表面粗糙度测量仪器。外观检查只需根据工艺规程检查完工情况及加工表面有无缺陷即可。

② 孔的尺寸精度一般用塞规检验。当需要确定误差的数值或单件小批量生产时，可用内径千分尺或内径千分表检验，若精度要求很高，则可用气动测量仪检验（示值误差达 1.2～0.4 μm）。

箱体零件上孔的几何形状精度检验主要是检验孔的圆度误差和圆柱度误差。检验方法可以用最小包容区域来度量，圆度误差的最小包容区域如图 4.57 所示。

③ 平面的精度检验。箱体零件上平面的精度检验包括尺寸精度、形状精度、位置精度和表面粗糙度四项，而平面的形位精度主要有平面度、平行度、垂直度和角度等，尺寸精度、表面粗糙度和平面度的检验方法已介绍过，下面分别介绍其他项目的常规检验方法。

a. 平面度误差的检验。平面度误差的常用检验方法见任务 4.1 中相关内容。

b. 平行度误差的检验。平行度误差的常用检验方法有以下几种。

i. 用外径千分尺（或杠杆千分尺）测量。用千分尺测量平行度误差如图 4.58 所示，在工件上用外径千分尺测量相隔一定距离的厚度，测出几点厚度值，其差值即为平面的平行度误差值，测量点越多，测量值越精确。

ii. 用千分表（或百分表）测量。用百分表检验平行度误差如图 4.59 所示，将工件和千分表支架都放在平板上，把千分表的测头顶在平面上，然后移动工件，让工件整个平面均匀地通过千分表测头，其读数的差值即为平行度的误差值。测量时，应将工件、平板擦拭干净，以免拉毛工件平面或影响平行度误差测量的准确性。

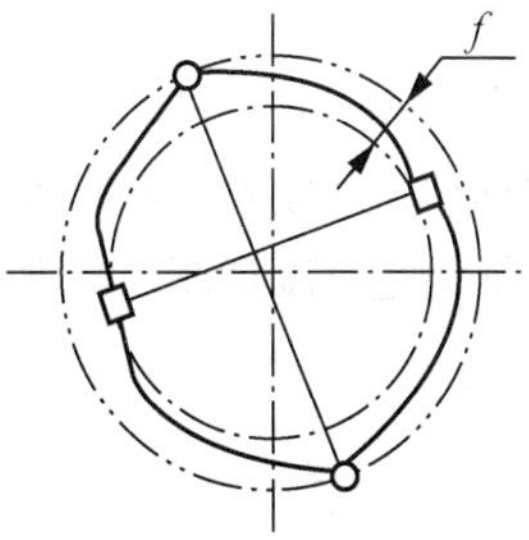

图 4.57　圆度误差的最小包容区域

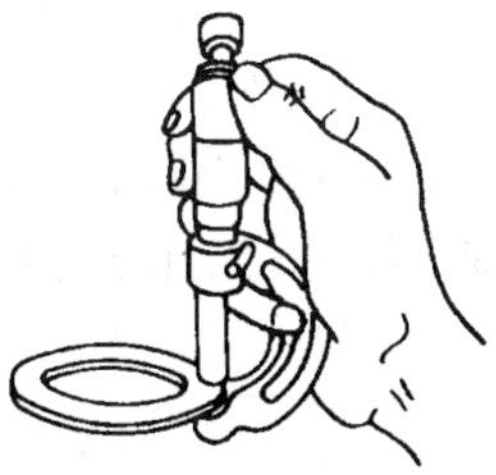

图 4.58　用千分尺测量平行度误差

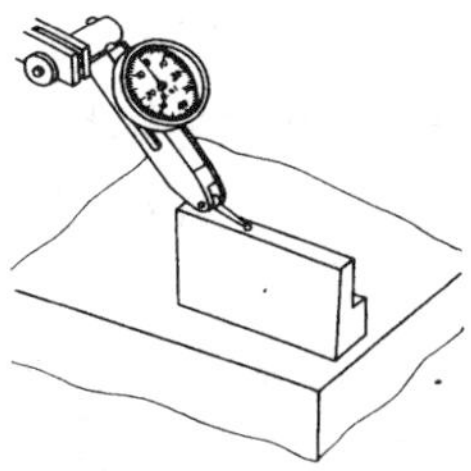

图 4.59　用百分表检验平行度误差

c. 垂直度误差的检验。垂直度误差的常用检验方法有以下几种。

i. 用 90° 角尺测量。检验小型工件两平面的垂直度误差时，可以把 90° 角尺的两个尺边接触工件的垂直平面，注意在平面的两端测量，以测得最大实际误差值，分析并找出垂直度误差产生的原因。测量时，可以把 90° 角尺的一个尺边贴紧工件一个面，然后移动 90° 角尺，让另一个尺边靠上工件另一个面，根据透光情况来判断其垂直度误差。用 90° 角尺测量垂直度如图 4.60 所示。

工件尺寸较大时，可以将工件和 90° 角尺放在平板上，90° 角尺的一边紧靠在工件的垂直平面上，根据尺边与工件表面间的透光情况判断垂直度误差。用 90° 角尺在平板上测量垂直度如图 4.61（a）所示。

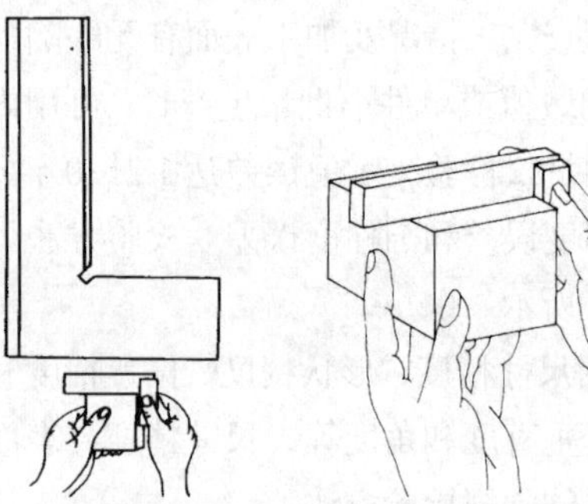

图 4.60　用 90° 角尺测量垂直度

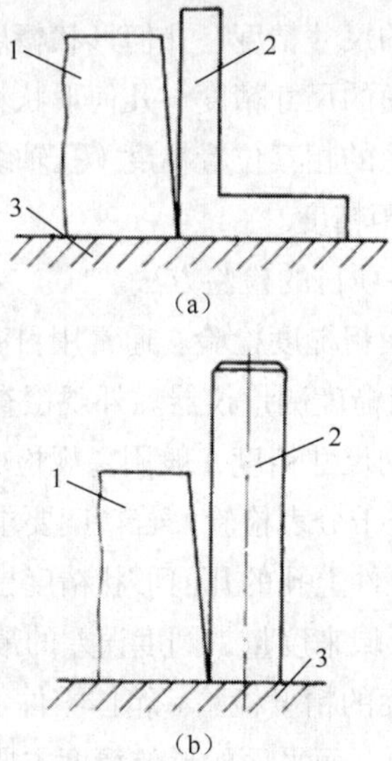

1—被测工件；2—90°（圆柱）角尺；3—精密平板

图 4.61　垂直度测量

ii. 用 90° 圆柱角尺测量。在实际生产中，广泛采用 90° 圆柱角尺测量工件的垂直度误差，如图 4.61（b）所示。将 90° 圆柱角尺放在精密平板上，被测量工件慢慢向 90° 圆柱角尺的素线靠拢，根据透光情况判断垂直度误差。这种方法基本上消除了由于测量不当而产生的误差。由于一般 90° 圆柱角尺的高度都要超过工件高度一至几倍，因此测量精度高，操作也方便。

iii. 用百分表（或千分表）测量。为确定工件垂直度误差的具体数据，可采用百分表（或千分表）测量，如图 4.62（a）所示。测量时，应事先将工件的平行度误差测量好，将工件的平面轻轻向圆柱测量棒靠紧，此时可从百分表上读出数值；将工件转动 180°，将另一平面也轻轻靠上圆柱量棒，从百分表上又可读出数值（工件转向测量时，要保证百分表、圆柱的位置固定不变），两个读数差值的 1/2 即为底面与测量平面的垂直度误差，如图 4.62（b）所示。

两平面的垂直度误差也可以用百分表和精密角铁在平板上进行检验。测量时，将工件的一面紧贴在精密角铁的垂直平面上，然后使百分表测头沿着工件的一边向另一边移动，百分表在全长两点上的读数差就等于工件在此距离上的垂直度误差值。用百分表和精密角铁测量垂直度如图 4.63 所示。

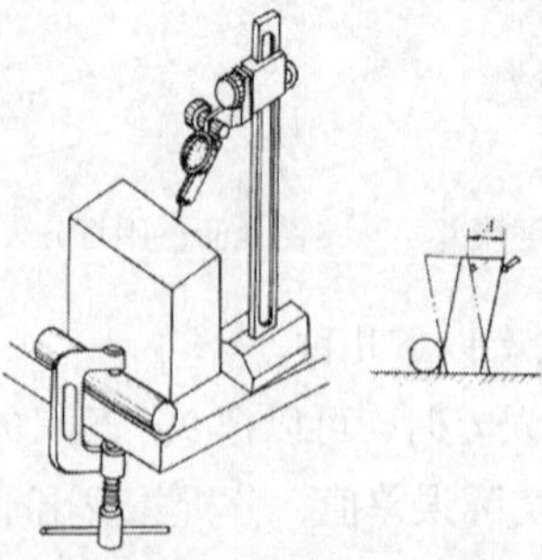

图 4.62　用百分表测量垂直度

图 4.63　用百分表和精密角铁测量垂直度

④ 箱体零件孔系位置精度及孔距精度的检验。

a. 孔系同轴度检验。一般工厂常用检验棒检验同轴度。当孔系同轴度精度要求不高时，可用通用的检验棒配上检验套进行检验，如图 4.64 所示，若检验棒能自由地推入同轴线上的孔内，即表明孔的同轴度符合要求。当孔系同轴度精度要求较高时，可采用专用检验棒检验。若要确定孔系之间同轴度的偏差数值，可利用图 4.65 所示的方法，用检验棒及百分表检验同轴度误差。

对于孔距、孔轴线间的平行度、孔轴线与端面的垂直度检验，也可利用检验棒、千分表、百分表、90° 角尺及平台等相互组合进行测量。

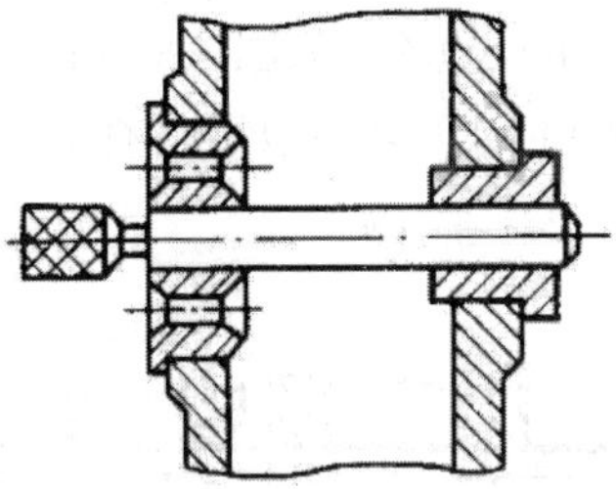

图 4.64　用检验棒与检验套检验同轴度

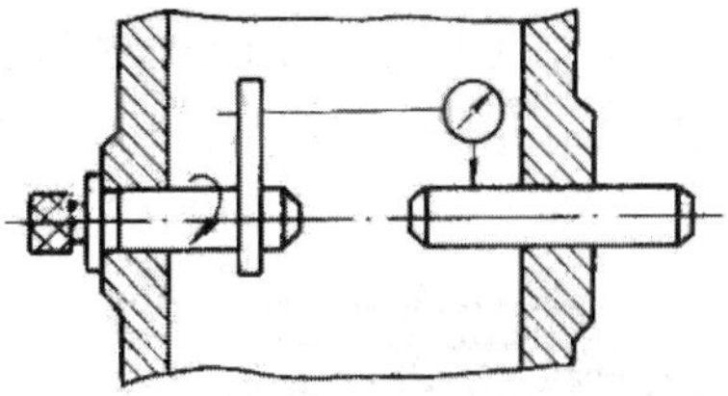

图 4.65　用检验棒及百分表检验同轴度误差

b. 孔系的平行度检验。

i. 孔的轴线对基面的平行度。可用图 4.66（a）所示方法检验，将被测零件直接放在平台上，被测轴线由心轴模拟，用百分表（或千分表）测量心轴两端，其差值即为测量长度内孔轴线对基面的平行度误差。

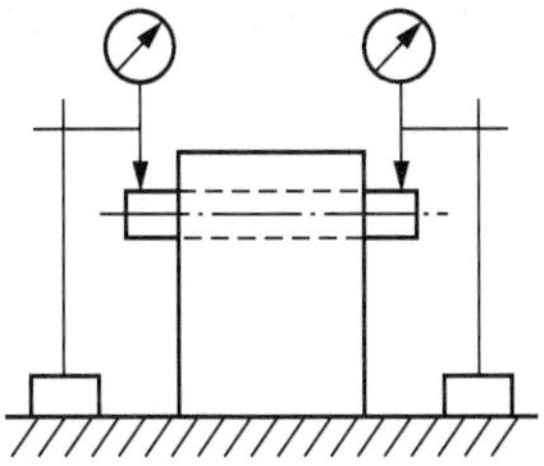

（a）孔的轴线对基面的平行度测量

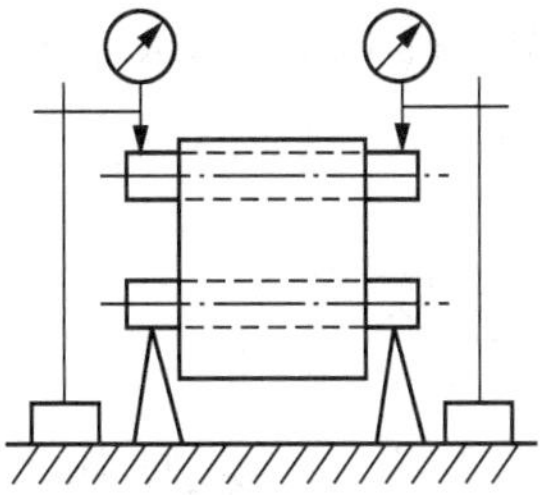

（b）孔轴线之间的平行度测量

图 4.66　孔系的平行度检验

ii. 孔轴线之间的平行度。常用图 4.66（b）所示方法进行检验，将被测箱体的基准轴线与被测轴线均用心轴模拟，用百分表（或千分表）在垂直于心轴的轴线方向上进行测量。首先调整基准轴线与平台平行，然后测量被测心轴两端的高度，测得的高度差值即为测量长度内孔轴线之间的平行度误差。

c. 孔轴线与端面的垂直度检验。

i. 采用模拟心轴及百分表（或千分表）检验。可以在被测孔内装上模拟心轴，并在其一端装上百分表（或千分表），让表的测头垂直于端面并与端面接触，心轴旋转一周，即可测出检验范围内孔轴线与端面的垂直度误差，如图 4.67（a）所示。

ii. 着色法检验。如图 4.67（b）所示，将带有检验圆盘的心轴插入孔内，用着色法检验圆盘与端面的接触情况；或者用塞尺检查圆盘与端面的间隙Δ，也可确定孔轴线与端面的垂直度误差。

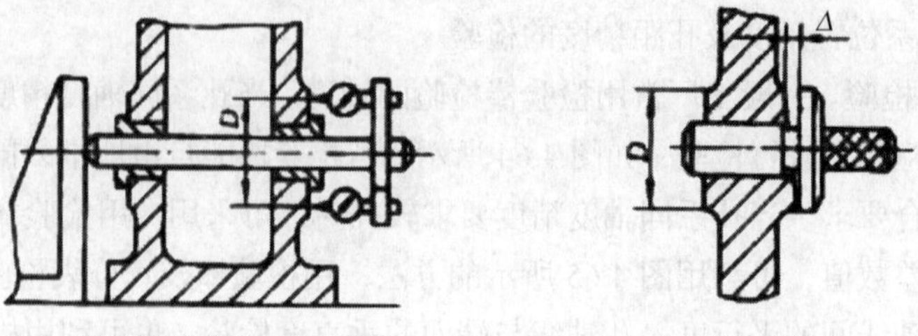

图 4.67　孔轴线与端面的垂直度检验

d. 孔距检验。当孔距精度要求不高时，可直接用游标卡尺检验，如图 4.68（a）所示。当孔距精度要求较高时，可用心轴与千分尺检验，如图 4.68（b）所示；还可以用心轴与量规检验，孔距的大小为 $A = L + (d_1 + d_2)/2$。

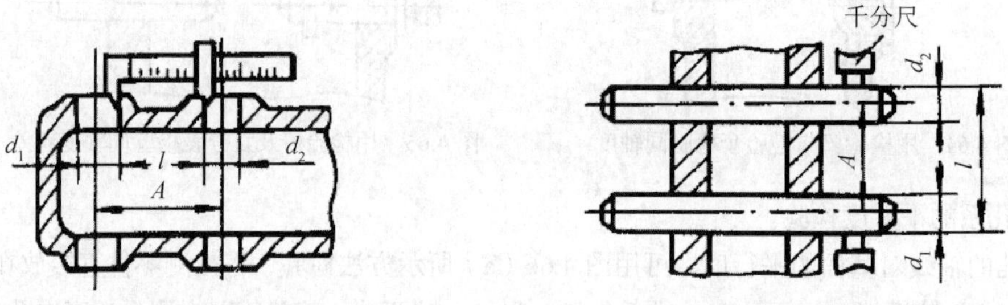

图 4.68　孔距检验

⑤ 三坐标测量机（coordinate measuring machine）可同时对零件的尺寸、形状和位置等进行高精度的综合测量。

4.2.3　任务实施

1. 变速箱壳体零件机械加工工艺规程编制

（1）分析变速箱壳体的结构和技术要求。箱体的结构形式虽然多种多样，但从工艺上分析它们仍有许多共同之处。

- 形状复杂。箱体通常作为装配的基础件，在它上面安装的零件或部件越多，箱体的形状越复杂，因为安装时要有定位面、定位孔，还要有固定用的螺钉孔等；为了支撑零部件，需要有足够的刚度，采用较复杂的截面形状和加强筋等；为了储存润滑油，需要具有一定形状的空腔，还要有观察孔、放油孔等；考虑吊装搬运，还必须做出吊钩、凸耳等。

- 体积较大。箱体内要安装和容纳有关的零部件，因此必然要求箱体有足够大的体积。例如，大型减速器箱体长 4～6 m、宽 3～4 m。

- 壁薄容易变形。箱体体积大，形状复杂，又要求减少质量，所以大都设计成腔形薄壁结构。但是在铸造、焊接和切削加工过程中往往会产生较大内应力，引起箱体变形。即使在搬运过程中，方法不当也容易引起箱体变形。

- 有精度要求较高的孔和平面。箱体零件的加工表面主要是孔和平面，这些孔大都是轴承的支承孔，平面大都是装配的基准面，它们在尺寸精度、表面粗糙度、形状和位置精度等方面都有较高要求，其加工精度不仅直接影响箱体的装配精度及回转精度，还会影响机器的工作精度、使用性能和寿命。

一般来说，箱体不仅需要加工的部位较多，加工难度也较大。据统计资料，一般中型机床厂用于箱体零件的机械加工工时约占整个产品的 15%～20%。

① 箱体结构工艺性。箱体零件的主要加工表面是平面和孔，通常平面的加工精度比较容易保证，而精度要求较高的支承孔的加工精度以及孔与孔之间、孔与平面之间的相互位置精度较难保证。

a. 基本孔。箱体的基本孔可分为通孔、阶梯孔、交叉孔、盲孔等几类。通孔工艺性最好，通孔中又以孔的长径之比 $L/D \leqslant 1 \sim 1.5$ 的短圆柱孔工艺性为最好；$L/D > 5$ 的孔称为深孔，若深度精度要求较高、表面粗糙度值较小，加工就很困难。

阶梯孔的工艺性与“孔径比”有关。孔径相差越小，则工艺性越好；孔径相差越大，且其中最小的孔径又很小，则工艺性越差。

相贯通的交叉孔的工艺性也较差。

盲孔的工艺性最差，因为在精镗或精铰盲孔时，要用手动进给，或采用特殊工具进给。此外，盲孔的内端面的加工也特别困难，故应尽量避免。

b. 同轴孔。同一轴线上孔径大小向一个方向递减（如 CA6140 的主轴孔）时，可使镗孔时镗杆从一端进入，逐个加工或同时加工出同轴线上的几个孔，以保证较高的同轴度和生产率。单件小批量生产时一般采用这种孔径分布形式。

同轴线上孔的直径大小从两边向中间递减（如 CA6140 主轴箱轴孔）时，可使刀杆从两边进入，这样不但缩短了镗杆长度、提高了镗杆的刚性，而且为同时双面加工创造了条件，大批量生产的箱体常采用此种孔径分布形式。

同轴线上孔的直径分布形式应尽量避免中间隔壁上的孔径大于外壁的孔径。加工这种孔时，要将刀杆伸进箱体后装刀、对刀，结构工艺性较差。

c. 装配基面。为便于加工、装配和检验，箱体的装配基面尺寸应尽量大，形状应尽量简单。

d. 凸台。箱体外壁上的凸台应尽可能在一个平面上，以便可以在一次走刀中加工出来，而无须调整刀具的位置，使加工简单、方便。

e. 紧固孔和螺纹孔。箱体上的紧固孔和螺纹孔的尺寸规格应尽量一致，以减少刀具数量和换刀次数。

此外，为保证箱体有足够的刚度与抗震性，应酌情合理使用肋板、肋条，加大圆角半径，收小箱口，加厚主轴前轴承口厚度。

② 箱体零件的主要技术要求。

a. 箱体零件中机床主轴箱的精度要求较高，可归纳为以下 5 项。

i. 孔径精度。孔径的尺寸误差和几何形状误差会造成轴承与孔的配合不良。孔径过大、配合过松，使主轴回转轴线不稳定，并降低了支承刚度，易产生振动和噪声；孔径太小，会使配合偏紧，轴承将因外环变形不能正常运转而缩短寿命。装轴承的孔不圆，也会使轴承外环变形而引起主轴径向圆跳动。

从上述分析可知，箱体零件对孔的精度要求是较高的。主轴孔的尺寸公差等级为 IT6，其余孔为 IT8～IT7。孔的形状精度未作规定的，一般控制在尺寸公差的 1/2 范围内即可。

ii. 孔与孔的位置精度。其包括孔系轴线之间的距离尺寸精度和平行度，同一轴线上各孔的同轴度，以及孔端面对孔轴线的垂直度等。

同一轴线上各孔的同轴度误差和孔端面对轴线的垂直度误差会使轴和轴承装配到箱体内出现歪斜，从而造成主轴径向圆跳动和轴向窜动，加剧轴承磨损。孔系之间的平行度误差会影响齿轮的啮合质量。一般孔距公差为 ± 0.025～ ± 0.060 mm，而同一轴线上的支承孔的同轴度约为最小孔尺寸公差的一半。

iii. 孔和平面的位置精度。主要孔对主轴箱安装基面的平行度决定了主轴与床身导轨的相互位置关系。这项精度是在总装时通过刮研来达到的，为了减少刮研工作量，一般规定在垂直和水平两个方向上，只允许主轴前端向上和向前偏。

iv. 主要平面的精度。箱体的主要平面是装配基面，并且往往是加工时的定位基面。装配基面的平面度影响主轴箱与床身连接时的接触刚度和相互位置精度，加工过程中作为定位基面则会影响主要孔的加工精度。因此，规定底面和导向面必须平直。为保证箱盖的密封性，防止工作时润滑油泄出，还规定了顶面的平面度要求，当大批量生产将其顶面用作定位基面时，对它的平面度要求还要提高。一般箱体主要平面的平面度为 0.03～0.1 mm，各主要平面对装配基面垂直度为 0.1 mm/300 mm。

v. 表面粗糙度。一般主轴孔的表面粗糙度 *Ra* 为 0.4 μm，其他各纵向孔的表面粗糙度 *Ra* 为 1.6 μm，孔的内端面的表面粗糙度 *Ra* 为 3.2 μm，装配基面和定位基面的表面粗糙度 *Ra* 为 3.2～0.8 μm，其他平面的表面粗糙度 *Ra* 为 12.5～3.2 μm。

b. 经分析，任务 4.2 中的变速箱壳体的外形尺寸为 360 mm × 325 mm × 108 mm，属小型箱体零件，内腔无加强筋，结构简单，孔多壁薄，刚性较差。其主要加工面和加工要求如下。

i. 三组平行孔系。三组平行孔用来安装轴承，因此都有较高的尺寸精度（IT7）和形状精度（圆度 0.012 mm）要求，表面粗糙度 *Ra* 为 1.6 μm，孔距公差为±0.1 mm。

ii. 端面 *A*。端面 *A* 是与其他相关部件连接的接合面，其表面粗糙度 *Ra* 为 1.6 μm；端面 *A* 与三组平行孔系有垂直度要求，公差为 0.02 mm。

iii. 装配基面 *B*。在变速箱壳体两侧中段分别有两块外伸面积不大的安装面 *B*，它是此零件的装配基面。为保证齿轮传动位置和传动精度，要求 *B* 面和 *A* 面垂直，其垂直度为 0.01 mm；*B* 面与 ϕ146 mm 孔中心距为 124.1 mm ± 0.05 mm；表面粗糙度 *Ra* 为 3.2 μm。

iv. 其他表面。除上述主要表面外，还有与 *A* 面相对的另一端面 *C*、*R*88 mm 扇形缺圆孔及 *B* 面上的安装小孔等。

（2）明确变速箱壳体的毛坯状况。

① 箱体零件材料一般选用 HT200～HT400 的各种牌号的灰铸铁，而最常用的为 HT200。灰铸铁不仅成本低，而且具有较好的耐磨性、可铸性、可切削性和阻尼特性。

箱体零件毛坯采用铸件时，铸造方法视铸件精度和生产批量而定。单件小批量生产多用木模手工造型，毛坯精度低、加工余量大；大批量生产常用金属模机器造型，毛坯精度较高，加工余量可适当减小。单件小批量生产或某些简易机床的箱体，为缩短生产周期和降低成本，毛坯还可采用钢材焊接形式。精度要求较高的机床主轴箱则选用铸件，负荷大的主轴箱也可采用铸钢件。

毛坯铸造时，应防止砂眼和气孔的产生。为减少毛坯制造时产生残余应力，应使箱体壁厚尽量均匀。毛坯的加工余量与生产批量、毛坯尺寸、结构、精度和铸造方法等因素有关，可查阅相关资料确定。

为消除铸造时形成的内应力，减少变形，保证其加工精度的稳定性，箱体浇铸后应安排时效处理或退火工序。

② 本任务中变速箱壳体零件的材料为 ZL106 铝硅铜合金，根据零件形状及材料确定只能采用铸造毛坯。由于此零件为小批量生产，且结构比较简单，因此选用木模手工造型的方法生产毛坯。采用这种方法生产的毛坯，铸件精度较低，铸孔留的余量较多且不均匀，上述各点在制定机械加工工艺规程时要给予充分的重视。

（3）选择定位基准。

① 粗基准的选择。在选择粗基准时，通常应满足以下几点要求。

a. 在保证各加工表面均有加工余量的前提下，应使重要孔的加工余量均匀，孔壁的厚薄尽量均匀，其余部位均有适当的壁厚。

b. 装入箱体内的回转零件（如齿轮、轴套等）应与箱壁有足够的间隙。

c. 注意保持箱体必要的外形尺寸。此外，还应保证定位稳定，夹紧可靠。

为满足上述要求，通常选用箱体重要孔的毛坯孔做粗基准。

根据生产类型不同，以重要孔为粗基准的工件安装方式也不一样。大批量生产时，由于毛坯精度高，因此可以直接用箱体上的重要孔在专用夹具上定位，工件装夹迅速，生产率高。单件小批量及中批量生产时，一般毛坯精度较低，按上述办法选择粗基准，往往会造成箱体外形偏斜，甚至局部加工余量不够，因此通常采用划线找正法进行第一道工序的加工。

本任务中，为保证加工表面与不加工表面有一正确的位置以及孔加工时余量均匀，根据粗基准选择原则，选不加工的 *C* 面和两个相距较远的毛坯孔为粗基准，并通过划线找正的方法兼顾其他各加工表面的余量分布。

② 精基准的选择。为保证箱体零件孔与孔、孔与平面、平面与平面之间的相互位置和距离尺寸精度，箱体零件精基准选择常用两种原则：基准统一原则和基准重合原则。

a. 一面两孔定位（基准统一原则）。在多数工序中，箱体利用底面（或顶面）及其上的两孔做定位基准，加工其他的平面和孔系，以避免由于定位基准转换产生的累积误差。

b. 三面定位（基准重合原则）。箱体上的装配基准一般为平面，而它们又往往是箱体上其他要素的设计基准，因此以这些装配基准平面作为定位基准，避免了基准不重合误差，有利于提高箱体各主要表面的相互位置精度。

由分析可知，这两种定位方式各有优缺点，应根据实际生产条件合理确定采用哪一种。中、小批量生产时，要尽可能使定位基准与设计基准重合，以设计基准作为统一的定位基准。而大批量生产时，优先考虑的是如何稳定加工质量和提高生产率，由此而产生的基准不重合误差可通过工艺措施解决，如提高工件定位基面加工精度和夹具精度等。

此零件为一小型箱体，加工表面较多且相互之间有较高的位置精度，故选择精基准时应首先考虑采用基准统一的定位方案。由零件分析可知，*B* 面是此零件的装配基面，用它来定位可以使很多加工要求实现基准重合。但是由于 *B* 面很小，用它做主要定位基准装夹不稳定，因此改用面积较大、精度要求也较高的 *A* 面做主要定位基面，限制三个自由度，用 *B* 面限制二个自由度，用加工过的 ϕ146 mm 孔限制一个自由度，实现工件完全定位，同时保证孔的加工余量均匀。

（4）拟定变速箱壳体的机械加工工艺路线。

① 确定各表面加工方案。

a. 主要表面加工方法的选择。箱体的主要表面有主要平面和箱体支承孔。

i. 主要平面的加工。其对于中、小型箱体零件，一般在牛头刨床或普通铣床上进行；对于大型箱体零件，一般在龙门刨床或龙门铣床上进行。刨削的刀具结构简单，机床成本低，调整方便，但生产率低；在大批量生产时，多采用铣削；当生产批量大且精度较高时，可采用磨削。单件小批量生产精度较高的平面时，除一些高精度的箱体仍需手工刮研外，一般采用宽刃精刨。若生产批量较大或要保证平面间的相互位置精度，可采用组合铣削和组合磨削。箱体平面的组合铣削和组合磨削如图 4.69 所示。

ii. 箱体支承孔的加工。对于直径小于ϕ50 mm 的孔，一般不铸出，可采用钻→扩（或半精镗）→铰（或精镗）的方案加工。对于已铸出的孔，可采用粗镗→半精镗→精镗（用浮动镗刀片）的方案加工。由于主轴轴承孔精度和表面质量要求比其余轴孔高，因此在精镗后，还要用浮动镗刀片进行精细镗。对于箱体上的高精度孔，最后精加工工序也可采用珩磨、滚压等工艺方法。

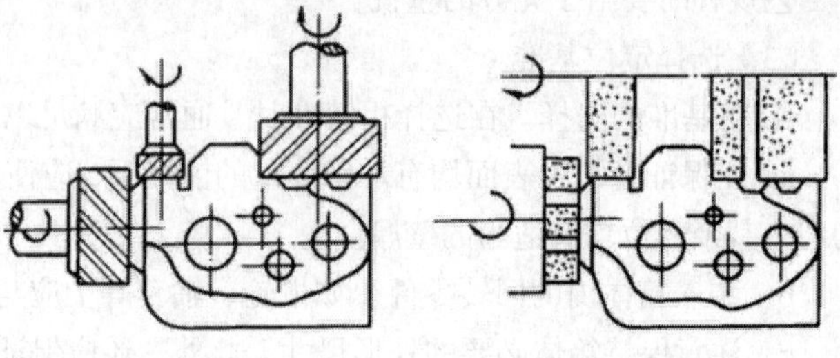

（a）组合铣削　（b）组合磨削

图 4.69　箱体平面的组合铣削和组合磨削

b. 任务 4.2 中工件材料为有色金属、孔的直径较大、各表面加工精度要求较高，由此确定各表面的机械加工工艺路线如下。

i. 平面加工工艺路线：粗铣→精铣。

ii. 孔加工工艺路线：粗镗→半精镗→精镗。

iii. 由于 B 面与 A 面有较高的垂直度要求，采用铣削不易保证精度要求，因此在表面铣削后还应增加一道精加工工序。考虑到此表面面积较小，在小批量生产条件下可采用刮削的精加工方法。

② 划分加工阶段。

a. 箱体的结构复杂、壁厚不均、刚性较差，而主要平面及孔系加工精度又高，故箱体重要加工表面一般都要划分粗、精加工两个阶段，即在主要平面和各支承孔的粗加工之后再进行精加工，这样可以消除由粗加工造成的内应力、切削力、夹紧力和切削热对加工精度的影响，有利于保证箱体的加工精度。粗、精加工分开也可及时发现毛坯缺陷，避免更大的浪费；还能根据粗、精加工的不同要求来合理选用设备，有利于提高生产率。

当工件加工余量不大时，应尽量一次进给切去全部加工余量。只有当工件的加工精度要求较高时，才分粗、精加工进行。但是粗、精加工分开进行，会使机床、夹具的数量及工件安装次数增加，使制造成本提高，所以对单件小批量生产、精度要求不高的箱体，常常将粗、精加工合并在一道工序中进行，但必须采取相应措施，以减少工件加工过程中的变形，如粗加工后松开工件，让工件充分冷却，然后用较小的夹紧力，以较小的切削用量多次走刀进行精加工。

b. 任务 4.2 中箱体零件加工精度要求较高、刚性较差，为减少加工过程中不利因素对加工质量的影响，整个加工过程划分为粗加工、半精加工和精加工三个阶段。在粗加工和半精加工阶段，平面和孔交替反复加工，逐步提高精度。孔系的位置精度要求较高，零件上的三个孔应安排在一道工序的一次装夹中加工出来。考虑到零件位置精度的要求，其他平面的加工也应当适度集中。

③ 确定加工顺序。箱体零件上相互位置要求较高的孔系和平面，一般尽量集中在同一工序中加工，以保证其相互位置精度和减少装夹次数。紧固螺纹孔、油孔等次要工序的安排，一般在平面和支承孔等主要加工表面精加工之后再进行加工。

a. 先面后孔的加工顺序。箱体零件的加工顺序均为先加工平面，然后以加工好的平面定位，再加工孔。因为箱体孔的精度要求高，加工难度大，所以先以孔为粗基准加工平面，再以平面为精基准加工孔是箱体加工的一般规律。先加工平面后加工孔，不仅为孔的加工提供了稳定可靠的精基准，还可以使孔的加工余量较为均匀。而且箱体上的支承孔大多分布在箱体外壁平面上，先加工外壁平面可切去铸件表面的硬皮、夹砂和凹凸不平等缺陷，对后续孔的加工也有利，可减少钻头引偏以及刀具崩刃现象，对刀调整也比较方便。

另外，主要平面是箱体在机器上的装配基准，先加工主要平面后加工支承孔，可以使定位基准与设计基准和装配基准重合，从而消除基准不重合引起的误差。

b. 根据“基准先行”的原则，在工艺过程的开始阶段首先将 A 面、B 面两个定位基面加工出来。根据“先面后孔”的原则，在每个加工阶段均先加工平面，再加工孔。因为平面加工时系统刚性较好，所以精加工阶段可以不再加工平面。根据“先粗后精”的原则，最后适当安排次要表面（如小孔、扇形窗口等）的加工和热处理工序。由于此变速箱体零件在加工过程中易保证加工精度，因此只在零件加工完成后安排一道检验工序。

c. 合理安排热处理工序。箱体零件结构复杂、壁厚不均匀，在铸造时会产生较大的残余应力。为消除残余应力、减少加工后的变形和保证精度的稳定，箱体在铸造之后必须安排人工时效处理或退火工序。箱体零件人工时效处理的方法，除加热保温法外，也可采用振动时效处理来达到消除残余应力的目的。

普通精度的箱体零件一般在铸造之后安排一次人工时效处理。有些精度要求不高的箱体毛坯，有时不安排时效处理，而是利用粗、精加工工序间的停放和运输时间，使之得到自然时效处理。对一些高精度或形状特别复杂的箱体零件，在粗加工之后还要安排一次人工时效处理，以消除残留的铸造内应力和粗加工所造成的残余应力，进一步提高加工精度的稳定性。对于特别精密的箱体（如机床主轴箱箱体），在机械加工过程中还应安排较长时间的自然时效处理。

（5）设计工序内容。

① 确定加工余量、工序尺寸及其公差。现以变速箱壳体端面加工为例，确定加工余量、工序尺寸及其公差。

a. 查阅各工序加工余量及公差。查手册，得到端面加工各工序的加工余量及公差如下。

$Z_{毛坯A}=4.5\text{ mm}$（铸件顶面），$Z_{毛坯C}=3.5\text{ mm}$（铸件底面），$Z_{粗铣}=2.5\text{ mm}$。

粗铣经济精度 IT12：$T_{粗铣}=0.35\text{ mm}$。精铣经济精度 IT10：$T_{精铣}=0.14\text{ mm}$。

b. 计算工序尺寸。

毛坯尺寸：$108\text{ mm}+4.5\text{ mm}+3.5\text{ mm}=116\text{ mm}$。

粗铣 A 面后，获得的尺寸：$116\text{ mm}-Z_{粗铣}=116\text{ mm}-2.5\text{ mm}=113.5\text{ mm}$。

粗铣 C 面后，获得的尺寸：$113.5\text{ mm}-2.5\text{ mm}=111\text{ mm}$。

A 面精铣余量：$Z_{精铣A}=4.5\text{ mm}-2.5\text{ mm}=2\text{ mm}$。

C 面精铣余量：$Z_{精铣C}=3.5\text{ mm}-2.5\text{ mm}=1\text{ mm}$。

第一次精铣尺寸：$111\text{ mm}-2\text{ mm}=109\text{ mm}$。第二次精铣尺寸等于零件设计尺寸：108 mm。

各工序尺寸公差按实际加工方法的加工经济精度确定。

c. 确定切削用量和时间定额。确定各工序切削用量和时间定额时，可采用查表法或经验法。采用查表法时，应注意结合所加工零件的具体情况以及企业的实际生产条件对所查得的数值进行修订，使其更符合生产实际。

铣削用量的选择，可查阅相关标准或手册确定、计算铣削用量。

② 选择设备、工装。根据单件小批量生产类型的工艺特征，一般选择通用机床进行零件加工。

选择工艺装备时，应采用标准型号的刀具和量具。为加工方便，装夹工件时，可根据需要选用部分专用夹具。变速箱壳体加工设备、工装具体选用情况如下。

a. 设备、夹具。选用情况详见表 4-8。

表 4-8　　变速箱壳体零件机械加工工艺路线

工序	工序名称	工序内容	设备	工艺装备
1	铸	铸造		
2	划线	以ϕ146 mm、ϕ80 mm 两孔为基准，适当兼顾轮廓，划出 *C*、*A* 各平面和孔的轮廓线	钳工台	
3	粗铣	按线找正，粗、精铣 *A* 面及其对面 *C*	X5036	圆柱铣刀
4	粗铣	*A* 面定位，按线找正，粗铣安装面 *B*	X5036	立铣刀
5	划线	划三孔及 *R*88 mm 扇形缺圆窗口线	钳工台	通用角铁
6	粗镗	以 *A* 面（3）、*B* 面（2）为定位基准，按线找正，粗镗三对孔及 *R*88 mm 扇形缺圆孔	T618	通用角铁、镗刀、螺栓、压板
7	精铣	精铣 *A* 面及其对面 *C*，保证尺寸 108 mm	X5036	圆柱铣刀
8	精铣	*A* 面定位，精铣安装面 *B*，留刮研余量 0.2 mm	X5036	立铣刀
9	钻	钻 *B* 面安装孔ϕ13 mm	Z525	钻模、钻头
10	刮削	刮削 *B* 面，达 6～10 点/（25 mm × 25 mm），保证尺寸 20 mm、垂直度 0.01 mm，四边倒角		平板、刮刀、研具
11	半精镗	半精镗三对孔及 *R*88 mm 扇形缺圆孔	T618	镗模、镗刀
12	涂装	内腔涂黄色漆		
13	精镗	精镗三对孔达图样要求	T618	镗模、镗刀、内径千分表等
14	检验	按图样要求检验入库	三坐标测量机	

b. 刀具。因变速箱壳体的材料为 ZL106 铝硅铜合金，硬度低但强度较高，切削加工性能较好，又含有硅，故易使刀具磨损。另外，此材料熔点较低，在切削中易产生积屑瘤，会影响工件的表面粗糙度及尺寸精度，因此应充分考虑工件材料的热变形，减小刀面与工件的摩擦，要求刀具刃口必须锋利，不采用倒棱。

按材料特性，选 YG8 镗刀作为粗镗刀具，YT15 或 W18Cr4V 作为精镗刀具。其他刀具选择见表 4-8。

c. 量具。选用游标卡尺、百分表、内径千分表、平台、检验棒、心轴、钢直尺、外径千分尺、90° 角尺等。

（6）填写工艺文件。根据以上分析，拟定变速箱壳体零件机械加工工艺路线，见表 4-8。

2. 变速箱壳体零件机械加工工艺规程实施

根据生产实际或结合教学设计，参观生产现场或观看相关加工视频。

（1）镗刀的安装要点。

① 刀杆伸出刀架处的长度应尽可能短，以增加刚性，避免因刀杆弯曲变形而使孔产生锥度误差。

② 刀尖应略高于工件旋转中心，以减小振动和扎刀现象，防止镗刀下部碰坏孔壁，影响加工精度。

分离式齿轮箱体零件加工要点分析

③ 刀杆要装正、不能歪斜，以防止刀杆碰坏已加工表面。

（2）变速箱壳体零件的加工。变速箱壳体的加工步骤按其机械加工工艺过程执行（见表 4-8）。

问题讨论

（1）任务 2 中变速箱壳体上的平行孔系采用的是哪种加工方案？如何定位、夹紧？各工序的切削用量如何确定？

（2）判断箱体零件合格与否的依据是什么？若零件不合格，原因是什么？

（3）卧式镗床镗削加工中常见问题有哪些？其产生原因及消除方法是什么？

项目小结

本项目通过由简单到复杂的两个工作任务，结合箱体零件的结构特点，详细介绍了常用平面加工方法——刨削、铣削、磨削的工艺系统（机床、箱体零件、刀具、夹具）和镗孔及各类孔系（平行孔系、同轴孔系、交叉孔系）加工方法、相关机床操作及箱体零件检验等知识。在此基础上，从完成任务角度出发，认真研究和分析在不同的生产类型和生产条件下，工艺系统各个环节间的相互影响，然后根据不同的生产要求及机械加工工艺规程的制定原则与步骤，合理制定矩形垫块、坐标镗床变速箱壳体等零件的机械加工工艺规程，正确填写工艺文件并实施。在此过程中，学生能够体验真实企业岗位需求，培养职业素养与习惯，积累工作经验。

此外，学生通过学习铣床附件、铣刀安装及分离式齿轮箱体零件机械加工要点等内容，可以进一步扩大知识面，提高分析问题、解决问题的能力。

思考练习

1. 试述刨削加工的工艺特点和应用场合。
2. 常用刨床有哪几种？它们的应用有何不同？
3. 刨刀与车刀相比有何特点？
4. 试述插削加工的工艺范围。
5. 试述铣削加工的工艺范围及特点。
6. 常用铣床的类型有哪些？如何正确选用铣床？
7. 以 X6132 型铣床为例，简述铣床切削运动有哪些。
8. 常用铣床附件有哪几种？各自的主要用途是什么？
9. 简要说明常用铣刀的类型及其应用特点。
10. 铣床夹具分哪几种类型？铣床夹具的设计要点有哪些？
11. 铣削为什么比其他切削加工方法容易产生振动？
12. 铣削用量的选择原则是什么？
13. 铣削方式有哪些？各有何特点？如何合理选用？
14. 在 X6132 型铣床上，选用直径为 ϕ100 mm、齿数 $z = 16$ 的铣刀，转速采用 75 r/min，每齿进给量 $f_z = 0.06$ mm/z，试求铣床的进给速度。
15. 在 X6132 型铣床上，选用直径为 ϕ80 mm、齿数 $z = 10$ 的铣刀，铣削速度选用 26 m/min，每齿进给量 $f_z = 0.10$ mm/z，铣床主轴转速和进给速度分别是多少？

16. 平面磨床有哪几种类型？常用的是哪种类型？
17. 试分析磨削平面时周磨法与端磨法各自的特点。
18. 平面磨削时工件的装夹方法有哪几种?各适用于什么场合?
19. 电磁吸盘装夹工件有何优点？磨削非磁性材料及薄片工件平面时，应如何装夹？
20. 在电磁吸盘上如何装夹窄而高的零件？
21. 垂直面的磨削加工有哪些特点？
22. 箱体零件上平面的精度检验包括哪些内容？如何操作？
23. 镗削加工的工艺范围和加工特点是什么？
24. 卧式镗床的成形运动有哪些？它能完成哪些加工？
25. 常用镗刀有哪几种类型？其结构和特点如何？
26. 镗床夹具由哪几个主要部分组成？
27. 工件在镗床夹具上常用的定位形式有哪些？试述其特点。
28. 镗模的引导装置有哪几种布置形式？简述各种形式的特点。
29. 镗杆与机床主轴，何时采用刚性连接、何时采用浮动连接？为什么？
30. 镗套分哪几种类型？各用于什么场合？
31. 何谓孔系？孔系加工方法有哪几种？试举例说明各种加工方法的特点和适用范围。
32. 保证箱体平行孔系孔距精度的方法有哪些？各适用于什么场合？
33. 箱体的结构特点和主要的技术要求有哪些？为什么要规定这些要求？
34. 箱体零件一般选用哪些材料？
35. 箱体零件加工工艺要点有哪些？
36. 箱体零件定位基准的选择有什么特点？它与生产类型有什么关系？
37. 举例说明箱体零件选择粗、精基准时应考虑哪些问题。
38. 试用实例说明“一面两销”或“几个面”组合两种定位方案的优缺点和适用场合。
39. 制定箱体零件机械加工工艺过程的原则是什么？
40. 编制图 4.70 所示带直角沟槽垫块零件的机械加工工艺规程。零件材料：HT200。生产类型：单件小批量生产。

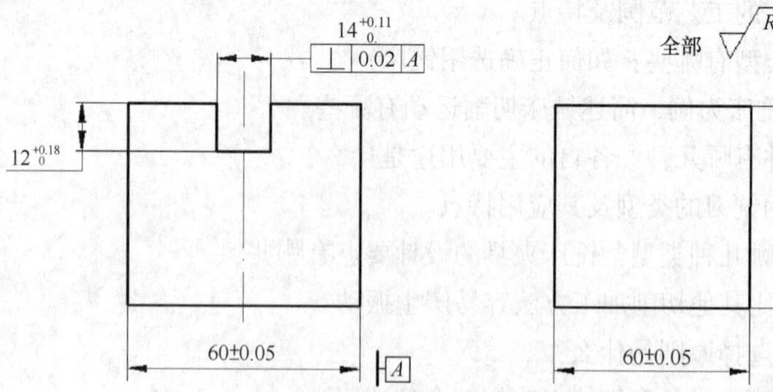

图 4.70　带直角沟槽垫块零件

41. 编制图 4.71 所示试块零件的机械加工工艺规程。零件材料：45#钢。批量：6 件。
42. 编制图 4.72 所示四棱柱小轴零件的机械加工工艺规程。零件材料：45#钢。生产类型：单件小批量生产。

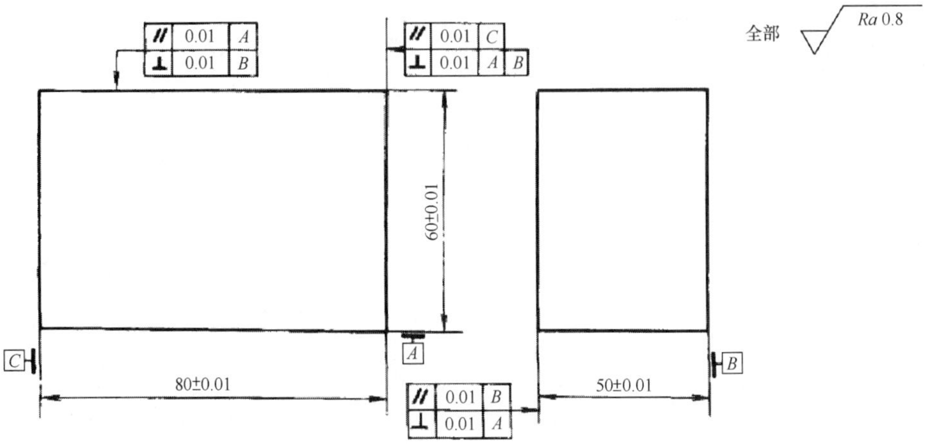

图 4.71　试块零件

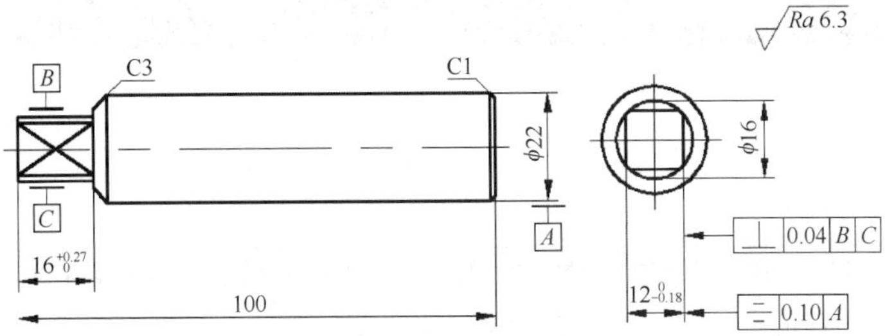

图 4.72　四棱柱小轴零件

43. 试编制图 4.73 所示泵体零件的机械加工工艺规程。生产类型：单件小批量生产。

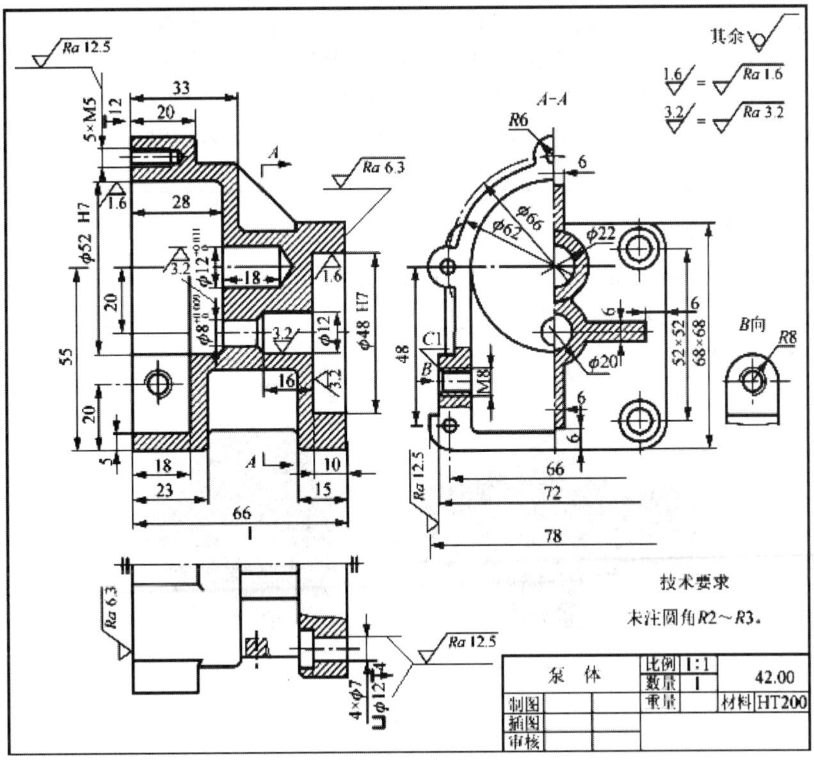

图 4.73　泵体零件

项目 5 圆柱齿轮零件机械加工工艺规程编制与实施

※【教学目标】※

最终目标	能合理编制圆柱齿轮零件的机械加工工艺规程并实施，加工出合格的零件
促成目标	1. 能正确分析圆柱齿轮零件结构和技术要求。 2. 能根据实际生产需要合理选用设备、工装；合理选择金属切削加工参数，进行齿坯、齿廓等加工。 3. 能合理进行齿轮零件精度检验。 4. 能考虑加工成本，对零件的机械加工工艺过程进行优化设计。 5. 能合理编制齿轮零件的机械加工工艺规程，正确填写机械加工工艺文件。 6. 能查阅并贯彻相关国家标准和行业标准。 7. 能明确齿轮加工设备的常规维护与保养，执行安全文明生产。 8. 能注重培养职业素养与良好习惯

※【引言】※

圆柱齿轮（cylindrical gear）是机械传动中应用极为广泛的零件之一，其功用是按规定的传动比传递运动和动力。直齿圆柱齿轮是最基本也是应用最多的圆柱齿轮。两种圆柱齿轮零件如图 5.1 所示。

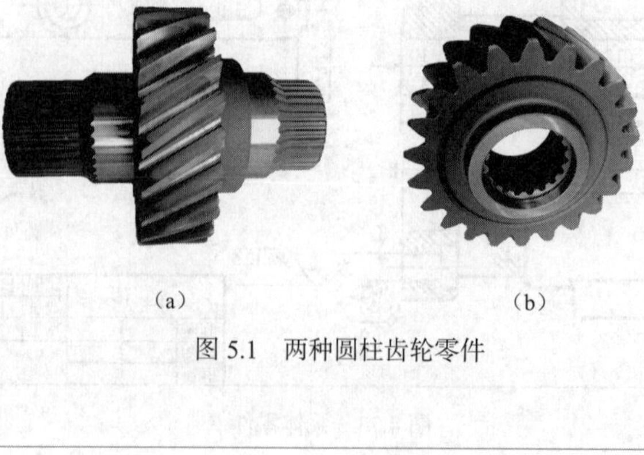

（a）　　　　（b）

图 5.1　两种圆柱齿轮零件

任务 5.1　直齿圆柱齿轮零件机械加工工艺规程编制与实施

5.1.1　任务引入

编制图 5.2 所示直齿圆柱齿轮的机械加工工艺规程并实施。零件材料为 40Cr，生产类型为小批量生产。

模数	m	3
齿数	Z	26
齿形角	α	20°
精度等级	8FH/GB/T 10095.2—2008	
齿圈径向跳动公差	F_r	0.045
公法线长度变动公差	F_w	0.040
齿距极限偏差	f_{pt}	± 0.020
基节极限偏差	f_{pb}	± 0.018
齿向公差	F_β	0.018
跨齿数	k	3
公法线平均长度及极限偏差	$W_{E_{wi}}^{E_{ws}}$	$23.233_{-0.139}^{-0.086}$

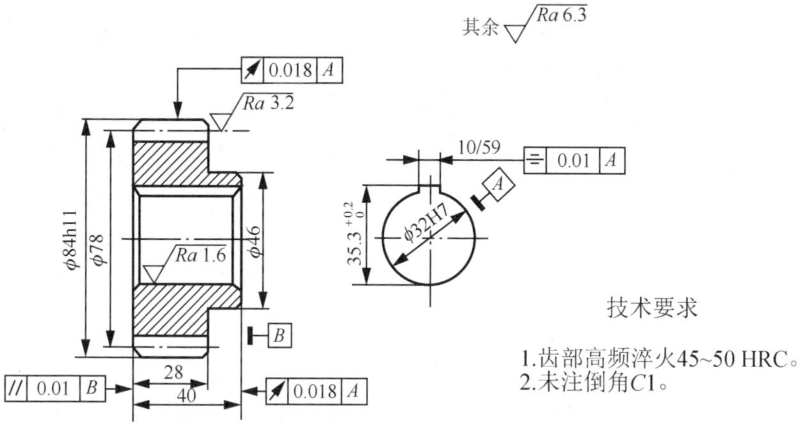

图 5.2　直齿圆柱齿轮

5.1.2　相关知识

一个齿轮的加工过程是由若干工序组成的。为获得符合精度要求的齿轮，齿形加工是整个齿轮加工的关键，整个加工过程都是围绕着齿形加工工序进行的。齿形加工方法很多，按加工中有无切削，可分为无切削加工和有切削加工两大类。

齿形的无切削加工包括齿轮热轧、齿轮冷轧、精锻、粉末冶金制造等新工艺，具有生产率高、材料消耗少、成本低等优点。但因其加工精度较低、工艺不够稳定，特别是生产批量小时难以采用，这些缺点限制了它的使用。

齿形的有切削加工具有良好的加工精度，目前仍是齿形的主要加工方法，按其加工原理可分为成形法和展成法两种。

特别提示

（1）圆柱齿轮的精度要求。根据齿轮的使用条件，对齿轮传动提出以下几方面的要求。

① 传递运动准确性（运动精度）。要求齿轮能准确地传递运动，传动比恒定，即要求齿轮在一转中的转角误差不超过一定范围。

② 传递运动平稳性（工作平稳性）。要求齿轮传递运动平稳，冲击、振动和噪声要小，即要求限制齿轮转动时瞬时速比的变化，也就是要限制短周期内的转角误差。

③ 载荷分布均匀性（接触精度）。齿轮在传递动力时，为了不致因载荷分布不均匀使接触应力过大，引起齿面过早磨损，要求齿轮工作时齿面接触要均匀，并保证有一定的接触面积和符合要求的接触位置。

④ 合理的齿侧间隙。要求齿轮传动时，非工作齿面间留有一定间隙，以储存润滑油，补偿温度、弹性变形所引起的尺寸变化以及加工、装配时的一些误差。

齿轮的制造精度和齿侧间隙对整个机器的工作性能、承载能力及使用寿命都有很大影响，主要根据齿轮的用途和工作条件而定。对于分度传动用齿轮，主要要求齿轮的运动精度较高；对于高速动力传动用齿轮，为减少冲击和噪声，对工作平稳性精度有较高要求；对于重载低速传动用齿轮，则要求齿面有较高的接触精度，以保证齿轮不致过早磨损；对于换向传动和读数机构用齿轮，则应严格控制齿侧间隙，必要时须消除间隙。

（2）齿轮传动的精度等级。我国 GB/T 10095.2—2008 标准对齿轮及齿轮副规定了 12 个精度等级，从 1～12 顺次降低。其中 1～2 级为超精密等级，3～5 级为高精度等级，6～8 级为中精度等级，9～12 级为低精度等级。常用的精度等级为 6～9 级，7 级是基础级，是设计中普遍采用且在一般条件下用滚、插、剃 3 种切齿方法就能得到的精度等级。根据齿轮各项加工误差的特性以及它们对传动性能影响的不同，每个精度等级都有 3 个公差组，即传递运动的准确性、传动的平稳性、载荷的均匀性，分别规定出各项公差和偏差项目，齿轮各项公差和极限偏差的分组见表 5-1。

（3）圆柱齿轮的精度检验组及测量条件，详见表 5-2。

表 5-1　　齿轮各项公差和极限偏差的分组

<table>
<tr><th>公差组</th><th>公差与极限偏差项目</th><th>对传动性能的主要影响</th><th colspan="2">误差特性</th></tr>
<tr><td rowspan="5">I</td><td>齿圈径向跳动公差 F_r</td><td rowspan="5">传递运动的准确性</td><td rowspan="2">径向单项指标</td><td rowspan="5">以齿轮转一转为周期的误差</td></tr>
<tr><td>径向综合公差 F_i''</td></tr>
<tr><td>公法线长度变动公差 F_w</td><td>切向单项指标</td></tr>
<tr><td>切向综合公差 F_i'</td><td rowspan="2">综合指标</td></tr>
<tr><td>齿距累积公差 F_p 和 k 个齿距累积公差 F_{pk}</td></tr>
</table>

续表

公差组	公差与极限偏差项目	对传动性能的主要影响	误差特性	
Ⅱ	基节极限偏差 $\pm f_{pb}$	传动的平稳性、噪声、振动	单项指标	在齿轮一周内多次周期重复出现的误差
	齿形公差 f_f			
	齿距极限偏差 $\pm f_{pt}$			
	螺旋线波度公差 $f_{f\beta}$（斜齿轮）			
	一齿径向综合公差 f_i'' 和一齿切向综合公差 f_i'		综合指标	
Ⅲ	齿向公差 F_β、F_{px}	载荷分布的均匀性	单项指标	齿向线的误差

表 5-2　　圆柱齿轮的精度检验组及测量条件

检验组	公差组			适用等级	测量条件
	Ⅰ	Ⅱ	Ⅲ		
1	F_i'	f_i'	F_β	3～6	万能齿轮测量机、齿向仪
2	F_i'	f_i'	F_β	5～8	整体误差测量仪（便于工艺分析）
3	F_i'	f_i'	F_β	5～8	单啮仪、齿向仪（适于大批量生产）
4	F_p	f_{pt}、f_f、$f_{f\beta}$	F_b、F_{px}	3～6	齿距仪、齿形仪、波度仪、轴向齿距仪
5	F_i''、F_w	f_i''	F_β	6～9	双啮仪、齿向仪、公法线千分尺
6	F_p	f_f、f_{pt}	F_β	3～7	齿距仪、齿向仪、齿形仪
7	F_p	f_f、f_{pb}	F_β	3～7	齿距仪、齿形仪、基节仪
8	F_p	f_{pt}、f_{pb}	F_β	7～9	齿距仪、齿向仪、基节仪
9	F_w、F_r	f_f、f_{pb}	F_β	5～7	跳动仪、齿形仪、公法线千分尺、基节仪、齿向仪
10	F_w、F_r	f_{pt}、f_{pb}	F_β	7～9	跳动仪、公法线千分尺、基节仪、齿向仪
11	F_r	f_{pt}	F_β	10～12	跳动仪、齿距仪、齿向仪

1. 成形法

成形法（forming method）是利用与被加工齿轮齿槽法向截面形状相符的成形刀具，在齿坯上加工出齿形的方法。成形法加工有铣齿、拉齿、插齿、刨齿及磨齿等方式，其中最常用的是在普通铣床上用成形铣刀铣齿。当齿轮模数 $m \geqslant 8$ mm 时，在立式铣床上用指形铣刀铣削，如图 5.3（a）所示；当齿轮模数 $m < 8$ mm 时，一般在卧式铣床上用盘形铣刀铣削，如图 5.3（b）所示。

（a）指形铣刀铣齿　　（b）盘形铣刀铣齿

图 5.3　直齿圆柱齿轮的成形铣削

铣齿加工原理

铣削时，将齿坯装夹在心轴上，心轴装在分度头顶尖和尾座顶尖间，模数铣刀做旋转主运动，工作台带着分度头、齿坯做纵向进给运动，实现齿槽的成形铣削加工。每铣完一个齿槽，工件退回，按齿数 z 进行分度，然后再加工下一个齿槽，直至铣完所有的齿槽。铣削斜齿圆柱齿轮应在万能铣床上进行，铣削时，工作台偏转一个齿轮的螺旋角β，齿坯在随工作台进给的同时，由分度头带动做附加转动，形成螺旋线运动。

标准渐开线齿轮的齿廓形状由齿轮模数 m 和齿数 z 决定。用成形法加工的齿廓形状由模数铣刀刀刃形状来保证，齿廓分布的均匀性则由分度头分度精度保证。因此，要加工出准确的齿形，就要求同一模数、不同齿数的齿轮都要用一把对应模数的铣刀加工，这将导致刀具数量非常多，在生产中是极不经济的。实际生产中，为减少成形刀具的数量，同一模数的铣刀通常只做出 8 把，分别铣削齿形相近的一定齿数范围的齿轮。模数铣刀刀号及其加工齿数范围见表 5-3。

表 5-3　模数铣刀刀号及其加工齿数范围

刀号	1	2	3	4	5	6	7	8
加工齿数范围	12～13	14～16	17～20	21～25	26～34	35～54	55～134	135 以上

由于每种刀号齿轮铣刀的刀齿形状均按加工齿数范围中最少齿数的齿形设计，因此在加工此范围内其他齿数齿轮时会产生一定的齿形误差。

当加工精度要求不高的斜齿圆柱齿轮时，可以借用加工直齿圆柱齿轮的铣刀，但此时铣刀的刀号应按照斜齿轮法向截面内的当量齿数 z_d 来选择。斜齿圆柱齿轮的当量齿数 z_d 计算公式为

$$z_d = \frac{z}{\cos^3\beta} \tag{5-1}$$

式中：z——斜齿圆柱齿轮的齿数；

β——斜齿圆柱齿轮的螺旋角。

成形法铣齿时由于受刀具的齿形误差和分度误差的影响，加工的齿轮存在较大的齿形误差和分齿误差，因此铣齿精度较低，加工精度为 9～12 级，齿面粗糙度 Ra 为 6.3～3.2 μm。但这种方法可在一般铣床上进行，对于缺乏专用齿轮加工设备的企业较为方便。模数铣刀较其他齿轮刀具结构简单、制造容易，因此生产成本低。但由于每铣一个齿槽均需进行切入、切出、退刀以及分度等工作，加工时间和辅助时间长，因此生产率低。成形法铣齿一般用于单件小批量生产或机修工作中，加工直齿、斜齿和人字齿圆柱齿轮，也可加工重型机械中精度要求不高的大型齿轮。

2. 展成法

展成法（generating method）应用齿轮啮合原理进行加工，加工出的齿形轮廓是刀具切削刃运动轨迹的包络线。齿数不同的齿轮，只要模数和齿形角相同，都可以用同一把刀具来加工。用展成法原理加工齿形的方法有滚齿、插齿、剃齿、珩齿和磨齿等，其中剃齿、珩齿和磨齿属于齿形的精加工方法。展成法的加工精度和生产率都较高，刀具通用性好，所以在生产中应用广泛。

（1）滚齿。

① 滚齿（gear hobbing）。其原理及工艺特点如下。滚齿是齿形加工生产率较高、应用最广的一种加工方法。在滚齿机上用齿轮滚刀加工齿轮的过程，相当于一对螺旋齿轮互相啮合运动的过程，如图 5.4（a）所示，只是其中一个螺旋齿轮的齿数极少，且分度圆上的螺旋升角很小，所以它便成为蜗杆形状，如图 5.4（b）所示，再将蜗杆开槽铲背、淬火、刃磨，便成为齿轮滚刀，如图 5.4（c）所示。

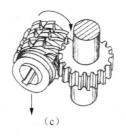

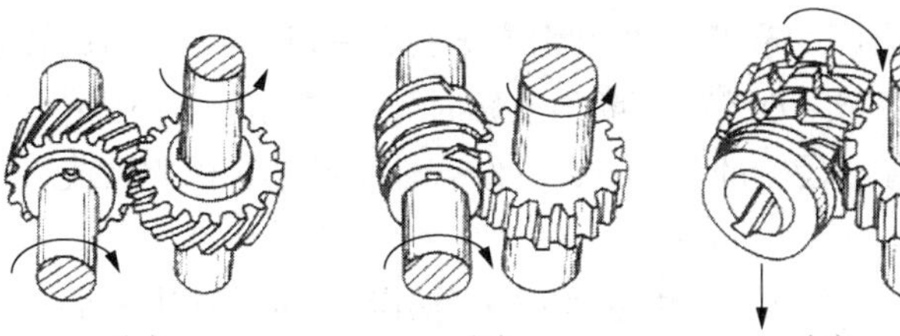

（a）　　（b）　　（c）

图 5.4　滚齿原理

滚齿加工原理

在滚切过程中，滚刀与齿坯按啮合传动关系做相对运动，在齿坯上切出齿槽，形成了渐开线齿形，如图 5.5（a）所示。分布在螺旋线上的滚刀各刀齿相继切除齿槽中一薄层金属，每个齿槽在滚刀连续旋转中由几个刀齿依次切出，渐开线齿廓则由切削刃一系列瞬时位置包络而成，如图 5.5（b）所示。

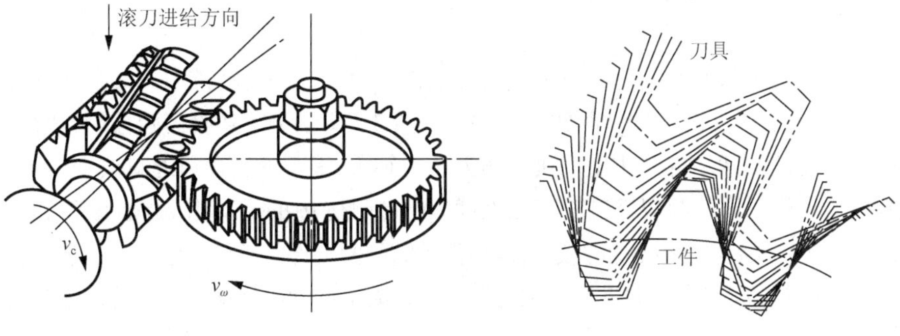

（a）　　（b）

图 5.5　滚齿渐开线的形成

斜齿圆柱齿轮齿廓曲面的形成

滚齿加工的通用性较好，既可加工圆柱齿轮，又可加工蜗轮、花键轴等；既可加工渐开线齿形，又可加工圆弧、摆线及其他特殊齿形。其加工的尺寸范围从仪器仪表中的小模数齿轮直到化工、矿山机械中的大型齿轮，但一般不能加工内齿轮、扇形齿轮和相距很近的双联齿轮。

滚齿适用于各种生产类型的齿形加工，既可用于齿形的粗加工，也可用于齿形的精加工，滚齿加工的精度范围为 9～5 级。一般滚齿可加工 8～7 级精度的齿轮，当采用 AA 级以上的齿轮滚刀和高精度滚齿机时，也可以加工出 7 级以上甚至是 5 级精度的齿轮。通常滚齿可作为剃齿或磨齿等齿形精加工前的粗加工和半精加工工序。

一般生产中多用高速钢滚刀，因此滚齿多用于软齿面（未淬火）齿轮的加工，切削用量也较低。近年来，超硬高速钢滚刀、硬质合金滚刀的投入使用使滚齿切削速度大大提高。

由于滚齿时的齿面由滚刀刀齿的包络面形成，且参加切削的刀齿数目有限，因此滚齿齿面的表面质量较低。为提高滚齿的加工精度和齿面质量，应将粗、精滚齿加工分为两个工序（或工步）进行。

② 滚齿机（hobbing machine）。滚齿机可完成圆柱直齿轮、斜齿轮、蜗轮及花键轴加工。

a. 滚齿机的组成。Y3150E 型滚齿机是一种中型通用滚齿机，主要用于加工直齿和斜齿圆柱齿轮，也可采用径向切入法加工蜗轮。其可加工的工件最大直径为 ϕ500 mm，最大模数为 8 mm，最小齿数 5k（k 为滚刀头数）。Y3150E 型滚齿机如图 5.6 所示，机床由床身、立柱、刀架溜板、滚刀架、后立柱和工作台等部件组成。

b. 滚齿机的工作运动。滚齿时齿廓的成形方式是展成法，其展成运动是滚刀旋转运动和工件旋转运动组成的复合运动，当滚刀与工件连续不断地旋转时，便在工件整个圆周上依次切出所有齿槽。即滚齿时齿面的成形过程与齿轮的分度过程是结合在一起的，因此展成运动也就是分度运动。

i. 加工直齿圆柱齿轮的工作运动。根据展成法原理可知，滚齿时，除具有切削运动外，还必须严格保持滚刀和工件之间的相对运动关系，这是切制出正确齿廓形状的必要条件。因此，滚齿机在加工直齿圆柱齿轮时有以下三个工作运动。

- 主运动。主运动即滚刀的旋转运动。
- 展成运动。展成运动即滚刀与工件之间的啮合运动。为得到所需的渐开线齿廓和齿轮齿数，滚齿时滚刀和工件之间必须保持严格的相对运动关系——一对啮合齿轮的传动比，即每当滚刀转 1 周时，工件应该相应地转 k/z 周（k 为滚刀头数，z 为工件齿数）。
- 垂直进给运动。垂直进给运动即滚刀沿工件轴线方向做连续的进给运动，以切出整个齿宽上的齿形。

为实现上述三个运动，机床就必须具有三条相应的传动链。而在每一传动链中，又必须有可调环节（即变速机构），以保证传动链两端件间的运动关系。图 5.7 所示为滚切直齿圆柱齿轮时滚齿机传动原理，主运动传动链的两端件是主电动机和滚刀（主轴），滚刀的转速可通过改变 u_v 的传动比进行调整；展成运动传动链的两端件是滚刀和工件，通过调整 u_x 的传动比，保证滚刀和工件之间的相对运动关系，以实现展成运动；垂直进给运动传动链的两端件是工件与滚刀，通过调整 u_f 的传动比，使工件每转 1 周，滚刀在垂向进给丝杠的带动下，沿工件轴向移动所要求的进给量。

Y3150E 型滚齿机的调整计算

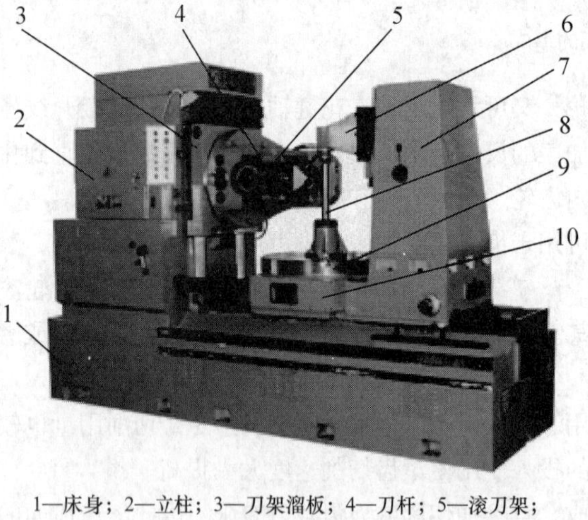

1—床身；2—立柱；3—刀架溜板；4—刀杆；5—滚刀架；6—支架；7—后立柱；8—心轴；9—工作台；10—床鞍

图 5.6　Y3150E 型滚齿机

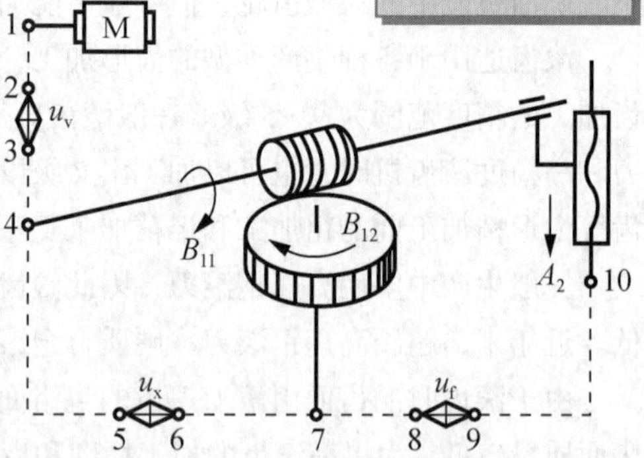

图 5.7　滚切直齿圆柱齿轮时滚齿机传动原理

ii. 加工斜齿圆柱齿轮的工作运动。与加工直齿圆柱齿轮一样，加工斜齿圆柱齿轮时同样需要主运动、展成运动和垂直进给运动。此外，为形成螺旋形的轮齿，在滚刀做轴向进给运动的同时还必须给工件一个附加运动——旋转运动 B_{22}（见图 5.8）。这与在普通车床上切削螺纹相似，即刀具沿工件轴线方向进给一个螺旋线导程时，工件应均匀地转一周。因此，在加工斜齿圆柱齿轮时，机床必须有四条相应的传动链来实现上述四个工作运动，其中主运动传动链、展成运动传动链和轴向进给运动传动链与加工直齿圆柱齿轮的传动原理相同。

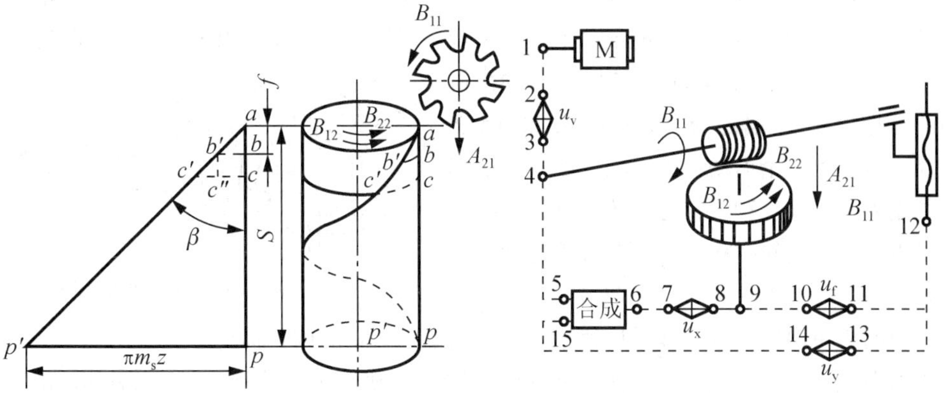

（a）　　　　（b）

图 5.8　滚切斜齿圆柱齿轮的传动原理图

需要特别指出的是，在加工斜齿圆柱齿轮时，形成渐开线齿廓的展成运动和附加运动这两条传动链，需要将两种不同要求的旋转运动同时传给工件。在一般情况下，两个运动同时传到一根轴上时，运动要发生干涉而将轴损坏。因此，在滚齿机上设有把两个任意方向和大小的转动进行合成的机构，即运动合成机构。滚齿机所用的运动合成机构，通常是圆柱齿轮或锥齿轮行星机构。图 5.9 所示为 Y3150 型滚齿机运动合成机构工作原理。

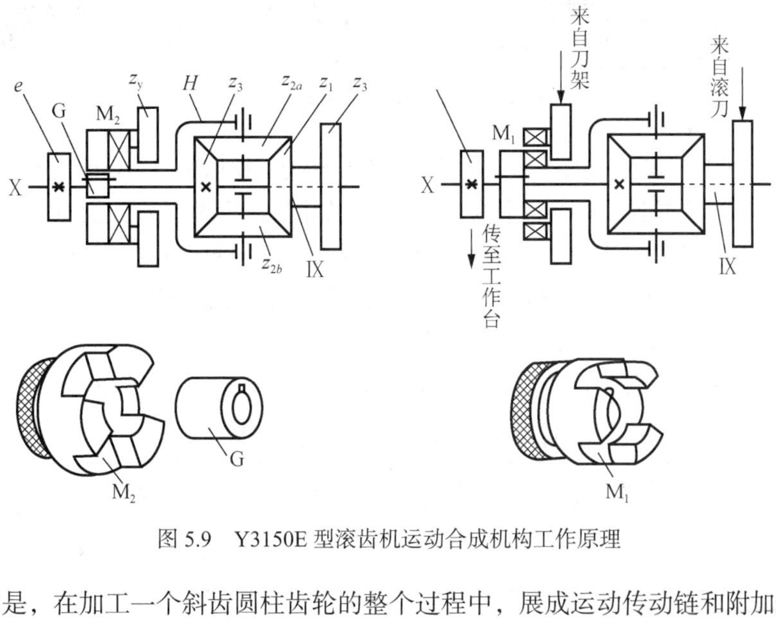

图 5.9　Y3150E 型滚齿机运动合成机构工作原理

应强调的是，在加工一个斜齿圆柱齿轮的整个过程中，展成运动传动链和附加运动传动链都不可脱开。例如，在第一刀粗切完毕后，需将刀架快速向上退回，以便进行第二刀切削；这时绝不能分开展成运动和附加运动传动链中的挂轮或离合器，否则将会使工件产生乱刀及斜齿被破坏等现象，并可能造成刀具及机床的损坏。

iii. 滚刀架的快速垂向移动。在 Y3150E 型滚齿机传动系统中有主运动、展成运动、轴向进给运动和附加运动四条传动链，另外还有一条刀架快速移动（空行程）传动链。

利用快速电动机可使刀架实现快速升降运动，以便调整刀架位置及在进给前后实现快进和快退，刀架快速移动方向可通过快速电动机的正反转来变换。此外，在加工斜齿圆柱齿轮时，启动快速电动机，可经附加运动传动链带动工作台旋转，以便检查工作台附加运动的方向是否正确。

iv. 加工蜗轮时的工作运动。Y3150E 型滚齿机通常用径向进给法加工蜗轮（worm wheel），如图 5.10 所示。加工时共需三个运动：主运动、展成运动和径向进给运动。主运动和展成运动传动链的调整计算与加工直齿圆柱齿轮时相同，径向进给运动只能手动实现。

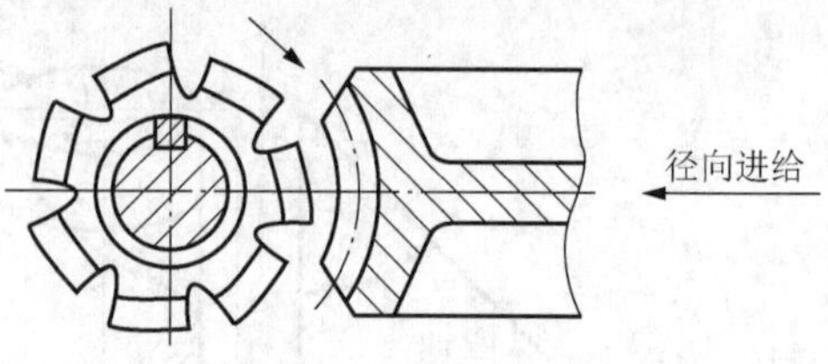

图 5.10　径向进给法加工蜗轮

工作台溜板可由液压缸驱动做快速趋进和快速退离刀具的调整移动。

③ 齿轮滚刀（gear hob）。齿轮滚刀是按螺旋齿轮啮合原理加工直齿和斜齿圆柱齿轮的刀具，它相当于一个齿数很少、螺旋角很大的斜齿轮，外貌呈蜗杆状。齿轮滚刀及其结构尺寸如图 5.11 所示。

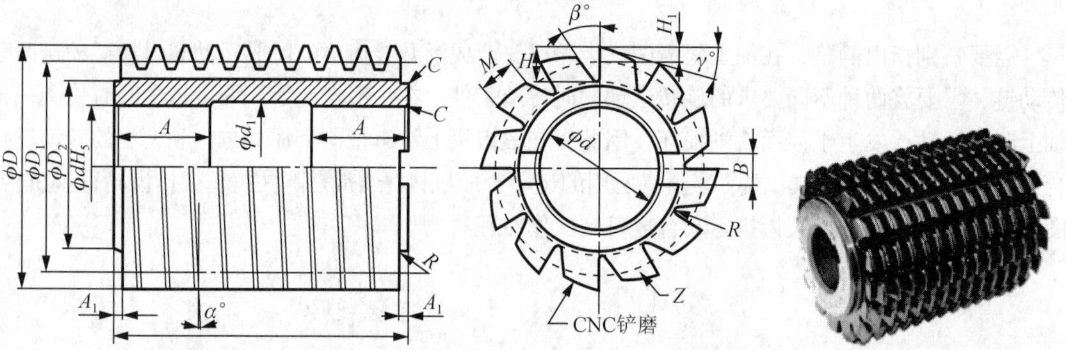

图 5.11　齿轮滚刀及其结构尺寸

a. 齿轮滚刀种类。齿轮滚刀按加工性质分为精切滚刀、粗切滚刀、剃前滚刀、刮前滚刀、挤前滚刀和磨前滚刀。齿轮滚刀按结构分为整体滚刀、焊接式滚刀和装配式滚刀。

b. 齿轮滚刀的选用。一把滚刀可加工模数和压力角与之相同而齿数不同的圆柱齿轮。机械行业标准 JB/T 3227—2013《高精度齿轮滚刀 通用技术条件》，适用于精度为 AAA 级的滚刀；GB/T 6084—2016《齿轮滚刀 通用技术条件》规定的滚刀精度分级为 4A、3A、2A、A、B、C、D 级 7 种，4A 级是最高精度等级。一般情况下，滚刀精度等级与被加工齿轮精度等级的关系见表 5-4。

表 5-4　滚刀精度等级与被加工齿轮精度等级的关系

滚刀精度等级	AAA 级	AA 级	A 级	B 级	C 级
可加工齿轮精度等级	5～6 级	6～7 级	7～8 级	8～9 级	9～10 级

④ 工件的装夹。滚齿时工件的装夹形式很多，它不仅与工件的形状、大小、精度要求等有关，还受到生产批量和装备条件的限制。滚齿时，工件通常用端面及内孔定位的方式进行安装，定位心轴装在铸铁底座的钢套上，并用螺母压紧（见图 5.12）。为适应加工不同尺寸的工件，在底座上可以安装不同规格的（花键）心轴；为提高定心精度，避免切齿时产生径向误差，可采用胀胎心轴以消除配合间隙。

加工齿轮轴时，一般采用双顶尖装夹或是一夹一顶的装夹方式。图 5.13 所示为双顶尖装夹方式，采用鸡心夹头拨动。也可以把下顶尖改为三爪自定心卡盘或弹簧夹头。这种夹具结构简单、装夹方便，但是易使轴颈表面受到破坏，所以使用时轴颈常留出一定的加工余量或外加铜片，避免装夹时对工件造成损坏。

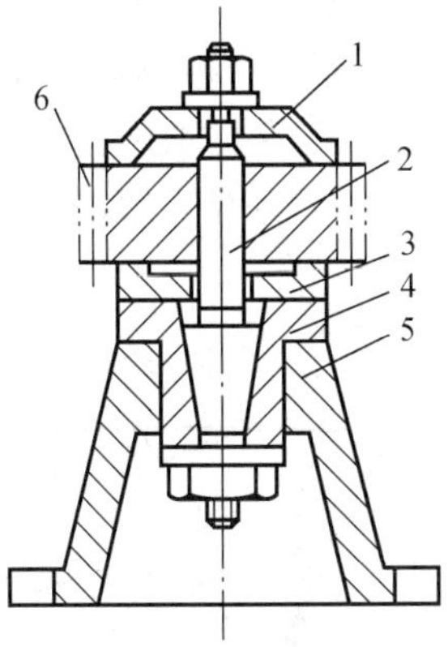

1—压套；2—心轴；3—垫圈；4—钢套；5—底座；6—齿坯

图 5.12　滚齿安装方式

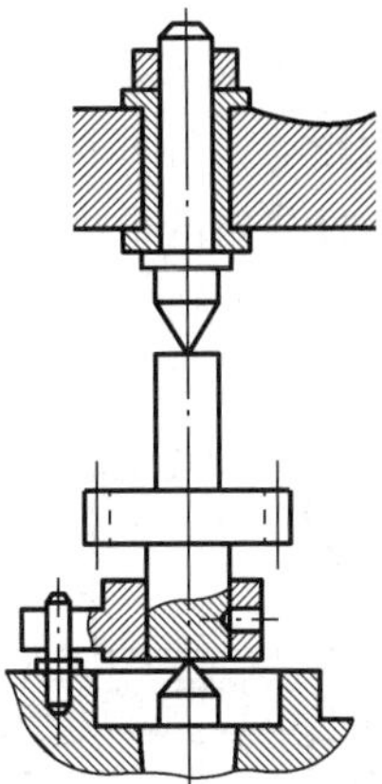

图 5.13　双顶尖装夹方式

特别提示

滚刀使用方法简介

滚齿加工技术改进方法

（1）多件加工。将几个齿坯串装在心轴上同时加工，可以减少滚刀对每个齿坯的切入、切出时间及装卸时间。

（2）采用径向切入。滚齿时，滚刀切入齿坯的方法有径向切入和轴向切入两种。径向切入比轴向切入行程短，可节省切入时间，对大直径滚刀尤为突出。

（3）对角滚齿。滚齿加工中，滚刀在沿齿坯轴向进给的同时，还沿其自身轴线方向做切向进给（连续移动），这就形成了对角滚齿，如图 5.14（a）所示。用对角滚齿法滚齿，齿面刀痕成交叉网纹，如图 5.14（b）所示。而一般滚齿齿面刀痕成条状，如图 5.14（c）所示。

对角滚齿的优点是滚刀全长内的刀齿都参与切削，刀齿负荷均匀、刀具耐用度更高，加工齿面粗糙度值更小，对之后的剃齿有利。但对角滚齿的齿向精度较差，还要求机床具有切向进给机构，且需要适当加长滚刀的长度，还需增加一些调整计算工作量。

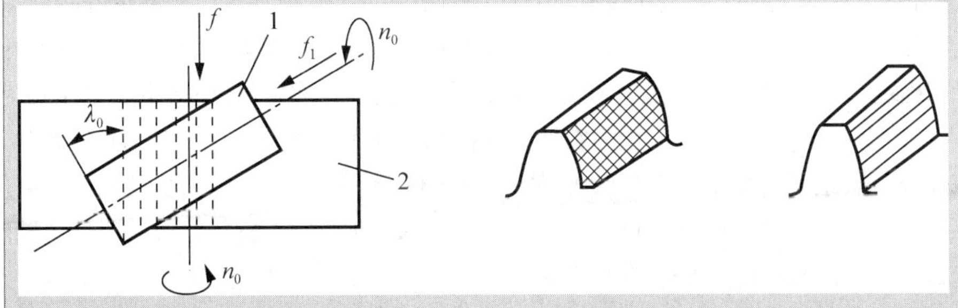

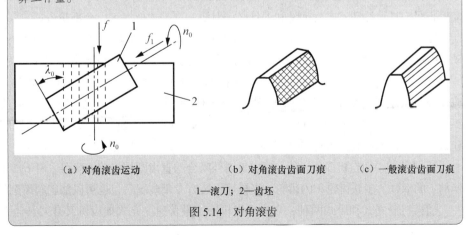

（a）对角滚齿运动　　（b）对角滚齿齿面刀痕　　（c）一般滚齿齿面刀痕

1—滚刀；2—齿坯

图 5.14　对角滚齿

（2）插齿（gear shaping）。用插齿刀按展成法或成形法加工内、外齿轮或齿条等的齿面称为插齿。插齿也是生产中普遍应用的切齿方法。

① 插齿原理与运动。

a. 插齿原理。插齿时的运动如图 5.15 所示，插齿过程相当于一对轴线相互平行的圆柱齿轮相啮合。插齿刀相当于一个磨有前角、后角并具有切削刃的高精度齿轮，而齿轮齿坯则作为另一个齿轮。工件和插齿刀的运动形式如图 5.15（a）所示。在加工过程中，刀具每往复一次仅切出工件齿槽的很小一部分，工件齿槽的齿面曲线是由插齿刀切削刃多次切削的包络线所组成的，如图 5.15（b）所示。

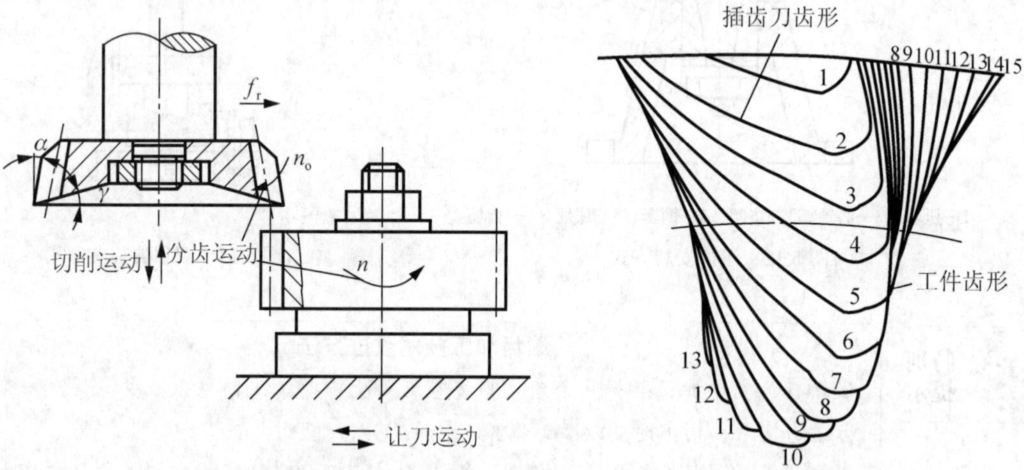

（a）工件和插齿刀的运动形式　（b）齿面曲线

图 5.15　插齿时的运动

b. 插齿加工时，插齿机必须具备以下运动，如图 5.15 所示。

i. 主运动。插齿时的主运动是指插齿刀沿工件轴线方向所做的高速往复直线运动。以每分钟的往复次数来表示，向下为切削行程、向上为返回行程。

ii. 分齿展成运动。插齿时，插齿刀与工件之间必须保持一对齿轮副的无间隙啮合运动关系，即插齿刀每转过一个齿（$1/z_{刀转}$）时，工件也必须转过一个齿（$1/z_{工转}$）。

iii. 径向进给运动。插齿时，为逐渐切至工件的全齿深，插齿刀必须有径向进给运动。径向进给量用插齿刀每次往复行程中工件或刀具径向移动的距离来表示。当达到全齿深时，机床便自动停止径向进给运动，之后工件和刀具必须对滚一周，才能加工出全部轮齿。

iv. 圆周进给运动。展成运动只确定插齿刀和工件的相对运动关系，而运动的快慢由圆周进给运动来确定。插齿刀每一往复行程在分度圆上所转过的弧长称为圆周进给量，其单位为 mm/往复行程。

v. 让刀运动。为避免插齿刀在回程时擦伤已加工表面和减少刀具磨损，此时刀具和工件之间应让开一段距离；而在插齿刀重新开始向下工作行程时，应立即恢复到原位，以便刀具向下切削工件。这种让开和恢复原位的运动称为让刀运动。新型插齿机一般通过刀具主轴座的摆动来实现让刀运动，以减小让刀产生的振动。

② 插齿机。插齿机多用于粗、精加工内外啮合的直齿圆柱齿轮，特别适用于加工在滚齿机上不能加工的双联、多联齿轮和内齿轮。当机床上装有专用装置后，也可以加工斜齿圆柱齿轮及齿条。

插齿机分立式和卧式两种，立式插齿机使用最普遍。立式插齿机又有刀具让刀和工件让刀两种形式。高速和大型插齿机采用刀具让刀，中、小型插齿机一般采用工件让刀。在立式插齿机上，插齿刀装在刀具主轴上，同时做旋转运动和上下往复插削运动；工件装在工作台上做旋转运动；工作台（或刀架）可横向移动实现径向切入运动，刀具回程时，工作台（或刀架）向后稍作摆动，以便实现让刀运动。加工斜齿轮时，通过装在主轴上的附件（螺旋导轨），插齿刀随上下运动而做相应的附加转动。

a. Y5132 型插齿机的组成（见图 5.16）。

b. Y5132 型插齿机加工范围。Y5132 型插齿机加工外齿轮的最大分度圆直径为ϕ320 mm，加工最大宽度为 80 mm，加工内齿轮的最大外径为ϕ500 mm，最大宽度为 50 mm。

c. Y5132 型插齿机的传动原理。Y5132 型插齿机的传动原理如图 5.17 所示，其表示了 Y5132 型插齿机三个成形运动的传动链。

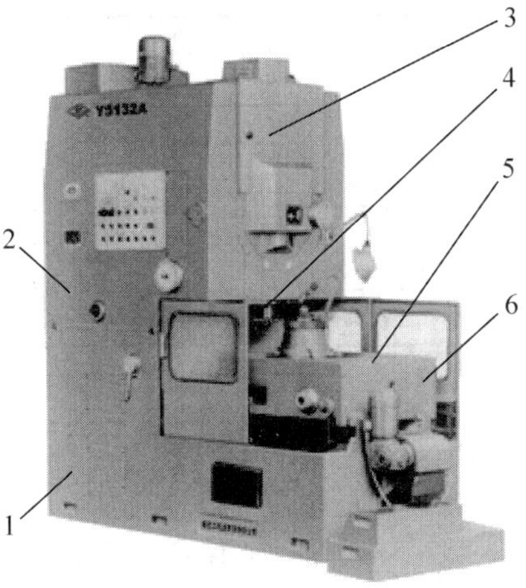

1—床身；2—立柱；3—刀架；

4—主轴；5—工作台；6—工作台溜板

图 5.16　Y5132 型插齿机外形图

Y5132 型插齿机的三个成形运动传动链

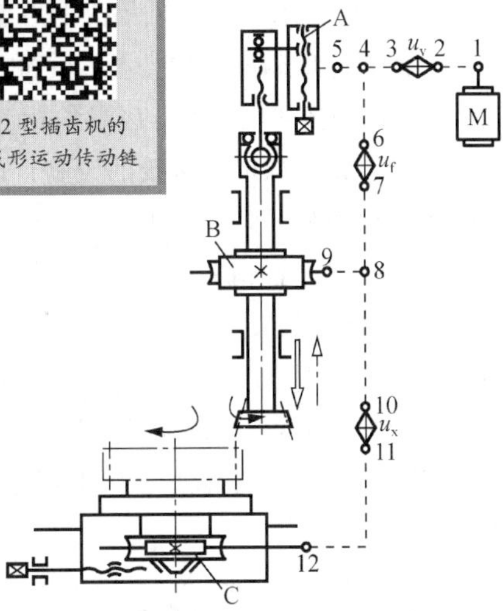

图 5.17　Y5132 型插齿机的传动原理

③ 插齿刀（shaper cutter）。插齿刀安装在插齿机的主轴上，它具有圆周进给运动、上下直线切削主运动和让刀运动。工件做逐渐径向切入插齿刀的圆周进给运动，并与插齿刀按规定传动比做展成运动，被切齿坯转过一周后便成为齿轮。

a. 插齿刀类型。插齿刀制成 AA、A、B 三级精度（参见 GB/T 6081—2001《直齿插齿刀 基本型式和尺寸》），分别加工 6、7、8 级精度的齿轮。插齿刀的主要类型与规格、用途见表 5-5。

表 5-5　插齿刀主要类型与规格、用途

序号	类型	简图	应用范围	规格		D 或莫氏锥度	
				d_0/mm	m		
1	盘形直齿插齿刀		加工普通直齿外齿轮和大直径内齿轮	ϕ63	0.3～1	ϕ31.743	AA、A、B
				ϕ75	1～4		
				ϕ100	1～6		
				ϕ125	4～8		
				ϕ160	6～10	ϕ88.90	
				ϕ200	8～12	ϕ101.60	

续表

序号	类型	简图	应用范围	规格		D或莫氏锥度	
				d_0/mm	m		
2	碗形直齿插齿刀		加工塔形、双联直齿轮	φ50	1～3.5	φ20 φ31.743	AA、A、B
				φ75	1～4		
				φ100	1～6		
				φ125	4～8		
3	锥柄直齿插齿刀	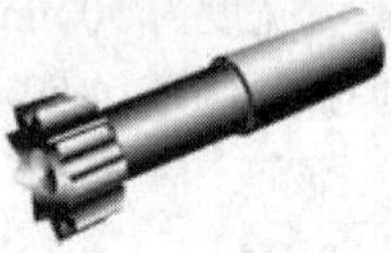	加工直齿内齿轮	φ25	0.3～1	莫氏2号	A、B
				φ25	1～2.75		
				φ38	1～3.75	莫氏3号	

b. 插齿刀的选用。选用插齿刀时，需要根据被切齿轮的种类选定插齿刀的类型，使插齿刀的模数、齿形角和被切齿轮的模数、齿形角相等。另外，还要根据被切齿轮参数进行必要的校验，以防切齿时发生根切、顶切和过渡曲线干涉等。

④ 工件的安装。插齿时，工件通常用端面及内孔定位的方式进行安装，如图5.18所示。工件以内孔定心，以端面作为支承，定位心轴2装在插齿机的锥孔内，用螺母压紧。为适应加工不同尺寸的工件，可以安装不同规格的心轴，也可用胀胎心轴或花键心轴等。

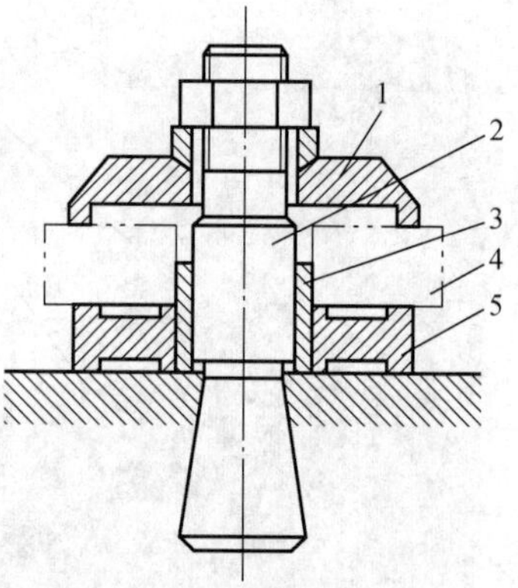

1—压套；2—心轴；3—衬套；4—齿坯；5—垫圈

图5.18　插齿工件安装方式

特别提示

插齿与滚齿工艺特点比较

插齿与滚齿同为常用的齿形加工方法，它们的加工精度和生产率也大致相当，但在加工质量（精度指标）、生产率和应用范围等方面又各有其特点。

（1）加工质量。

① 插齿的齿形精度比滚齿高。滚齿时，形成齿形包络线的切线数量只与滚刀容屑槽的数目和基本蜗杆的头数有关，不能通过改变加工条件而增减；但插齿时，形成齿形包络线的切线数量由圆周进给量的大小决定，并可以选择。此外，制造齿轮滚刀时是用近似齿形的蜗杆来替代渐开线基本蜗杆，这就有齿形误差。而插齿刀的齿形比较简单，可通过高精度磨齿获得精确的渐开线齿形，故插齿能得到较高的齿形精度。

② 插齿后的齿面粗糙度值比滚齿小。这是因为，滚齿时，滚刀在齿向方向上做间断切削，形成如图5.19（a）所示的鱼鳞状波纹；而插齿时，插齿刀沿齿向方向的切削是连续的，如图5.19（b）所示。因此，插齿时，齿面粗糙度较小。

③ 插齿的运动精度比滚齿差。这是因为插齿机的传动链比滚齿机多了一个刀具蜗轮副，即多了一部分传动误差。另外，插齿刀的一个刀齿相应地切削工件的一个齿槽，因此插齿刀上的齿距累积误差必然会反映到工件上。而滚齿时，

因为工件的每一个齿槽都是由滚刀相同的 2～3 圈刀齿加工出来的，故滚刀的齿距累积误差不影响被加工齿轮的齿距精度，所以滚齿的运动精度比插齿高。

④ 插齿的齿向误差比滚齿大。插齿时的齿向误差主要取决于插齿机主轴往复运动轨迹与工作台回转轴线的平行度误差。由于插齿刀工作时往复运动的频率高，主轴与套筒之间的磨损大，因此插齿的齿向误差比滚齿大。

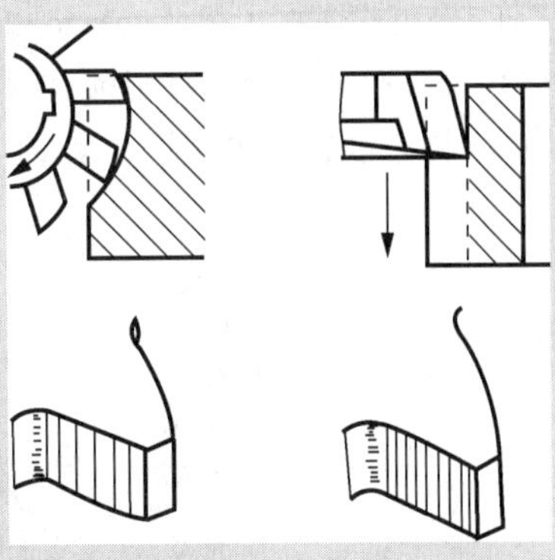

（a）滚齿　　（b）插齿

图 5.19　滚齿和插齿齿面的比较

综上所述，就加工精度来说，对运动精度要求不高的齿轮，可直接用插齿进行齿形精加工；而对于运动精度要求较高的齿轮和剃前齿轮（剃齿不能提高运动精度），则用滚齿加工较为有利。

（2）生产率。切制模数较大的齿轮时，插齿速度要受到插齿刀主轴往复运动惯性和机床刚性的制约，切削过程还有空程时间损失，而滚齿加工属于连续切削，无辅助时间损失，生产率一般比插齿高。但在加工小模数、多齿数并且齿宽较窄的齿轮时，插齿的生产率会比滚齿高。

（3）应用范围。从以上分析可得出两种齿轮加工方法的应用范围如下。

① 加工带有台肩的齿轮以及空刀槽很窄的双联或多联齿轮，只能用插齿。这是因为插齿刀“切出”时只需要很小的空间，而滚齿时滚刀会与大直径部位发生干涉。

② 加工无空刀槽的人字齿轮和内齿轮，只能用插齿。

③ 加工蜗轮，只能用滚齿。

④ 加工斜齿圆柱齿轮，两者都可用，但滚齿比较方便。插削斜齿轮时，插齿机的刀具主轴上须设有螺旋导轨来提供插齿刀的螺旋运动，并且要使用专门的斜齿插齿刀，所以很不方便。

3. 齿形精度检测

（1）公法线千分尺（gear tooth micrometer calliper）。公法线千分尺用于测量齿轮公法线长度，是一种通用的齿轮测量工具（见图 5.20）。检验直齿轮时，公法线千分尺的两卡脚跨过 K 个齿，且与齿廓相切于 a、b 两点，测得两切点间的距离 ab 称为公法线（基圆切线）长度，用 W 表示。

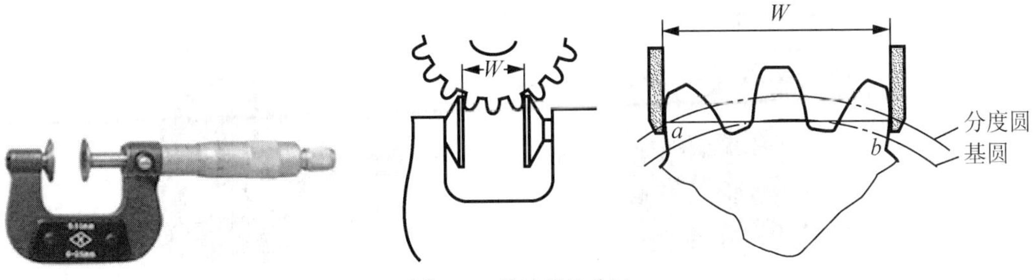

图 5.20　公法线千分尺

（2）齿厚游标卡尺（gear tooth vernier calliper）。齿厚游标卡尺专用于测量齿轮齿厚，形状像90° 角尺，有平行和垂直两种。垂直尺杆专门测量齿顶的高度，平行齿杆则测量齿厚的厚度，齿厚游标卡尺如图 5.21 所示。测量时，以分度圆齿高 h_a 为基准来测量分度圆弦齿厚 s。

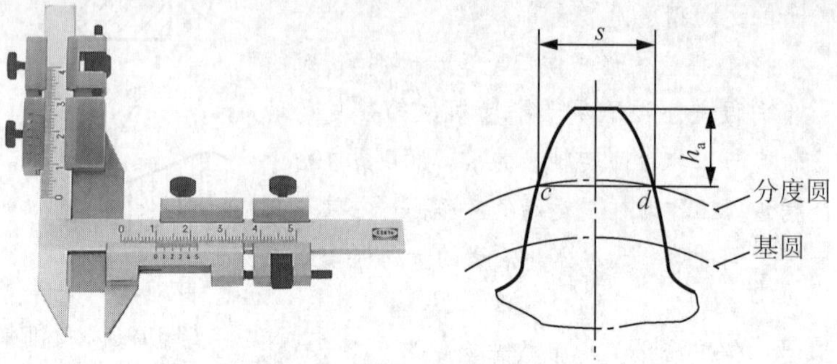

图 5.21　齿厚游标卡尺

由于测量分度圆弦齿厚是以齿顶圆为基准的，因此测量结果必然受到齿顶圆公差的影响。而公法线长度测量与齿顶圆无关。公法线长度测量在实际应用中较广泛。在齿轮检验中，对较大模数（$m > 10$ mm）的齿轮，一般检验分度圆弦齿厚；对成批生产的中、小模数齿轮，一般检验公法线长度 W。

（3）齿圈径向跳动检查仪（gear radial runout tester）。齿圈径向跳动检查仪用于检查圆柱或圆锥外啮合齿轮及蜗轮、蜗杆的径向跳动或端面跳动。齿圈径向跳动的测量，测头可以用球形或锥形。齿圈径向跳动检查仪及测量示意图如图 5.22 所示。

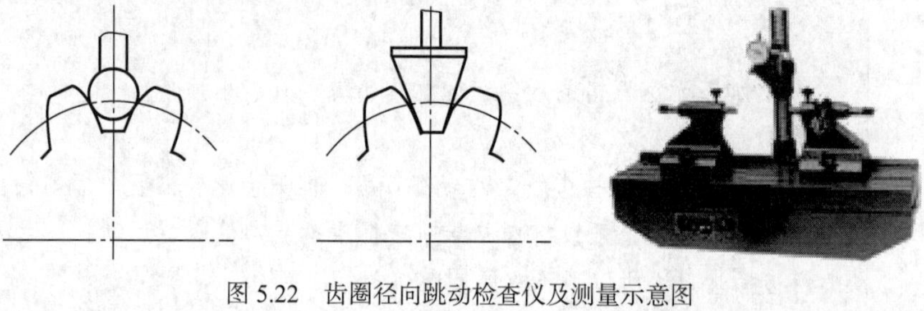

图 5.22　齿圈径向跳动检查仪及测量示意图

（4）齿形齿向测量仪。如图 5.23 所示，此仪器用于测量圆柱齿轮或齿轮刀具的渐开线齿形误差和螺旋线齿向误差，是一种结构简单、实用的高精度齿轮测量仪，广泛应用于计量室或车间检查点。

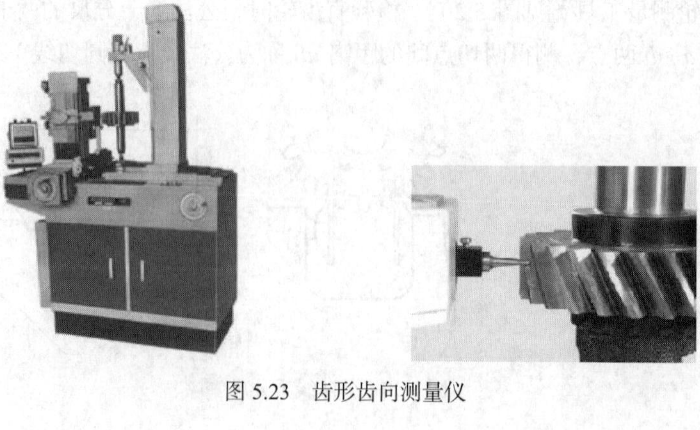

图 5.23　齿形齿向测量仪

5.1.3　任务实施

1. 直齿圆柱齿轮零件机械加工工艺规程编制

（1）分析直齿圆柱齿轮的结构和技术要求。

① 圆柱齿轮的结构特点。齿轮因使用要求不同而有不同的结构形式，但从机械加工的角度来看，圆柱齿轮分齿圈和轮体两部分。按照齿圈上轮齿的分布形式，齿轮可分为直齿、斜齿、人字齿等；按照轮体的结构特点，大致可分为盘形齿轮、套筒齿轮、轴齿轮、扇形齿轮和齿条等。圆柱齿轮的常见结构形式如图 5.24 所示。在上述齿轮中，以盘形齿轮应用最广，其特点是内孔多为精度较高的圆柱孔或花键孔，轮缘具有一个或多个齿圈。

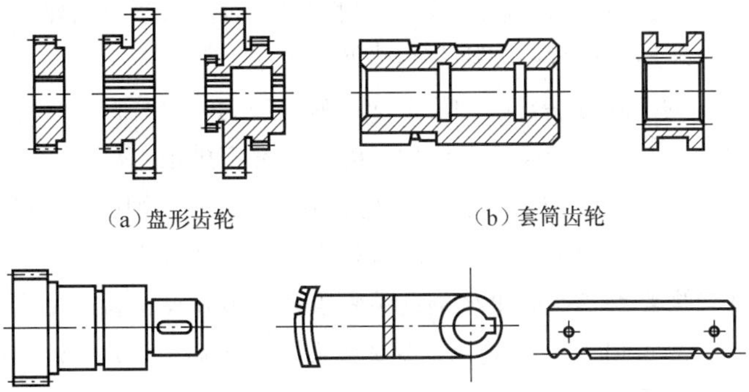

（a）盘形齿轮　　（b）套筒齿轮

（c）轴齿轮　　（d）扇形齿轮　　（e）齿条

图 5.24　圆柱齿轮的常见结构形式

② 分析直齿圆柱齿轮的技术要求。图 5.2 所示的直齿圆柱齿轮，传递运动精度为 8 级，主要技术要求是齿圈径向跳动公差 F_r 为 0.045 mm，公法线长度变动公差 F_w 为 0.040 mm；传动的平稳性精度为 8 级，主要技术要求有齿距极限偏差 f_{pt} 为 ± 0.020 mm，基节极限偏差 f_{pb} 为 ± 0.016 mm；载荷分布的均匀性精度为 8 级，主要技术要求是齿向公差 F_β 为 0.018 mm。端面与内孔中心线有垂直度要求。齿面粗糙度 Ra 为 3.2 μm。齿轮热处理要求为齿部高频淬火，淬火后齿面硬度达 45～50 HRC。

常用齿轮材料、热处理硬度和应用实例

（2）明确直齿圆柱齿轮毛坯状况。

① 齿轮的材料及热处理。

a. 齿轮的材料。根据齿轮的工作条件（如速度与载荷）和失效形式（如点蚀、剥落或折断等），制造齿轮常用的材料有锻钢和铸钢，其次是铸铁，在特殊情况下也可采用有色金属和非金属材料。

i. 锻钢。钢材经锻造后性能提高。锻钢的强度比轧制钢材好，重要齿轮都采用锻钢。

- 中碳结构钢。采用 45#钢等进行调质或表面淬火。经热处理后，综合力学性能较好，但切削性能较差，齿面粗糙度值较大，适用于制造低速、载荷不大的齿轮。
- 中碳合金结构钢。采用 40Cr 进行调质或表面淬火，热处理变形小，力学性能较 45#钢好，适用于制造速度、精度较高及载荷较大的齿轮。
- 渗碳钢。采用 20Cr 或 20CrMnTi 等进行渗碳或碳氮共渗（又称氰化）。经渗碳淬火后齿面硬度可达 58～63 HRC，心部有较高的韧性，既耐磨损又耐冲击，适于制造高速、中载或承受冲击载荷的齿轮。但渗碳处理后的齿轮变形较大，需进行磨齿加以纠正，成本较高。采用碳氮共渗处理变形较小，由于渗层较薄，因此承载能力不如前者。

• 氮化钢。采用 38CrMoAIA 进行氮化处理，变形较小，可不再磨齿，齿面耐磨性较高，适用于制造高速齿轮。

ii. 铸钢。当齿轮直径为ϕ400～ϕ600 mm 时，齿坯不宜于锻造，可采用 ZG40、ZG45 等铸钢件，用于低速轻载的开式齿轮。但铸钢的晶粒较粗，力学性能较差，切削性能不好，精加工前要进行正火处理，以消除铸件的残余应力和使硬度均匀化，利于切削。

iii. 铸铁。铸铁的铸造性能好，但抗弯强度和耐冲击性较差，自身所含石墨能起一定的润滑作用，故开式齿轮传动中常采用铸铁齿轮。

iv. 非金属材料。常用的有夹布胶木、尼龙、工程塑料等。非金属材料的弹性模量小，可减轻动载荷和噪声，但齿轮易变形，一般适用于非传力齿轮。

b. 齿轮的热处理。热处理工序的位置安排非常重要，它直接影响齿轮的力学性能及切削加工的难易程度。一般在齿轮加工过程中安排两类热处理工序。

i. 齿坯的热处理。为消除锻造和粗加工造成的残余应力、改善材料内部的金相组织和切削性能、防止淬火时出现较大变形，在齿轮毛坯加工前后通常安排预先热处理，即正火或调质。

• 正火。正火处理能消除内应力，提高强度和韧性，改善切削性能。经过正火的齿轮，切削性能较好，对刀具磨损较轻，加工表面粗糙度值较小，但淬火后变形较大，故毛坯正火一般安排在粗加工之前。机械强度要求不高的中碳钢或铸钢齿轮可用正火，齿面硬度达 160～220 HBW。

• 调质。常用于 45#、40Cr 等中碳钢，多安排在齿坯粗加工之后，调质处理后齿面硬度一般为 200～280 HBW。因调质硬度不高，故可在热处理后进行精加工，一般用于单件小批量、对传动尺寸没有严格限制的齿轮。

ii. 轮齿的热处理。齿轮的齿形切出后，为提高齿面的硬度、增强齿轮的承载能力和耐磨性，常安排齿面的表面淬火、渗碳淬火或氮化处理等热处理工序，一般安排在滚齿、插齿、剃齿之后，珩齿、磨齿之前。

• 表面淬火。常用于中碳钢或中碳合金钢，如 45#钢、40Cr 等，淬火后表面硬度可达 45～50 HRC，心部较软、有较高的韧性，齿面接触强度高、耐磨性好。表面淬火常采用高频淬火（适于模数小的齿轮）、超声频感应淬火（适于 $m=3$～6 mm 的齿轮）和中频感应淬火（适于大模数齿轮）。表面淬火齿轮的齿形变形较小，内孔直径通常要缩小 0.01～0.05 mm，淬火后应予以修正。表面淬火一般用于受中等冲击载荷的重要齿轮传动。

• 渗碳淬火。渗碳淬火常用的材料是低碳钢或低碳合金钢，如 20、20Cr、20CrMnTi 等。齿轮经渗碳淬火后表面硬度可达 58～63 HRC，心部仍保持有较高的韧性，齿面接触强度高、耐磨性好、使用寿命长，但变形较大。对于精密齿轮尚需安排磨齿工序。渗碳淬火一般用于受冲击载荷的重要齿轮传动。

• 氮化处理。氮化处理常用材料如 38CrMoAlA，氮化后齿轮表面硬度可大于 65 HRC，因变形小适用于难以磨齿的场合，如内齿轮等。

② 齿轮的毛坯。未加工齿形前的齿轮毛坯称为齿坯。齿坯的选择取决于齿轮的材料、结构形状、尺寸、使用条件以及生产批量等因素。常用的毛坯种类有以下几种。

a. 棒料。其用于小尺寸、结构简单、受力不大的齿轮。

b. 锻坯。其用于齿轮强度要求高，并要求耐磨损、耐冲击的齿轮。生产批量较小或尺寸较大的齿轮采用自由锻造；生产批量较大的中小齿轮采用模锻。模锻齿坯如图 5.25 所示。

c. 铸坯。其一般用于尺寸大的齿轮或开式齿轮传动中。铸铁件用于受力小、无冲击、低速的齿轮；铸钢件用于直径为$\phi 400$～$\phi 600$ mm 且结构复杂、不宜锻造的齿坯。为减少机械加工量，对大尺寸、低精度的齿轮，可以直接铸出轮齿；对于小尺寸、形状复杂的齿轮，可用精密铸造、压力铸造、精密锻造、粉末冶金、热轧和冷挤等新工艺制造出具有轮齿的齿坯，以提高劳动生产率、节约原材料。

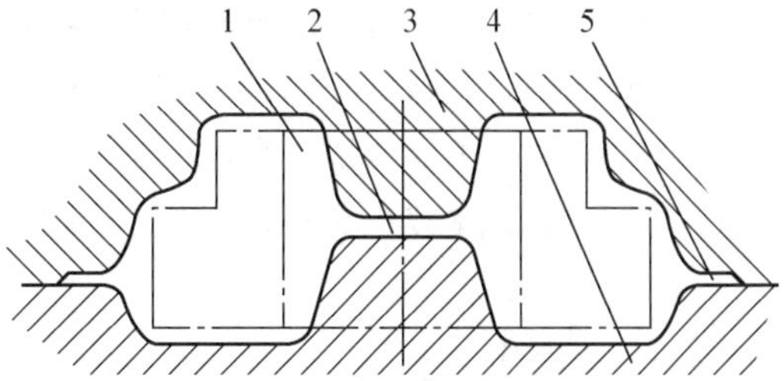

1—齿轮毛坯；2—连皮；3—上模；4—下模；5—飞边

图 5.25　模锻齿坯

③ 直齿圆柱齿轮的毛坯。直齿圆柱齿轮材料为 40Cr，毛坯形式选用锻坯。

（3）选择定位基准。定位基准的精度对齿形加工精度有直接的影响。对于齿轮定位基准的选择，常因齿轮的结构形状不同而有所差异。轴类齿轮的加工主要采用中心孔定位，空心轴且孔径大时则采用锥堵。中心孔定位的精度高，且能做到基准统一。某些大模数的轴类齿轮多选择齿轮轴颈和一端面定位。

盘套类带孔齿轮的齿形加工常采用以下两种定位方式。

① 以内孔和端面定位。即以工件内孔和端面联合定位，确定齿轮中心和轴向位置，并采用面向定位端面的夹紧方式，如图 5.12 所示。这种方式既可使定位基准、设计基准、装配基准和测量基准重合，又能使齿形加工等工序基准统一，定位精度高。这种方式只需要严格控制内孔和端面的加工精度，在专用心轴上定位时不需要找正，故生产率高，广泛用于成批生产中，但对夹具的制造精度要求较高。

② 以外圆和端面定位。齿坯内孔在通用心轴上安装，工件和夹具心轴的配合间隙较大，可用千分表找正外圆以决定孔中心的位置，并以端面定位，从另一端面施以夹紧。这种方式每个工件都要找正，故生产率低。它对齿坯的内、外圆同轴度要求高，而对夹具精度要求不高，故适于单件小批量生产。

（4）拟定直齿圆柱齿轮的工艺路线。齿轮的机械加工工艺路线根据齿轮材质和热处理要求、齿轮结构及尺寸大小、精度要求、生产批量和车间设备条件而定。一般可归纳工艺路线为毛坯制造→毛坯热处理→齿坯加工→齿形加工→齿端加工→齿面热处理→齿轮定位表面精加工（精基准修正）→齿形精加工→检验。

① 确定加工方案。

a. 齿坯的机械加工。齿形加工之前的齿轮加工称为齿坯加工。在齿坯加工中，要切除大量多余金属，加工出齿形加工时所用的定位基准和测量基准。因此，齿坯加工在整个齿轮加工中占有重要的地位，必须保证齿坯的加工质量，并提高生产率。

i. 齿坯加工精度。齿轮的内孔（或轴颈）、基准端面经常是齿轮加工、测量和装配的基准，它们的加工精度对齿轮各项精度指标有着重要影响。因此，切齿前的齿坯精度应满足一定的要求。

齿坯加工中，主要保证的是基准孔（或轴颈）的尺寸精度和形状精度、基准端面相对于基准孔（或轴颈）的位置精度。不同精度的孔（或轴颈）的齿轮加工精度可查阅附录 B 中内容。

ii. 齿坯的加工方案。齿坯加工方案的选择主要与齿轮的轮体结构、技术要求和生产类型等因素有关。对于轴齿轮和套筒齿轮的齿坯，其加工过程和一般轴、套筒零件基本相似。现主要讨论盘类齿轮的齿坯加工方案。

- 大批量生产的齿坯加工方案。大批量加工中等尺寸齿坯时，多采用“钻→拉→多刀车”的工艺方案，即以毛坯外圆定位加工端面和孔（钻孔或扩孔，留拉削余量），以端面支承拉孔（或花键孔），以孔在心轴上定位，在多刀半自动车床上粗车外圆、端面、切槽及倒角等。工件不卸下心轴，在另一台车床上继续精车外圆、端面、切槽和倒角（见图 5.26）。这种工艺方案由于采用高效机床，可以组织流水线或自动线作业，因此生产率高。

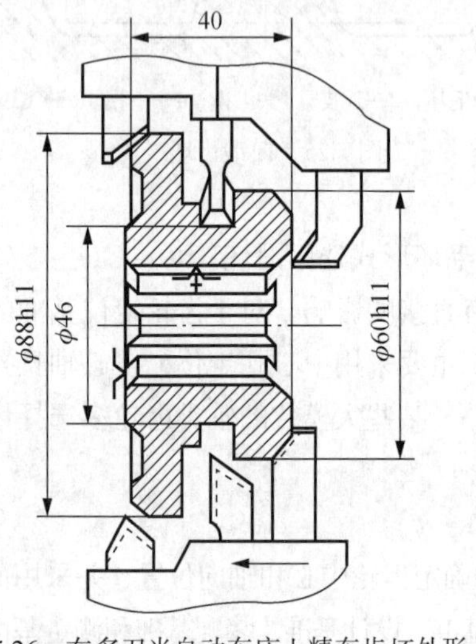

图 5.26 在多刀半自动车床上精车齿坯外形

- 成批生产的齿坯加工方案。成批生产齿坯时，常采用“粗车→拉削→精车”的工艺方案。以齿坯外圆或轮毂定位，粗车外圆、端面和内孔（留拉削余量），以端面支承拉孔（或花键孔），以孔在心轴上定位精车外圆及端面等。

这种方案可由卧式车床或转塔车床及拉床实现，其特点是加工质量稳定、生产率较高。当齿坯孔有台阶或端面有槽时，可以充分利用转塔车床上的多刀来进行多工位加工，一次装夹完成齿坯的加工。

- 单件小批量生产的齿坯加工方案。单件小批量生产齿轮时，尽量采用通用机床加工。对于圆柱孔齿坯，可采用“粗车→精车”的工艺方案。一般齿坯的孔、端面及外圆的粗、精加工都在通用机床上经两次装夹完成。但必须注意，孔和基准端面的精加工要在一次装夹内完成，以保证位置精度。

b. 齿形加工方案。齿形加工是齿轮加工的关键，其加工方案的选择主要取决于齿轮的精度等级，此外还应考虑齿轮的结构特点、表面粗糙度、生产类型、热处理方法、设备条件等。根据任务 5.1 中齿形加工精度等级要求，采用滚齿加工即可满足要求。

c. 齿端加工方案。如图 5.27 所示，齿轮的齿端加工有倒圆、倒尖、倒棱等。倒圆、倒尖后的齿轮沿轴向滑动时容易进入啮合。倒棱可去除齿端的锐边，因为这些锐边经渗碳淬火后很脆，在齿轮传动中易崩裂。

如图 5.28 所示，用指形铣刀进行齿端倒圆。倒圆时，齿轮慢速旋转，指形铣刀在高速旋转的同时沿圆弧做往复摆动（每加工一齿往复摆动一次）。加工完一个齿后工件沿径向退出，工件分度后再进给加工下一个齿端。齿轮每转过一齿，铣刀往复运动一次，二者在相对运动中即完成齿端倒圆。由齿轮的旋转实现连续分齿，生产率较高。

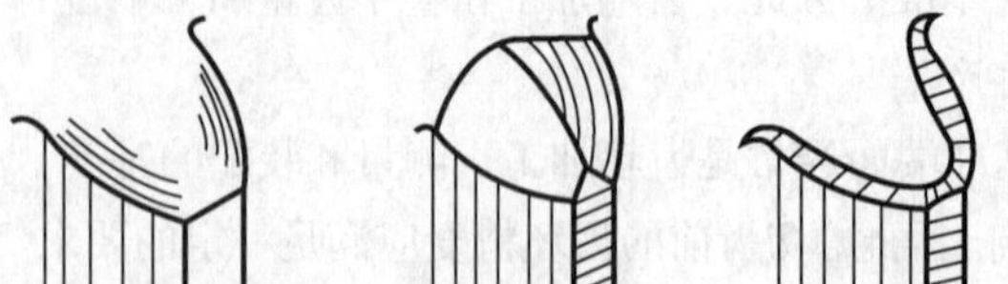
（a）倒圆　（b）倒尖　（c）倒棱

图 5.27 齿端加工

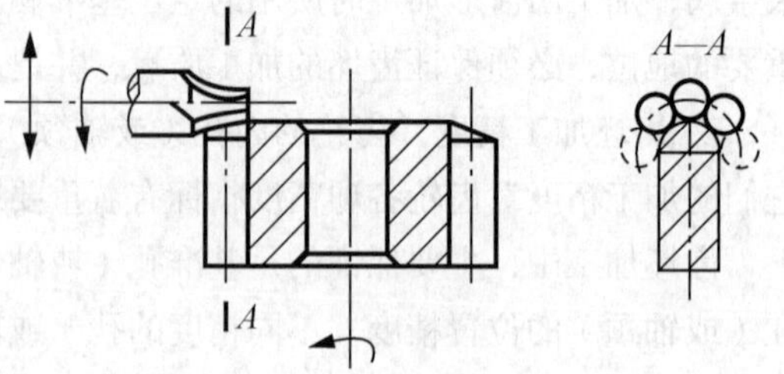

图 5.28 齿端倒圆

齿端加工必须安排在齿轮淬火之前、滚（插）齿之后进行。

任务 5.1 中的齿轮齿端加工采用倒圆方式，安排在齿轮淬火之前、滚齿之后进行。

② 划分加工阶段。齿轮机械加工工艺过程大致要经过如下几个阶段。

a. 加工第一阶段：齿坯加工。由于齿轮的传动精度主要决定于齿形精度和齿距分布均匀性，而这与切齿时采用的定位基准（如孔和端面）的精度有着直接的关系，因此这个阶段主要是为下一阶段加工齿形准备精基准，使齿轮的内孔（或轴颈）和端面的精度基本达到规定的技术要求。在这个阶段中除了加工出基准外，对于齿形以外的次要表面的加工，也应尽量在这一阶段的后期加工完成。

b. 加工第二阶段：齿形加工。对于不需要淬火的齿轮，这个阶段也就是齿轮的最后加工阶段，经过这个阶段就应当加工出基本符合图样要求的齿轮。对于需要淬硬的齿轮，必须在这个阶段加工出能满足齿形的最后精加工要求的齿形精度。因此，这个阶段的加工是保证齿轮加工精度的关键阶段，应予以特别注意。

c. 加工第三阶段：热处理。在这个阶段主要是对齿面进行淬火处理，使齿面达到规定的硬度要求。

d. 加工第四阶段：齿形精加工。这个阶段加工的目的在于修正齿轮经过淬火后所引起的齿形变形，进一步提高齿形精度和降低表面粗糙度，使之达到最终的精度要求。在此阶段中首先应对定位基面（如孔和端面）进行修正。因淬火后齿轮的内孔（或轴颈）和端面均会产生变形，如果在淬火后直接采用这样的孔（或轴颈）和端面作为基准进行齿形精加工，是很难达到齿轮精度要求的。以修正后的基面定位进行齿形精加工，可以使定位准确可靠，余量分布也比较均匀，以便达到精加工的目的。

特别提示

精基准修正方法

齿轮淬火后基准孔产生变形，为保证齿形精加工质量，必须对基准孔予以修正。

对于外径定心的花键孔齿轮，通常用花键推刀修正。推孔时要防止推刀歪斜，有的工厂采用加长推刀前引导来防止歪斜，已取得较好效果。

对圆柱孔齿轮的修正可采用推孔或磨孔，推孔生产率高，常用于未淬硬齿轮，磨孔精度高，但生产率低，对于整体淬火后内孔变形大、硬度高的齿轮，或内孔较大、厚度较薄的齿轮，则以磨孔为宜。齿轮分度圆定心示意图如图 5.29 所示，磨孔时一般以齿轮分度圆定心，这样可使磨孔后的齿圈径向跳动较小，对以后磨齿或珩齿有利。为提高生产率，有的工厂用金刚镗代替磨孔也取得了较好的效果。

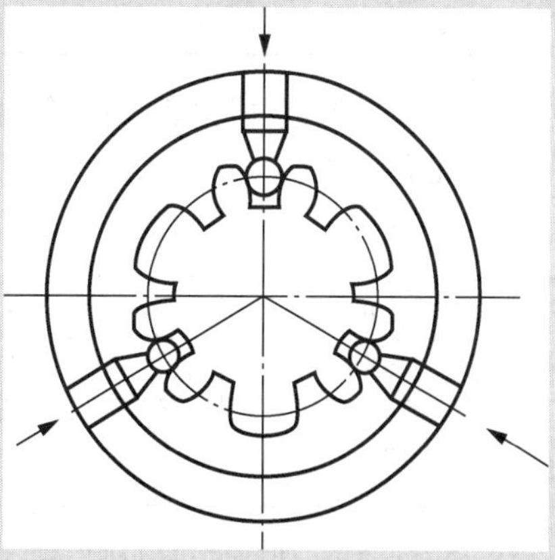

图 5.29　齿轮分度圆定心示意图

③ 确定加工顺序。圆柱齿轮的加工顺序安排遵循一般原则，任务 1 中齿轮的加工工艺路线为毛坯锻造→正火→齿坯粗、精车→滚齿→齿端倒圆→齿面淬火→齿轮定位表面内孔磨削→检验。

（5）设计工序内容。

① 确定加工余量、工序尺寸及其公差。

a. 粗车齿坯时，各端面、外圆、内孔按图样加工尺寸均留精加工余量 1.0 mm。

b. 齿圈滚齿到图纸尺寸，但要比图纸精度高一级。

c. 精加工，内孔磨削加工到图样规定尺寸，满足其技术要求。

② 选择设备、工装。

a. 设备选用。齿轮加工分两部分：轮体部分和齿圈部分。轮体部分采用普通车床加工，一般根据工件尺寸选择 C6132、CA6140 或其他型号车床；齿圈部分，尺寸大或模数大的齿轮采用滚齿机，尺寸小或结构紧凑的齿轮采用插齿机。

b. 工装选用。

i. 夹具。齿轮加工夹具一般有两种。滚齿、插齿加工专用夹具一般选用与对应机床配套的心轴（见图 5.12、图 5.18）；分度圆定心专用夹具需要时可根据齿轮加工实际要求、机床夹具设计知识及相关手册进行设计、制造并使用。

本任务中选用的夹具为三爪自定心卡盘、顶尖、滚齿夹具、倒角夹具、插键槽夹具。

ii. 刀具。选用各类车刀、键槽插刀、齿轮滚刀、内磨砂轮、倒角刀、锉刀等。

iii. 量具。选用游标卡尺、公法线千分尺、百分表、检验用心轴、齿圈径向跳动检查仪、齿形齿向测量仪、基节仪等。

③ 确定滚齿切削用量和时间定额（略）。

a. 滚齿切削用量。

i. 滚齿加工余量。滚齿加工余量分配见表 5-6。

表 5-6　滚齿加工余量分配

模数/mm	走刀次数	余量分配
≤3	1	切至全齿深
>3～8	2	第一次留精滚余量 0.5～1 mm，第二次切至全齿深，第一次滚削需滚削全齿长
≥8（链轮）	3	第一次切去 1.4～1.6 mm，第二次留精滚余量 0.5～1 mm，切至全齿深

ii. 滚削进给量。根据表 5-7，合理选取进给量。一般情况下，粗加工时 $f = 2.5$ mm/r，精加工时 $f = 0.9$ mm/r。

表 5-7　滚齿切削用量

模数/mm	滚削速度 v_c/（m · min^{-1}）	备注
≤10（单头滚刀）	30～40	$v_c = \pi Dn/1\,000$
链轮	25～35	式中：D——滚刀直径； n——滚刀转速，r/min

iii. 滚削速度。根据刀具材料、齿轮模数、工件材料及其加工要求等因素确定 v_c，参见表 5-7。然后根据滚削速度和滚刀直径，即可确定滚刀转速。

b. 滚切时切削液的选择。最好选用硫化油，使刀具与工件得到充分冷却，并冲洗切屑、消除齿面撕裂现象。

（6）填写工艺文件。表 5-8 所示为直齿圆柱齿轮机械加工工艺过程。

表 5-8　　直齿圆柱齿轮机械加工工艺过程

工序号	工序内容	定位基准	设备
1	锻造		
2	正火		
3	粗车小端端面、外圆及台阶端面；调头，粗车大端端面、外圆及内孔，各外均留余量 1.5 mm	外圆、端面	车床 CA6132
4	调质，硬度 45～50 HRC		
5	精车小端端面、外圆及台阶端面，内、外圆倒角；调头，精车大端端面、外圆，车内孔，内、外圆倒角	外圆、端面	车床 CA6132
6	磨小端面	大端面	M7132
7	键槽划线	外圆、端面 *B*	钳工台、划针
8	插键槽达图样要求	外圆、端面 *B*	插床
9	滚齿	内孔、端面 *B*	Y3150E
10	齿端倒圆	内孔、端面 *B*	倒角机
11	去毛刺		
12	齿部高频淬火：45～50 HRC		
13	磨内孔达图样要求	外圆、端面 *B*	M2120A
14	检验		

2. 直齿圆柱齿轮零件机械加工工艺规程实施

根据生产实际或结合教学设计，参观生产现场或观看相关加工视频。

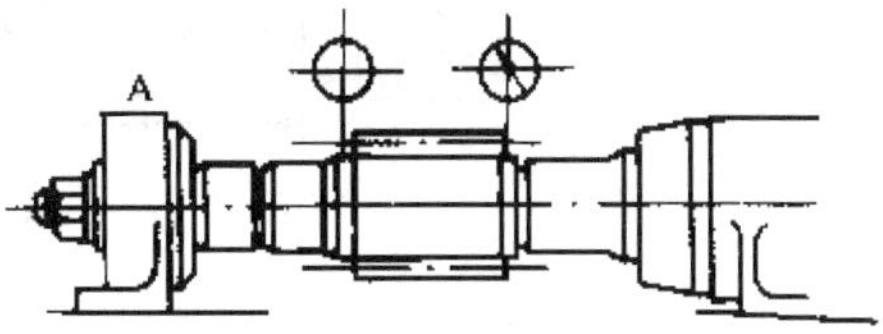

图 5.30　滚刀轴台径向圆跳动的检查

（1）滚刀的安装。滚刀安装在滚齿机的刀杆上，需要用千分表检验滚刀两端凸台的径向圆跳动不大于 0.005 mm（见图 5.30）。

（2）直齿圆柱齿轮零件的机械加工步骤。按其机械加工工艺过程执行（表 5-8）。

（3）齿轮精度检验。参照表 5-2，按照直齿圆柱齿轮零件的精度检验组、测量条件及技术要求进行检验。

问题讨论

（1）加工直齿圆柱齿轮时的定位基准如何选择？

（2）直齿圆柱齿轮零件的工艺方案有几种？哪种为最佳方案？为什么？

任务 5.2　双联圆柱齿轮零件机械加工工艺规程编制与实施

5.2.1　任务引入

编制图 5.31 所示的双联圆柱齿轮零件的机械加工工艺规程并实施。零件材料为 40Cr，精度等级为 7-7-7 级（GB/T 10095.2—2008），生产类型为成批生产。

齿号		Ⅰ	Ⅱ	齿号		Ⅰ	Ⅱ
模数	m	2	2	基节极限偏差	$\pm f_{pb}$	±0.016	±0.016
齿数	Z	28	42	齿形公差	f_f	0.017	0.018
齿形角	α	20°	20°	齿向公差	F_β	0.017	0.017
精度等级		7GK	7JL	公法线平均长度及极限偏差	$W_{E_{wi}}^{E_{ws}}$	$21.36_{-0.05}^{\ 0}$	$27.6_{-0.05}^{\ 0}$
公法线长度变动公差	F_w	0.039	0.024	跨齿数	k	4	5
齿圈径向跳动公差	F_r	0.050	0.042				

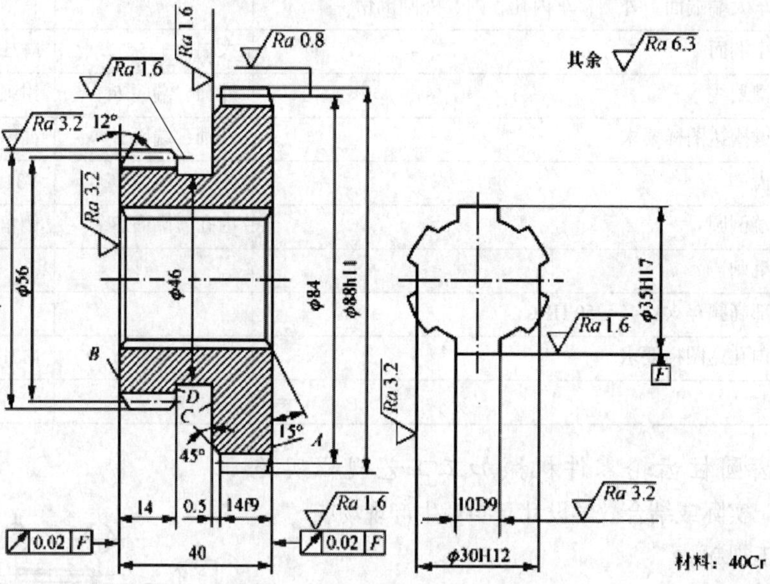

图 5.31　双联圆柱齿轮零件

5.2.2　相关知识

1．齿形的精加工方法

齿形的精加工方法有剃齿、珩齿和磨齿三种，它们都是应用展成法原理进行加工的。

（1）剃齿（gear shaving）。剃齿是利用剃齿刀在剃齿机上对齿轮齿面进行精加工的一种方法，主要用于成批和大量生产中加工未经淬硬（35 HRC 以下）的圆柱齿轮，常作为滚齿或插齿的后续工序。经过剃齿加工，齿轮精度可达 7～6 级，齿面粗糙度 Ra 可达 0.8～0.4 μm。

① 剃齿运动。剃齿加工是利用一对螺旋角不等的螺旋齿轮啮合的原理实现的。剃齿的基本条件是剃齿刀与被切齿轮的轴线在空间存在一个交叉角ϕ，如图 5.32（a）所示，剃齿刀为主动轮，被切齿轮为从动轮。当交叉角ϕ为零时，切削速度为零，剃齿刀对工件没有切削作用。

剃齿加工的过程，是剃齿刀与被切齿轮在轮齿无侧隙双面啮合的自由展成运动中实现微细切削的过程。由于是双面啮合，因此剃齿刀的两侧面都能进行切削加工，但两侧面的切削角度不同（一侧为锐角，切削能力强；另一侧为钝角，切削能力弱，以挤压抛光为主），故对剃齿质量有较大影响，如图 5.32（b）所示。为使齿轮两侧获得同样的剃削条件，在剃削过程中，剃齿刀做交替正、反转运动。

② 剃齿机（gear shaving machine）。剃齿机是按螺旋齿轮啮合原理，用剃齿刀带动工件（或工

件带动刀具）旋转剃削圆柱齿轮齿面的齿轮精加工机床。图 5.33 所示为 YW4232 型剃齿机。剃齿机加工需要有以下几种运动。

a. 主运动。剃齿刀带动工件的高速正、反转运动。

b. 工件沿轴向往复运动。其使齿轮全齿宽均能剃削。

c. 工件每往复一次做径向进给运动。此运动用以切除全部余量。

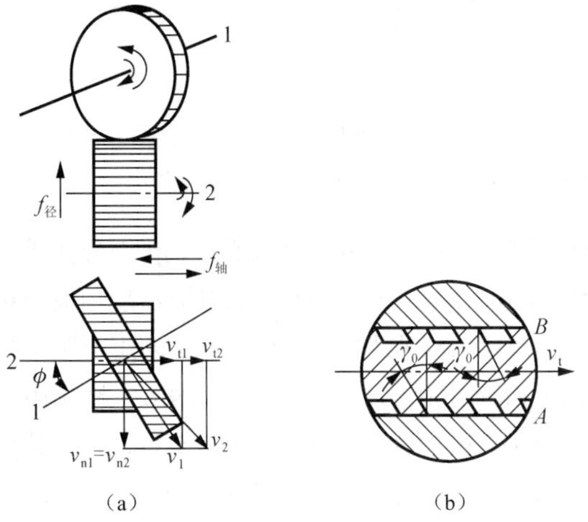

1—剃齿刀；2—被切齿轮

图 5.32　剃齿原理

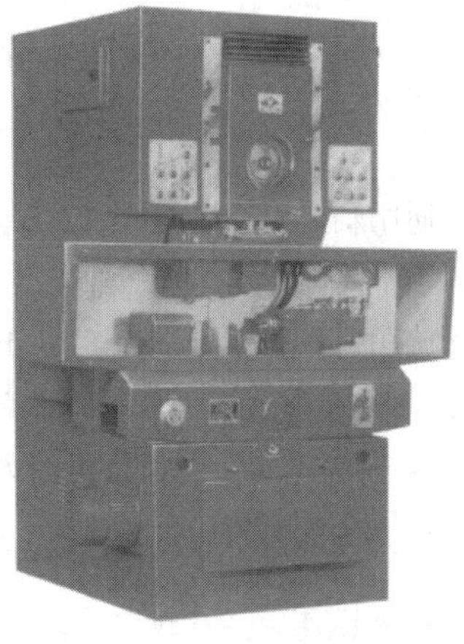

图 5.33　YW4232 型剃齿机

③ 剃齿刀（gear shaver）的选用。剃齿刀工作原理如图 5.34 所示，剃齿刀是一个圆柱斜齿轮，在它的齿侧面上做出许多小的凹形容屑槽而形成刀刃。

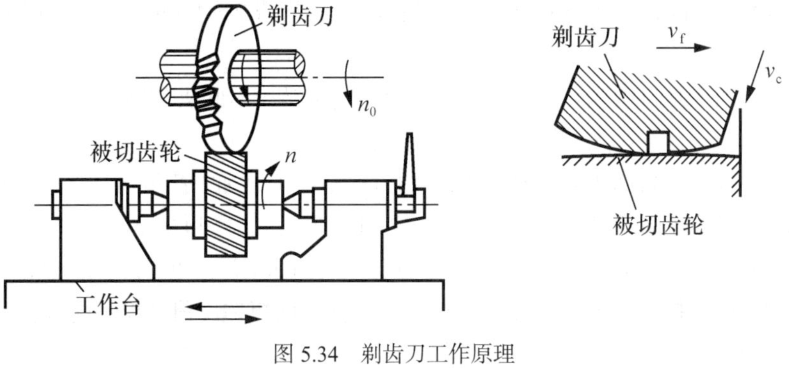

图 5.34　剃齿刀工作原理

剃齿刀安装在剃齿机的主轴上做旋转运动。被切齿轮安装在定位心轴上，心轴两端面的中心孔与工作台上的顶尖配合。剃齿刀给被切齿轮一定的压力，并带动被切齿轮做无侧隙的啮合运动。由于这对斜齿轮在啮合接触点的速度方向不一致，剃齿刀与被切齿轮侧面产生相对滑移，图 5.34 中的 v_f 就是剃削速度，因此在径向进给的压力作用下，剃齿刀的侧面凹槽切削刃在啮合点处切下很薄的一层切屑（厚度为 0.005～0.01 mm）。

图 5.35 所示为盘形剃齿刀的结构及其齿形。由图 5.35 可知，盘形剃齿刀为圆柱斜齿轮，为使其能够退刀，在每个齿根钻有倾斜的小孔。当用钝后，需要重磨齿形表面和齿顶圆柱面。要选用模数和压力角与被切齿轮相同的剃齿刀，参见 GB/T 14333—2008《盘形轴向剃齿刀》。

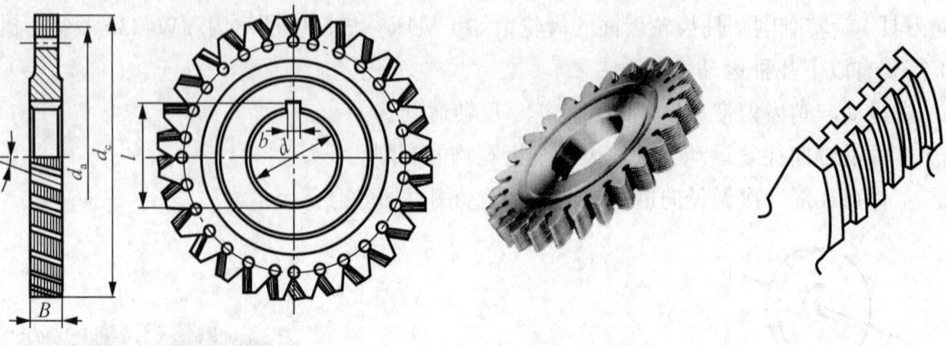

（a）盘形剃齿刀　　（b）实物图　　（c）齿形

图 5.35　盘形剃齿刀的结构及其齿形

通用剃齿刀的精度分 A、B、C 三级，分别加工 6、7、8 级精度的齿轮。剃齿刀分度圆直径随模数大小不同而不同，有三种类型：ϕ85 mm、ϕ180 mm、ϕ240 mm。其中，ϕ240 mm 应用最普遍。分度圆螺旋角有三种，分别为 5°、10°、15°，其中 5° 和 15° 两种应用最广，15° 多用于加工直齿圆柱齿轮，5° 多用于加工斜齿轮和多联齿轮中的小齿轮。在剃削斜齿轮时，轴交叉角ϕ一般为 10°～20°。

④ 剃齿余量。剃齿余量的大小对加工质量及生产率均有一定影响。余量不足，剃前误差和齿面缺陷不能全部除去；余量过大，刀具磨损快，剃齿质量反而变坏。表 5-9 可供选择剃齿余量时参考。

表 5-9　剃齿余量　（单位：mm）

模数	1～1.75	2～3	3.25～4	4～5	5.5～6
剃齿余量	0.07	0.08	0.09	0.10	0.11

⑤ 剃齿的工艺特点。

a. 剃齿的生产率高，剃削一个中等尺寸的齿轮一般只需 2～4 min，与磨齿相比，可提高生产率 10 倍以上。

b. 由于剃齿加工是自由啮合，机床无展成运动传动链，因此机床结构简单、调整容易，辅助时间短。

c. 剃齿也能进行硬齿面（45～55 HRC）的齿形精加工，加工精度可达 7 级，齿面粗糙度 *Ra* 为 1.6～0.8 μm。但淬硬前的精度应提高一级，剃削余量为 0.01～0.03 mm。

d. 剃前齿轮材料密度均匀，无局部缺陷，韧性不得过大，硬度在 22～32 HRC 范围内较合适。

e. 剃齿主要用于提高齿形精度和齿向精度、降低齿面粗糙度值，但不能修正分齿误差。

特别提示

对剃前齿轮的加工要求

由于剃齿是“自由啮合”，无强制的分齿运动，因此分齿均匀性无法控制，剃齿加工不能修正公法线长度变动量。剃齿虽对齿圈径向跳动有较强的修正能力，但为避免由于径向跳动过大而在剃削过程中导致公法线长度的进一步变动，要求剃前齿轮的径向误差不能过大。除此以外，剃齿对齿轮其他各项误差均有较强的修正能力。

剃齿对第一公差组的误差修正能力较弱，因此要求齿轮的运动精度在剃前不能低于剃后要求，特别是公法线长度变动量应在剃前保证，其他各项精度可比剃后低一级。

剃齿对各种误差的修正作用

（2）珩齿（gear honing）。珩齿是在珩磨机上用珩磨轮对齿轮进行精加工的一种方法。淬火后的齿轮轮齿表面有氧化皮，影响齿面粗糙度，热处理变形也影响齿轮的精度。对于淬硬齿轮，除可用磨削加工外，也可以采用珩齿进行齿形精加工。当工件硬度超过 35 HRC 时，使用珩齿代替剃齿。

珩齿多用于成批生产中、淬火后齿形的精加工，加工精度可达 7～6 级。珩齿也可用于非淬硬齿轮加工。

① 珩齿原理。如图 5.36 所示，珩齿原理与剃齿相似，珩磨轮与工件类似于一对螺旋齿轮呈无侧隙啮合，利用啮合处的相对滑动并在齿面间施加一定的压力来进行珩齿。珩齿的运动与剃齿基本相同，不同的是其径向进给是在开车后一次进给到预定位置。因此，珩齿开始时齿面压力较大，随后逐渐减小，直至压力消失时珩齿结束。

珩磨轮是用磨料（通常为 80#～180#粒度的铬刚玉）、环氧树脂等原料混合后在铁心上浇铸或热压而成的具有较高齿形精度的斜齿轮，浇注工艺简单，成本低。其硬度极高，靠磨粒进行切削，其外形与剃齿刀相似，只是齿面上无容屑槽（见图 5.37）。

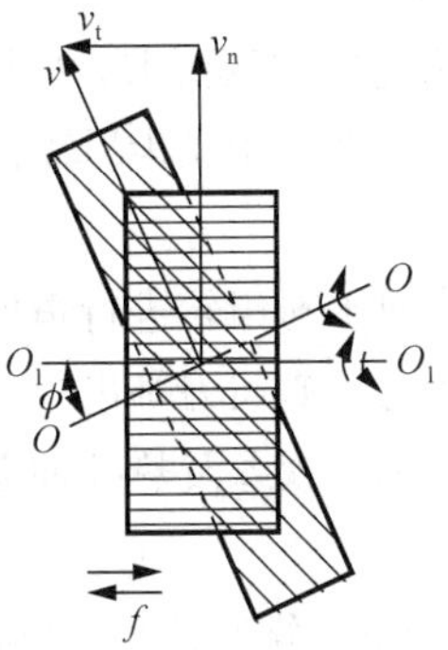

图 5.36　珩齿原理

图 5.37　珩磨轮

② 珩齿方法。如图 5.38 所示，珩齿有外啮合式、内啮合式和蜗杆式珩齿三种方法。

目前，蜗杆式珩齿应用越来越广泛［见图 5.38（c）］。这种珩齿方法切削速度高，蜗杆珩磨轮的齿面比剃齿刀简单、易于修磨，珩磨轮精度可高于剃齿刀的精度，对齿轮的齿面误差、基节偏差及齿圈径向跳动能很好地修正。因此，可以省去热处理前的剃齿工序，使传统的“滚齿→剃齿→热处理→珩齿”工艺改变为“滚齿→热处理→珩齿”新工艺。

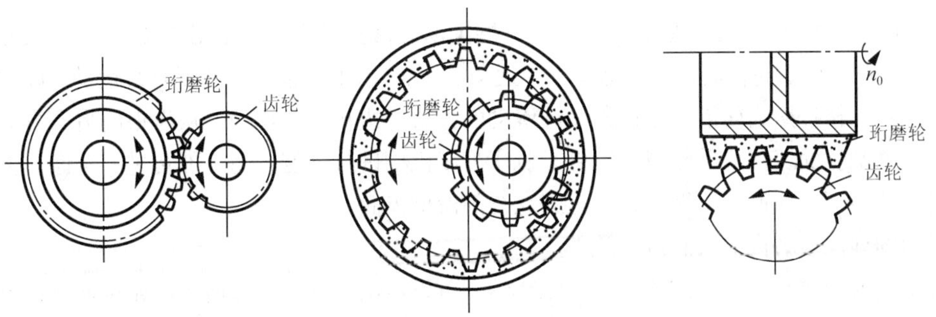

（a）外啮合式珩齿　　（b）内啮合式珩齿　　（c）蜗杆式珩齿

图 5.38　珩齿方法

③ 珩齿的切削用量。珩齿余量很小，一般珩前为剃齿时，单边取 0.01～0.02 mm；珩前为磨

齿时，单边取 0.003～0.005 mm。径向进给量一般按工作台 3～5 个往复行程即可完成珩齿（约 1 min 珩一个齿轮）确定，纵向进给量为 0.05～0.065 mm/r，珩齿速度一般为 1～2.5 m/s。

④ 珩齿的工艺特点。与剃齿相比较，珩齿具有以下工艺特点。

a. 珩磨轮结构和砂轮相似，但珩齿速度甚低，加之磨粒粒度较细，珩磨轮弹性较大，故珩齿过程实际上是一种低速磨削、研磨和抛光的综合过程。

b. 珩齿时，轴交角常取 15°，齿面间除沿齿向产生相对滑移进行切削外，沿渐开线方向的滑动使磨粒也能切削，因此齿面形成交叉复杂的网纹刀痕，且齿面不会烧伤，表面质量较好，齿面粗糙度 *Ra* 可从 1.6 μm 降到 0.8～0.4 μm。

c. 珩磨轮弹性较大，加工余量小，所以珩齿对珩前齿轮的各项误差修正作用不强，珩磨轮本身精度对加工精度的影响很小。

d. 珩磨时，珩磨轮转速高（1 000～2 000 r/min），可同时沿齿向和渐开线方向产生滑动进行连续切削，生产率高。

e. 珩齿设备结构简单、操作方便，在剃齿机上即可珩齿。

⑤ 珩齿的应用。珩齿修正误差的能力较差。为保证齿轮的精度要求，必须提高珩前齿轮的加工精度和减少热处理变形，因此珩齿前多采用剃齿。珩齿主要用于剃齿后需淬火齿轮的精加工，能去除氧化皮和毛刺，改善热处理后的齿面粗糙度。

（3）磨齿（gear grinding）。磨齿是用砂轮在专用磨齿机上对齿轮进行精加工的一种方法。它既可磨削未淬硬齿轮，也可磨削淬硬齿轮，还可用于插齿刀、剃齿刀等齿轮刀具的精加工。磨齿精度高达 6～4 级，齿面粗糙度 *Ra* 为 0.8～0.2 μm，对齿轮加工误差及热处理变形有较强的修正能力，但生产率低、加工成本高、机床复杂、调整困难。

① 磨齿方法。磨齿方法有很多，根据渐开线的形成原理，分为成形法和展成法两种。

a. 成形法磨齿。这是一种用成形砂轮磨齿的方法，目前生产中应用较少，但它已经成为磨削内齿轮和特殊齿轮时必须采用的方法。

成形法磨齿和成形法铣齿的原理相同，砂轮截面形状修整成与被磨齿轮齿槽一致，磨齿时的工作状况与盘形铣刀铣齿工作状况相似（见图 5.39）。磨齿时的分度运动是不连续的，在磨完一个齿之后必须进行分度，再磨下一个齿，轮齿是逐个加工出来的。由于加工时砂轮一次就能磨削出整个渐开线齿面，因此生产率高，但受砂轮修整精度和机床分度精度的影响，其加工精度较低（一般为 6～5 级）。

b. 展成法磨齿。展成法磨齿是将砂轮的磨削部分修整成锥面（见图 5.40），以构成假想齿条的齿面。磨削时，砂轮做高速旋转运动（主运动），同时沿工件轴向做往复直线运动，以磨出全齿宽。工件则严格按照齿轮沿固定齿条做纯滚动的方式，边转动边移动，从齿根向齿顶方向先后磨出一个齿槽两侧面，然后砂轮退离工件，机床分度机构进行分度，使工件转过一个齿，再磨削下一个齿槽的齿面，如此重复循环，直至磨完全部齿槽齿面。

常用的展成法磨齿方法有以下几种。

i. 锥面砂轮磨齿。由图 5.40（b）及图 5.41 可以看出，这种方法所用砂轮截面呈锥形，相当于假想齿条的一个齿廓。磨齿时，砂轮一方面以 n_0 高速旋转，另一方面沿齿宽方向做往复移动（v_f）；工件放在与假想齿条相啮合的位置，一边旋转（ω），一边移动（v），实现展成运动。磨完一个齿后，工件还需做分度运动，以便磨削下一个齿槽，直至磨完全部轮齿。

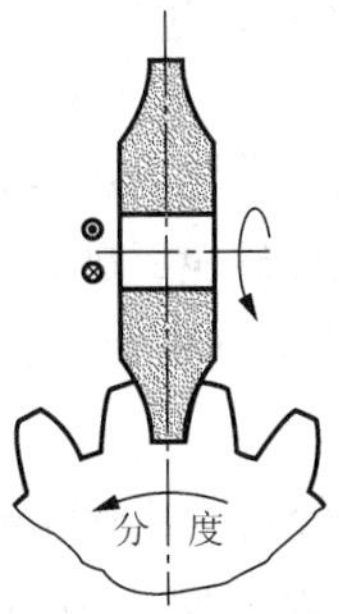

图 5.39　成形法磨齿

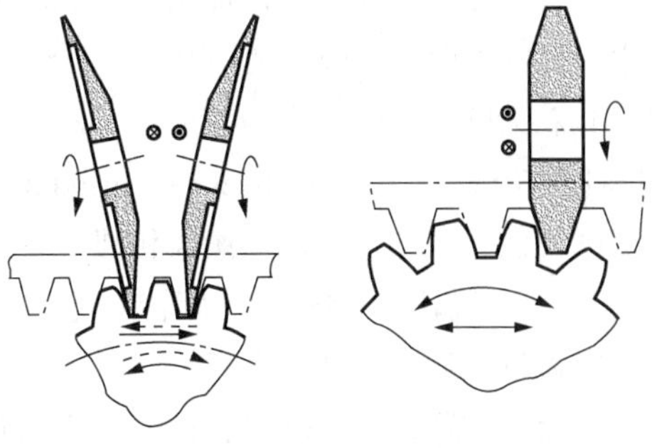

（a）双砂轮磨齿　　（b）单砂轮磨齿

图 5.40　展成法磨齿

这种方法砂轮刚性好、磨削效率较高，但机床传动链较长、结构复杂，故传动误差较大，磨齿精度较低，一般只能达到 6～5 级，齿面粗糙度 *Ra* 为 0.4～0.2 μm，主要用于单件小批量及成批量生产中的淬硬或非淬硬齿轮。

由于齿轮有一定的宽度，因此为磨削全部齿面，砂轮还必须沿齿轮轴向做往复运动。轴向往复运动和展成运动复合形成磨粒在齿面上的磨削轨迹，如图 5.41 所示。

锥面砂轮磨齿机如图 5.42 所示。

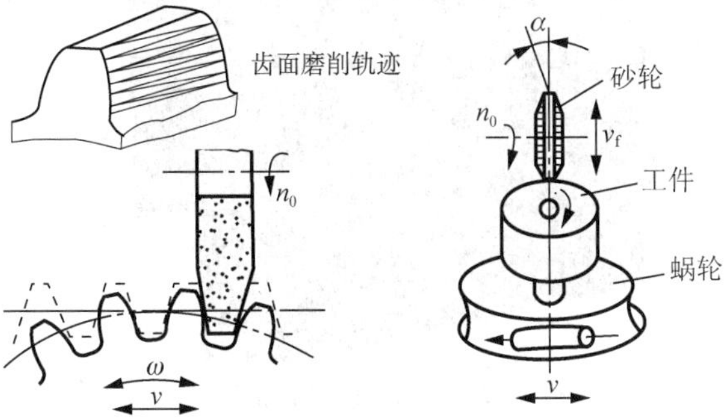

图 5.41　磨粒在齿面上的磨削轨迹

图 5.42　锥面砂轮磨齿机

ii. 双片碟形砂轮磨齿。如图 5.43 所示，将两个碟形砂轮倾斜成一定角度，以构成假想齿条两个齿的两个外侧面，同时对轮齿的两个齿面进行磨削，其原理与前述锥面砂轮磨齿法相同。

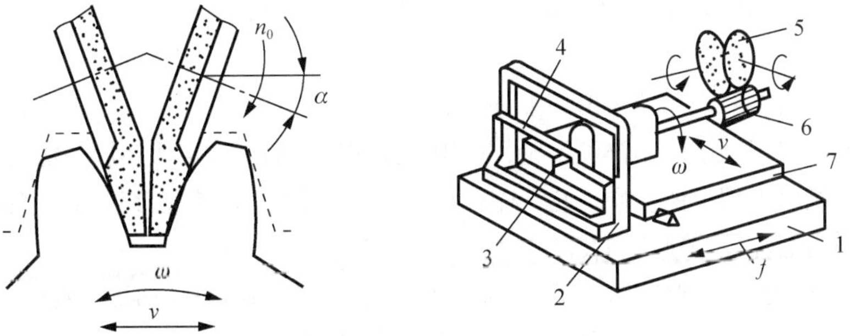

双片碟形砂轮磨齿的切削运动

1—工作台；2—框架；3—滚圆盘；4—钢带；5—砂轮；6—工件；7—滑座

图 5.43　碟形砂轮磨齿原理

这种方法的展成运动传动环节少、传动链误差小（砂轮磨损后有自动补偿装置予以补偿），分齿精度高，加工精度可达 4 级，齿面粗糙度 *Ra* 为 0.4～0.2 μm。但由于碟形砂轮刚性较差，每次进给量很少，且所用设备结构复杂，因此生产率较低、加工成本较高，适用于单件小批量生产中、外啮合直齿和斜齿圆柱齿轮的高精度加工。

iii. 蜗杆砂轮磨齿（worm wheel gear grinding）。如图 5.44 所示，蜗杆砂轮磨齿是新发展起来的连续分度磨齿法，其加工原理与滚齿相似，只是相当于将滚刀换成蜗杆砂轮，砂轮每转一周，工件转过一个齿。磨齿时，砂轮高速旋转（n），工件通过机床的两台同步电动机做展成运动（ω），工件还沿轴向做进给运动以磨出全齿宽。

为保证必要的磨削速度，砂轮直径较大（ϕ200～ϕ400 mm）、转速较高（2 000 r/min），又是连续磨削，所以生产率很高，磨削一个齿轮仅需几分钟。磨削精度一般为 5 级，最高可达 3 级，适用于大量、成批生产的齿轮精加工。

② 磨齿机。磨齿机用于各种高精度齿轮的精加工。NZA、RZA 等蜗杆砂轮磨齿机应用广泛，（见图 5.45）。

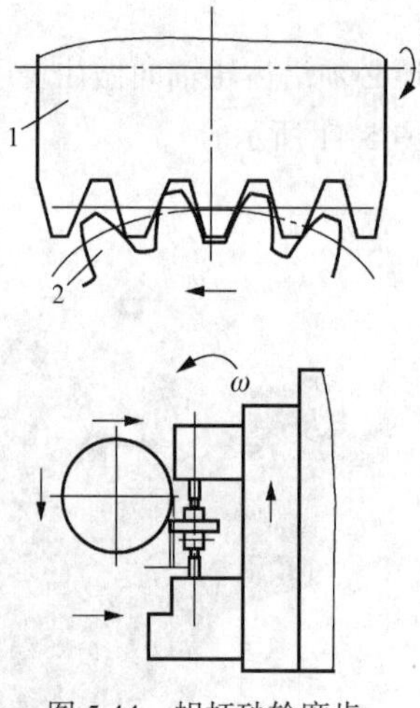

图 5.44　蜗杆砂轮磨齿

图 5.45　蜗杆砂轮磨齿机

③ 磨齿时的轴向进给量。磨齿时，轴向进给量是由材料硬度、齿面粗糙度、加工精度及砂轮性能等因素决定的。加工精度、硬度较高且齿面粗糙度较低的工件选用小进给量，通常取 0.10～0.15 mm/r（砂轮沿工件径向进给取 0.05 mm/行程），精加工时进给量取 0.03～0.04 mm/r。对于精度较低（低于 5 级）、硬度不高的工件，可适当加大进给量，以提高效率。

2. 齿形加工方案选择

对于不同精度等级的齿轮，常用的齿形加工方案如下。

（1）对于 8 级及 8 级以下精度的不淬硬齿轮，可用铣齿或滚、插齿直接达到加工精度要求。

（2）对于 8 级及 8 级以下精度的淬硬齿轮，需在淬火前将精度提高一级，其加工方案可采用滚、插齿→齿端加工→齿面淬硬→修正内孔。

（3）对于 6、7 级精度的不淬硬齿轮，其齿轮加工方案为滚、插齿→齿端加工→剃齿。

（4）对于 6、7 级精度的淬硬齿轮，其齿形加工一般有两种方案：

① 珩磨方案。滚、插齿→齿端加工→剃齿→齿面淬硬→修正内孔→珩齿。

② 磨齿方案。滚、插齿→齿端加工→齿面淬硬→修正内孔→磨齿。

珩磨方案生产率高，广泛用于 7 级精度齿轮的成批生产中。磨齿方案生产率低，一般用于 6

级精度以上的齿轮。

（5）对于 5 级及 5 级精度以上的齿轮，一般采用磨齿方案，即滚、插齿→齿端加工→齿面淬硬→修正基准→磨齿。

（6）对于大批量生产，用滚、插齿→冷挤齿的加工方案，可稳定地获得 7 级精度齿轮。

软齿面齿轮（≤350 HBW）适用于一般机械传动；硬齿面齿轮承载能力较软齿面齿轮大，制造工艺复杂，一般用于高速重载及结构要求紧凑的机械中。

圆柱齿轮齿形加工方案和加工精度见表 5-10。

表 5-10　　圆柱齿轮齿形加工方案和加工精度

齿形加工方案	齿轮精度等级	齿面粗糙度 Ra/μm	适用范围
铣齿	9 级以下	6.3～3.2	单件修配生产中，加工低精度的外圆柱齿轮、齿条、锥齿轮、蜗轮
拉齿	7 级	1.6～0.4	大批量生产 7 级内齿轮、外齿轮，拉刀制造复杂，故少用
滚齿	8～7 级	3.2～1.6	各种批量生产中，加工中等质量外圆柱齿轮及蜗轮
插齿		3.2～1.6	各种批量生产中，加工中等质量的内、外圆柱齿轮，多联齿轮，以及小型齿条
滚（插）齿→淬火→珩齿		0.8～0.4	用于齿面淬火的齿轮
滚（插）齿→剃齿	7～6 级	0.8～0.4	主要用于大批量生产
滚（插）齿→剃齿→淬火→珩齿		0.4～0.2	
滚（插）齿→淬火→磨齿	6～3 级	0.4～0.2	用于高精度齿轮的齿面加工，生产率低，成本高
滚（插）齿→磨齿			

特别提示

普通的单齿圈齿轮结构工艺性最好，可采用任何一种齿形加工方法加工；双联或三联等多齿圈齿轮，当其轮缘间的轴向距离较小时，小齿圈齿形的加工方法的选择就受到限制，通常只能选用插齿。如果小齿圈精度要求高，需要进行精加工（如精滚、剃齿或磨齿等），而轴向距离在设计上又不允许加大时，可将此多齿圈齿轮做成单齿圈齿轮的组合结构，以改善其加工工艺性。

高精度齿轮零件机械加工工艺特点

5.2.3　任务实施

1. 双联圆柱齿轮零件机械加工工艺规程编制

（1）分析双联圆柱齿轮的结构和技术要求。图 5.31 所示的双联圆柱齿轮Ⅰ、Ⅱ轮缘间的轴向距离较小，Ⅰ齿齿形的加工方法的选择就受到限制，通常只能选用插齿。

此齿轮的传递运动精度为 7 级，Ⅰ齿、Ⅱ齿公法线长度变动公差 F_w 分别为 0.039 mm、0.024 mm，Ⅰ齿、Ⅱ齿的齿圈径向跳动公差 F_r 为分别 0.05 mm、0.042 mm；传动的平稳性精度为

7 级，Ⅰ齿、Ⅱ齿的基节极限偏差 $\pm f_{pb}$ 均为 ± 0.016 mm，Ⅰ齿、Ⅱ齿的齿形公差 f_f 分别为 0.017 mm、0.018 mm；载荷的均匀性精度为 7 级，Ⅰ齿、Ⅱ齿的齿向公差 F_β 均为 0.017 mm。端面 A、B 与花键孔中心线有垂直度要求，齿面粗糙度 Ra 分别为 3.2 μm、1.6 μm。

此齿轮为软齿面齿轮，齿面硬度较小，承载能力不小，承载能力不高，适用于一般机械传动。

（2）明确双联圆柱齿轮零件毛坯状况。此齿轮在正火后进行精加工，制造工艺较简单。齿轮材料为 40Cr，毛坯形式选用锻件。

（3）选择定位基准。以工件花键孔和端面联合定位，确定齿轮中心和轴向位置，并采用面向定位端面的夹紧方式。这种方式既基准重合又基准统一，定位精度高。

（4）拟定双联圆柱齿轮零件的机械加工工艺路线。

① 确定各表面加工方案。

a. 齿坯加工方案的选择。任务 5.2 中齿轮零件生产类型为成批生产，齿坯加工采用“粗车→拉→精车”的加工方案。

b. 齿形加工方案的选择。

本任务中的齿轮齿形精度，等级为 7-7-7 级，齿形精加工采用剃→珩加工方案。

c. 花键孔加工。主要有插削、拉削和磨削等方法。

i. 插削法。用成形插刀在插床上逐齿插削，生产率和加工精度均低，用于单件小批量生产。

ii. 拉削法。用花键拉刀在拉床上拉削，生产率和加工精度均高，应用最广泛。本任务的双联齿轮花键孔的加工即为拉削加工。

iii. 磨削法。用小直径的成形砂轮在花键孔磨床上磨削，用于加工直径较大、淬硬的或精度要求高的花键孔。

② 划分加工阶段。齿轮加工工艺过程大致要经过如下几个阶段：毛坯热处理、齿坯加工、齿形加工、齿端加工、齿面热处理、精基准修正及齿形精加工等。

a. 齿端加工。用指形铣刀进行Ⅰ、Ⅱ齿 12° 牙角齿端倒圆。齿端加工安排在齿轮淬火之前、滚（插）齿之后进行。

b. 精基准修正。齿轮淬火后基准孔产生变形，为保证齿形精加工质量，对基准孔必须予以修正。对外径定心的花键孔齿轮，通常用花键推刀修正。推孔时要防止推刀歪斜。

③ 安排加工顺序。任务 5.2 中齿轮的机械加工工艺路线为毛坯锻造→正火→齿坯粗车→拉花键孔→齿坯精车→插齿→滚齿→齿端加工→剃齿→齿圈淬火→齿轮定位花键孔推孔加工→珩齿→检验。

（5）设计工序内容。

① 确定加工余量、工序尺寸及其公差。

a. 粗车齿坯时，各端面、外圆按图样加工尺寸均留余量 1.5～2 mm，花键底孔加工至 ϕ30H12。

b. Ⅰ齿插齿后留 0.09 mm 剃齿、珩齿余量；Ⅱ齿滚齿后留 0.10 mm 剃齿、珩齿余量。

c. 精加工。内孔拉花键、推孔；Ⅰ、Ⅱ齿珩齿均达到图样规定尺寸精度和技术要求。

② 选择设备、工装。

a. 设备选用。加工本任务中双联圆柱齿轮选用的设备如下。

i. 齿坯加工。车床 CA6132、拉床。

ii. 齿形加工。Y3150E、YW4232、Y5132、压力机、珩磨机（可用 YW4232 代替）。

iii. 齿端加工。倒角机。

b. 工装选用。

i. 夹具。三爪自定心卡盘、精车花键心轴、滚齿心轴、插齿心轴、倒角心轴、剃齿心轴、珩齿心轴。其中，滚齿、插齿、剃（珩）齿、倒角用心轴等专用夹具一般要与相应机床配套进行设计。

ii. 刀具。各类车刀、钻头、花键拉刀、m2 剃前滚刀、m2 插齿刀、m2 剃齿刀（15°、5°）、砂轮、m2 珩磨轮、花键推刀、倒角刀、锉刀等。

iii. 量具。游标卡尺、公法线千分尺、百分表、花键塞规、检验用花键心轴、齿圈径向跳动检查仪、齿形齿向测量仪等。

③ 确定插齿切削用量。

a. 插齿切削速度。插齿刀线速度一般为 24～30 m/min。可根据 $V_c = 2Ln/1\,000$ 计算 n（式中，L 为插齿刀行程长度，单位为 mm；n 为插齿刀每分钟的冲程数，单位为 str/min）。

圆周进给量控制在 0.1～0.3 mm/str。

b. 珩齿切削用量。珩齿余量很小，一般珩前为剃齿时，常取 0.01～0.02 mm；珩前为磨齿时，常取 0.003～0.005 mm。

径向进给量一般按在 3～5 个纵向行程内去除全部余量选取，纵向进给量为 0.05～0.065 mm/r，珩齿速度一般为 1～2.5 m/s。

（6）填写工艺文件。双联圆柱齿轮零件的机械加工工艺过程见表 5-11。

表 5-11　双联圆柱齿轮零件的机械加工工艺过程

序号	工序内容	定位基准
1	毛坯锻造	
2	正火	
3	粗车外圆及端面，留余量 1.5～2 mm，钻镗花键底孔至尺寸 ϕ30H12	外圆及端面
4	拉花键孔	ϕ30H12 孔及 A 面
5	钳工去毛刺	
6	上心轴，精车外圆、端面及槽至要求	花键孔及端面
7	检验	
8	滚齿（$z = 42$），留剃齿、珩齿余量 0.10 mm	花键孔及 A 面
9	插齿（$z = 28$），留剃齿、珩齿余量 0.09 mm	花键孔及 A 面
10	倒角（Ⅰ、Ⅱ齿圆 12° 牙角）	花键孔及 A 面
11	钳工去毛刺	
12	剃齿（$z = 42$），公法线长度至上限尺寸	花键孔及 A 面
13	剃齿（$z = 28$），采用螺旋角度为 5° 的剃齿刀，剃齿后公法线长度至上限尺寸	花键孔及 A 面
14	齿部高频淬火：52～54 HRC	
15	推孔	花键孔及 A 面
16	珩齿（Ⅰ、Ⅱ）达图样要求	花键孔及 A 面
17	检验入库	

2. 双联圆柱齿轮零件机械加工工艺规程实施

根据生产实际或结合教学设计，参观生产现场或观看相关加工视频。

（1）双联圆柱齿轮零件的加工。按其机械加工工艺过程执行（表 5-11）。

（2）齿轮精度检验。参照表 5-2，按照双联圆柱齿轮零件的精度检验组、测量条件及要求进行检验。

问题讨论

（1）花键内孔是如何加工的？

（2）双联圆柱齿轮的小端齿形常采用哪种加工方法？为什么？

项目小结

本项目通过由简单到复杂的两个工作任务，详细介绍了常用的齿形加工方法——成形法和展成法，如铣齿、滚齿、插齿、剃齿、珩齿、磨齿的工艺系统及机床操作、齿形精度检测等知识。在此基础上，从完成任务角度出发，认真研究和分析在不同的生产类型和生产条件下，工艺系统各个环节间的相互影响，然后根据不同的生产要求及零件机械加工工艺规程的制定原则与步骤，结合齿轮加工方案，合理制定直齿圆柱齿轮、双联圆柱齿轮零件的机械加工工艺规程，正确填写工艺文件并实施。在此过程中，使学生体验岗位需求，培养职业素养与习惯，积累工作经验。

此外，通过学习高精度齿轮机械加工工艺特点等知识，学生可以进一步扩大知识面，提高分析问题、解决问题的能力。

思考练习

1. 按齿形的成形原理，齿轮齿形加工分为哪两大类？它们各自有何特点？

2. 圆柱齿轮规定了哪些技术要求和精度指标？它们对传动质量和加工工艺有什么影响？试说明齿轮精度等级 7FL GB/T 10095.2—2008 的含义。

3. 铣削模数 $m = 3$ mm 的直齿圆柱齿轮，齿数 $z_1 = 26$，$z_2 = 34$，试选择盘形齿轮铣刀的刀号。在相同切削条件下，哪个齿轮加工精度高？为什么？

4. 铣削模数 $m = 5$ mm、齿数 $z = 40$、分度圆柱螺旋角 $\beta = 150°$ 的斜齿圆柱齿轮，应选何种刀号的盘形齿轮铣刀？

5. 在大量生产中，若用成形法加工齿形，怎样才能提高加工精度和生产率？

6. 滚切直齿、斜齿圆柱齿轮时，滚齿机各需几个成形运动和几条运动传动链？各条传动链的性质如何？

7. 在滚齿机上加工齿轮时，刀具为什么要对中？若没有对中后果如何？

8. 加工一内直齿齿轮 $z = 30$，$m = 4$ mm，8 级精度，应该采用哪种齿形加工方法？若 $z = 150$，$m = 20$ mm，还可采用哪种齿形加工方法？

9. 滚齿和插齿加工各有何特点？分别用于什么场合？

10. 为什么剃齿对齿轮运动精度的修正能力较差？

11. 珩齿加工的齿形表面质量高于剃齿，而修正误差的能力低于剃齿，这是什么原因？

12. 剃齿、珩齿、磨齿各有何特点？用于什么场合？

13. 齿形加工的精基准选择有几种方案？各有什么特点？齿轮淬火前精基准的加工和淬火后精基准的修整通常采用什么方法？

14. 齿端倒圆的目的是什么？其概念与一般的回转体倒圆有何不同？

15. 分别写出齿面淬硬和不淬硬的 6 级精度直齿圆柱齿轮的齿形加工方案。

16. 写出模数 $m = 8$ mm，齿数 $z = 35$，精度等级为 8 级的齿形加工的不同加工方案，并注明各自加工时的刀具规格。

17. 编制图 5.46 所示直齿圆柱齿轮零件的机械加工工艺规程。零件材料为 45#钢，生产类型为小批量生产。

精度等级	7-6-6KM/GB/T 10095.2—2008	
公法线长度变动公差	F_w	0.036
径向综合公差	F_i''	0.08
一齿径向综合公差	f_i''	0.016
齿向公差	F_β	0.009
跨齿数	k	8
公法线平均长度及极限偏差	$W_{E_{wi}}^{E_{ws}}$	$80.72_{-0.19}^{-0.14}$

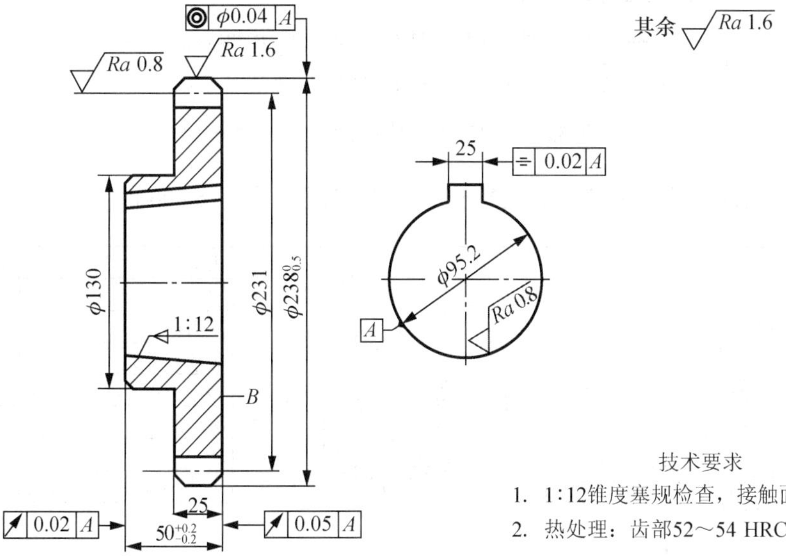

技术要求

1. 1∶12锥度塞规检查，接触面不少于75%。
2. 热处理：齿部52～54 HRC。

图 5.46　直齿圆柱齿轮零件

18. 编制图 5.47 所示双联齿轮零件的机械加工工艺规程。其生产类型为单件小批量生产，材料为 45#钢，齿部高频淬火 48 HRC。

齿号		Ⅰ	Ⅱ	齿号		Ⅰ	Ⅱ
模数	m	3	3	基节极限偏差 基圆齿距极限偏差	$\pm f_{pb}$	±0.009	±0.009
齿数	z	26	22	齿形公差	f_f	0.008	0.008
精度等级		7-6-6HL	7-6-6HL	齿向公差	F_β	0.009	0.009
齿圈径向跳动		0.036	0.036	公法线平均长度及极限偏差	$W_{E_{wi}}^{E_{ws}}$	$21.36_{-0.05}^{0}$ 23.15	$27.6_{-0.05}^{0}$ 22.98
公法线长度变动		0.028	0.028	跨齿数	k	3	3

图 5.47　双联齿轮零件

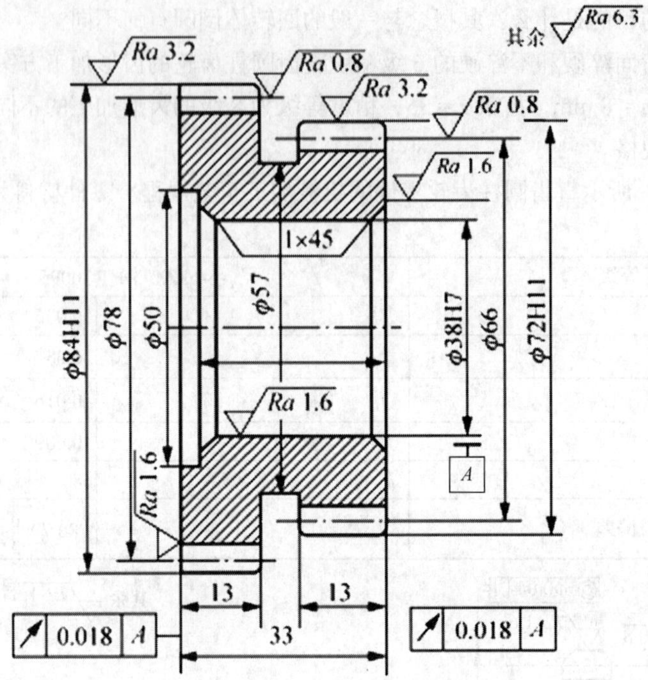

图 5.47　双联齿轮零件（续）

19. 编制图 5.48 所示中间轴齿轮零件的机械加工工艺规程，年产 5 000 件。

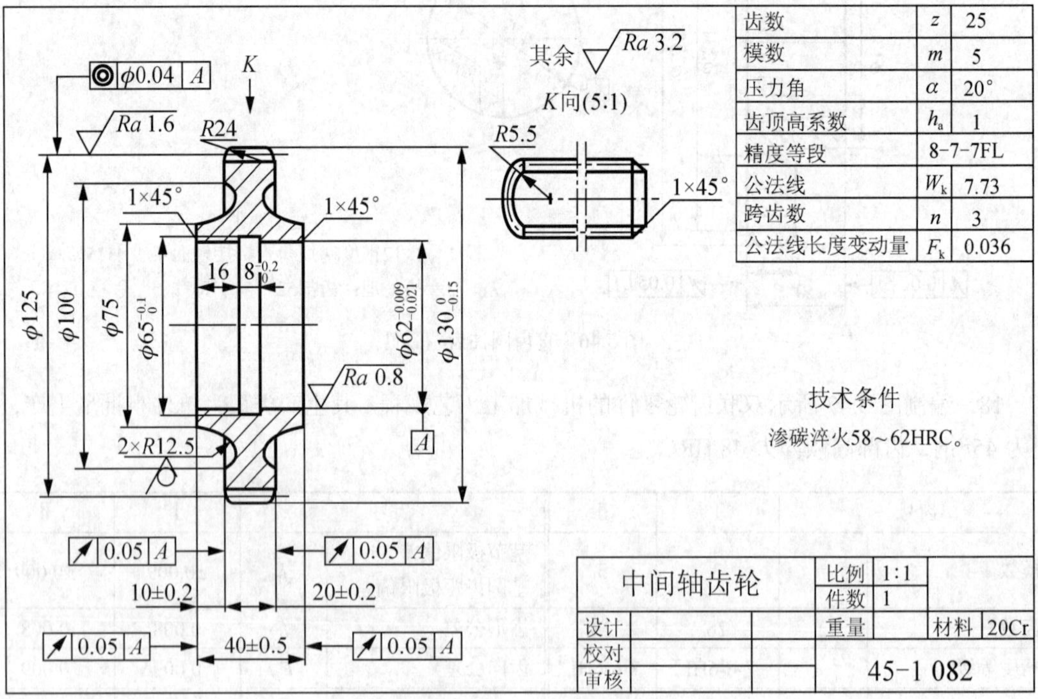

图 5.48　中间轴齿轮零件

项目6

叉架类零件机械加工工艺规程编制与实施

※【教学目标】※

最终目标	能合理编制叉架类零件的机械加工工艺规程并实施，加工出合格零件
促成目标	1. 能正确分析叉架类零件的结构和技术要求。 2. 能根据实际生产需要合理选用设备、工装，设计简单专用夹具，合理选择金属切削加工参数。 3. 能合理进行叉架类零件精度检验。 4. 能考虑加工成本，对零件的机械加工工艺过程进行优化设计。 5. 能合理编制叉架类零件机械加工工艺规程，正确填写其相关工艺文件。 6. 能查阅并贯彻相关国家标准和行业标准。 7. 能进行设备的常规维护与保养，执行安全文明生产。 8. 能注重培养职业素养与习惯

※【引言】※

叉架类零件通常是安装在机器设备的基础件上，装配和支持着其他零件的构件，一般都是传力构件，承受冲击载荷。叉架类零件主要存在于变速机构、操纵机构或支承机构中，用于拨动、连接或支承传动零件，它包括拨叉、连杆、支架、摇臂、杠杆等零件。叉架类零件如图 6.1 所示。

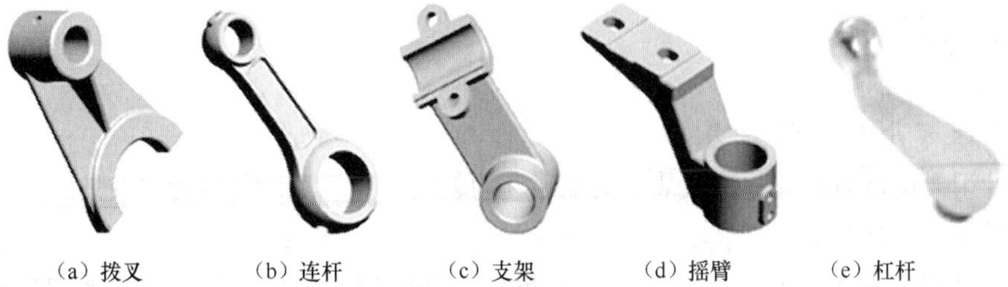

（a）拨叉　（b）连杆　（c）支架　（d）摇臂　（e）杠杆

图 6.1　叉架类零件

叉架类零件的机械加工工艺根据其功用、结构形状、材料和热处理以及尺寸大小的不同而异。

任务 6.1 拨叉零件机械加工工艺规程编制与实施

6.1.1 任务引入

编制图 6.2 所示的拨叉零件的机械加工工艺规程并实施，设计钻削 $\phi 8$ mm 锁销孔的机床专用夹具。零件材料为 45#钢，质量为 4.5 kg，生产类型为成批生产。

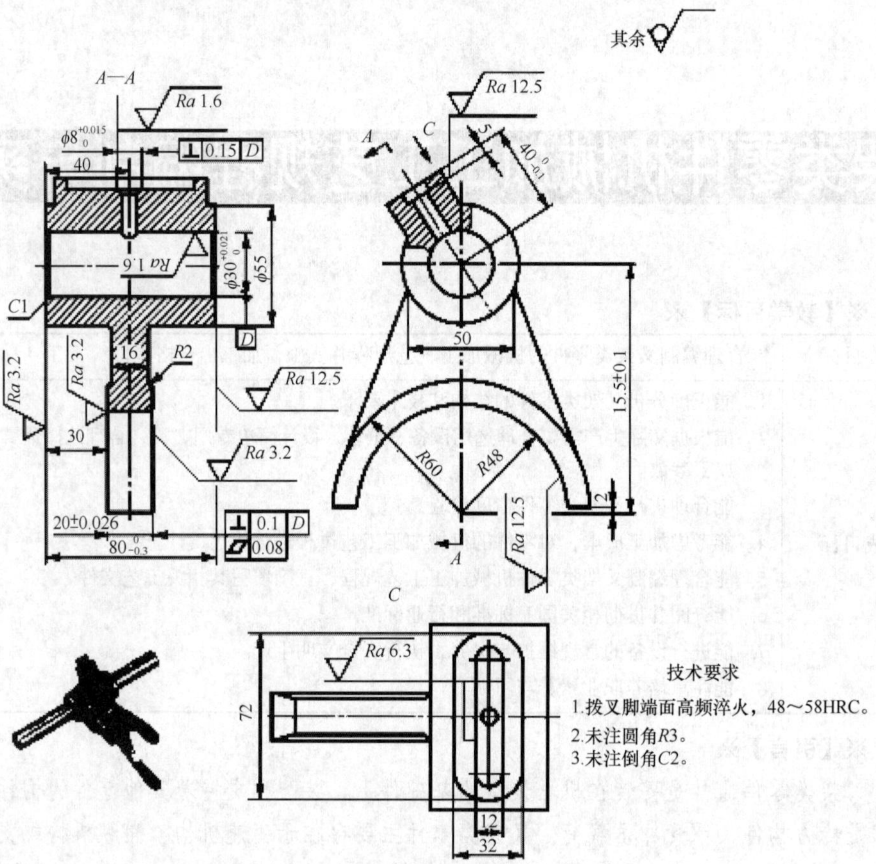

图 6.2 拨叉零件

6.1.2 相关知识

1. 机床专用夹具设计基础

机床专用夹具是为某一零件在某一道工序上的装夹而专门设计和制造的夹具。

（1）对专用夹具的基本要求。

① 保证工件的加工精度。专用夹具应有合理的定位方案，合适的尺寸、公差和技术要求，并进行必要的精度分析，确保夹具能稳定地保证加工质量。

② 提高劳动生产率。专用夹具的复杂程度要与工件的生产纲领相适应，应根据工件生产批量的大小选用不同复杂程度的快速高效夹紧装置，以缩短辅助时间，提高劳动生产率。

③ 工艺性好。专用夹具的结构应简单、合理，便于加工、装配、检验和维修。专用夹具的制造属于单件生产。当最终装配精度由调整或修配保证时，夹具上应设置调整或修配结构，如适当的调整间隙、可修磨的垫圈等。

④ 使用性好。专用夹具的操作应简便、省力、安全可靠、排屑方便，必要时可设置排屑结构。

⑤ 经济性好。除考虑专用夹具本身结构简单、标准化程度高、成本低廉外，还应根据生产纲领对夹具方案进行必要的经济分析，以提高夹具在生产中的经济效益。

（2）专用夹具设计步骤。

① 明确设计任务，收集和研究设计资料。

a. 在已知生产纲领的前提下，分析研究被加工零件的零件图、工序图、工艺规程和夹具设计任务书，对工件进行工艺分析。如了解工件的结构特点、材料，本工序的加工表面、加工要求、加工余量，明确定位基准、夹紧部位及所用的机床、刀具、量具等加工条件。

b. 根据夹具设计任务书收集有关技术资料，如机床的技术参数，夹具零部件的国家标准、行业标准、企业标准，各类夹具设计手册、夹具图册或同类夹具的设计图样，并了解企业的工装制造水平，以供参考。

② 构思夹具结构方案，绘制结构草图。这是极为重要的步骤。

a. 确定工件的定位方案，设计定位装置。

b. 确定工件的夹紧方案，设计夹紧装置。

c. 根据需要确定其他装置及元件的结构形式，如导向装置、对刀装置、分度装置及夹具在机床上的连接装置。

d. 确定夹具体的结构形式及夹具在机床上的安装方式。

e. 绘制夹具结构草图并标注尺寸、公差及技术要求。

在这个过程中一般应考虑几种不同的设计方案，进行技术—经济分析比较后，选择效益较高的方案。设计中需进行必要的计算，如工件加工误差分析（含定位误差、夹具位置误差、对刀误差等）、夹紧力的估算、部分夹具零件结构尺寸的校核计算等。

③ 绘制夹具装配总图。夹具总装图应按国家制图标准绘制，比例尽量采用1∶1。主视图按夹具面对操作者的方向绘制。总装图应把夹具的工作原理、各种装置的结构及其相互关系表达清楚。

④ 绘制非标准夹具零件图。根据夹具总装图，拆绘非标准夹具零件图。在确定这些零件的尺寸、公差或技术要求时，应注意使其满足夹具装配精度。零件图视图的选择应尽可能与零件在装配图上的工作位置相一致。

对所选用的标准件，只需在总装图的零件明细表中注明此零件的主要规格及标准的编号，不必绘制零件图。

特别提示

夹具总装图的绘制

（1）用双点划线绘出工件的外形轮廓，被加工表面要显示出加工余量（用交叉网纹或粗实线表示）；工件可视为透明体，不遮挡后面的线条；工件上的定位基面、夹紧表面及加工表面绘制在各个视图的合适位置上。

（2）依次绘出定位装置、夹紧装置、其他装置及夹具体。

（3）标注必要的尺寸、公差和技术要求。

（4）编制夹具零件明细栏及标题栏。

（3）夹具总装图技术要求的制定。制定夹具总装图的技术要求以及标注必要的装配、检验尺寸和形位公差要求，是夹具设计中的一项重要工作，因为它直接影响工件的加工精度，也关系到夹具制造的难易程度和经济效果。通过制定合理的技术要求来控制有关误差，夹具可以满足加工精度的要求。

① 夹具总装图上应标注的尺寸和公差包括以下几种。

a. 夹具外形的最大轮廓尺寸（A 类尺寸）。其用于表示夹具在机床上所占的空间位置和活动范围，便于校核此夹具是否会与机床、刀具等发生干涉。

b. 影响工件定位精度的有关尺寸和公差（B 类尺寸）。例如，定位元件与工件的配合尺寸和配合代号、各定位元件之间的位置尺寸和公差等。

c. 影响刀具导向精度或对刀精度的有关尺寸和公差（C 类尺寸）。例如，导向元件与刀具之间的配合尺寸和配合代号，各导向元件之间、导向元件与定位元件之间的位置尺寸和公差，或者对刀用塞尺的尺寸、对刀块工作表面到定位表面之间的位置尺寸和公差等。

d. 影响夹具安装精度的有关尺寸和公差（D类尺寸）。例如，夹具与机床工作台或主轴的连接尺寸及配合处的配合尺寸和配合代号、夹具安装基面与定位表面之间的位置尺寸和公差等。

e. 其他影响工件加工精度的尺寸和公差（E 类尺寸）。其主要指夹具内部各组成零件之间的配合尺寸和配合代号。例如，定位元件与夹具体之间、导向元件与衬套之间、衬套与夹具体之间的配合等。

专用钻床夹具尺寸标注示例

② 夹具总装图上应标注的技术要求包括以下几个方面。

a. 各定位元件的定位表面之间的相互位置精度要求。

b. 定位元件的定位表面与夹具安装基面之间的相互位置精度要求。

c. 定位元件的定位表面与导向元件工作表面之间的相互位置精度要求。

d. 各导向元件的工作表面之间的相互位置精度要求。

e. 定位元件的定位表面或导向元件工作表面与夹具找正基面之间的相互位置精度要求。

f. 与保证夹具装配精度有关的或与检验方法有关的特殊技术要求。

③ 与工件加工尺寸公差有关的夹具公差与配合的确定。夹具精度要求比工件的相应精度要求高。其确定原则是在满足工件加工要求的前提下，尽量降低夹具的制造精度。

a. 直接影响工件加工精度的夹具公差。例如，夹具总装图上应标注的 B、C、D 三类尺寸，其公差取 $T_J=(1/5\sim1/2)T_G$。其中，T_G 为与 T_J 相应的工件尺寸公差或位置公差。当生产批量较大、夹具结构较复杂而工件加工精度要求不太高时，T_J 取小值，以便延长夹具的使用寿命，又不增加夹具制造的难度；反之则取大值，以便于夹具制造。可供设计时选取的夹具公差值见表 6-1、表 6-2。

表 6-1　夹具尺寸公差选取参考表

工件的尺寸公差/mm	夹具相应尺寸公差占工件公差
< 0.02	3/5
0.02～0.05	1/2
0.05～0.20	2/5
0.20～0.30	1/3
自由尺寸	1/5

表 6-2　　夹具角度公差选取参考表

工件的角度公差/mm	夹具相应角度公差占工件公差
0° 1′～0° 10′	1/2
0° 10′～1°	2/5
1° ～4°	1/3

当工件加工尺寸为自由尺寸时，夹具上相应的尺寸公差值按 IT9～IT11 或 ± 3′～ ± 10′选取。

当工件加工表面未标注相互位置要求时，夹具上相应的位置公差值按 IT9～IT11 选取。

b. 直接影响工件加工精度的配合类别。对其应根据配合公差（间隙或过盈）的大小，通过计算或类比法确定，应尽量选用优先配合。

c. 与工件加工精度无直接影响的夹具公差与配合。其中位置公差一般按 IT9～IT11 选取；夹具的外形轮廓尺寸可不标注公差，按 IT13 确定。其他的形位公差数值、配合类别可参考相关夹具设计手册或机械设计手册确定。

特别提示

（1）在选取夹具某尺寸公差时，无论工件上相应尺寸偏差是单向还是双向的，都应先转化为对称分布的偏差，然后取其 1/5～1/3，按对称分布的双向偏差标注在夹具图样上。

（2）夹具的制造特点是制造精度高，且属单件小批量生产，所以夹具装配时一般采用调整法、修配法、就地加工或组合加工等方法获得高精度的装配精度，因此在零件图中有时需要在某尺寸上注明“装配时与 × × 件配作”“装配时精加工”或“见总装图”等字样。

2. 拨叉零件精度检验

拨叉零件精度检验项目及检验方法如下。

（1）孔的尺寸精度：塞规。

（2）各表面的表面粗糙度：标准样块比较法。

（3）平面的形状精度：水平仪。

（4）孔与平面的位置精度、两孔的位置精度（垂直度）：标准检验棒、千分尺、百分表等。

6.1.3　任务实施

1. 拨叉零件机械加工工艺规程编制

（1）分析拨叉零件的结构和技术要求。

① 叉架类零件的结构特点。如图 6.1 所示，叉架类零件的结构形状多样，差别较大，但都是由支承部分、工作部分和连接部分组成，多数为不对称零件。其外形复杂，不易定位；一般有 1～2 个主要孔，具有凸台、凹坑、铸（锻）造圆角、拔模斜度等常见结构。

叉架类零件加工表面较多且不连续，装配基准多为孔，其加工精度要求较高；工作表面杆身细长，弯曲刚性较差，易变形。

② 叉架类零件的技术要求。其一般技术要求项目主要有：

a. 基准孔的尺寸精度为 IT7～IT9 级，形状精度一般控制在孔径公差之内，表面粗糙度值 *Ra* 为 3.2～0.8 μm。工作表面的尺寸精度为 IT5～IT10 级，表面粗糙度值 *Ra* 为 6.3～1.6 μm。

b. 工作表面对基准孔的相对位置精度（如垂直度等）为 0.05～0.15 mm/100 mm。

③ 拨叉零件的结构和技术要求。如图 6.2 所示，拨叉零件形状特殊、结构较复杂，属典型的叉架类零件。拨叉在改换挡位时要承受弯曲应力和冲击载荷的作用，因此此零件应具有足够的强度、刚度和韧性。

此拨叉应用在某拖拉机变速箱的换挡机构中。拨叉头以 ϕ30 mm 孔套在叉轴上，并用销钉经 ϕ8 mm 锁销孔与变速叉轴连接，拨叉脚则夹在双联变换齿轮的槽中。当需要变速时，操纵变速杆，变速操纵机构就通过拨叉头部操纵槽带动拨叉与变速叉轴一起在变速箱中滑移，拨叉脚移动双联变换齿轮在花键轴上滑动换挡位，从而改变拖拉机行驶速度。

此零件的主要工作表面为拨叉脚两端面、叉轴孔 $\phi30^{+0.021}_{0}$ mm（H7）和锁销孔 $\phi8^{+0.015}_{0}$ mm（H7），在编制机械加工工艺规程时应重点予以保证。

分析零件图可知，拨叉两端面和叉脚两端面均要求切削加工，并在轴向上均高于相邻表面，这样既减少了加工面积，又提高了换挡时叉脚端面的接触刚度。$\phi30^{+0.021}_{0}$ mm 孔和 $\phi8^{+0.015}_{0}$ mm 孔的端面均为平面，可以防止加工过程中钻头钻偏，以保证孔的加工精度。另外，此零件除主要工作表面（拨叉脚两端面、变速叉轴孔 $\phi30^{+0.021}_{0}$ mm 和锁销孔 $\phi8^{+0.015}_{0}$ mm）外，其余表面加工精度均较低，不需要高精度机床加工，通过铣削、钻削等粗加工就可以达到加工要求。而主要工作表面虽然加工精度相对较高，但也可以在正常的生产条件下，采用较经济的方法保质保量地加工出来。由此可见，此零件的工艺性较好。

为实现换挡、变速的功能，其叉轴孔与变速叉轴有配合要求，因此加工精度要求较高，为 $\phi30^{+0.021}_{0}$ mm。叉脚两端面在工作中受冲击载荷，为增强其耐磨性，表面要求高频淬火处理，硬度为 48～58 HRC。为保证拨叉换挡时叉脚受力均匀，要求叉脚两端面对叉轴孔 $\phi30^{+0.021}_{0}$ mm 的垂直度为 0.1 mm，其自身平面度为 0.08 mm。为保证拨叉在叉轴上有准确的位置，改换挡位准确，拨叉采用锁销定位。锁销孔的尺寸为 $\phi8^{+0.015}_{0}$ mm，且锁销孔的中心线与叉轴孔中心线的垂直度要求为 0.15 mm。

综上所述，此拨叉的各项技术要求制定得较合理（见表 6-3），符合零件在变速箱中的功用。

表 6-3　拨叉零件技术要求

加工表面	尺寸及偏差/mm	公差及精度等级	表面粗糙度 *Ra*/μm	形位公差/mm
拨叉头左端面	$80^{0}_{-0.3}$	IT12	3.2	
拨叉头右端面	$80^{0}_{-0.3}$	IT12	12.5	
拨叉脚内表面	*R*48	IT13	12.5	
拨叉脚两端面	20±0.026	IT9	3.2	垂直度公差为 0.1 平面度公差为 0.08
ϕ30 mm 孔	$\phi30^{+0.021}_{0}$	IT7	1.6	
ϕ8 mm 孔	$\phi8^{+0.015}_{0}$	IT7	1.6	垂直度公差为 0.15
操纵槽内端面	12	IT12	6.3	
操纵槽底面	5	IT13	12.5	

（2）明确拨叉零件毛坯状况。

① 叉架类零件的材料、毛坯和热处理。叉架类零件常用的材料为 20#钢、30#钢、灰铸铁或可锻铸铁；近年来采用球墨铸铁代替钢材，大大降低了材料消耗和毛坯制造成本。

叉架类零件的毛坯多为铸件或锻件。在单件小批量生产时，可以采用焊接成形、自由锻或木模铸造；大批大量生产时，一般采用模锻或金属模铸造。具有半圆孔的叉架类零件，可将其毛坯两件连在一起铸造，也可单件铸造。

铸件在毛坯铸造、焊接成形后需进行退火处理。用中碳钢制造的重要叉架零件，如内燃机的连杆、气门摇臂等，应进行调质或正火处理，以使材料具有良好的综合力学性能和机械加工性能。

② 选择拨叉毛坯种类和制造方法。由于本任务中拨叉在工作过程中要承受冲击载荷，为增强拨叉的强度和冲击韧度，毛坯选用锻件；且生产类型属大批大量生产，采用模锻方法制造毛坯，公差等级为普通级，毛坯的拔模斜度为 5°。

③ 绘制拨叉锻造毛坯简图。拨叉锻造毛坯简图如图 6.3 所示。

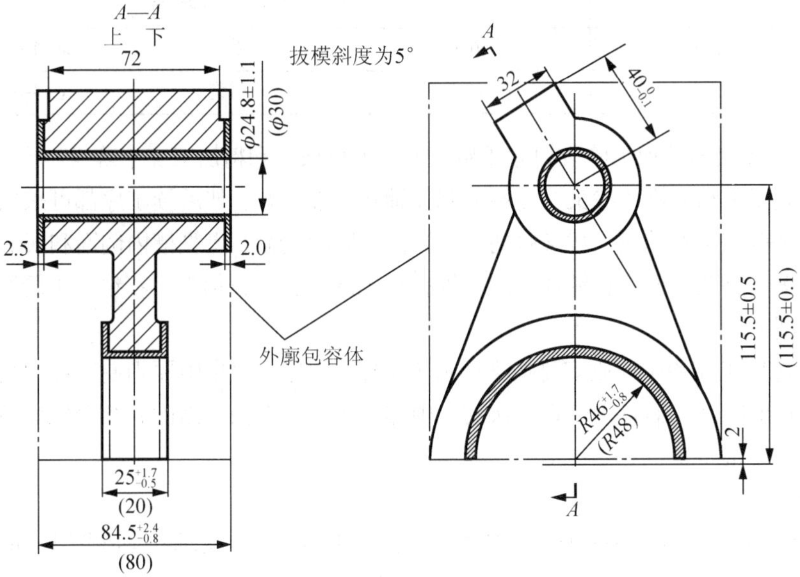

图 6.3　拨叉锻造毛坯简图

叉架类零件机械加工技术难点及其工艺措施

（3）选择定位基准。

① 粗基准的选择。作为粗基准的表面应平整，没有飞边、毛刺或其他表面缺陷。本任务中选择变速叉轴孔ϕ30 mm 的外圆和拨叉头右端面作为粗基准。采用ϕ30 mm 外圆面定位加工内孔，可保证孔的壁厚均匀；采用拨叉头右端面作为粗基准加工左端面，可以为后续工序准备好精基准。

② 精基准的选择。根据此拨叉零件的技术要求和装配要求，选择拨叉头左端面和叉轴孔 $\phi30_{0}^{+0.021}$ mm 作为精基准，零件上的很多表面都可以采用它们作为基准进行加工，即遵循了“基准统一”原则。叉轴孔 $\phi30_{0}^{+0.021}$ mm 的中心线是设计基准，用其作为精基准定位加工拨叉脚两端面和锁销孔 $\phi8_{0}^{+0.015}$ mm，实现了设计基准和工艺基准的重合，保证了被加工表面的垂直度要求。选用拨叉头左端面作为精基准同样是遵循了“基准重合”原则，因为此拨叉的轴向尺寸多以左端面作为设计基准。另外，由于拨叉零件刚性较差，受力易产生弯曲变形，因此为避免在机械加工中产生夹紧变形，根据夹紧力应垂直于主要定位基面并应作用在刚度较大部位的原则，夹紧力作

用点不能作用在叉杆上。选用拨叉头左端面作为精基准，夹紧力可作用在拨叉头右端面上，夹紧稳定可靠。

（4）拟定拨叉零件机械加工工艺路线。

① 确定加工方案。根据拨叉零件各加工表面的尺寸精度和表面质量要求，确定拨叉零件各表面加工方案，见表 6-4。

表 6-4　拨叉零件各表面加工方案

加工表面	尺寸精度等级	表面粗糙度 *Ra*/μm	加工方案	备注
拨叉头左端面	IT12	3.2	粗铣→半精铣	表 4-6
拨叉头右端面	IT12	12.5	粗铣	表 4-6
拨叉脚内表面	IT13	12.5	粗铣	表 4-6
拨叉脚两端面（淬硬）	IT9	3.2	粗铣→精铣→磨削	
ϕ30 mm 孔	IT7	1.6	粗扩→精扩→铰	
ϕ8 mm 孔	IT7	1.6	钻→粗铰→精铰	
操纵槽内端面	IT12	6.3	粗铣	表 4-6
操纵槽底面	IT13	12.5	粗铣	表 4-6

② 划分加工阶段。将拨叉零件加工阶段划分成粗加工、半粗加工和精加工三个阶段。

在粗加工阶段，首先要将精基准（拨叉头左端面和叉轴孔）准备好，使后续工序都可采用精基准定位加工；然后粗铣拨叉头右端面、拨叉脚内表面、拨叉脚两端面、操纵槽内侧面和底面。在半粗加工阶段，完成拨叉脚两端面的粗铣加工和销轴孔 ϕ8 mm 的钻、铰加工。在精加工阶段，进行拨叉脚两端面的磨削加工。

③ 确定加工顺序。选用工序集中原则安排拨叉的加工工序。运用工序集中原则使工件的装夹次数减少，不仅可缩短辅助时间，而且由于在一次装夹中加工了许多表面，因此有利于保证各个表面之间的相对位置精度要求。

a. 机械加工工序的安排。

i. 遵循“先基准后其他”原则，首先加工精基准——拨叉头左端面和叉轴孔 $\phi30^{+0.021}_{0}$ mm。

ii. 遵循“先粗后精”原则，先安排粗加工工序，后安排精加工工序。

iii. 遵循“先主后次”原则，先加工主要表面——拨叉头左端面和叉轴孔 $\phi30^{+0.021}_{0}$ mm 及拨叉脚两端面，后加工次要表面——操纵槽底面和内侧面。

iv. 遵循“先面后孔”原则，先加工拨叉头端面，再加工 ϕ30 mm 叉轴孔；先铣操纵槽，再钻销 ϕ 8 mm 轴孔。

b. 热处理工序的安排。模锻成形后切边，进行调质，调质硬度为 241～285 HBW，并进行酸洗、喷丸处理；喷丸可以提高零件表面硬度、增加耐磨性，消除毛坯表面因脱碳而对机械加工带来的不利影响。拨叉脚两端面在精加工之前进行局部高频淬火，提高其耐磨性和在工作中承受冲击载荷的能力。

c. 辅助工序的安排。粗加工拨叉脚两端面和热处理后，安排校直工序；在半精加工后，安排去毛刺和中间检验工序；精加工后，安排去毛刺、清洗和终检工序。

综上所述，拨叉零件的加工顺序为毛坯→基准加工→主要表面粗加工及一些余量大的表面粗加工→主要表面半精加工和次要表面加工→热处理→主要表面精加工。

（5）设计工序内容。

① 拨叉零件加工余量、工序尺寸及其公差的确定。

应用实例 6–1

下面以工序 2、工序 3 和工序 10 为例说明加工余量、工序尺寸及其公差的确定方法。

（1）工序 2 和工序 3。加工拨叉头两端面至设计尺寸的加工余量、工序尺寸及其公差的确定。过程如下。

① 以右端面 B 定位，粗铣左端面 A，保证工序尺寸 P_1。

② 以左端面定位，粗铣右端面，保证工序尺寸 P_2。

③ 以右端面定位，半精铣左端面，保证工序尺寸 P_3，达到零件图 D 的设计要求，$D = 80_{-0.03}^{\ 0}$ mm。

根据工序 2 和工序 3 的加工过程，画出加工过程示意图，从最后一道工序向前推算，可以找出全部工艺尺寸链（见图 6.4）。求解各工序尺寸及其公差的顺序如下。

① 由图 6.4（b）可知，$P_3 = D = 80_{-0.03}^{\ 0}$ mm。

② 由图 6.4（b）可知，$P_2 = P_3 + Z_3$，其中 Z_3 为半精加工余量，查表，确定 $Z_3 = 1$ mm，则 $P_2 =$（80 + 1）mm = 81 mm。由于尺寸 P_2 是在粗铣加工中保证的，查表 4-6 知，粗铣工序的加工经济精度等级可以达到 B 面的最终加工要求——IT12，因此确定此工序尺寸公差为 IT12，其公差值为 0.35 mm，故 $P_2 =$（81±0.175）mm。

③ 由图 6.4（b）可知，$P_1 = P_2 + Z_2$，其中 Z_2 为粗铣余量。由于 B 面的加工余量是经粗铣一次加工切除的，因此 Z_2 应等于 B 面的毛坯余量，即 $Z_2 = 2$ mm，$P_1 =(81 + 2)$mm = 83 mm。由表 4-6 确定此粗铣工序加工经济精度等级为 IT13，其公差值为 0.54 mm，故 $P_1 =(83 \pm 0.27)$mm。

为验证确定的工序尺寸及其公差是否合理，还要对加工余量进行校核，保证最小余量不能为零或负值。

① 余量 Z_3 的校核。在图 6.4（b）所示工艺尺寸链中，Z_3 是封闭环，故

$$Z_{3max} = P_{2max} - P_{3min} = [81 + 0.175 -(80 - 0.30)]\ \text{mm} = 1.475\ \text{mm}$$

$$Z_{3min} = P_{2min} - P_{3max} = [81 - 0.175 -(80 + 0)]\ \text{mm} = 0.825\ \text{mm}$$

② 余量 Z_2 的校核。在图 6.4（b）所示工艺尺寸链中，Z_2 是封闭环，故

$$Z_{2max} = P_{1max} - P_{2min} = [83 + 0.27 -(81 - 0.175)]\ \text{mm} = 2.445\ \text{mm}$$

$$Z_{2min} = P_{1min} - P_{2max} = [83 - 0.27 -(81 + 0.175)]\ \text{mm} = 1.555\ \text{mm}$$

余量校核结果表明，所确定的工序尺寸及其公差是合理的。

将工序尺寸公差按"入体原则"表示，则 $P_3 = 80_{-0.03}^{\ 0}$ mm，$P_2 = 81.175_{-0.35}^{\ 0}$ mm，$P_1 = 83.27_{-0.54}^{\ 0}$ mm。

（2）工序 10。钻→粗铰→精铰ϕ8 mm 孔的加工余量、工序尺寸及其公差的确定如下。根据表 3-5 查得，精铰余量 $Z_{精铰} = 0.04$ mm，粗铰余量 $Z_{粗铰} = 0.08$ mm，钻孔余量 $Z_{钻} = 7.88$ mm。查表 3-4，可依次确定各工序尺寸的加工精度等级：精铰为 IT7，粗铰为 IT10，钻为 IT12。

根据上述结果，再查标准公差数值表可分别确定各工步的公差值：精铰为 0.015 mm，粗铰为 0.058 mm，钻为 0.15 mm。

综合上述，分别得出此工序各工步的尺寸公差：精铰为 $\phi 8_{0}^{+0.015}$ mm，粗铰为 $\phi 7.96_{0}^{+0.058}$ mm，钻为 $\phi 7.88_{0}^{+0.15}$ mm。它们的相互关系如图 6.5 所示。

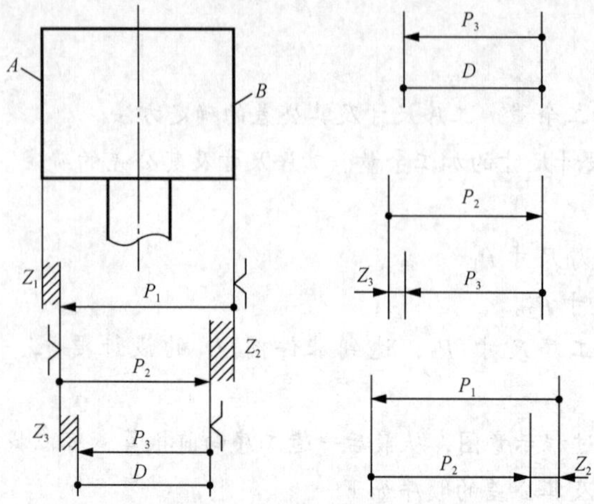

（a）　　　　（b）

图 6.4　工序 2 和工序 3 加工方案示意图及工序尺寸链

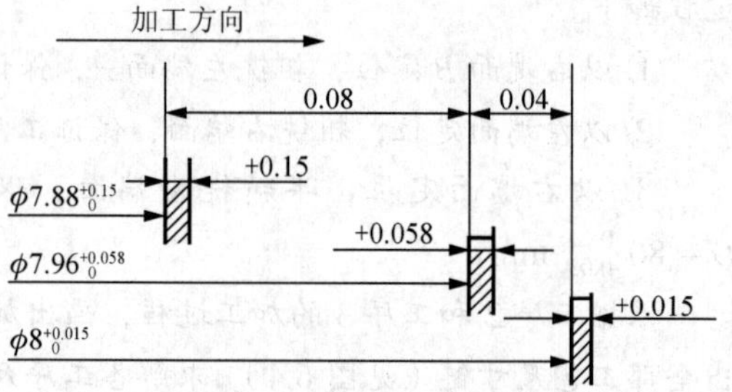

图 6.5　钻→粗铰→精铰 $\phi8$ mm 孔的加工余量、工序尺寸及其公差的关系

② 切削用量、时间定额的计算。

应用实例 6-2

下面以工序 2、工序 3 和工序 10 为例说明切削用量、时间定额的计算方法。

（1）切削用量的计算。

① 工序 2——粗铣拨叉头两端面。此工序分两个工步，工步 1 是以 B 面定位，粗铣 A 面；工步 2 是以 A 面定位，粗铣 B 面。由于每一工步都是在一台机床上经过一次走刀加工完成的，因此它们所选用的铣削速度 v 和进给量 f 是一样的，只有背吃刀量 a_p 不同。

a. 背吃刀量的确定。工步 1 的背吃刀量 a_{p1} 取 Z_1，Z_1 等于 A 面的毛坯总量减去工序 2 的余量 Z_3，即 $a_{p1} = Z_1 = 2.5\text{ mm} - 1\text{ mm} = 1.5\text{ mm}$；而工步 2 的背吃刀量 a_{p2} 取为 Z_2，则如前所知 $Z_2 = 2$ mm，故 $a_{p2} = 2$ mm。

b. 进给量的确定。按机床功率为 5～10 kW、工艺系统刚度为中等条件选取，查表确定此工序的每齿进给量 f_z 取为 0.08 mm/z。

c. 铣削速度的计算。按镶齿铣刀 $d/z = 80/10$ 的条件（$d = 80$ mm，$z = 10$）选取，查表确定铣削速度 $v_c = 44.9$ m/min。由公式 $n = \dfrac{1000v_c}{\pi d}$ 可求得此工序铣刀转速为

$$n = \frac{1000v_c}{\pi d} = \frac{1\,000 \times 44.9\ \text{m/min}}{\pi \times 80\ \text{mm}} \approx 178.74\ \text{r/min}$$

参照附录 C 表 C-3 中 X51 型立式铣床的主轴转速，取转速 $n = 160$ r/min。再将此值代入上述公式重新计算，可求出此工序的实际切削速度 v_c 为

$$v_c=\frac{n\pi d}{1\,000}=\frac{160\ \text{r/min}\times\pi\times 80\ \text{mm}}{1\,000}\approx 40.2\ \text{m/min}$$

此工序铣削用量为：主轴转速 n = 160 r/min；铣削速度 v_c = 40.2 m/min；背吃刀量 a_{p1} = 1.5 mm，a_{p2} = 2 mm；每齿进给量 f_z = 0.08 mm/z（每转进给量 f = 0.8 mm/r）。

② 工序 3——半精铣拨叉头左端面 A。

a. 背吃刀量 a_p 的确定。取 $a_p = Z_3$ = 1 mm。

b. 进给量的确定。按表面粗糙度 Ra 为 2.5 μm 的条件选取，查表确定此工序的每转进给量 f 取 0.4 mm/r。

c. 铣削速度的计算。按镶齿铣刀、d/z = 80/10、$f_z = f/z$ = 0.5 mm/z 的条件选取，查表确定铣削速度 v_c = 48.4 m/min。由公式 $n = 1\,000\ v_c/\pi d$ 可求得铣刀的转速 n 为

$$n=\frac{1\,000v_c}{\pi d}=\frac{1\,000\times 48.4\ \text{m/min}}{\pi\times 80\ \text{mm}}\approx 192.68\ \text{r/min}$$

参照附录 C 表 C-3 中 X51 型立式铣床的主轴转速，取 n = 210 r/min。将此转速代入公式，可求此工序的实际切削速度 v_c 为

$$v_c=\frac{n\pi d}{1\,000}=\frac{210\ \text{r/min}\times\pi\times 80\text{mm}}{1\,000}\approx 52.75\ \text{m/min}$$

此工序切削用量为：主轴转速 n = 210 r/min；铣削速度 v_c = 52.75 m/min；背吃刀量 a_p = 1 mm；每转进给量 f = 0.4 mm/r。

③ 工序 10——钻、粗铰、精铰 ϕ8 mm 孔。

a. 钻孔工步。

i. 背吃刀量 a_p 的确定。取 a_p = 3.94 mm。

ii. 进给量的确定。查表，选取此工步的每转进给量 f = 0.2 mm/r。

iii. 钻削速度的计算。查表，按工件材料为 45#钢的条件选取，钻削速度 v_c = 20 m/min。由公式 $n = 1\,000v_c/\pi d$ 可求得此工序的钻头转速 n = 807.9 r/min。根据附录 C 表 C-3 中 Z525 型立式钻床的主轴转速 n = 960 r/min，将此转速重新代入公式计算，求出此工序的实际钻削速度 v_c = 23.8 m/min。

b. 粗铰工步。

i. 背吃刀量取 a_p = 0.08 mm。

ii. 进给量。此工步的每转进给量取 f = 0.4 mm/r。

iii. 切削速度。切削速度取 v_c = 2 m/min，求得此工序铰刀转速 n = 80 r/min，根据附录 C 表 C-3 中 Z525 型立式钻床的主轴转速 n = 97 r/min，通过重新计算，确定此工序的实际切削速度 v_c = 2.4 m/min。

c. 精铰工步。

i. 背吃刀量取 a_p = 0.04 mm。

ii. 进给量。此工步的每转进给量取 f = 0.3 mm/r。

iii. 切削速度。切削速度 v_c = 4 m/min，求得此工序铰刀转速 n = 159.2 r/min，查附录 C 表 C-3

取钻床的主轴转速 $n = 195$ r/min，通过重新计算，确定此工序的实际切削速度 $v_c = 4.86$ m/min。

（2）时间定额的计算。

① 基本时间 t_b 的计算。

a. 工序 2——粗铣拨叉头两端面。

根据附录 C 表 C-4 中铣刀铣平面（对称铣削，主偏角 $\kappa_r = 90°$）的基本时间 t_b 计算公式可求出此工序的基本时间 t_b 为

$$t_b = (l + l_1 + l_2) \times i / v_f \tag{6-1}$$

此工序包括两个工步，即两个工步同时加工，故式中，$l = 2 \times 55\ \text{mm} = 110\ \text{mm}$。$(l_1 + l_2) = d_0/(3\sim4)$，取 $(l_1 + l_2) = 80/4\ \text{mm} = 20\ \text{mm}$，有

$$v_f = f \times n = f_z \times z \times n = 0.08\ \text{mm/z} \times 10\ \text{z/r} \times 160\ \text{r/min} = 128\ \text{mm/min}$$

则此工序的基本时间 t_b 为

$$t_b = (110 + 20) \times 1/128\ \text{min} \approx 1.01\ \text{min} = 60.6\ \text{s}$$

b. 工序 3——半精铣拨叉头左端面 A。

同理，根据基本时间计算式（6-1）可求出此工序的基本时间。

式中，$l = 55$ mm，$(l_1 + l_2) = 80/4\ \text{mm} = 20\ \text{mm}$，有

$$v_f = f \times n = 0.4\ \text{mm/r} \times 210\ \text{r/min} = 84\ \text{mm/min}$$

则此工序的基本时间 t_b 为

$$t_b = (55 + 20) \times 1/84\ \text{min} \approx 0.89\ \text{min} = 53.4\ \text{s}$$

c. 工序 10——钻、粗铰、精铰 $\phi 8$ mm 孔。

i. 钻孔工步。根据附录 C 表 C-5 钻孔的基本时间 t_b 计算公式，可求出钻孔工步的基本时间 t_b 为

$$t_b = (l + l_1 + l_2)/(f \times n) \tag{6-2}$$

式中，切入行程 $l_1 = 1 + D/[2 \times \tan(\phi/2)]$；切出行程 $l_2 = (1\sim4)$ mm。

取 $l_2 = 1$ mm，$l = 20$ mm，$l_1 = 1 + 8/[2 \times \tan(118°/2)] \approx (1 + 2.4)\ \text{mm} = 3.4\ \text{mm}$，$f = 0.1$ mm/r，$n = 960$ r/min，则此工序的基本时间 t_b 为

$$t_b = (l + l_1 + l_2)/(f \times n) = (20 + 3.4 + 1)/(0.1 \times 960)\text{min} \approx 0.25\ \text{min} = 15\ \text{s}$$

根据附录 C 表 C-5 铰孔的基本时间 t_j 计算公式，可求出粗铰孔工步的基本时间 t_b 为

$$t_b = (l + l_1 + l_2)/(f \times n) \tag{6-3}$$

式中，l_1、l_2 由附录 C 表 C-6 按 κ_r、a_p 选取。

ii. 粗铰工步。按 $\kappa_r = 15°$，$a_p = (D - d)/2 = (7.96 - 7.88)/2\ \text{mm} = 0.04\ \text{mm}$ 的条件查取。

$l_1 = (0.19 + 0.5)\text{mm} = 0.69\ \text{mm}$，$l_2 = 13$ mm，而 $l = 20$ mm，$f = 0.4$ mm/r，$n = 97$ r/min。则此工序的基本时间 t_b 为

$$t_b=(l+l_1+l_2)/(f\times n)=(20+0.69+13)/(0.4\times 97)\text{min}\approx 0.87\ \text{min}=52.2\ \text{s}$$

iii. 精铰工步。按 $\kappa_r=15°$，$a_p=(D-d)/2=(8-7.96)/2\ \text{mm}=0.02\ \text{mm}$ 的条件查取。$l_1=(0.09+0.5)\text{mm}=0.59\ \text{mm}$，$l_2=13\ \text{mm}$，而 $l=20\ \text{mm}$，$f=0.3\ \text{mm/r}$，$n=195\ \text{r/min}$。则此工序的基本时间 t_b 为

$$t_b=(l+l_1+l_2)/(f\times n)=(20+0.59+13)/(0.3\times 195)\text{min}\approx 0.57\ \text{min}=34.2\ \text{s}$$

② 辅助时间 t_a 的计算。辅助时间 t_a 与基本时间 t_b 的关系为 $t_a=(0.15\sim0.2)t_b$，则各工序的辅助时间分别如下。

a. 工序 2 的辅助时间。$t_{a1}=0.15\times 60.6\ \text{s}=9.09\ \text{s}$。

b. 工序 3 的辅助时间。$t_{a2}=0.15\times 53.4\ \text{s}=8.01\ \text{s}$。

c. 工序 10 的辅助时间。

i. 钻孔工步的辅助时间。$t_{az}=0.15\times 15\ \text{s}=2.25\ \text{s}$。

ii. 粗铰工步的辅助时间。$t_{aj1}=0.15\times 52.2\ \text{s}=7.83\ \text{s}$。

iii. 精铰工步的辅助时间。$t_{aj2}=0.15\times 34.2\ \text{s}=5.13\ \text{s}$。

③ 其他时间的计算。除作业时间（基本时间与辅助时间之和）外，每道工序的单件时间还包括布置工作地时间、休息与生理需要时间和准备与终结时间。由于本例中拨叉的生产类型为大批生产，因此分摊到每个工件上的准备与终结时间甚微，可不计。布置工作地时间 t_s 是作业时间的 2%～7%，休息与生理时间 t_r 是作业时间的 2%～4%，本例均取 3%，则各工序的其他时间（t_s+t_r）可按关系式 $(3\%+3\%)\times(t_a+t_b)$ 计算，分别如下。

a. 工序 2 的其他时间。$(t_s+t_r)_1=6\%\times(9.09+60.6)\text{s}\approx 4.18\ \text{s}$。

b. 工序 3 的其他时间。$(t_s+t_r)_2=6\%\times(8.01+53.4)\text{s}\approx 3.68\ \text{s}$。

c. 工序 10 的其他时间。

i. 钻孔工步的其他时间。$(t_s+t_r)_z=6\%\times(2.25+15)\text{s}\approx 1.04\ \text{s}$。

ii. 粗铰工步的其他时间。$(t_s+t_r)_{j1}=6\%\times(7.83+52.2)\text{s}\approx 3.60\ \text{s}$。

iii. 精铰工步的其他时间。$(t_s+t_r)_{j2}=6\%\times(5.13+34.2)\text{s}\approx 2.40\ \text{s}$。

④ 单件时间的计算。本例中各工序的单件时间分别如下。

a. 工序 2 的单件时间。$t_1=(9.09+60.6+4.18)\text{s}=73.87\ \text{s}$。

b. 工序 3 的单件时间。$t_2=(8.01+53.4+3.68)\text{s}=65.09\ \text{s}$。

c. 工序 10 的单件时间。t_9 为三个工步单件时间的总和。

i. 钻孔工步。$t_z=(2.25+15+1.04)\text{s}=18.29\ \text{s}$。

ii. 粗铰工步。$t_{j1}=(7.83+52.2+3.60)\text{s}=63.63\ \text{s}$。

iii. 精铰工步。$t_{j2}=(5.13+34.2+2.40)\text{s}=41.73\ \text{s}$。

因此，工序 10 的单件时间为 $t_9=(18.29+63.63+41.73)\text{s}=123.65\ \text{s}$。

③ 选择设备、工装。针对大批生产的工艺特征，选用设备及工艺装备按照通用、专用相结合的原则。拨叉零件机械加工工艺过程卡片见表 6-5。其中，工序 10 中所用钻孔夹具为专用夹具。

表 6-5　拨叉零件机械加工工艺过程卡片

工厂名称		机械加工工艺过程卡片	产品型号		零（部）件图号		共 2 页	
			产品名称	变速箱	零（部）件名称	拨叉	第 1 页	
材料牌号	45#钢	毛坯种类：锻件；毛坯外形尺寸：	每毛坯件数	1	每台件数	1	备注	
工序号	工序名称	工序内容	车间	工段	设备	工艺装备	工时/min 准终	工时/min 单件
1	锻造	模锻（拔模斜度 5°）						
2	粗铣拨叉头左、右两端面	粗铣两端面至 $81.175_{-0.35}^{0}$ mm，$Ra12.5$ μm			立式铣床 X5032	高速钢套式面铣刀、游标卡尺、专用夹具		73.87
3	半精铣拨叉头左端面	半精铣拨叉头左端面至 $80_{-0.3}^{0}$ mm，$Ra3.2$ μm			立式铣床 X5032	高速钢套式面铣刀、游标卡尺、专用夹具		65.09
4	粗扩、精扩、铰孔 $\phi30$ mm，倒角				四面组合钻床	麻花钻、扩孔钻、铰刀、卡尺、塞规		
5	校正拨叉脚				钳工台	锤子、校正心轴		
6	粗铣拨叉脚两端面				卧式双面铣床	三面刃铣刀、游标卡尺、专用夹具		
7	铣叉爪口内侧面				立式铣床 X5032	铣刀、游标卡尺、专用夹具		
8	粗铣操纵槽底面和内侧面				立式铣床 X5032	槽铣刀、卡规、深度游标卡尺、专用夹具		
9	精铣拨叉脚两端面				卧式双面铣床	三面刃铣刀、游标卡尺、专用夹具		
10	钻、粗铰、精铰孔 $\phi8$ mm，倒角	钻、粗铰、精铰 $\phi8$ mm 孔至 $\phi8_{0}^{+0.015}$ mm，$Ra1.6$ μm			Z525	复合钻头、铰刀、塞规、游标卡尺、钻孔夹具		123.65

续表

工厂名称	机械加工工艺过程卡片			产品型号		零（部）件图号		共 2 页
				产品名称	变速箱	零（部）件名称	拨叉	第 2 页
材料牌号	45#钢	毛坯种类	锻件	毛坯外形尺寸		每毛坯件数	1	每台件数 1 备注

工序号	工序名称	工序内容	车间	工段	设备	工艺装备	工时/min 准终	工时/min 单件
11	去毛刺				钳工台	平锉		
12	中检					塞规、百分表、卡尺等		
13	热处理	拨叉脚两端面局部淬火 48～58 HRC			淬火设备			
14	校正拨叉脚				钳工台	锤子、校正心轴		
15	磨削拨叉脚两端面				磨床 M7120A	砂轮、游标卡尺		
16	清洗				清洗机			
17	终检					塞规、百分表、卡尺等		

										设计（日期）	审核（日期）	标准化（日期）	会签（日期）	
标记	处数	更改文件号	签字	日期	标记	处数	更改文件号	签字	日期					

应用实例 6-3

拨叉零件专用钻床夹具设计的基本方法和步骤。

（1）夹具设计任务。图 6.6（a）所示为拨叉零件加工工序 10 钻拨叉锁销孔的工序简图。已知工件材料为 45#钢，毛坯为模锻件，所用机床为 Z525 型立式钻床，成批生产规模。试设计此工序的专用钻床夹具。

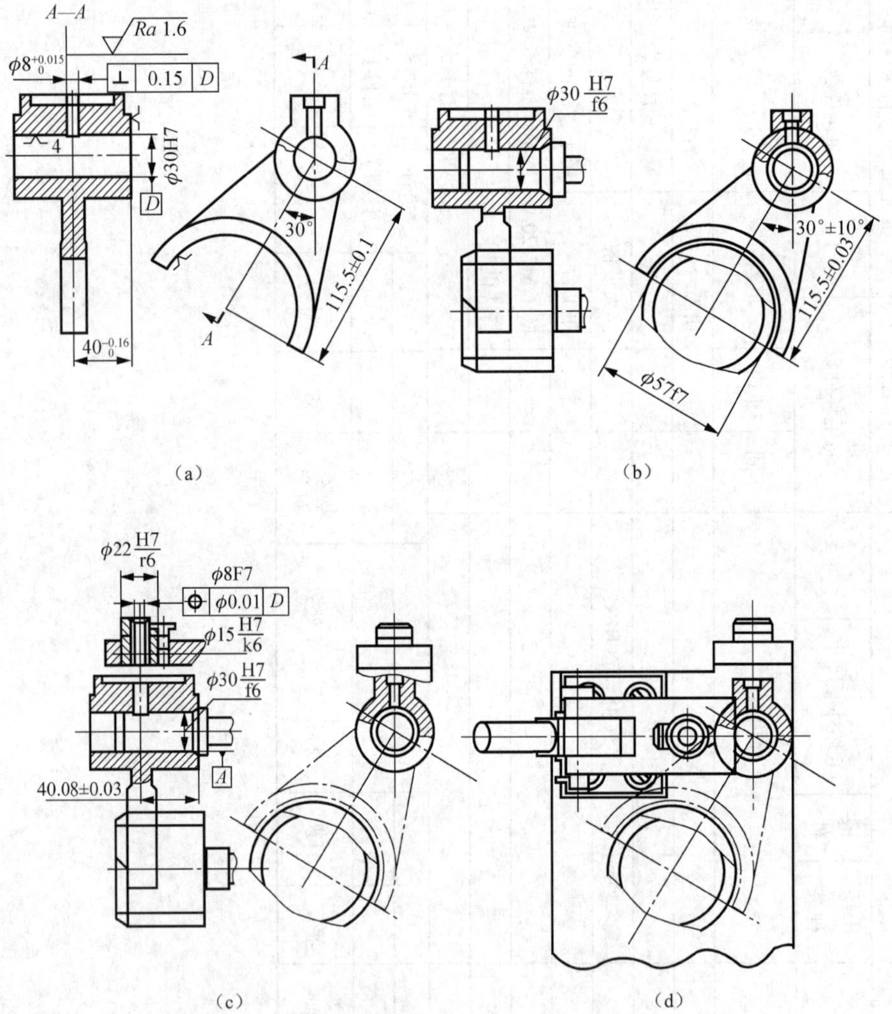

图 6.6　拨叉锁销孔专用钻床夹具方案设计

（2）确定夹具的结构方案。

① 确定定位元件。根据工序简图规定的定位基准，选用一面双销定位方案。如图 6.6（b）所示，长定位销与工件定位孔配合取 $\phi30\dfrac{H7}{f6}$，限制 4 个自由度；定位销轴肩小环面与工件定位端面接触，限制 1 个自由度，且保证工序尺寸 $40_{0}^{+0.13}$ mm，定位基准与设计基准重合，定位误差为零；削边销与工件叉口接触，限制 1 个自由度，保证尺寸 115.5 mm ± 0.1 mm；$\phi8$ mm 孔径尺寸由刀具

直接保证，位置精度由钻套位置保证。

② 确定导向装置。本工序要求对ϕ8 mm 孔进行钻、扩、铰三个工步的加工，生产批量大，故选用快换钻套作为刀具的导向元件。快换钻套、钻套用衬套及钻套螺钉的选取分别查阅JB/T 8045.3—1999《机床夹具零件及部件 快换钻套》、JB/T 8045.4—1999《机床夹具零件及部件 钻套用衬套》、JB/T 8045.5—1999《机床夹具零件及部件 钻套螺钉》。根据项目 3 中相关内容，确定钻套导向长度 $H=3d=3\times8$ mm $=24$ mm，排屑间隙 $h=d=8$ mm，如图 6.6（c）所示。

③ 确定夹紧机构。选用偏心螺旋压板夹紧机构，如图 6.6（d）所示。其上零件均采用标准夹具零件，可查阅相关标准或手册确定。

④ 绘制夹具装配图，如图 6.7 所示。

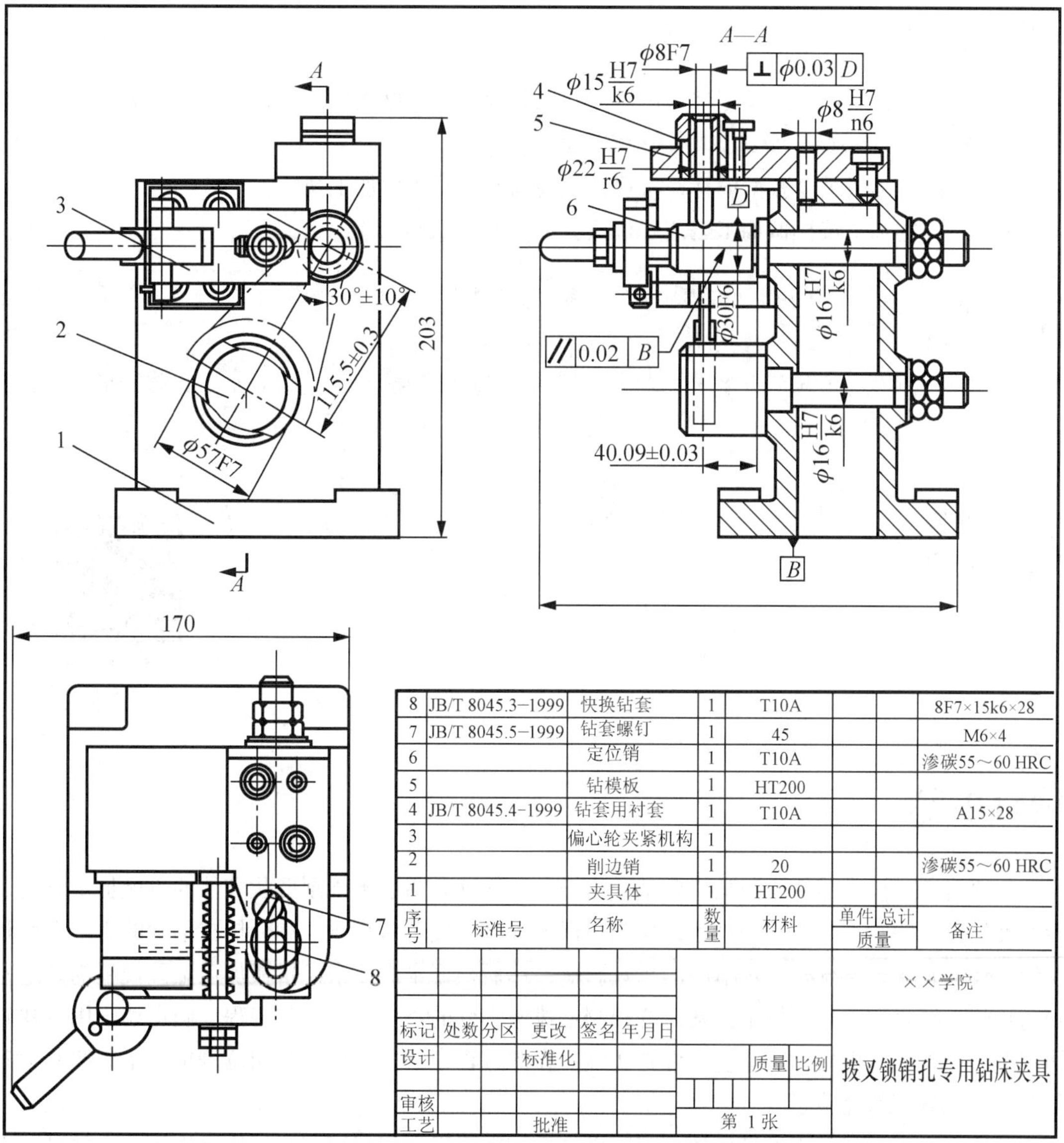

图 6.7　拨叉锁销孔专用钻床夹具装配图

⑤ 确定夹具总装图上的标注尺寸及技术要求。

a. 确定定位元件之间的尺寸。定位销与削边销中心距公差取工件相应尺寸公差的 1/3，偏差对称标注，即(115.5 ± 0.03) mm。

b. 确定钻套位置尺寸。钻套中心线与定位销定位环面之间的尺寸及其公差取保证零件相应工序尺寸 $40_{0}^{+0.16}$ mm 的平均尺寸，即 40.08 mm；公差取零件相应工序尺寸公差的 1/3，偏差对称标注，即±0.03 mm，标注为 40.08± 0.03。

c. 确定钻套位置公差。钻套中心线与定位销定位环面之间的位置公差取工件相应位置公差的 1/3，即 0.03 mm。

d. 定位销中心线与夹具底面的平行度公差取 0.02 mm。

e. 标注关键件的配合尺寸，如图 6.7 所示，分别为 ϕ8F7、ϕ30F6、ϕ57F7、$\phi15\frac{H7}{k6}$、$\phi22\frac{H7}{r6}$、$\phi8\frac{H7}{n6}$、$\phi16\frac{H7}{k6}$。

（6）填写工艺文件。拨叉零件的机械加工工艺规程文件见表 6-5、表 6-6、表 6-7。

2. 拨叉零件机械加工工艺规程实施

根据生产实际或结合教学设计，参观生产现场或观看相关加工视频。

拨叉零件的加工按机械加工工艺规程执行（表 6-5～表 6-7）。

问题讨论

（1）外形不规则的零件如何实现正确装夹？

（2）如何合理选择切削用量？

（3）试分析拖拉机的变速箱在操纵变速杆时，为什么会出现脱挡、乱挡现象。

拓展阅读

支座零件机械加工工艺规程编制与实施。

支座零件机械加工工艺规程编制与实施

项目小结

本项目通过拨叉零件机械加工典型工作任务，详细介绍了不规则形状零件的机械加工方式、专用夹具应用等知识。在此基础上，从完成任务角度出发，认真研究和分析在不同的生产类型和生产条件下，工艺系统各个环节间的相互影响，然后根据生产要求及机械加工工艺规程的制定原则与步骤，结合相关表面加工方案，合理制定拨叉零件的机械加工工艺规程、确定切削用量和时间定额，正确填写机械加工工艺文件并实施。在此过程中，学生可体验岗位需求，培养职业素养与习惯，积累工作经验。

此外，通过学习专用夹具设计、支座零件机械加工工艺规程编制与实施等内容，学生可以进一步扩大知识面，提高分析问题、解决问题的能力。

表 6-6　　拨叉零件机械加工工序卡片

工厂名称	机械加工工序卡片	产品型号		零（部）件图号		共 17 页
		产品名称	变速箱	零（部）件名称	拨叉	第 2 页

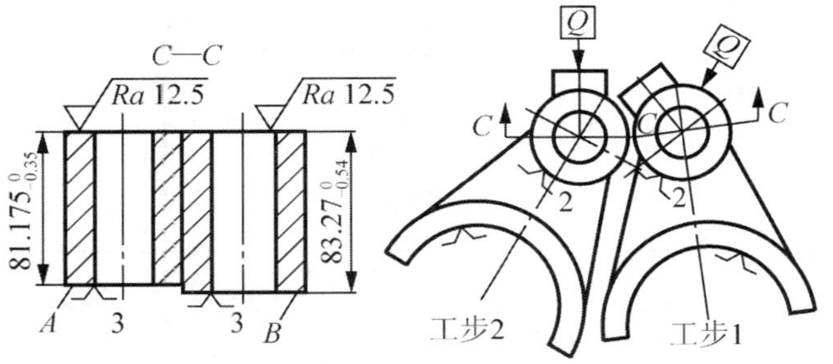

车间	工序号	工序名称	材料牌号	
	2	粗铣拨叉头两端面	45	
毛坯种类	毛坯外形尺寸	每坯件数	每台件数	
锻件		1	1	
设备名称	设备型号	设备编号	同时加工件数	
立式铣床	X5032		2	
工位器具编号		工位器具名称	冷却液	
夹具编号		夹具名称	工序工时	
			准终	单件
		专用夹具	0	70.2

工步号	工步内容	工艺装备	主轴转速/$(r \cdot min^{-1})$	切削速度/$(m \cdot min^{-1})$	进给量/$(mm \cdot r^{-1})$	背吃刀量/mm	走刀次数	定额 机动	定额 辅助
1	粗铣 *A* 面至 $83.27_{-0.54}^{0}$ mm，*Ra* 为 12.5 μm	高速钢套式面铣刀、游标卡尺	160	40.2	0.8	1.5	1	30.3	4.55
2	粗铣 *B* 面至 $81.175_{-0.35}^{0}$ mm，*Ra* 为 12.5 μm	高速钢套式面铣刀、游标卡尺	160	40.2	0.8	2	1	30.3	4.55

										设计（日期）	审核（日期）	标准化（日期）	会签（日期）	
标记	处数	更改文件号	签字	日期	标记	处数	更改文件号	签字	日期					

表 6-7　拨叉零件机械加工工序卡片

工厂名称	机械加工工序卡片	产品型号		零（部）件图号		共 17 页
		产品名称	变速箱	零（部）件名称	拨叉	第 10 页

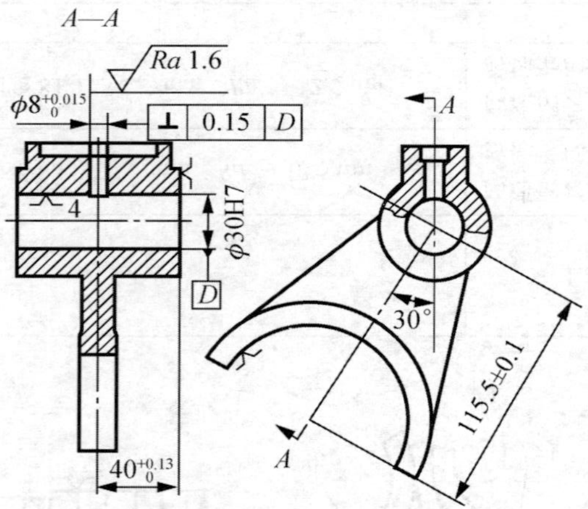

车间	工序号	工序名称	材料牌号
	10	钻、粗铰、精铰 φ8 mm 孔	45
毛坯种类	毛坯外形尺寸	每坯件数	每台件数
锻件		1	1
设备名称	设备型号	设备编号	同时加工件数
立式钻床	Z525		3
工位器具编号		工位器具名称	冷却液
夹具编号		夹具名称	工序工时：准终 / 单件
		专用夹具	0 / 157.25

工步号	工步内容	工艺装备	主轴转速/ $(r \cdot min^{-1})$	切削速度/ $(m \cdot min^{-1})$	进给量/ $(mm \cdot r^{-1})$	背吃刀量/ mm	走刀次数	定额：机动	定额：辅助
1	钻孔至 $\phi\ 7.8^{+0.15}_{0}$ mm，倒角 C1，Ra 为 12.5 μm，至 A 面距离为 40 mm	复合钻头、游标卡尺	960	23.5	0.1	7.8	1	15	2.25
2	粗铰至 $\phi\ 7.96^{+0.058}_{0}$ mm，Ra 为 3.2 μm，至 A 面距离为 40 mm	锥柄机用铰刀、内径千分尺	97	2.4	0.4	0.16	1	52.2	7.83
3	精铰至 $\phi\ 8^{+0.015}_{0}$ mm，Ra 为 1.6 μm	锥柄机用铰刀、内径千分尺	195	4.86	0.3	0.04	1	34.2	5.13

										设计（日期）	审核（日期）	标准化（日期）	会签（日期）
标记	处数	更改文件号	签字	日期	标记	处数	更改文件号	签字	日期				

思考练习

1. 什么是机床专用夹具？如何合理设计专用夹具？
2. 叉架类零件的毛坯常选用哪些材料？其毛坯的选择具有哪些特点？
3. 加工叉架类零件时有哪些技术难点？解决这些难点，工艺上一般采取哪些措施？
4. 试编制图 6.8 所示支架零件的机械加工工艺规程，生产类型为大批生产。

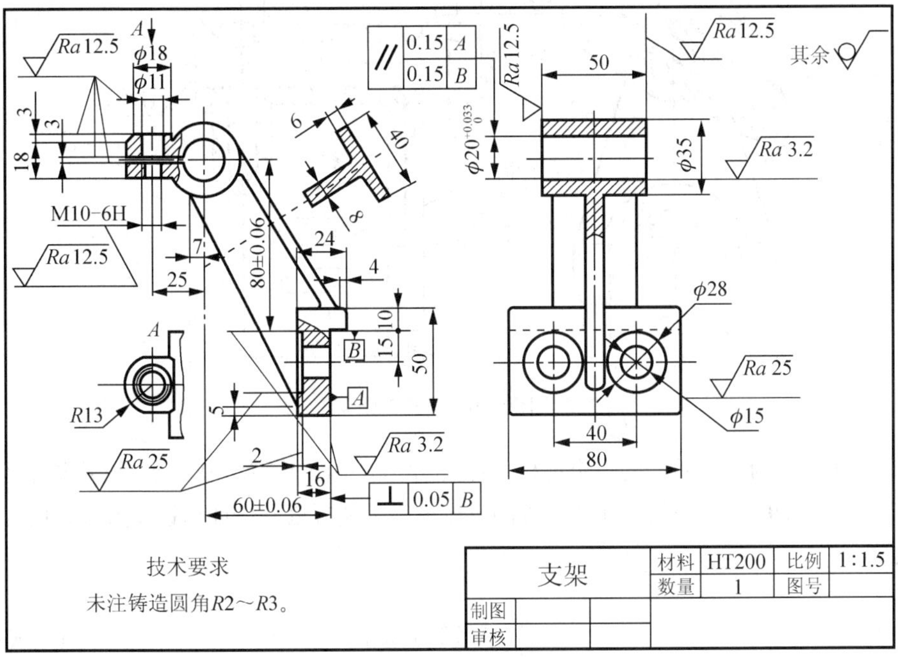

图 6.8　支架零件

5. 试编制图 6.9 所示小连杆零件的机械加工工艺规程。零件材料为 HT200，生产类型为大批生产。

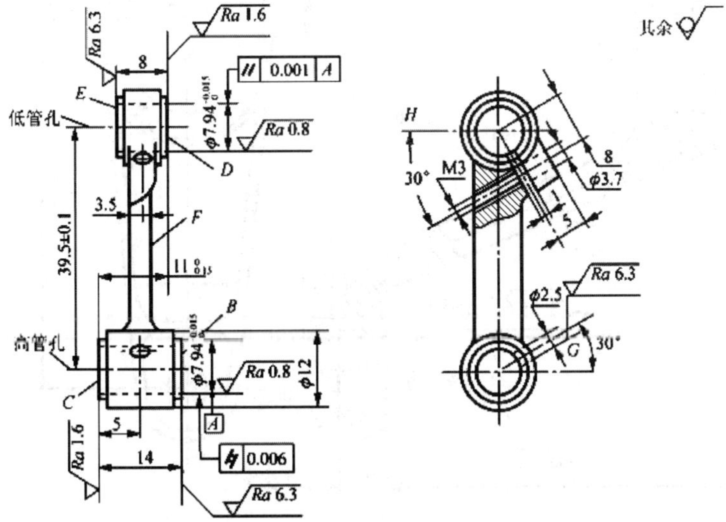

图 6.9　小连杆零件

6. 试编制图 6.10 所示拨叉零件的机械加工工艺规程。零件材料为 HT200，生产类型为大批生产。

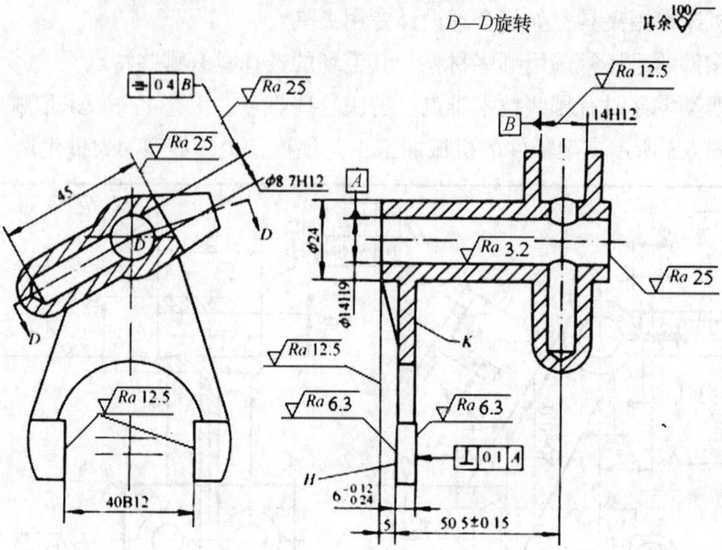

图 6.10　拨叉零件

7. 图 6.11 所示为某产品上的一个连杆零件。此产品的年产量为 2 000 台，设其备用率为 10%，机械加工废品率为 1%，试编制此连杆零件的机械加工工艺规程并设计精镗其大头孔用的镗模（材料：HT200）。

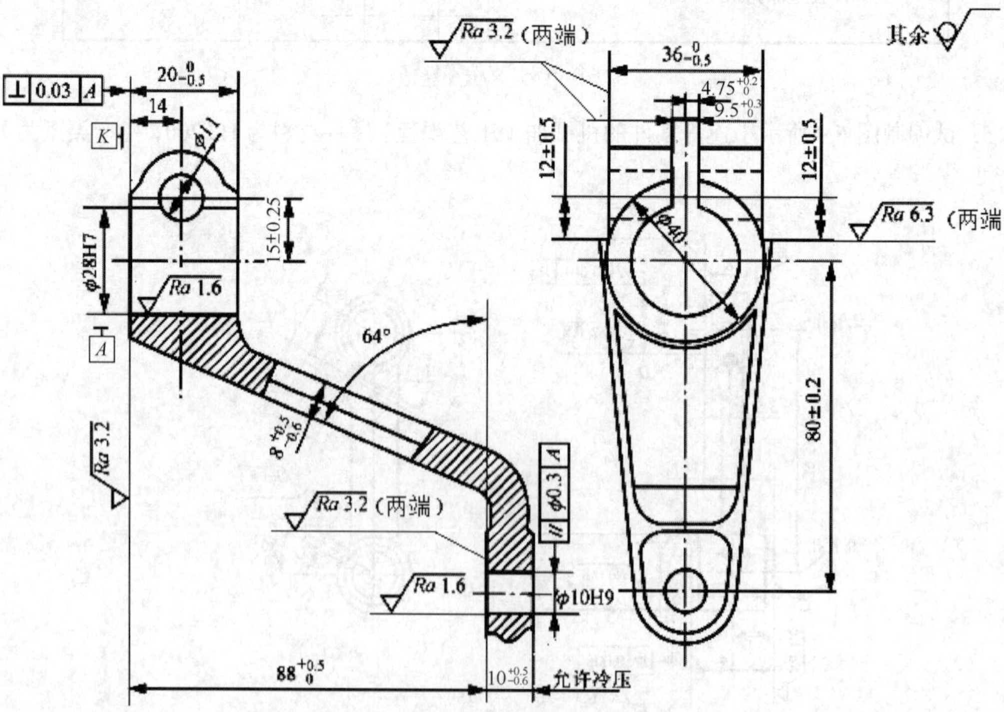

图 6.11　连杆零件

项目7

减速器机械装配工艺规程编制与实施

※【教学目标】※

最终目标	能合理编制机械部件、机器的机械装配工艺规程并实施，装配出合格的部件或产品
促成目标	1. 能正确分析部件、机器的技术要求和使用要求。 2. 能对部件、机器的装配工艺及装配误差进行合理性分析，并提出改进建议。 3. 能考虑部件、机器装配成本，并对装配工艺过程进行优化设计。 4. 能正确选择装配方法，合理编制部件、机器机械装配工艺规程，正确填写机械装配工艺文件。 5. 能正确选用装配工具实施装配，对部件或产品进行调试。 6. 能查阅并贯彻相关国家标准和行业标准，执行安全文明生产。 7. 能注重培养职业素养与良好习惯

※【引言】※

装配（assembling）是机械制造过程中最后的工艺环节。装配工作对机器质量影响很大。若装配不当，即使所有零件质量都合格，也不一定能生产出合格的、高质量的机器。反之，若零件制造精度并不高甚至存在某些质量缺陷，而在装配中采用适当的工艺方案进行选配、修配、调整等，也能使机器达到规定的要求。因此，采用新的装配工艺，制定合理的装配工艺规程，提高装配质量和装配劳动生产率，是机械制造工艺的一项重要任务。

任务7.1 机械装配方法选择

7.1.1 任务引入

任何机器都是由零件、组件和部件等装配而成的。机器的体积大小不同，结构复杂各异，即使同一台机器，生产纲领、工作环境不同，也可能采用不同的装配方法。而且同一项装配精度，采用的装配方法不同，其装配尺寸链的解算方法也不相同。因此，在机器的装配过程中，各有哪些装配方法？哪种装配方法才是合理的？其装配精度和装配效率又如何？怎样求解装配尺寸链？这就需要熟知各种保证装配精度的装配方法。

7.1.2 相关知识

机器的质量是以机器的工作性能、使用效果、可靠性和寿命等综合指标评定的，这些指标除与产品的设计及零件的制造质量有关外，还取决于机器的装配质量。装配是机器制造生产过程中极重要的最终环节，装配质量对保证产品质量具有十分重要的作用。

1. 装配的概念

（1）机器的组成。任何机器都是由零件、组件和部件组合而成的。装配是一个多层次的工作。为便于组织装配工作，必须将产品分解为若干个可以独立进行装配的装配单元，以便按照单元次序进行装配并有利于缩短装配周期。装配单元通常可划分为五个等级。

① 零件（part）。零件是组成机器和参加装配不可再分的基本单元。大部分零件都是预先装成合件、组件和部件再进入总装。

② 合件（assembly）。合件是比零件大一级的装配单元。下列情况皆属合件。

a. 两个以上零件，由不可拆卸的连接方法（如铆、焊、热压装配等）连接在一起。

b. 少数零件组合后还需要合并加工，如齿轮减速箱体与箱盖、柴油机连杆与连杆盖，都是组合后镗孔的，零件之间对号入座，不能互换。

c. 一个基准零件和少数零件组合在一起。例如，图 7.1（a）所示的装配单元属于合件，其中蜗轮为基准零件。

③ 组件（component）。组件是一个或若干个合件与若干个零件的组合。图 7.1（b）所示的装配单元属于组件，其中蜗轮与齿轮为一个先装好的合件，而后以阶梯轴为基准件，与合件和其他零件组合为组件。

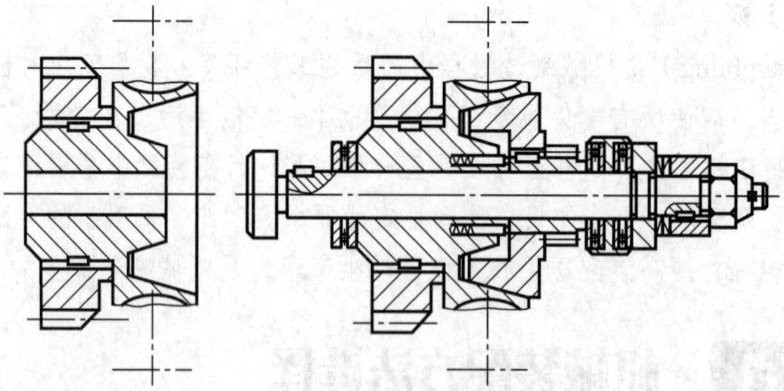

（a）合件　　（b）组件

图 7.1　合件与组件

④ 部件（parts）。部件是一个基准件和若干个零件、合件和组件的组合。部件是机器中具有完整功能的一个组成部分，如车床的主轴箱、进给箱，汽车的发动机、底盘等。

⑤ 机器产品（machine）。装配单元组成机器产品示意图如图 7.2 所示，机器产品是由上述全部装配单元组成的整体，图中表明了各有关装配单元间的从属关系。

机械的组成

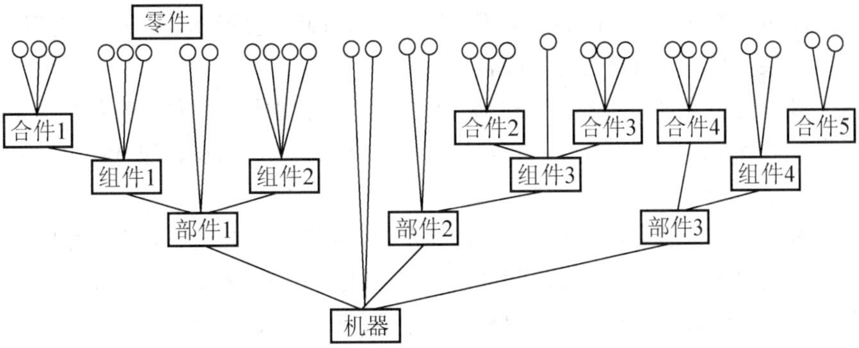

图 7.2　装配单元组成机器产品示意图

（2）装配的定义。根据规定的技术要求，将零件、组件或部件进行配合和连接，使之成为半成品或成品的工艺过程，称为装配。装配有组件装配、部件装配和总装配之分。

① 组件装配。将若干零件、合件安装在一个基础零件上而构成组件的过程称为组件装配，简称组装。例如，减速器中一根传动轴，就是由轴、齿轮、键等零件装配而成的组件。

② 部件装配。根据规定的要求，将若干个零件、合件、组件安装在另一个基础零件上而构成部件（独立机构）的过程称为部件装配，简称部装。例如，车床的主轴箱、进给箱、尾架、溜板箱的装配等。

③ 总装配。将若干个零件和部件组合成整台机器的过程称为总装配，简称总装。例如，车床就是由几个箱体部件、若干零件等装配而成的。

装配过程使零件、合件、组件和部件间获得一定的相互位置关系，整个装配过程要按次序进行，所以装配过程是一种工艺过程。

装配工作对机器的质量影响很大，它不仅是最终保证产品质量的重要环节，而且通过装配可以发现机器在设计和制造工艺中存在的问题，例如设计上的错误和结构工艺性不好，零件加工过程中存在的质量问题以及装配工艺本身的问题，从而在设计、制造和装配方面不断改进。因此，装配质量不仅对保证产品质量十分重要，还是机器生产的最终检验环节。

（3）装配工作的基本内容。机械装配是机器产品制造的最后阶段，装配过程不是将合格零件简单地连接起来，而是要采取一系列工艺措施，才能最终达到产品装配质量要求。常见的装配工作包含以下一系列的内容。

① 清洗。经检验合格的零件或部件，装配前要经过认真清洗。

a. 清洗的目的。其是去除黏附在零件或部件中的油污和机械杂质（灰尘、切屑等），并使零、部件具有一定的防锈能力。机械装配过程中，轴承、配偶件、密封件、传动件及其他零、部件的清洗对保证产品的装配质量和延长产品的使用寿命均有重要的意义。

b. 清洗的方法。其包括擦洗、浸洗、喷洗和超声波清洗等。

c. 清洗的工艺要点。其包括清洗液（煤油、汽油、碱液及各种化学清洗液）及其工艺参数（温度、时间、压力等）。

② 连接。连接就是将两个或两个以上的零件结合在一起，这是装配的主要工作。连接的方式一般有两种：可拆卸连接和不可拆卸连接。

可拆卸连接在装配后可以很容易地拆卸而不致损坏任何零件，且拆卸后仍可重新装配在一起。常见的可拆卸连接有螺纹连接、键连接和销连接等。

不可拆卸连接在装配后一般不再拆卸，若拆卸就会损坏其中的某些零件。常见的不可拆卸连接有焊接、粘接、铆接和过盈配合等。

③ 校正、调整与配作。在机器装配过程中，特别是在单件小批量生产条件下，完全靠零件互换装配以保证装配精度往往是不经济甚至不可能的，所以在装配过程中常需做校正、调整与配作工作。

校正是指产品中相关零、部件间相互位置的找正、找直、找平及相应的调整工作，保证达到装配精度要求等，如床身导轨扭曲的校正、卧式车床主轴中心与尾座套筒中心等高的校正等。常用的校正方法有平尺校正、角尺校正、水平仪校正、拉钢丝校正、光学校正和激光校正等。

调整是指相关零、部件间相互位置的调节工作，如轴承间隙、导轨副间隙的调整等。

配作是指几个零件装配后确定其相互位置的加工，如配钻、配铰、配刮和配磨等，这是装配中间附加的一些钳工和机械加工工作。配作是与校正、调整工作结合进行的，只有经过认真的校正、调整之后，才能进行配作。

④ 平衡。对转速较高、运动平稳性要求较高的机器，如精密磨床、电动机和高速内燃机等，为防止运转中发生振动，应对其旋转零、部件（有时包括整机）进行平衡。平衡的方法有静平衡和动平衡两种。对于直径较大、长度较小的圆盘类零件，如飞轮、带轮等，一般采用静平衡法，以消除质量分布不均所造成的静力不平衡；对于长度较大的零件如机床主轴、电动机转子等，需采用动平衡法，以消除质量分布不均所造成的力偶不平衡。

旋转体的不平衡可用以下方法校正。

a. 用补焊、铆接、粘接或螺纹连接等方法在超重处对面加配质量。

b. 用钻、锉和磨削等方法在超重处去除质量。

c. 在预置的平衡槽内改变平衡块的位置和数量（砂轮静平衡常用此法）。

⑤ 试验和验收。机器产品装配完成后，应根据有关技术标准和规定，对产品进行较全面的试验与验收，合格后才准出厂。如发动机需进行特性试验、寿命试验；机床需进行温升试验、振动和噪声试验等，机床出厂前还需进行相互位置精度和相对运动精度的验收。

除上述装配工作外，油漆、包装等也属于装配工作。

2. 机器产品的装配精度

机器产品是由若干零部件按确定的相互位置关系装配而成的。机器产品的质量除受结构设计的正确性、零件加工质量影响外，主要是由设计时确定的产品零部件之间的位置精度和装配精度来保证的。装配精度不仅影响机器或部件的工作性能，而且影响它们的使用寿命。

（1）装配精度及其内容。装配精度是装配工艺的质量指标，可根据产品的工作性能和要求来确定。正确规定产品的装配精度是产品设计的重要环节之一，它不仅关系到产品质量，还影响到产品制造的经济性。装配精度是制定装配工艺规程的主要依据，也是合理确定零件加工精度和选择装配方法的主要依据。为使机器具有正常的工作性能，必须保证其装配精度。机器的装配精度通常包括以下内容。

① 尺寸精度。尺寸精度指零、部件的距离精度和配合精度，如卧式车床前、后两顶尖对床身导轨的等高度，轴与孔的配合间隙或过盈的变化范围等。

② 相互位置精度。相互位置精度指相关运动零、部件间的平行度、垂直度、同轴度及各种跳动等要求，如台式钻床主轴对工作台台面的垂直度、车床主轴的径向圆跳动等。

③ 相对运动精度。相对运动精度指有相对运动的零、部件间在运动方向和相对运动速度上的

精度。运动方向精度主要是运动零部件之间相对运动的平行度和垂直度等，如车床主轴轴线对床鞍移动的平行度；相对运动速度精度是指内联系传动链的传动精度，如滚齿机滚刀主轴与工作台的相对运动精度等。

④ 接触精度。接触精度是指相互配合表面、接触表面和连接表面间达到规定的接触面积大小和接触点分布情况，如齿轮啮合、锥体配合以及导轨接触面间的接触精度要求等。

装配精度是指产品装配后实际达到的精度。为保证产品的可靠性和精度稳定性，装配精度应稍高于标准。通用产品有国家标准、部颁标准或行业标准；无标准时可根据用户使用要求，采用类比法确定。

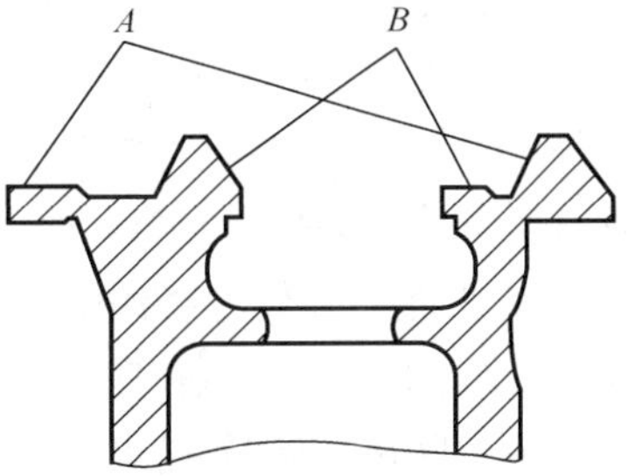

A—床鞍移动导轨；*B*—尾座移动导轨

图 7.3　床身导轨

（2）装配精度与零件精度的关系。机器及其部件都是由零件组成的，装配精度与相关零、部件制造误差的累积有关。显然，装配精度取决于零件，特别是关键零件的加工精度。例如，卧式车床尾座移动对床鞍移动的平行度，主要取决于床身导轨 *A* 与 *B* 的平行度（见图 7.3）。又如，车床主轴锥孔中心线和尾座套筒锥孔中心线的等高度 A_0，即主要取决于主轴箱、座板及尾座的 A_1、A_2 及 A_3 的尺寸精度（见图 7.4）。

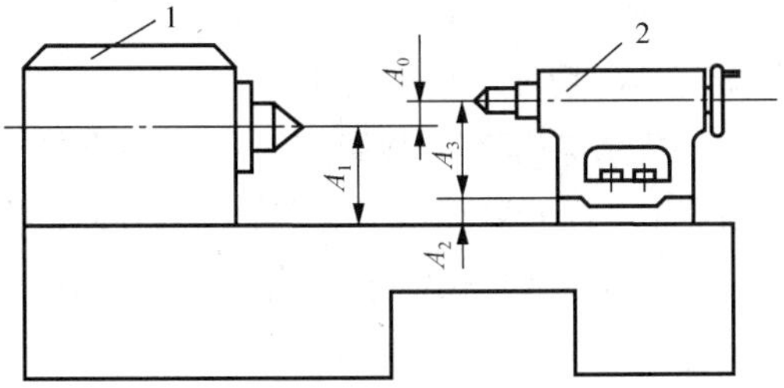

（a）卧式车床示意图

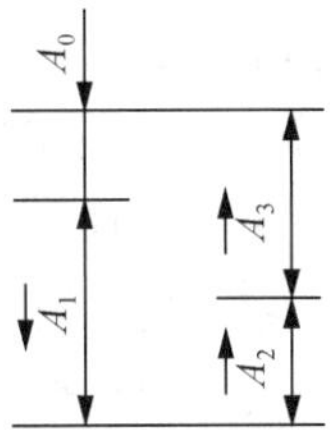

（b）装配尺寸链

1—主轴箱；2—尾座

图 7.4　主轴箱主轴中心与尾座套筒中心等高示意图

另一方面，装配精度又取决于装配方法，在单件小批量生产及装配精度要求较高时，装配方法尤为重要。图 7.4 所示的等高度要求是很高的，如果靠提高尺寸 A_1、A_2 及 A_3 的尺寸精度来保证是不经济的，甚至在技术上也是很难实现的。比较合理的办法是在装配中通过检测，对某个零部件进行适当的修配来保证装配精度。

总之，机器的装配精度不仅取决于零件精度，还取决于装配方法。

3. 装配尺寸链

（1）装配尺寸链的概念及其特征。产品或部件在装配过程中，由相关零件的有关尺寸（表面或轴线间距离）或相互位置关系（平行度、垂直度或同轴度等）组成的一个封闭的尺寸系统称为装配尺寸链，其基本特征是具有封闭性，即由一个封闭环和若干个组成环所构成的尺寸链呈封闭图形，如图 7.4（b）所示。其封闭环不是零件或部件上的尺寸，而是不同零件或部件的表面或轴线间的相对位置尺寸，它不能独立地变化，而是在装配过程的最后形成，即为装配精度，如图 7.4 中的 A_0。其各组成环不是在同一个零件上的尺寸，而是与装配精度有关的各零件上的有关尺寸，如图 7.4 中的 A_1、A_2 及 A_3。装配尺寸链各环的定义及特征如工艺尺寸链中所述。根据组成环对封闭环的影响不同，组成环也可分为增环和减环。显然，图 7.4 中 A_2 和 A_3 是增环，A_1 是减环。

（2）装配尺寸链的分类。按照各环的几何特征和所处的空间位置不同，装配尺寸链大致可分为以下四类。

① 直线尺寸链（线性尺寸链）。其为由长度尺寸组成，各环尺寸相互平行并且处于同一平面内的装配尺寸链。直线尺寸链所涉及的一般为距离尺寸的精度问题，如图 7.4（b）所示。

② 角度尺寸链。其为由角度、平行度、垂直度等组成的装配尺寸链，所涉及的一般为相互位置的角度问题。角度尺寸链常用于分析和计算机械结构中有关零件要素的位置精度，如平面度、垂直度和同轴度等。

③ 平面尺寸链。其为由成角度关系布置的长度尺寸及相应的角度尺寸（或角度关系）构成，且各环处于同一平面或彼此平行平面内的装配尺寸链，一般在装配中可以见到。

④ 空间尺寸链。其是指全部组成环位于几个不平行平面内的尺寸链，一般在装配中较为少见。

装配尺寸链中常见的是前 2 种。平面尺寸链和空间尺寸链可以用坐标投影法转换为直线尺寸链。本项目重点讨论直线尺寸链。

（3）装配尺寸链的建立。正确建立装配尺寸链是解决装配精度问题的基础。应用装配尺寸链（直线尺寸链）分析和解决装配精度问题，首先是查明和建立尺寸链，即确定封闭环，并以封闭环为依据查明各组成环，然后确定保证装配精度的工艺方法和进行必要的计算。查明和建立装配尺寸链的步骤如下。

① 确定封闭环。在装配过程中，要求保证的装配精度就是封闭环。

② 查明组成环，画装配尺寸链图。组成环是对装配精度有直接影响的有关零部件的相关尺寸。因此，查找组成环时，一般从封闭环任意一端开始，沿着装配精度要求的位置方向，将与装配精度有关的各零件尺寸依次首尾相连，直到与封闭环另一端相接为止，形成一个封闭形的尺寸图，图上的各个尺寸即是组成环。

③ 判别组成环的性质。画出装配尺寸链图后，按工艺尺寸链中所述的定义判别组成环的性质，即增环、减环。在建立装配尺寸链时，除满足封闭性、相关性原则外，还应符合下列要求。

a. 组成环数最少原则。在装配精度要求一定的条件下，组成环数目越少，分配到各组成环的公差就越大，零件的加工就越容易、越经济。从工艺角度出发，在结构已经确定的情况下，标注零件尺寸时，应使一个零件仅有一个尺寸进入装配尺寸链，即组成环数目等于相关零件数目——一件一环。如图 7.5（a）所示，轴只有 A_1 一个尺寸进入尺寸链，是正确的。图 7.5（b）所示的标注法中，轴有 a、b 两个尺寸进入尺寸链，是不正确的。

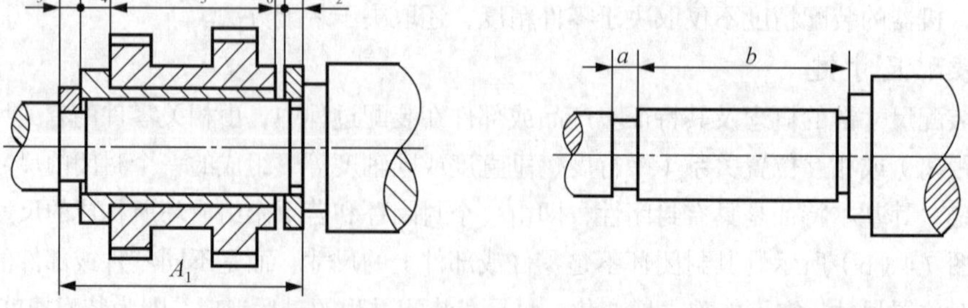

（a）尺寸链最短路线示意　　（b）尺寸标注不正确

图 7.5　组成环尺寸的标注

b. 按封闭环的不同位置和方向，分别建立装配尺寸链。例如，常见的蜗杆副结构，为保证正常啮合，蜗杆副两轴线的距离（啮合间隙）及蜗杆轴线与蜗轮中间平面的对称度均有一定要求，这是两个不同位置方向的装配精度，因此需要在两个不同方向分别建立装配尺寸链。

（4）装配尺寸链的计算。

① 计算类型。

a. 正计算法。已知组成环的基本尺寸及偏差，代入公式，求出封闭环的基本尺寸及偏差，此方法计算比较简单，不再赘述。

b. 反计算法。已知封闭环的基本尺寸及偏差，求各组成环的基本尺寸及偏差。下面介绍利用“协调环”解算装配尺寸链的基本步骤。

在组成环中，选择一个比较容易加工或在加工中受到限制较少的组成环作为“协调环”，其计算过程是先按经济精度确定其他环的公差及偏差，然后利用公式算出“协调环”的公差及偏差。

c. 中间计算法。已知封闭环及组成环的基本尺寸及偏差，求另一组成环的公称尺寸及偏差，计算也较简便，不再赘述。

无论哪一种情况，其解算方法都有两种：极限法和概率法。

② 计算方法。

a. 极限法。用极限法解算装配尺寸链的公式与项目 2 中计算工艺尺寸链的式（2-13）～式（2-19）相同，可参考。

b. 概率法。极限法的优点是简单可靠，缺点是计算公式是从极端情况出发推导的，比较保守。当封闭环的公差较小，而组成环的数目又较多时，则各组成环分得的公差是很小的，这将使加工困难，制造成本增加。生产实践证明，加工一批零件时，其实际尺寸处于公差中间部分的是多数，而处于极限尺寸的零件是极少数的。而且一批零件在装配中，尤其是对于多环尺寸链的装配，同一部件的各组成环恰好都处于极限尺寸的情况更是少见。因此，在成批、大量生产中，当装配精度要求高且组成环的数目又较多时，应用概率法解算装配尺寸链比较合理。

概率法和极限法所用的计算公式的区别只在封闭环公差的计算上，其他完全相同。

i. 极限法的封闭环公差。

$$T_0 = \sum_{i=1}^{m} T_i \tag{7-1}$$

式中：T_0——封闭环公差；

T_i——组成环公差；

m——组成环个数。

ii. 概率法封闭环公差。参见项目 2 中式（2-20）。

$$T_0 = \sqrt{\sum_{i=1}^{m} T_i^2} \tag{7-2}$$

7.1.3 任务实施

对不同的生产条件，采取适当的装配方法，在不过高地提高相关零件制造精度的情况下来保证装配精度，是装配工艺的首要任务。

保证产品装配精度要求的中心问题，一是选择合理的装配方法，二是建立并解算装配尺寸链，以确保各组成环的基本尺寸及偏差，或在各组成环尺寸和公差既定的情况下验算装配精度是否合乎要求。装配尺寸链的建立和解算与所用的装配方法密切相关，装配方法不同，解算装配尺寸链的方法及结果也不同。零件的加工精度是保证产品装配精度的基础，但装配精度并不完全取决于零件的加工精度，还取决于所采用的装配方法。

在长期的装配实践中，人们根据不同的机械、不同的生产类型条件，创造了许多具体的装配工艺方法，归纳起来有互换装配法、选择装配法、修配装配法和调整装配法四大类。

1. 互换装配法

互换装配法是指在装配时各配合零件不经修理、选择或调整即可达到装配精度的方法。互换装配法的实质是通过控制零件的加工误差来保证产品的装配精度。

根据零件的互换程度不同，互换装配法可分为完全互换装配法和不完全互换装配法两种。

（1）完全互换装配法。在全部产品中，装配时各组成环不需挑选或不需改变其大小或位置，装配后即能达到装配精度要求的装配方法，称为完全互换装配法。其实质是在满足各环加工经济精度的前提下，依靠控制零件的制造精度来保证装配精度。

在一般情况下，完全互换装配法的装配尺寸链按极限法计算，即各组成环的公差之和小于或等于封闭环的公差。

① 完全互换装配法的优点。

a. 装配质量稳定可靠（装配质量靠零件的加工精度来保证）。

b. 装配过程简单，生产率高（零件不需挑选，不需修磨）。

c. 对工人技术水平要求不高。

d. 便于组织流水作业和实现自动化装配。

e. 容易实现零部件的专业协作、成本低。

f. 便于备件供应及机械维修工作。

由于具有上述优点，因此只要组成环分得的公差满足加工经济精度要求，无论何种生产类型都应优先采用完全互换装配法进行装配。

② 完全互换装配法适用于成批、大量生产中装配那些组成环数较少或组成环数虽多但装配精度要求不高的机器结构。

③ 完全互换装配法装配时零件公差的确定。

a. 确定封闭环。封闭环是产品装配后的精度，其要满足产品的装配精度或技术要求。封闭环的公差 T_0 由产品的装配精度确定。

b. 查明全部组成环，画装配尺寸链图。根据装配尺寸链的建立方法，从封闭环的一端出发，按顺序逐步查找全部组成环，然后画出装配尺寸链图。

c. 校核各环的基本尺寸。各环的基本尺寸必须满足。

$$A_0=\sum \vec{A}_i - \sum \overleftarrow{A}_j \tag{7-3}$$

即封闭环的基本尺寸等于所有增环的基本尺寸之和减去所有减环的基本尺寸之和。

d. 决定各组成环的公差。各组成环的公差必须满足

$$T_0 \geqslant \sum_{i=1}^{m} T_i \tag{7-4}$$

即各组成环的公差之和不允许大于封闭环的公差。因此，采用这种装配方法时，保证装配质量的核心问题是组成环公差分配的合理性。

e. 各组成环的平均公差 T_P，公式为

$$T_P = \frac{T_0}{m} \tag{7-5}$$

各组成环公差的分配应考虑以下因素。

i. 难以加工或测量的组成环，其公差值可取大一些；反之，其公差值可取小一些。例如，孔、轴配合 H7/h6，大尺寸零件比小尺寸零件难加工，大尺寸零件的公差取大一些。

ii. 尺寸相近、加工方法相同的组成环，其公差值相等。

iii. 组成环是标准件（如轴承环、弹性挡圈等）尺寸时，其公差值是确定值，可在有关标准中查询。

f. 决定各组成环的极限偏差。

i. 先选定一组成环作为协调环，协调环一般选择易于加工和测量的零件尺寸。

ii. 包容尺寸（如孔）按基孔制确定其极限偏差，即下偏差为 0。

iii. 被包容尺寸（如轴）按基轴制确定其极限偏差，即上偏差为 0。

g. 协调环的极限偏差的确定。根据中间偏差的计算公式有

$$\varDelta_0 = \sum \varDelta_i - \sum \varDelta_j \tag{7-6}$$

式中：$\varDelta_0$——封闭环的中间偏差，$\varDelta_0 = (ES_0 + EI_0)/2$；

$\sum \varDelta_i$、$\sum \varDelta_j$——所有增环的中间偏差之和、所有减环的中间偏差之和。

求出协调环的中间偏差$\varDelta$，再由协调环的公差 T 求出上、下偏差。

协调环的上偏差为

$$ES = \varDelta + \frac{T}{2} \tag{7-7}$$

完全互换法与不完全互换法装配时零件公差确定方法比较

协调环的下偏差为

$$EI = \varDelta - \frac{T}{2} \tag{7-8}$$

（2）不完全互换装配法（统计互换装配法）。如果装配精度要求较高，尤其是组成环的数目较多时，若应用极限法确定组成环的公差，则组成环的公差将会很小，这样常使零件加工困难，加工成本高。因此，在大批量生产条件下且相关零件较多时，可以考虑不完全互换装配法，即用概率法解算装配尺寸链，其实质是将组成环的制造公差适当放大，使零件容易加工，装配时在出现少量返修调整的情况下仍能保证装配精度。

不完全互换装配法与完全互换装配法相比，优点是扩大了组成环的制造公差，零件加工容易、成本低；装配过程简单、生产率高。其不足之处是装配后将会有极少数产品的装配精度超差，需要采取另外的返修措施。

不完全互换装配法适用于在大批量生产中装配那些装配精度要求较高且组成环数又多的机器结构。

总之，互换装配法的优点是装配质量稳定可靠、装配工作简单、生产率高、便于组织流水线或自动化装配。因此，只要各零件的加工技术经济合理，应优先采用互换装配法。

2. 选择装配法

在成批或大量生产条件下，有些部件或产品的装配尺寸链组成环较少而装配精度要求特别高，同时又不便于采用调整装置，若采用互换装配法装配，则组成环的公差将过小，导致加工很困难或很不经济，此时可采用选择装配法，装配时组成环按加工经济精度制造，然后选择合适的零件进行装配，以保证规定的装配精度要求。

选择装配法有三种：直接选配法、分组装配法和复合选配法。

（1）直接选配法。由装配工人从许多待装配的零件中凭经验挑选合适的零件，通过试凑进行装配，以保证装配精度的方法，称为直接选配法。其特点如下。

① 操作简单，零件不必先分组，装配精度较高。

② 装配时凭经验和判断性测量选择零件，挑选零件的时间长，装配时间不易准确控制，不适用于节拍要求较严的大批量生产。

③ 装配精度在很大程度上取决于工人的技术水平。

（2）分组装配法。在成批或大量生产中，将产品各配合副的零件按实测尺寸大小分组，装配时按对应组进行互换装配以达到装配精度的方法，称为分组装配法。

分组装配法在机床装配中用得很少，但在内燃机、轴承等大批量生产中有一定应用。

采用分组装配法时应注意以下几点。

① 为了保证分组后各对应组的配合精度和配合性质符合设计要求，各组配合公差要相等，且公差扩大的方向要一致，扩大的倍数就是分组数（参见活塞与活塞销连接实例）。

② 零件的分组数不宜多，否则会因零件测量、分组、储存、保管、运输工作量的增大而使生产组织工作变得相当复杂。

③ 分组后各对应组内相配合零件的数量要相符，形成配套，否则会出现某些尺寸零件的积压浪费现象。

分组装配法的主要优点是：零件的制造精度不高，却可获得很高的装配精度；组内零件可以互换，装配效率高。此方法适用于在大批量生产中装配那些组成环数少而装配精度又要求特别高的机器结构，如滚动轴承的装配等。

（3）复合选配法。复合选配法是直接选配与分组装配的综合装配法。即预先测量分组，装配时再在各对应组内凭工人经验直接选配。这一方法的特点是配合件公差可以不等，装配质量高、装配效率高，能满足一定的节拍要求。发动机装配、气缸与活塞装配中多采用这种方法。

3. 修配装配法

在单件、小批生产中装配那些装配精度要求高、组成环数又多的机器结构时，常用修配装配法。此时，各组成环均按加工经济精度加工，装配时封闭环所产生的累积误差，势必会超出规定的装配精度要求；为了达到规定的装配精度，装配时需修配装配尺寸链中某一组成环的尺寸（此组成环称为修配环）。这种在装配时修去指定零件上预留修配量以达到装配精度的方法，称为修配装配法。采用此方法的关键是确定修配环的实际尺寸及其极限偏差，其装配尺寸链一般用极限法计算。

被修配的零件尺寸称为修配环或补偿环。为减少修配工作量，应选择那些便于进行修配（修刮面小、装卸方便）并对其他装配尺寸链没有影响的组成环做修配环。

修配量的计算和比较

生产中通过修配达到装配精度的方法很多，常见的有以下三种。

（1）单件修配法。这种方法是将零件按加工经济精度加工后，装配时将预定的修配环用修配加工的方法来改变其尺寸，以保证装配精度。

（2）合并加工修配法。这种方法是将两个或多个零件合并在一起进行加工修配。合并加工所得的尺寸可看作一个组成环，这样减少了组成环的环数，相应减小了累积误差、减少了修配工作量。

合并加工修配法由于零件合并后再加工和装配，要对号入座，给组织装配生产带来很多不便，因此多用于单件小批量生产中。

（3）自身加工修配法。在机床制造中，有些装配精度要求较高，是在总装配时利用机床本身的加工能力，采用“自己加工自己”的方法来保证的，这即是自身加工修配法。

图 7.6 所示的转塔车床，转塔的 6 个安装刀架的大孔和 6 个垂直平面，这些表面在装配前不进行加工，而是采用自身加工修配法。在转塔装配到机床上后，先是经过镗削，依次精镗出转塔上的 6 个孔；然后再采用铣削方式，依次精加工出转塔的 6 个平面。这样可方便地保证 6 个大孔中心线与机床主轴轴线的同轴度以及 6 个垂直平面与主轴轴线的垂直度两项精度要求。

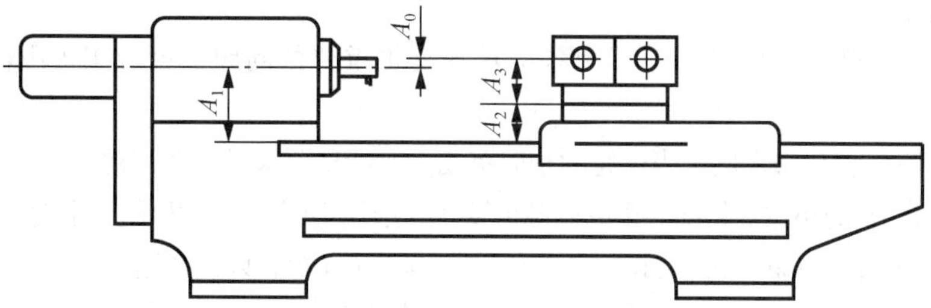

图 7.6　转塔车床转塔自身加工修配

转塔车床转塔自身加工修配实例

修配装配法的主要优点是：组成环均可以按加工经济精度制造，却可获得很高的装配精度。其不足之处是：增加了修配工作量（有时需拆装几次），生产率低；装配中零件不能互换，难以组织流水线作业；对装配工人的技术水平要求高。

4. 调整装配法

在成批及大量生产中，对于装配精度要求较高而组成环数目较多的装配尺寸链，可以采用调整装配法进行装配。调整装配法与修配装配法的原理基本相同，即在以装配精度要求为封闭环建立的装配尺寸链中，除预定的补偿环（又称调整环）外各组成环均以加工经济精度制造，但两者在改变补偿环尺寸的方法上有所不同。修配装配法采用机械加工的方法去除补偿环零件上的金属层，改变其尺寸，以消除因扩大各组成环制造公差累积造成的封闭环过大的误差。调整装配法则是在装配时改变调整件的相对位置或选用合适的调整件（改变其尺寸）来保证装配精度。

根据调整件的调整方法不同，调整装配法可分为可动调整、固定调整和误差抵消调整三种。

（1）可动调整装配法。通过改变调整件的相对位置来达到装配精度的方法，称为可动调整装配法。它的特点是调整过程中不需要拆卸零件，操作方便，可获得较高的装配精度；并且在机器使用过程中可以随时补偿磨损、热变形、弹性变形等原因引起的误差，适用于各种生产类型、且装配精度要求较高、组成环较多的场合，尤其广泛应用于小批量生产中。

例如，图 7.7（a）所示为依靠转动螺钉调整轴承外环的位置以得到合适的间隙；图 7.7（b）

所示为用调整螺钉通过垫板来保证车床溜板和床身导轨之间的间隙；图 7.7（c）所示为通过转动调整螺钉，使斜楔块上、下移动来保证螺母和丝杠之间的合理间隙。

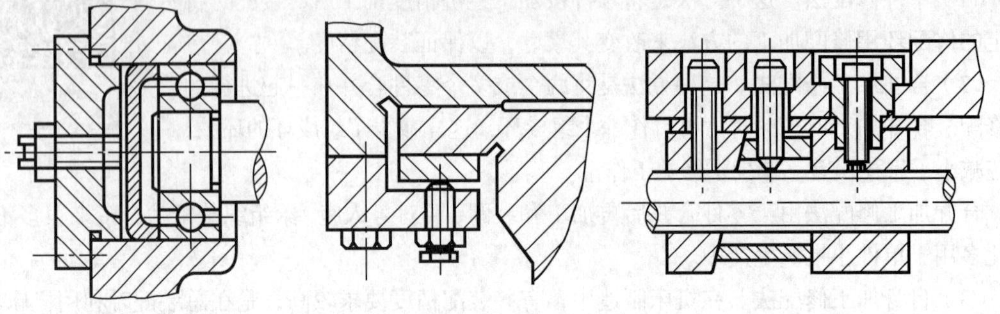

（a）　（b）　（c）

图 7.7　可动调整装配法实例

（2）固定调整装配法。在装配尺寸链中选择某一组成环作为调整环，根据各组成环所形成累积误差的大小，采用一组特定尺寸的调整件进行装配，以达到装配精度的方法，称为固定调整装配法。常用的调整件有轴套、垫片、垫圈等。这种方法调整简便，适于大批量生产中装配那些装配精度要求较高的机器结构。

采用这种方法装配时，确定调整件的分级及各级尺寸是很重要的问题，可应用极限法进行计算。

图 7.8 所示即为固定调整装配法实例。当齿轮的轴向窜动量有严格要求时，在结构上专门加入一个固定调整件，即尺寸为 A_3 的垫圈。装配时根据间隙的要求，选择不同厚度的垫圈。调整件预先按一定间隙尺寸做好，如分成 3.1 mm、3.2 mm、3.3 mm、…、4.0 mm 等，以供选用。

（3）误差抵消调整装配法。装配时通过调整装配尺寸链中某些组成环误差的方向，使其误差互相抵消一部分，以提高装配精度的方法，称为误差抵消调整装配法。

图 7.9 所示为采用这种方法装配镗模的实例。装配后要求两镗套孔的中心距为 (100 ± 0.015) mm 。如用完全互换装配法装配，则要求模板的孔距误差和两镗套内、外圆同轴度误差之总和小于等于 ±0.015 mm 。设模板孔距按 (100 ± 0.009) mm 制造，两镗套内、外圆同轴度允差按 0.003 mm 制造，则无论怎样装配均能满足装配精度要求，但其加工是相当困难的，因此需要采用误差抵消调整法进行装配。

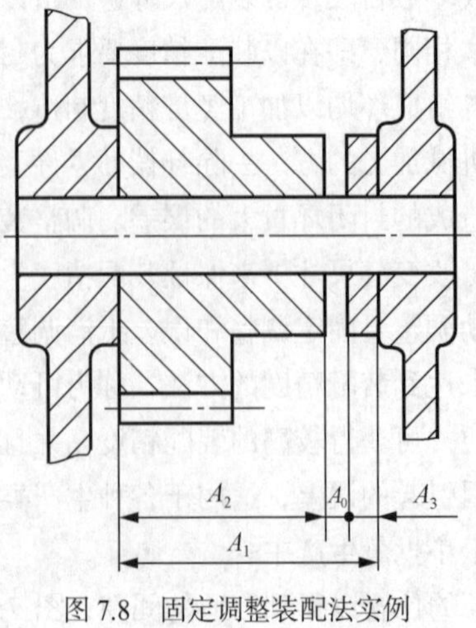

图 7.8　固定调整装配法实例

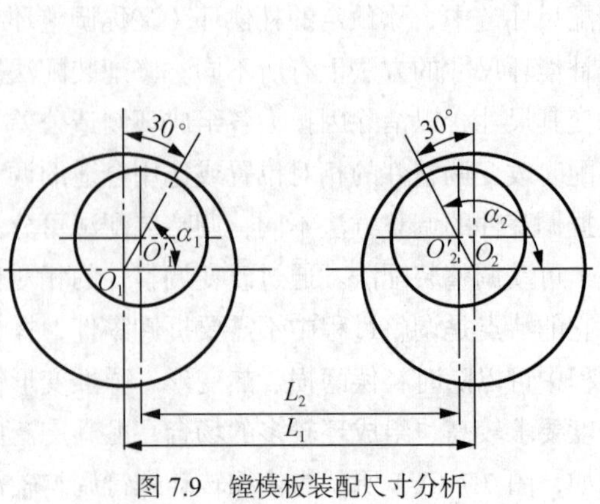

图 7.9　镗模板装配尺寸分析

图 7.9 中 O_1 、O_2 为镗模板孔中心，O_1' 、O_2' 为镗套内孔中心。装配前先测量零件的尺寸误差及位置误差，并记上误差的方向，在装配时有意识地将镗套按误差方向转过 α_1 、α_2 角，则装配后两镗套内孔的孔距为

$$O_1'O_2'=O_1O_2-O_1O_1'\cos\alpha_1+O_2O_2'\cos\alpha_2$$

设 O_1O_2=100.15 mm，两镗套孔内、外圆同轴度为 0.015 mm，装配时令 $\alpha_1=60°$ 、$\alpha_2=120°$，则有

$$O_1'O_2'=100.15-0.015\cos60°+0.015\cos120°=100\ (\text{mm})$$

本例实质上是利用镗套同轴度误差来抵消模板的孔距误差,其优点是零件制造精度可以放宽，经济性好，采用误差抵消调整法装配还能得到很高的装配精度。但每台产品装配时均需测出零件误差的大小和方向，并计算出数值，增加了辅助时间，影响生产率，对工人技术水平要求高。因此，这种方法除单件小批量生产工艺装备和精密机床外，一般很少采用。

5. 装配方法的选择

上述装配方法各有特点。在选择装配方法时，要认真研究产品的结构和装配精度要求，深入分析产品及其零件之间的尺寸联系，建立整个产品及各级部件的装配尺寸链。装配尺寸链建立后，即可根据其特点，结合产品的生产纲领和生产条件来确定产品及部件的装配方法。

装配方法的选择原则是：当组成环的加工经济可行时，优先选用完全互换装配法；当成批生产、组成环较多时，可考虑不完全互换装配法。当封闭环精度较高、组成环较少时，可采用选择装配法；组成环多的装配尺寸链采用调整装配法；单件小批量生产时，常采用修配装配法。某些要求很高的装配精度在目前的技术条件下，仍需靠高级技工手工操作及经验得到。

特别提示

一种产品究竟采用何种装配方法来保证装配精度，通常在设计阶段确定。因为只有在装配方法确定之后，才能进行装配尺寸链的计算。

同一产品的同一装配精度要求，在不同的生产类型和生产条件下，可能采用不同的装配方法。同时，同一产品的不同部件也可采用不同的装配方法。

问题讨论

（1）装配精度与装配尺寸链的关系如何?

（2）如何合理选择装配方法?

任务 7.2　减速器机械装配工艺规程编制与实施

7.2.1　任务引入

观察一级蜗杆减速器

图 7.10 所示为蜗轮与锥齿轮减速器（worm and bevel gear reducer），试编制其机械装配工艺规程并实施。

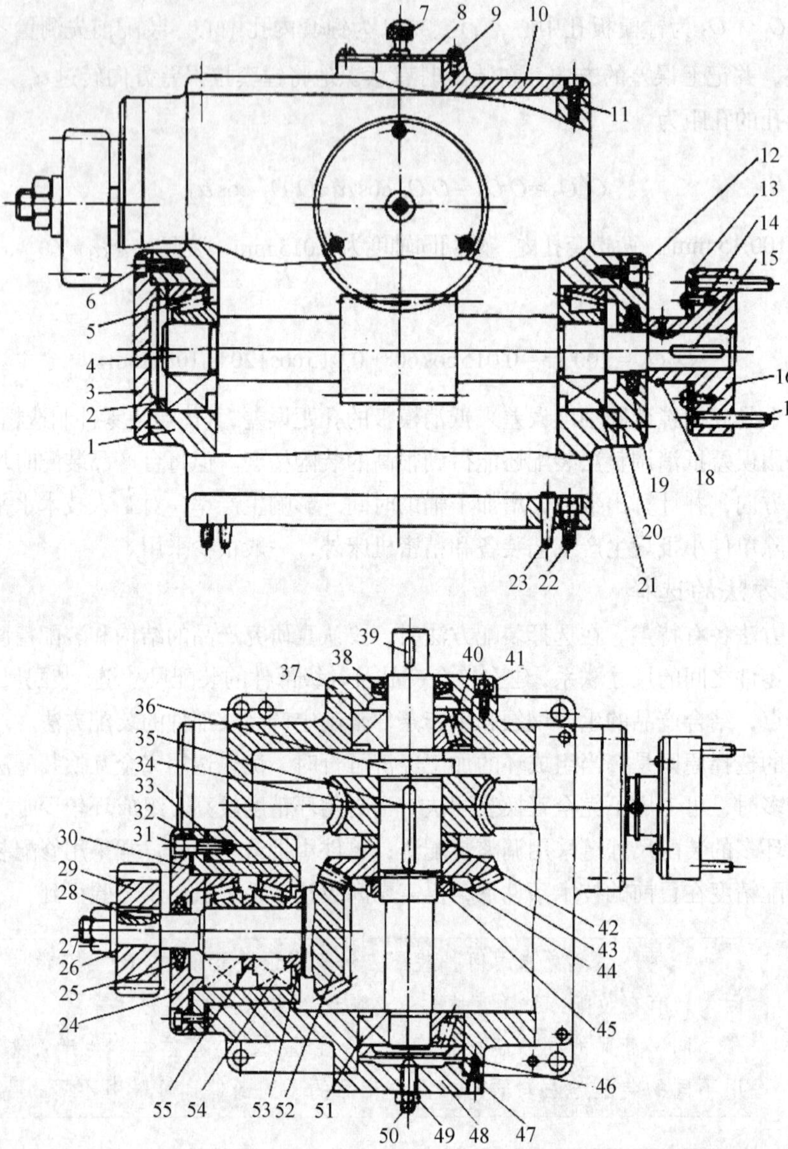

1—箱体；2、32、33、42—调整垫圈；3、20、24、37、48—轴承盖；4—蜗杆轴；5、21、40、51、54—轴承；
6、9、11、12、14、22、31、41、47、50—螺钉；7—手把；8—盖板；10—箱盖；13—环；
15、28、35、39—键；16—联轴器；17、23—销；18—防松钢丝圈；19、25、38—毛毡；
26—垫圈；27、45、49—螺母；29、43、52—齿轮；30—轴承套；34—蜗轮；
36—蜗轮轴；44—止动垫圈；46—压盖；53—垫片；55—隔圈

图 7.10　蜗轮与锥齿轮减速器

7.2.2　相关知识

装配工艺结构

1.　产品的结构工艺性

（1）产品结构工艺性的概念。产品结构工艺性是指所设计的产品在能满足使用要求的前提下，制造、维修的可行性和经济性，包括产品生产工艺性和产品使用工艺性。前者是指其制造的难易程度与经济性，后者则是指其在使用过程中维护保养和修理的难易程度与经济性。产品生产工艺性除零件的结构工艺性外，还包括产品结构的装配工艺性。产品结构的装配工艺性审查工作不仅贯穿在产品设计的各个阶段中，而且在装配工艺规程设计时也要进行重点分析。

（2）产品结构的装配工艺性分析。装配对产品结构的要求，主要是要容易保证装配质量、装配的生产周期要短、装配劳动量要少。归纳起来，有以下七条具体要求。

① 结构的继承性好和“三化”程度高。能继承已有结构和“三化”（标准化、系列化和通用化）程度高的结构，装配工艺的准备工作少，装配时工人对产品比较熟悉，既容易保证装配质量，又能减少劳动消耗。

为衡量继承性和“三化”程度，可用产品结构继承性系数 K_s、结构标准化系数 K_{st} 和结构要素统一化系数 K_e 等指标来评价装配工艺性。

② 产品能分解成独立的装配单元。产品结构应能方便地分解成独立的装配单元，即产品可由若干个独立的部件总装而成，部件可由若干个独立的组件组装而成。这样的产品，装配时可组织平行作业，扩大装配的工作面积，大批量生产时可按流水作业的原则组织装配生产，因此能缩短生产周期、提高生产率。由于平行作业，各部件能预先装好、调试好，以较完善的状态进入总装，因此保证了装配质量。另外，还有利于企业间的协作，组织专业化生产。

衡量产品能否分解成独立的装配单元，可用产品结构装配性系数 K_a 表示，其计算公式为

$$K_a = \frac{\text{产品各独立部件中的零件数之和}}{\text{产品零件总数}} \tag{7-9}$$

③ 各装配单元要有正确的装配基准。装配的过程是先将待装配的零件、组件和部件放到正确的位置，然后再进行连接和紧固。这个过程类似于工件加工时的定位和夹紧，所以在装配时，零件、组件和部件必须有正确的装配基准，以保证它们之间的正确位置，并减少装配时找正的时间。装配基准的选择也要符合夹具设计中的“六点定位原理”。

④ 便于装拆和调整。机器的结构必须装拆方便、调整容易。装配过程中，当发现存在问题或进行调整时，需要进行中间拆装。因此，若结构便于装拆和调整，就能节省装配时间，提高生产率。具有正确的装配基准也是便于装配的条件之一。

⑤ 减少装配时的修配工作和机械加工。多数机器在装配过程中，难免要对某些零部件进行修配，这些工作多数由手工操作，不易组织流水装配，劳动强度大，对工人技术水平要求高，还使产品没有互换性。若在装配时进行机械加工，有时会因切屑掉入机器中而影响装配质量，所以应避免或减少修配工作和机械加工。

⑥ 满足装配尺寸链“环数最少原则”。结构设计中要求结构紧凑、简单，从装配尺寸链分析即减少组成环环数，对装配精度要求高的尺寸链更应如此。为此，必须尽量减少相关零件的相关尺寸，并合理标注零件上的设计尺寸。

⑦ 各种连接的结构形式便于装配工作的机械化和自动化。机器能用最少的工具快速装拆，质量大于 20 kg 装配单元应具有吊装的结构要素，还要避免采用复杂的工艺装备。满足这些要求后，既能减轻工人劳动强度、提高劳动生产率，又能节省装配成本。

2. 装配的组织形式及生产类型

（1）装配的组织形式。装配的组织形式主要取决于机器的结构特点（如质量、尺寸和结构复杂性等）、生产类型和现有生产条件（如工作场地、设备及工人技术水平）。按照机器产品在装配

过程中移动与否，装配组织形式可分为有固定式装配和移动式装配两种。

① 固定式装配（fixed assembly）。固定式装配是指产品或部件的全部装配工作都安排在某一固定的装配工作地点进行的装配。在装配过程中，产品的位置不变，需要装配的所有零部件都汇集在工作地点附近。

固定式装配适用于单件小批量、中批量生产，特别是质量大、尺寸大、不便移动的重型产品或因刚性差、移动会影响装配精度的产品。

根据装配地点的集中程度与装配工人流动与否，又可将固定式装配分为以下三种。

a. 集中固定式装配。产品的全部装配工作由一组工人在一个工作地点集中完成。

特点：占用的场地、工人数量少；对工人技术要求全面；生产率低，多用于单件小批量装配较简单的产品。

b. 分散固定式装配。产品的全部装配过程分解为部装和总装，分别在不同的工作地点由不同组别的工人完成，故又称多组固定式装配。

特点：占用场地、工人数量较多；对工人技术要求低，易于实现自动化；装配周期较短，适用于装配成批、较复杂的产品，如机床的装配。

c. 固定式流水装配。将固定式装配分成若干个独立的装配工序，分别由几组工人负责，各组工人按工序依次到各装配地点对固定不动的产品进行本组所担负的装配工作。

特点：工人操作专业化程度高、效率高、质量好；占用场地、工人多，管理难度大；装配周期更短，适合产品结构复杂、尺寸庞大的产品批量生产，如飞机的装配。

② 移动式装配（mobile assembly）。移动式装配是指零、部件按装配顺序从一个装配地点移动到下一个装配地点，各装配地点的工人分别完成各自承担的装配工序，直至最后一个装配地点，以完成全部装配工作的装配。其特点是装配工序分散，每个装配工作地重复完成固定的装配工序内容，广泛采用专用设备及专用夹具，生产率高，但要求装配工人的技术水平不高。因此，移动式装配常组成流水作业线或自动装配线，适用于大批量生产，如汽车、柴油机、仪表和家用电器等产品的装配。

移动式装配分为自由移动式装配和强制移动式装配。

a. 自由移动式装配。零、部件由人工或机械运输装置传送，各装配地点完成装配的时间无严格规定，产品从一个装配地点传送到另一个装配地点的节拍是自由的，此装配方式常用于多品种产品的装配。

b. 强制移动式装配。在装配过程中，零、部件用传送带或传递链连续或间歇地从一个工作地移向下一个工作地，在各工作地进行不同的装配工序，最后完成全部装配工作，传送节拍有严格要求。其移动方式有连续式和间歇式两种。前者，工人在产品移动过程中进行操作，装配时间与传送时间重合，生产率高，但操作条件差，装配时不便检验和调整；后者，工人在产品停留时间内操作，易于保证装配质量。

（2）生产类型及其工艺特点。生产纲领决定了产品的生产类型。不同的生产类型致使机器装配的组织形式、装配方法、装配工艺过程的划分、设备及工艺装备专业化或通用化水平、手工操作工作量的比例、对工人技术水平的要求和装配工艺文件格式等均有不同。

各种生产类型的装配工艺特征见表 7-1。

表 7-1　　各种生产类型的装配工艺特征

工艺特征		大批量生产	中批生产	单件小批量生产
基本特征		产品固定，生产活动长期重复，生产周期一般较短	产品在系列化范围内变动，分批交替投产或多品种同时投产，生产活动在一定时期内重复	产品经常变换，不定期重复生产，生产周期一般较长
装配工作特点	组织形式	多采用流水装配线，有连续移动、间歇移动及可变节奏等移动方式，还可采用自动装配机或自动装配线	笨重、批量不大的产品多采用固定流水装配，批量较大时采用流水装配，多品种平行投产时多品种可变节奏流水装配	多采用固定装配或固定式流水装配进行总装，同时对批量较大的部件亦可采用流水装配
	装配工艺方法	按互换装配法装配，允许有少量简单的调整，精密偶件成对供应或分组供应装配，无任何修配工作	主要采用互换装配法，但灵活运用其他保证装配精度的装配工艺方法，如调整装配法、修配装配法及合并装配法，以节约加工费用	以修配装配法及调整装配法为主，互换件比例较少
	工艺过程	工艺过程划分很细，力求达到高度的均衡性	工艺过程的划分须适合于批量的大小，尽量使生产均衡	一般不订详细工艺文件，工序可适当调度，工艺也可灵活掌握
	工艺装备	专业化程度高，宜采用专用高效工艺装备，易于实现机械化、自动化	通用设备较多，但也采用一定数量的专用工、夹、量具，以保证装配质量和提高工效	一般为通用设备及通用工、夹、量具
	手工操作要求	手工操作比例小，熟练程度容易提高，便于培养新工人	手工操作比例较大，对工人技术水平要求较高	手工操作比例大，要求工人有高的技术水平和多方面工艺知识
应用实例		汽车、拖拉机、内燃机、滚动轴承、手表、缝纫机、电气开关	机床、机车车辆、中小型锅炉，矿山采掘机械	重型机床、重型机器、汽轮机、大型内燃机、大型锅炉

3. 装配工艺规程的制定

装配工艺规程是规定产品及其部、组件的装配顺序、装配方法、装配技术要求及其检验方法、装配所需设备和工具以及装配时间定额的技术文件。它是指导现场装配操作和保证装配质量的技术文件，是制定装配生产计划和进行装配技术准备的主要技术依据，是设计和改造装配车间的基本文件。

装配工艺规程编制得合理与否，对装配质量、装配效率、生产成本及工人劳动强度等均有很大影响。

（1）制定装配工艺规程的基本要求。装配是机器制造和修理的最后阶段，是机器质量的最后保证环节。在制定装配工艺规程时应符合以下基本要求。

① 在保证装配质量的前提下，尽量提高装配效率和降低装配成本。

a. 选择合理的装配方法和合格的装配零件。

b. 合理安排装配工序，尽量减少钳工装配工作量，提高装配的机械化和自动化程度。

c. 合理选用装配设备，尽可能减少装配占地面积和装配工人的数量，降低对工人的技术要求。

② 在充分利用现有生产条件的基础上，尽量采用国内外先进工艺技术和经验。

③ 对结构和装配工艺特征相近的产品和部件，尽量采用或设计典型的工艺规程。

④ 工艺规程的内容和文件形式正确、统一和清晰，其繁简程度应与生产类型相适应。

⑤ 必须注重生产安全和工业卫生。

（2）制定装配工艺规程的原始资料。此时，通常应具备以下原始资料。

① 机器产品的装配图以及有关的零件图。装配图包括总装配图和部件装配图。这些图样应能

清楚表示出零部件之间的连接情况、重要零部件之间的联系尺寸、配合件之间的配合性质和配合尺寸、装配技术要求及零件明细表等。

② 机器产品验收的技术条件。验收技术条件主要规定对产品主要技术要求进行性能检验或试验的内容和方法，是产品装配后进行验收的重要技术文件，也是制定装配工艺规程的主要依据。

③ 产品的生产纲领及生产类型。生产纲领决定生产类型。产品的生产类型不同，其装配工艺特征及相应工艺文件的内容和格式也不相同。

④ 现有生产条件和工艺技术资料。现有生产条件和工艺技术资料主要包括现有装配设备和工艺装备、装配车间面积、工人的技术水平等生产条件和时间定额，国内外同类产品的有关工艺资料等。

（3）制定装配工艺规程的步骤。

① 进行产品分析。

a. 分析产品的装配图及验收技术条件，掌握装配的技术要求和验收标准，确定保证达到装配精度的装配方法。

b. 明确产品的性能、工作原理和具体结构。

c. 对产品和部件进行装配结构工艺性分析，明确各零部件间的装配关系，并进行必要的装配尺寸链的分析与计算，以便审查装配方法的合理性。

d. 研究产品分解成“装配单元”的方案，以便组织平行、流水作业。

在产品的分析过程中，若发现图样不完整、技术要求不当、结构工艺性不佳或装配方法不妥等问题，应及时提出改进意见，并会同有关工程技术人员加以研究和改进。

② 确定装配方法与装配组织形式。选择合理的装配方法是保证装配精度的关键。要结合具体生产条件，从机械加工和装配的全过程着眼，应用尺寸链理论，与设计人员一道最终确定装配方法。

产品的结构特点和生产纲领不同，所采用的装配组织形式也不同。单件小批量生产或尺寸大、质量大的产品多采用固定式装配；批量生产的产品一般采用移动式装配。产品装配的组织形式直接影响装配工艺规程的制定，装配组织形式不同，相应装配单元的划分、装配方式、装配工序的集中与分散程度、装配时的运输方式以及工作场地的组织与管理等均有所不同。

③ 划分装配单元。划分装配单元就是从工艺的角度出发，将产品分解为零件（合件）、组件和部件等若干个独立的装配单元，以便组织平行装配或流水作业装配。这是制定装配工艺规程中最重要的一项工作，对于大批量生产及结构较为复杂的产品尤为重要。只有正确划分装配单元，才能妥善安排装配顺序和正确划分装配工序。

④ 确定装配顺序。确定装配顺序的要求是在保证装配精度的前提下，尽量使装配工作方便进行，前面工序不妨碍后面工序的操作，后面工序不损害前面工序的质量。

在确定各级装配单元的装配顺序时，首先选定一个基准件进入装配，然后根据装配结构的具体情况安排其他零件、组件或部件进入装配。装配基准件通常选择产品的基体或主干部零件，一般应有较大的体积、质量和足够大的承压面。例如，机床装配中，可选择床身零件、床身组件和床身部件分别作为床身组装、床身部装和机床总装的基准件。

确定装配顺序时一般应符合下列规律。

a. 基准件先进入装配。为使产品在装配过程中重心稳定，应先进行基准件的装配。

b. 预处理工序先行，先重大后轻小，先内后外，先下后上，先精密后一般，先难后易。

c. 易燃、易爆、易碎或有毒物质、部件等需安全防护的装配，应尽可能放在最后进行。

d. 类似工序、同方位工序集中安排。对使用相同工装、设备和具有共同特殊环境的工序应集中安排，以减少装配工装、设备的重复使用及产品的来回搬运。对处于同一方位的装配工序也应尽量集中安排，以防止基准件多次转位和翻转。

e. 电线、油（气）管路同步安装。为防止零、部件反复拆装，在机械零件装配的同时应把需装入内部的各种油（气）管、电线等也一并装入。

f. 及时安排检验工序，特别是在对产品质量影响较大的工序后，要经检验合格后才允许进行后面的装配工序。

特别提示

装配单元系统图的绘制方法

装配单元系统图

装配单元系统图是表示从分散的零件如何依次装配成组件、部件以致产品的途径及其之间相互关系的程序。装配过程可用装配单元系统图表示，它是装配工艺规程中的主要文件之一，也是划分装配工序的依据。

装配单元的划分及装配顺序的安排可通过装配单元系统图直观地表示。为表达清晰方便，按照产品的复杂程度，可分别绘制产品装配系统图和部件装配系统图，图 7.11 所示为一般形式的装配单元系统图。图 7.11（a）为产品的装配单元系统图，此图只绘出直接进入产品总装的装配单元；图 7.11（b）所示为部件的装配单元系统图，同样，此图只绘出直接进入部件装配的装配单元。除此之外，还有组件和合件的装配单元系统图。

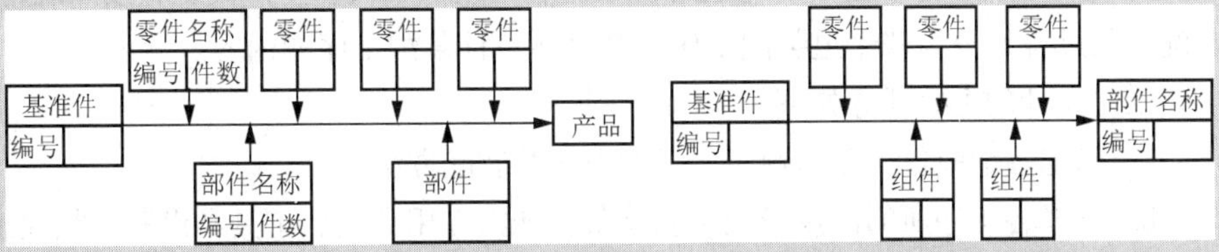

（a）产品的装配单元系统图（b）部件的装配单元系统图

图 7.11 一般形式的装配单元系统图

装配单元系统图中，各装配单元用长方格表示，在长方格中按规定位置注明装配单元的名称、编号及数量，这些内容应与装配图及零件明细表一致。为更清楚地反映装配工艺过程及其装配方法，可以在装配单元系统图上加注必要的工艺说明，如焊接、攻螺纹、配钻、配刮、冷压和检验等。例如，图 7.12 所示的车床床身部件，其部件装配单元系统图如图 7.13 所示。

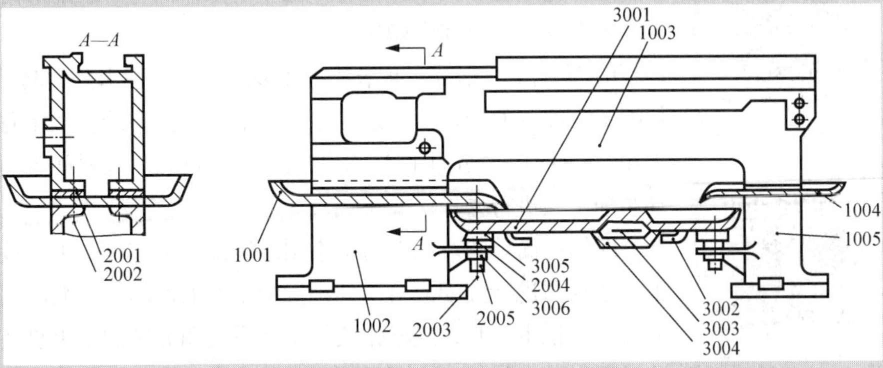

图 7.12 车床床身部件

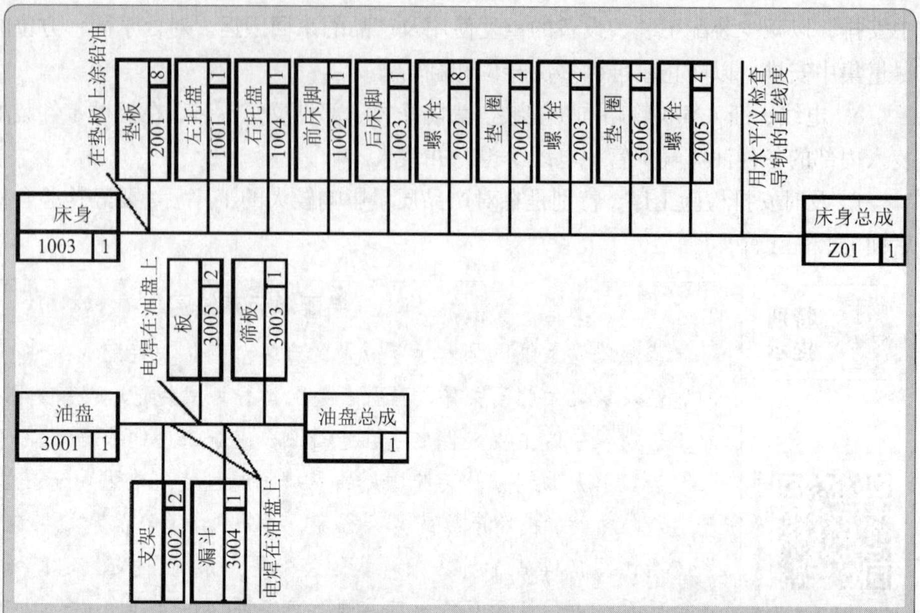

图 7.13　车床床身部件装配单元系统图

⑤ 划分装配工序，进行工序设计。根据装配组织形式和生产类型，按照既定的装配顺序，将装配工艺过程划分为若干道装配工序，并具体设计装配工序的内容。

工序设计的主要任务如下。

a. 确定装配中各工序的顺序、工作内容及装配方法。

b. 选择各工序所需的设备及工艺装备，如需专用夹具、工具和设备，须提出设计任务书。

c. 制定各工序的装配操作规范，如过盈配合的压入力、装配温度、螺栓连接的拧紧力矩等。

d. 拟定各工序的装配质量要求、检验项目、检验方法和工具等。

e. 确定时间定额。若采用流水装配，则需平衡各工序的装配节拍。

f. 确定装配中的运输方法和运输工具。

⑥ 编写装配工艺文件。装配工艺规程的常用文件形式有装配工艺过程卡片和装配工序卡片，其编写方法与机械加工工艺过程卡片和工序卡片基本相同。

装配工艺过程卡片

装配工序卡片

a. 装配工艺过程卡片。此卡片以工序为单位简要说明产品或部件、组件的装配工艺过程，其中包括每一工序的工作内容、装配部门、设备及工艺装备、辅助材料及时间定额等。

b. 装配工序卡片。此卡片是在装配工艺过程卡片的基础上，单独为某道装配工序编制的卡片，一道工序一张卡片，其中绘有工序简图，详细说明本工序每一工步的装配内容、工艺装备、辅助材料及时间定额等，用以直接指导装配工人进行操作。

对结构简单的产品，通常不制定装配工艺文件，可直接按照配图和装配单元系统图进行装配。对单件小批量生产的产品，一般需编制装配工艺过程卡片。中批生产时，应根据装配单元系统图分别制定出总装和部装的装配工艺过程卡片，关键工序还需要编制装配工序卡片。大批量生产时，则无论简单产品还是复杂产品，除编写装配工艺过程卡片外，还需要编写详细的装配工序卡片及工艺守则，用以具体指导装配工人进行操作。

⑦ 制定产品的检验和试验规范。完成产品装配后，应按产品的技术性能要求及验收技术条件制定检验和试验规范。内容包括：

a. 检验和试验的项目及检验质量指标；

b. 检验和试验的方法、条件与环境要求；

c. 检验和试验所需工艺装备的选择与设计；

d. 质量问题的分析方法和处理措施等。

4. 减速器装配质量的检验

减速器是典型的传动装置，装配质量的综合检查可采用涂色法。一般是将红丹粉涂在蜗杆的螺旋面和齿轮齿面上，转动蜗杆，根据蜗轮、齿轮面的接触斑点来判断啮合情况。

（1）检验普通圆柱蜗杆蜗轮副的啮合质量。对于这种传动的装配，不仅要保证规定的接触精度，而且还要保证较小的啮合侧隙（一般为 0.06～0.03 mm）。

① 侧隙大小的检查。通常将百分表测头沿蜗轮齿圈切向接触于蜗轮齿面与工作台相应的凸面，固定蜗杆（有自锁能力的蜗杆不需固定），摇摆工作台（或蜗轮），百分表的读数差即为侧隙的大小。

② 接触斑点的检验。蜗轮齿面上的接触斑点应在中部稍偏蜗杆旋出方向，如图 7.14（a）所示。若出现图 7.14（b）和（c）所示的接触情况，应配磨垫片，调整蜗杆位置，使其达到正常接触。蜗杆与蜗轮达到正常接触时，轻负荷时接触斑点长度约为齿宽的 25%～50%，全负荷时接触斑点长度最好能达到齿宽的 90%以上。不符合要求时，可适当调节蜗杆座径向位置。

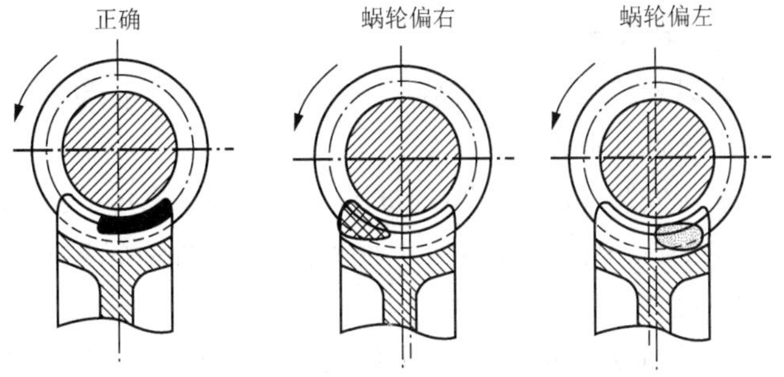

（a）正常接触　　（b）偏左接触　　（c）偏右接触

图 7.14　蜗轮齿面上的接触斑点

（2）锥齿轮传动装置的检验项目。

① 检验锥齿轮传动装置轴线相交的正确性。锥齿轮传动装置中，两个啮合的锥齿轮的锥顶必须重合于一点。因此，必须用专门装置来检验锥齿轮传动装置轴线相交的正确性。图 7.15 中的塞杆的末端顺轴线切去一半，两个塞杆各插入安装锥齿轮轴的孔中，用塞尺测出切开平面间的距离 a，即为相交轴线的误差。

② 检验锥齿轮轴线之间角度的准确性。此准确性是用经校准的塞杆及专门的样板来校验的（见图 7.16）。将样板放入外壳安装锥齿轮轴的孔中，将塞杆放入另一个孔中，如果两孔的轴线不成直角，则样板中的一个短脚与塞杆之间存在间隙，这个间隙可用塞尺测得。

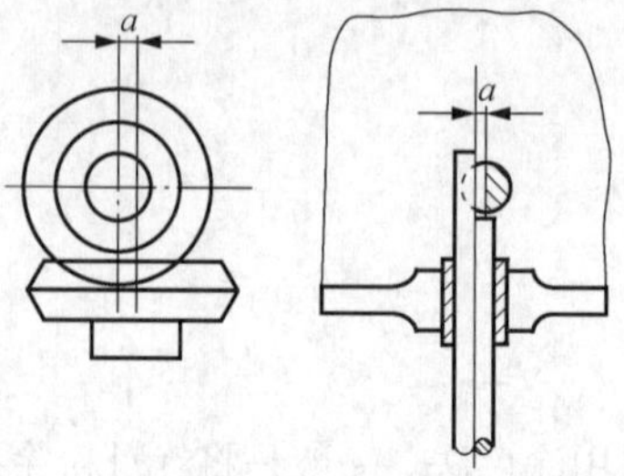

图 7.15 锥齿轮传动装置轴线相交的正确性检验

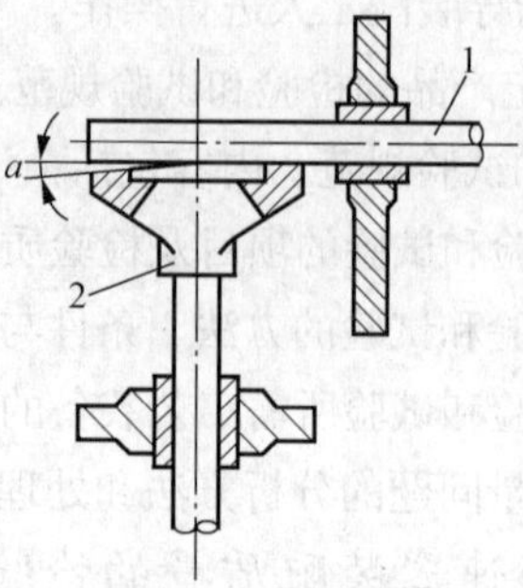

1—塞杆；2—样板

图 7.16 锥齿轮轴线交角的检验

7.2.3 任务实施

1. 减速器机械装配工艺规程编制

图 7.10 所示为的蜗轮与锥齿轮减速器，安装在原动机与工作机之间，用来降低转速和相应地增大转矩。原动机的运动与动力通过联轴器输入减速器，经蜗杆副减速增矩后，再经锥齿轮副，最后由安装在锥齿轮轴上的圆柱齿轮输出。

这类减速器具有结构紧凑、外廓尺寸较小、降速比大、工作平稳和噪声小等特点，应用较广泛。其中，蜗杆副的作用是减速，降速比很大；锥齿轮副的作用主要是改变输出轴方向。蜗杆采用浸油润滑，齿轮副和各轴承的润滑、冷却条件良好。

（1）减速器装配的常规技术要求。

① 机器的组装、部装以及总装一定要按装配工艺顺序进行，不能发生工艺干涉，如轴中间的齿轮还没装，便先装配了轴端的轴承等。

② 零件和组件必须正确安装在规定位置，不允许装入图样中未规定的其他任何零件，如垫圈、衬套之类零件，未经检查合格、验收、未打印和油漆未干的零件一概不准装配。

③ 各固定连接牢固、可靠。

④ 各轴线之间相互位置精度（如平行度、同轴度、垂直度等）必须严格保证。

⑤ 回转件运转灵活，滚动轴承间隙合适，润滑良好，不漏油。

⑥ 啮合零件（如蜗杆副、锥齿轮副）正确啮合，符合规定的技术要求。

⑦ 任何相互配合的表面尽量不要在装配时修整，要求配作零件（如键和键槽）的修配除外。

⑧ 机器装配后进行试车，试运转的转速应接近机器额定转速；试车时，润滑油内严禁加入研磨剂和杂质；齿面接触面积要达到规定的等级要求。

（2）减速器的装配工艺过程。装配是机器制造的重要阶段。装配质量的好坏对机器的性能和使用寿命影响很大。装配不良的机器，其性能将会降低、消耗的功率增加、使用寿命减短。

① 装配前的准备工作。

a. 研究和熟悉产品装配图的技术要求及验收技术条件，了解产品的性能、结构以及各零件的作用和相互连接关系。

b. 确定装配方法、装配顺序和所需的装配设备和工艺装备。

c. 领取、备齐零件，并进行清洗、涂防护润滑油。

② 装配前期工作。包括零件的清洗、整形及补充加工（如配钻、配铰等）。

a. 零件的清洗。零件在装配前必须先经洗涤及清理，即用清洗剂清除零件表面附着的防锈油、灰尘、切屑等污物，防止装配时划伤、研损配合表面。

零件的清洗方法

零件清洗时常用的清洗液有水剂清洗液、碱液、汽油、煤油、柴油、三氯乙烯、三氯三氟乙烷等，可查阅相关手册或书籍了解其应用特点。

箱体零件内部杂质在装配前也必须用机动或手动的钢刷清理刷净，或利用装有各种形状的压缩空气喷嘴吹净。压缩空气对深孔或凹槽的清理最为有利，同时可保证零件吹净后的快速干燥。

b. 整形。锉修箱盖、轴承盖等铸件的不加工表面，使其与箱体结合部位的外形一致。对于零件上未去除干净的毛刺、锐边及运输中因碰撞而产生的印痕也应锉除。

c. 补充加工。补充加工指零件上某些部位需要在装配时进行的加工，如箱体与箱盖、箱盖与盖板、各轴承盖与箱体的连接孔和螺孔的配钻、攻螺纹等（见图 7.17）。

③ 零件的预装配。零件的预装配又称为试装或试配，是为保证产品总装质量而进行的各连接部位的局部试验性装配。

为了保证装配精度，某些相配合的零件需要先进行试装；对未满足配合要求的，须进行调整或更换零件。零件试配合适后，一般仍要卸下，并做好配套标记，待部件总装时再重新安装。

在单件小批量生产中，对零件的试配需要配合刮削、锉削等工作，以保证配合要求。如有配合要求的轴与齿轮、键等通常需要预装或修配键；间隙调整处需要配调整垫片，确定其厚度。例如，任务 7.2 中的减速器有三处平键连接：蜗杆轴 4 与联轴器 16、轴 36 与蜗轮 34 和锥齿轮 43、锥齿轮轴 52 与圆柱齿轮 29，均须进行平键连接试配（见图 7.18）。

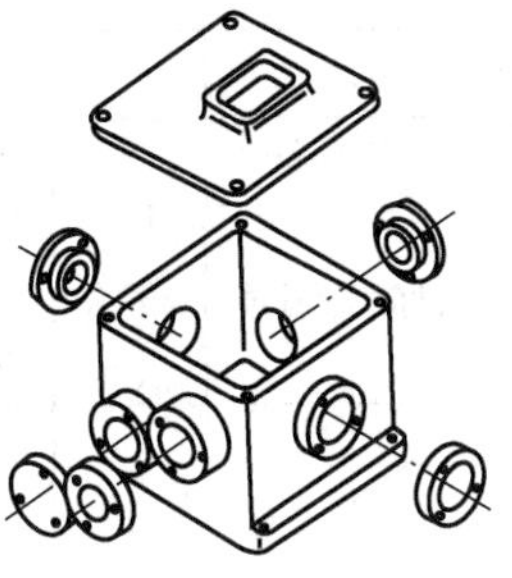

图 7.17　箱体与各相关零件的配钻孔和攻螺纹

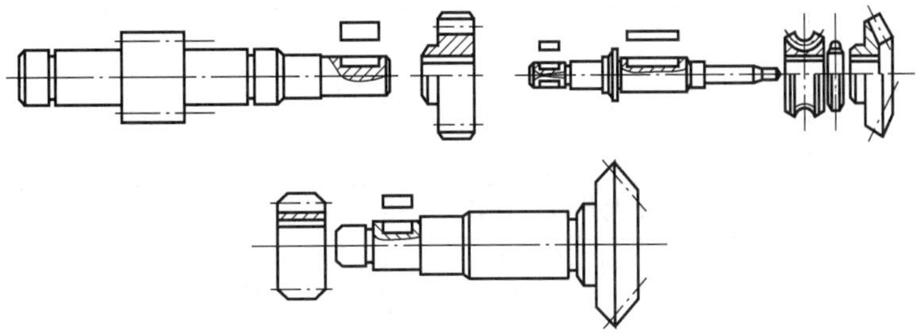

图 7.18　轴类零件配键、预装示意图

在大批量生产中一般通过控制加工零件的尺寸精度或采用适当的装配方法来达到装配要求，尽量不采用预装配，以提高装配效率。

④ 减速器组件的装配。由图 7.10 可以看出，减速器的主要组件有锥齿轮轴—轴承套组件、蜗轮轴组件和蜗杆轴组件等。其中只有锥齿轮轴—轴承套组件可以独立装配后再整体装入箱体，其余两个组件均必须在部件总装时与箱体一起装配。各组件的具体装配要求可查阅相关资料。

减速器组件装配

⑤ 减速器总装配和调试。

a. 减速器总装。

i. 减速器总装顺序。蜗杆轴组件的装配→蜗轮轴组件的装配→锥齿轮轴→轴承套组件的装配→减速器总装。

蜗杆轴系和蜗轮轴系尺寸较大，只能在箱体内组装。

ii. 安装联轴器及凸轮，用动力轴连接空运转，检查齿轮接触斑痕，并调整直至运转灵活。

iii. 清理内腔，注入润滑油，安装箱盖组件，放至试验台，安装 V 带，与电动机相连接。

b. 减速器的润滑、调试。

i. 润滑。箱体内注入润滑油，蜗轮部分浸在润滑油中，靠蜗轮转动将润滑油溅到轴承和锥齿轮处加以润滑。

ii. 运转试验。总装完成后，减速器应进行运转试验。首先须清理箱体内腔，注入润滑油，拨动联轴器转动蜗轮使润滑油均匀流至各润滑点。然后装上箱盖，连接电动机，并用手拨动联轴器使减速器回转。在符合装配技术要求后，接通电源进行空载试车。运转中齿轮应无明显噪声，传动性能符合要求，运转 30 min 后检查轴承温度应不超过规定要求。

（3）填写装配工艺文件。减速器装配工艺过程卡片见表 7-2。

表 7-2　减速器装配工艺过程卡片

<table>
<tr><td colspan="4">减速器总装配简图（图 7.10）</td><td colspan="5">装配技术要求：
（1）零、组件必须正确安装，不得装入图样未规定的垫圈等其他零件；
（2）固定连接件必须保证将零、组件紧固在一起；
（3）旋转机构必须转动灵活，轴承间隙合适；
（4）啮合零件的啮合必须符合图样要求；
（5）各零件轴线之间应有正确的相对关系</td></tr>
<tr><td colspan="2" rowspan="2">企业名称</td><td colspan="2" rowspan="2">装配工艺卡</td><td>产品型号</td><td colspan="2">部件名称</td><td colspan="2">装配图号</td></tr>
<tr><td></td><td colspan="2">轴承套</td><td colspan="2"></td></tr>
<tr><td colspan="2">车间名称</td><td>工段</td><td>班组</td><td>工序数量</td><td colspan="2">部件数</td><td colspan="2">净重</td></tr>
<tr><td colspan="2">装配车间</td><td></td><td></td><td>5</td><td colspan="2">1</td><td colspan="2"></td></tr>
<tr><td rowspan="2">工序号</td><td rowspan="2">工步号</td><td colspan="2" rowspan="2">装配内容</td><td rowspan="2">设备</td><td colspan="2">工艺装备</td><td rowspan="2">工人等级</td><td rowspan="2">工序时间</td></tr>
<tr><td>名称</td><td>编号</td></tr>
<tr><td rowspan="5">Ⅰ</td><td>1</td><td colspan="2">将蜗杆组件装入箱体</td><td rowspan="5">压力机</td><td rowspan="5"></td><td rowspan="5"></td><td rowspan="5"></td><td rowspan="5"></td></tr>
<tr><td>2</td><td colspan="2">用专用量具分别检查箱体孔和轴承外圈尺寸</td></tr>
<tr><td>3</td><td colspan="2">从箱体孔两端装入轴承外圈</td></tr>
<tr><td>4</td><td colspan="2">装上右端轴承盖组件，并用螺钉拧紧，轻敲蜗杆轴端，使右端轴承消除间隙</td></tr>
<tr><td>5</td><td colspan="2">装入调整垫圈和左端轴承盖，并用百分表测量间隙确定垫圈厚度，然后将上述零件装入，用螺钉拧紧。保证蜗杆轴向间隙为 0.01～0.02 mm</td></tr>
<tr><td rowspan="4">Ⅱ</td><td>1</td><td colspan="2">试装</td><td rowspan="4">压力机</td><td rowspan="4"></td><td rowspan="4"></td><td rowspan="4"></td><td rowspan="4"></td></tr>
<tr><td>2</td><td colspan="2">用专用量具测量轴承、轴等相配零件的外圈及孔尺寸</td></tr>
<tr><td>3</td><td colspan="2">将轴承装入蜗轮轴两端</td></tr>
<tr><td>4</td><td colspan="2">将蜗轮轴通过箱体孔，装上蜗轮、锥齿轮、轴承外圈、轴承套、轴承盖组件</td></tr>
</table>

续表

工序号	工步号	装配内容	设备	工艺装备		工人等级	工序时间
				名称	编号		
Ⅱ	5	移动蜗轮轴，调整蜗杆与蜗轮正确的啮合位置，测量轴承端面至孔端面距离，并调整轴承盖台肩尺寸（台肩尺寸等于 $H_{-0.02}^{0}$ ）	压力机				
	6	装上蜗轮轴两端轴承盖，并用螺钉拧紧					
	7	装入轴承套组件，调整两锥齿轮正确的啮合位置（使齿背齐平），分别测量轴承套肩面与孔端面的距离以及锥齿轮端面与蜗轮端面的距离，并调好垫圈尺寸，然后卸下各零件					
Ⅲ	1	最后装配	压力机				
	2	从大轴孔方向装入蜗轮轴，同时依次将键、蜗轮、垫圈、锥齿轮、带齿垫圈和圆螺母装在轴上。然后箱体轴承孔两端分别装入滚动轴承及轴承盖，用螺钉拧紧并调整好间隙。装好后，用手转动蜗杆时，应灵活无阻滞现象					
	3	将轴承套组件与调整垫圈一起装入箱体，并用螺钉紧固					
Ⅳ		安装联轴器及箱盖零件					
Ⅴ		运转试验 清理内腔，注入润滑油，连上电动机，接上电源，进行空转试车。运转 30 min 左右后，要求传动系统噪声及轴承温度不超过规定要求并符合其他各项技术要求					

									共　张
编号	日期	签章	编号	日期	签章	编制	移交	批准	第　张

2. 减速器机械装配工艺规程实施

根据现有生产条件或在条件许可情况下，以班级学习小组为单位，参观生产现场或由企业兼职教师与小组成员商讨完成部分组件、部件的装配工作（可在校内实训基地，由兼职教师与学生根据装配操作规程、工艺文件共同完成），最后参与减速器总装配和调试，对装配质量进行检验，并判断机器质量合格与否。其中，准备工作和环境卫生整理等工作可利用第二课堂时间完成。

减速器拆卸和装配

根据生产实际或结合教学设计，参观生产现场或观看装配生产视频或动画。

装配工艺结构

（1）装配工作法。

① 可拆连接的装配。可拆连接有螺纹连接、键连接、花键连接和圆锥面连接，其中螺纹连接应用最广。

a. 螺纹连接的装配要点。装配中广泛地应用螺栓、螺钉（或螺柱）与螺母来连接零部件（见

图 7.19），具有装拆、更换方便、易于多次装拆等优点。螺纹连接的装配质量主要包括螺栓和螺母正确地旋紧，螺栓和螺钉在连接中不应有歪斜和弯曲的情况，锁紧装置可靠，被连接件应均匀受压，互相紧密贴合，连接牢固。螺纹连接应做到用手能自由旋入，拧得过紧将会降低螺母的使用寿命和在螺栓中产生过大的应力，拧得过松则受力后螺纹会断裂。为使螺纹连接在长期工作条件下能保证结合零件的稳固，必须给予一定的拧紧力矩。

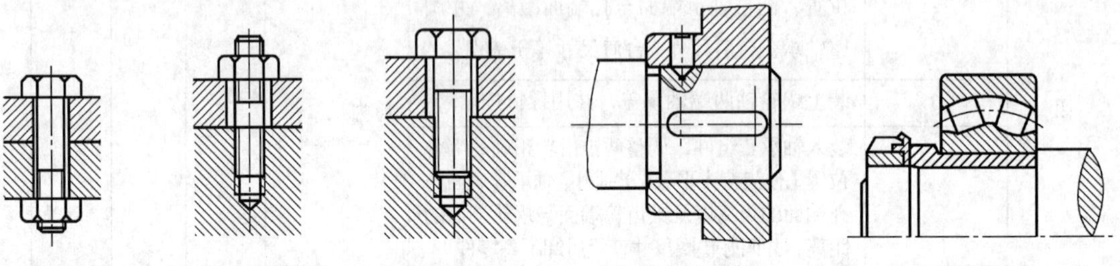

（a）螺栓连接　（b）双头螺栓连接　（c）螺钉连接　（d）紧定螺钉固定　（e）圆螺母固定

图 7.19　常见螺纹连接类型

i. 保证螺纹连接拧紧力矩的方法。按螺纹连接的重要性，分别采用以下几种方法来保证螺纹连接的拧紧程度。

- 测量螺栓伸长法。用百分表或其他测量工具来测定螺栓的伸长量，从而测算出夹紧力（见图 7.20），其计算公式为

$$F_0 = \frac{\lambda}{l}ES \qquad (7\text{-}10)$$

式中：F_0——夹紧力（N）；

λ——伸长量（mm）；

l——螺栓在两支持面间的长度（mm）；

S——螺栓的截面积（mm^2）；

E——螺栓材料的弹性模量（Mpa）。

螺栓中的拉应力 $\sigma = \frac{\lambda}{l}E$ 不得超过螺栓的许用拉应力。

- 扭矩扳手法。为使每个螺钉或螺母的拧紧程度较为均匀一致，可使用扭矩扳手（见图 7.21）和预置式扳手，可事先设定（预置）扭矩值，拧紧扭矩调节精度可达 5%。

认识螺纹连接的预紧

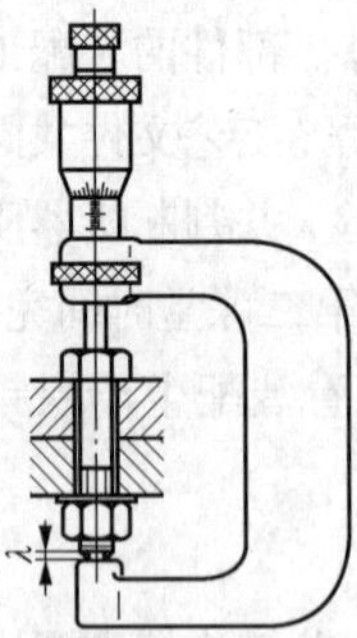

图 7.20　螺栓伸长量的测量简图

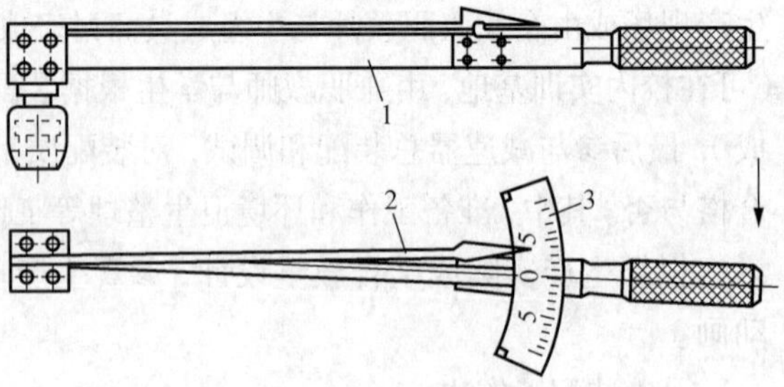

1—弹性心杆；2—指针；3—标尺

图 7.21　扭矩扳手

- 使用具有一定长度的普通扳手。根据普通装配工能施加的最大扭矩（一般为 400～

600 N · m）和正常扭矩（200～300 N · m）来选择扳手的适宜长度，从而保证一定的拧紧扭矩。

ii. 安装螺母的基本要求。

- 螺母应能用手轻松地旋到待连接零件的表面上。
- 螺母的端面必须垂直于螺纹轴线。
- 螺纹表面必须正确而光滑。
- 当装配成组螺钉和螺母时，为使紧固件的配合面上受力均匀，应按“先中间、后两边”的顺序逐次拧紧螺母（一般为 2～3 次），而且每个螺钉或螺母不能一次就完全拧紧。如有定位销，最好先从定位销附近开始。图 7.22 所示为拧紧成组螺母顺序（为图中编号）示例。

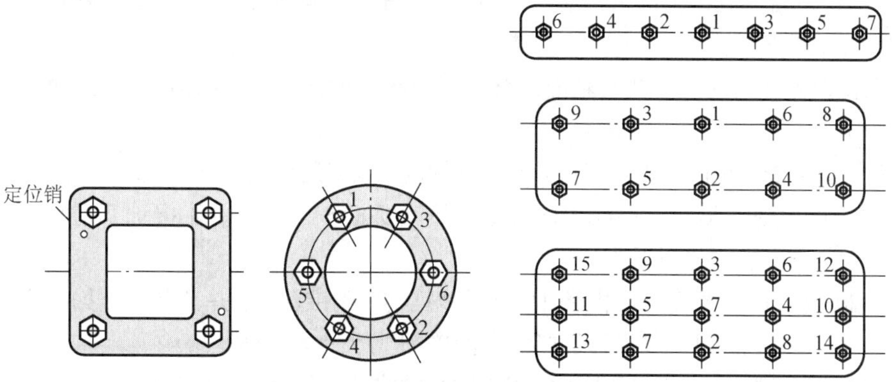

图 7.22　拧紧成组螺母顺序示例

- 零件与螺母的贴合面应平整光洁，否则螺纹容易松动。为提高贴合面质量，可加垫圈。在交变载荷和振动条件下工作的螺纹连接有逐渐自动松开的可能，为防止其松动，可采用弹簧垫圈、止动垫圈、开口销和止动螺钉等防松装置（见图 7.23）。

认识螺纹连接的防松（上）

（a）弹簧垫圈　（b）止动垫圈　（c）开口销　（d）止动螺钉

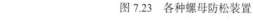

图 7.23　各种螺母防松装置

认识螺纹连接的防松（下）

b. 螺纹连接的技术要求。螺纹连接可分为一般紧固螺纹连接和规定预紧力的螺纹连接。前者无预紧力要求，连接时可采用普通扳手、风动或电动扳手拧紧螺母；后者有预紧力要求，连接时可采用扭矩扳手等方法拧紧螺母。

i. 螺钉、螺栓和螺母紧固时严禁打击或使用不合适的旋具与扳手。紧固后螺钉槽、螺母和螺钉、螺栓头部不得有损伤。

ii. 保证一定的拧紧力矩。为达到螺纹连接可靠和紧固的目的，装配时应有一定的拧紧力矩，使螺纹牙间产生足够的预紧力。有规定拧紧力矩要求的紧固件应采用力矩扳手紧固。

iii. 用双螺母时，应先装薄螺母后装厚螺母。

iv. 保证螺纹连接的配合精度。螺纹配合精度由螺纹公差带和旋合长度两个因素确定。

v. 螺钉、螺栓和螺母拧紧后，一般螺钉或螺栓应露出螺母 1～2 个螺距。沉头螺钉拧紧后钉头不得高出沉孔端面。

vi. 有可靠的防松装置。螺纹连接一般都具有自锁性，在受静载荷和工作温度变化不大时，不会自行松脱，但在冲击、振动或交变载荷作用下以及工作温度变化很大时，会使螺纹牙之间的正压力突然减小，使螺纹连接松动。为避免这种情况，螺纹连接应有可靠的防松装置。

c. 键、花键和圆锥面的连接装配。键连接是可拆连接的一种。它又分为平键、楔形键和半圆键连接三种。采用这些连接装配时，应注意以下几点。

i. 键连接尺寸按基轴制制造，花键连接尺寸按基孔制制造，以便适合各种配合零件。

ii. 大尺寸的键和轮毂上的键槽通常采用修配装配法，修配精度可用塞尺检验。大批量生产中键和键槽不宜修配装配。

iii. 在楔形键配合时，将孔与轴的配合间隙减小至最低限度，以消除装配后的偏心度（见图 7.24）。

vi. 花键连接能保证配合零件获得较高的同轴度。其装配形式有滑动、紧滑动和固定式三种。固定配合最好用加热压入法，不宜用锤击法，加热温度 80～120 ℃。套件压合后应检验跳动误差，重要的花键连接还要用涂色法检验。

v. 圆锥面连接的主要优点是装配时可轻易地把轴装到锥套内，并且定心精度较好。装配时应注意锥套和轴的接触面积以及轴压入锥套内所用的压力大小。

d. 弹性挡圈的装配技术。弹性挡圈用于防止轴或其上零件的轴向移动，分为孔用弹性挡圈（见图 7.25）、轴用弹性挡圈（见图 7.26）。

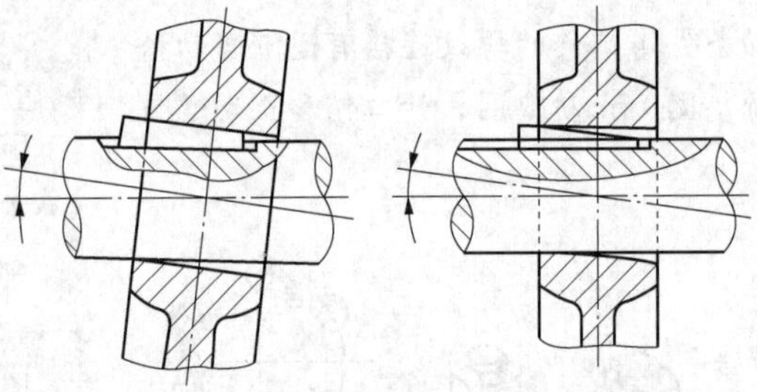

图 7.24 键连接的零件在安装楔形键后的位移

图 7.25 孔用弹性挡圈

在装配过程中，将弹性挡圈装至轴上时，挡圈将张开；而将其装入孔中时，挡圈将被挤压（见图 7.27），从而使弹性挡圈承受较大的弯曲应力。因此，在装配和拆卸弹性挡圈时须注意以下几点。

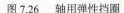

（a）平弹性挡圈 （b）锥面弹性挡圈

图 7.26 轴用弹性挡圈

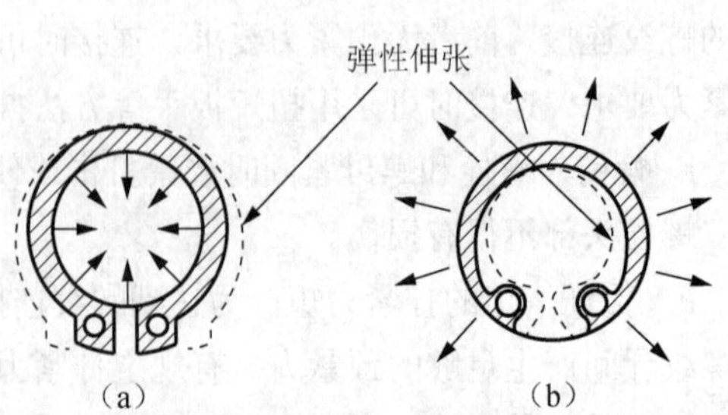

图 7.27 弹性挡圈的弹性

i. 在装配和拆卸弹性挡圈时，应使其工作应力不超过其许用应力（即弹性挡圈的张开量或挤压量不得超出其许可变形量），否则会导致挡圈的塑性变形，影响其工作的可靠性。

ii. 在装配沟槽处于轴端或孔端的弹性挡圈时，应将弹性挡圈的两端 1 先放入沟槽内，然后将弹性挡圈的其余部分 2 沿着轴或孔的表面推进沟槽，使挡圈的径向扭曲变形最小（见图 7.28）。

iii. 在安装前应检查沟槽的尺寸是否符合要求，同时应确认所用的弹性挡圈与沟槽具有相同的规格尺寸。

② 不可拆连接的装配。不可拆连接的特点是连接零件不能相对运动，当拆开连接时，将损伤或破坏连接零件。

属于不可拆连接的有过盈连接、焊接连接、铆钉连接、黏合连接和滚口及卷边连接。其中，过盈连接通过包容件（孔）和被包容件（轴）配合后的过盈量达到紧固连接。过盈连接之所以能传递载荷，原因在于零件具有弹性和连接具有装配过盈，装配后包容件和被包容件的径向变形使配合表面间产生很大的压力，工作时载荷就靠着相伴而生的摩擦力来传递。

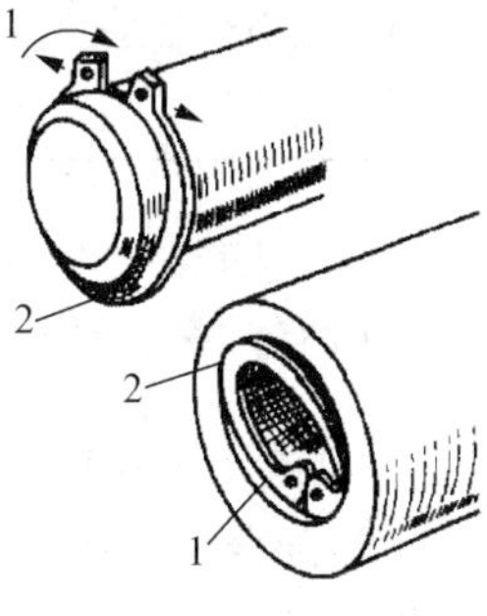

1—两端；2—其余部分

图 7.28　弹性挡圈装配图

为保证过盈连接的正确和可靠，相配零件在装配前应清洗干净，并具有较低的表面粗糙度值和较高的形状精度；位置要正确，不应歪斜；实际过盈量要符合要求，必要时测出实际过盈量，分组选配；合理选择装配方法。

a. 过盈连接。常用的过盈装配方法有压入配合法、热胀配合法、冷缩配合法、液压套合法等。

i. 压入配合法。可用手锤加垫块敲击压入或用压力机压入，适用于配合精度要求较低或配合长度较短的场合，多用于单件小批量生产。

ii. 热胀配合法。利用物体热胀冷缩的原理，将孔加热使孔径增大，然后将轴自由装入孔中。其常用的加热方法是把孔放入热水（80～100 ℃）或热油（90～320 ℃）中。

热装零件时加热要均匀。加热温度一般不宜超过 320 ℃，淬火件不超过 250 ℃。

热胀配合法一般适用于大型零件且过盈量较大的场合。

iii. 冷缩配合法。利用物体热胀冷缩的原理，将轴进行冷却（用固体 CO_2 冷却的零件的酒精槽如图 7.29 所示），待轴缩小后再把轴自由装入孔中。常用的冷却方法是采用干冰、低温箱和液氮进行冷却。

冷缩配合法与热胀配合法相比，收缩变形量较小，因此多用于过渡配合，有时也用于过盈量较小的配合。

iv. 液压套合法。如图 7.30 所示，液压套合法（油压过盈连接）也是一种好的装配方法。它与压入法、温差法相比有着明显的优点。由于配合的零件间压入高压油，因此包容件产生弹性变形，内孔扩大，配合表面间有一薄层润滑油，再用液压装置或机械推动装置给以轴向推力，当配合件沿轴向移动达到位置后，卸去高压油（先卸径向油压，0.5～1 h 后，再卸轴向油压），包容件内孔收缩，在配合表面间产生过盈，配合面不易擦伤。

近年来随着液压套合法的应用，其可拆性日益增加，适用于大型或经常拆卸的场合。但此方法也存在缺点：制造精度高，装配时连接件的结构和尺寸必须正确，承压面不得有沟纹，端面间过度处须有圆角；装卸时需要专用工具等。除因锥度而产生的轴向分力外，拆卸时仍需注意另加轴向力，防止零件脱落时伤人。

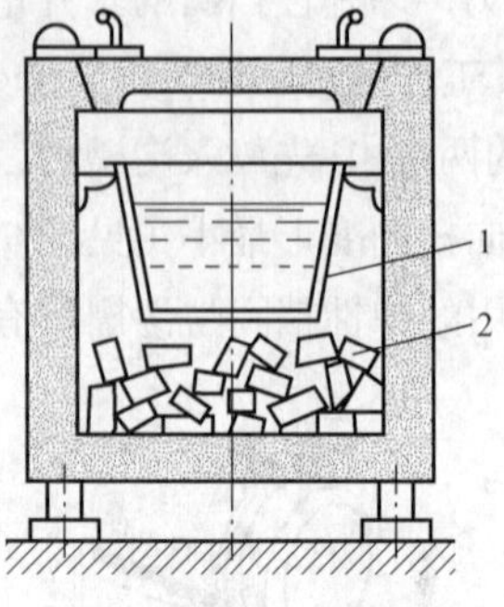

1—冷却槽；2—固体 CO_2

图 7.29　零件的冷却槽

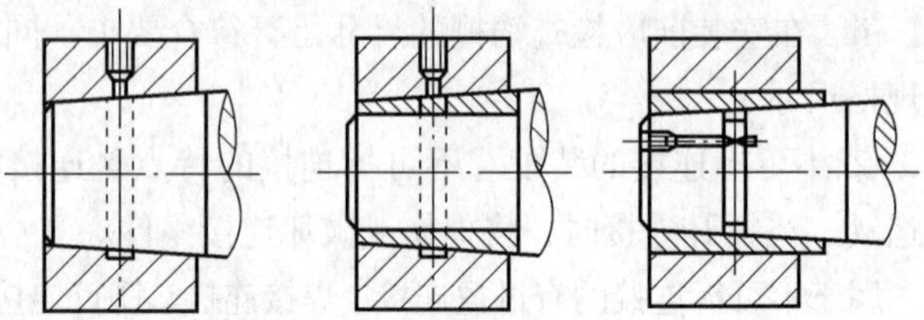

图 7.30　液压套合法

b. 过盈连接装配法的选择。

i. 当配合面为圆柱面时，可采用压入配合法或温差法（热胀配合法和冷缩配合法）装配。当其他条件相同时，用温差法能获得较高的摩擦力或力矩，因为它不像压入配合法那样会擦伤配合表面。方法的选择由设备条件、过盈量大小、零件结构和尺寸等决定。

ii. 对于零件不经常拆卸、同轴度要求不高的装配，可直接采用手锤打入。

iii. 相配零件压合后，包容件的外径将会增大，而被包容件如果是套件（见图 7.31），则其内径将缩小。压合时除使用压力机外，还须使用一些专用夹具，以保证压合零件得到正确的装夹位置及避免变形。

iv. 一般包容件可以在煤气炉或电炉中、用空气或液体作介质进行加热。如零件加热温度需要保持在一个狭窄范围内，且加热特别均匀，最好用液体作介质。液体可以是水或纯矿物油，在高温加热时可使用蓖麻油。大型零件，如齿轮的轮缘和其他环形零件，可用移动式螺旋电加热器以感应电流加热（见图 7.32）。

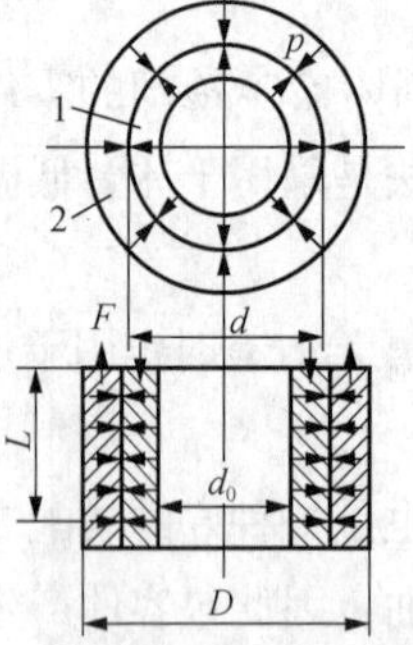

1—被包容件；2—包容件

图 7.31　压配图

图 7.32　用感应电流加热零件

v. 加热大型包容件的劳动量很大，最好用相反的方法，即通过冷却较小的被包容件来获得两个零件的温度差。冷却零件时用固体 CO_2，可以把零件冷却到 -78 ℃，液态空气和液态氮气可以把零件冷却到更低的温度（-190～-180℃）。

使用冷却方法必须采用保护措施，以防止介质伤人。

总之，过盈连接有对中性好、承载能力强、并能承受一定冲击力等优点，但对配合面的精度要求高，加工和装拆都比较困难。

（2）蜗轮与锥齿轮减速器装配。按其装配工艺过程执行（见表 7-2），装配要求符合机器的常规技术要求。

问题讨论

（1）蜗轮与锥齿轮减速器的装配组织形式是哪一种？为什么？

（2）蜗轮与锥齿轮减速器可分解为几个独立的装配单元？

（3）划分产品装配顺序应遵循的原则是什么？

3. 实训工单 5——部件或减速器机械装配工艺规程编制与实施

具体内容详见实训工单 5。

项目小结

本项目通过两个工作任务，详细介绍了保证机器或部件装配精度的方法、装配尺寸链的计算及机械装配工艺规程的制定原则与方法等知识。在此基础上，认真研究和分析在不同的生产纲领和生产条件下对机械部件、机器的技术与使用要求，然后根据不同的生产和技术要求，正确选择机械装配方法，合理制定蜗轮与锥齿轮减速器的机械装配工艺规程并实施。在此过程中，学生可以明确零部件的装配顺序、规范和质量检验方法，体验岗位需求，培养职业素养与习惯，积累工作经验，提高分析问题、解决问题的能力。

思考练习

1. 何谓装配？它对机器产品的质量有何影响？

2. 什么是机器产品的装配精度？装配精度一般包括哪些内容？

3. 装配精度与零件的加工精度有何区别与联系？试举例说明。

4. 如何正确查找装配尺寸链？什么是装配尺寸链的最短路线原则？

5. 保证机器或部件装配精度的方法有哪几种？如何正确选用这些方法？

6. 图 7.33 所示为齿轮部件的装配图，轴是固定不动的，齿轮在轴上旋转，要求齿轮与挡圈的轴向间隙为 0.1～0.35 mm。已知：$A_1 = 30$ mm，$A_2 = 5$ mm，$A_3 = 43$ mm，$A_4 = 3_{-0.05}^{\ 0}$ mm（标准件），$A_5 = 5$ mm。现采用完全互换装配法装配，试确定各组成环的公差和极限偏差。

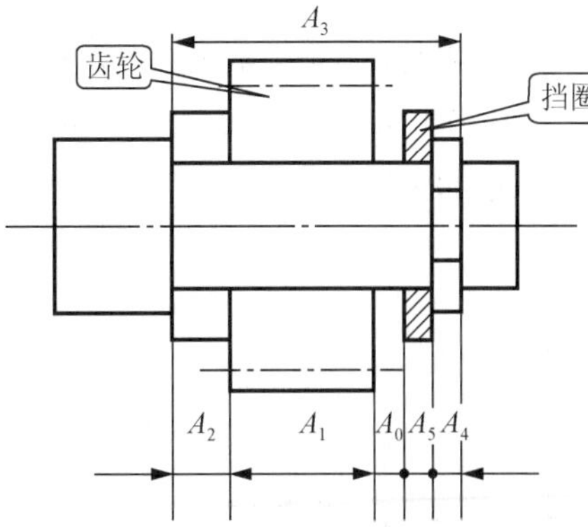

图 7.33　齿轮部件的装配图

7. 图 7.34 所示为双联转子泵（摆线齿轮）的轴向关系装配图。要求在冷态下轴向装配间隙 $A_0 = 0.05$～0.15 mm，已知泵体内腔深度为 $A_1 = 42$ mm；左右齿轮宽度为 $A_2 = A_4 = 17$ mm；中间隔套宽度为 $A_5 = 8$ mm，现采用完全互换装配法满足装配精度要求，试用极限法确定各组成环尺寸公差大小和分布位置。

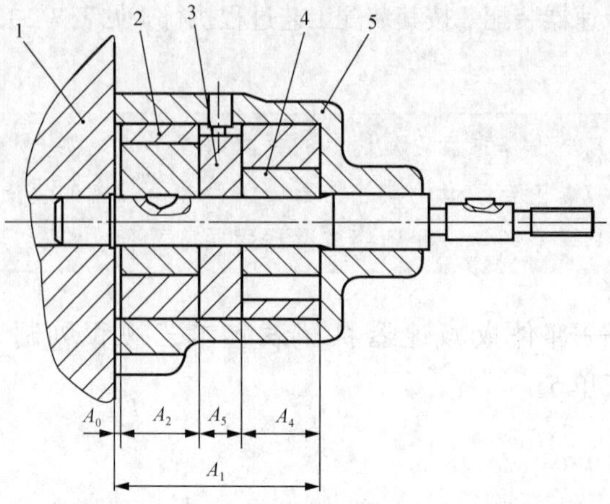

1—机体；2—外转子；3—隔套；4—内转子；5—壳体

图 7.34　双联转子泵（摆线齿轮）的轴向装配关系简图

8. 在轴、孔的装配中，若轴的尺寸为 $\phi80^{0}_{-0.10}$ mm，孔的尺寸为 $\phi80^{+0.20}_{0}$ mm，试用不完全互换装配法计算装配后间隙的基本尺寸及上、下偏差。

9. 选择装配法应用于什么场合？在什么情况下可采用分组互换装配？

10. 在什么场合下采用“修配装配法”进行装配比较合适？为保证修配装配法获得装配精度，根据什么原则来选择修配环？

11. 在调整装配法中，可动调整、固定调整和误差抵消调整各有哪些优缺点？

12. 图 7.35 所示的键槽与键的装配结构尺寸如下：$A_0 = 0.05 \sim 0.15$ mm，泵体内腔深度为 $A_1 = 20$ mm，$A_2 = 20$ mm，$A_0 = 0^{+0.15}_{+0.05}$ mm。

（1）当大批量生产时，用完全装配法装配，试求各组成零件尺寸的上、下偏差。

（2）当小批量生产时，用修配装配法装配，试确定修配件并求各组成零件的尺寸及其上、下偏差。

13. 图 7.36 所示为机床部件装配图，要求保证间隙 $A_0 = 0.25$ mm，若给定尺寸 $A_1 = 25^{+0.10}_{0}$ mm，$A_2 = 25 \pm 0.1$ mm，$A_3 = 0 \pm 0.005$ mm，试校核这几项尺寸偏差能否满足装配要求并分析原因及提出应采取的对策。

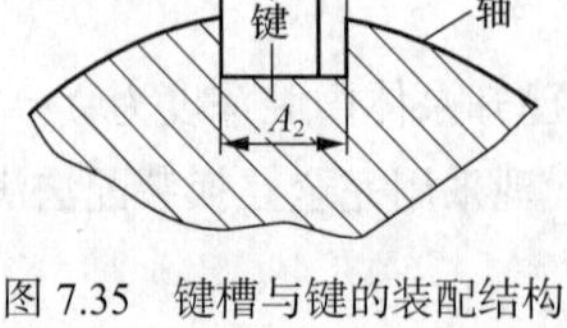

图 7.35　键槽与键的装配结构

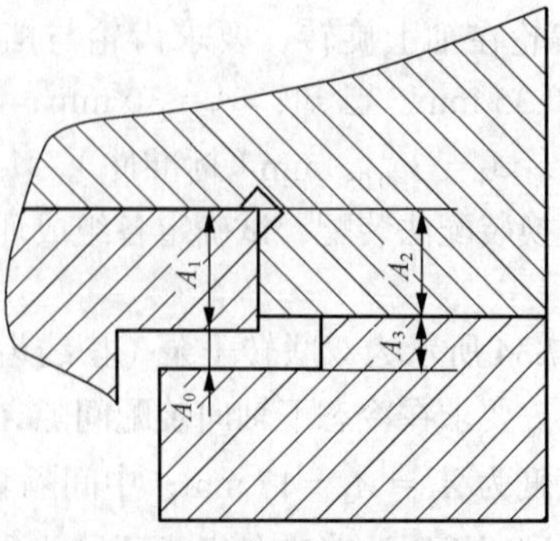

图 7.36　机床部件装配图

14. 如图 7.37 所示，图 7.37（a）为轴承套，图 7.37（b）为滑动轴承，图 7.37（c）为两者的装配图，组装后滑动轴承外端面与轴承套内端面要保证尺寸为 $87_{-0.30}^{-0.10}$ mm，但按零件上标出的尺寸 $5.5_{-0.16}^{0}$ mm 及 $81.5_{-0.35}^{-0.20}$ mm 装配，结果尺寸为 $87_{-0.51}^{+0.20}$ mm，不能满足装配要求。若此组件为成批生产，试确定满足装配技术要求的合理装配方法。

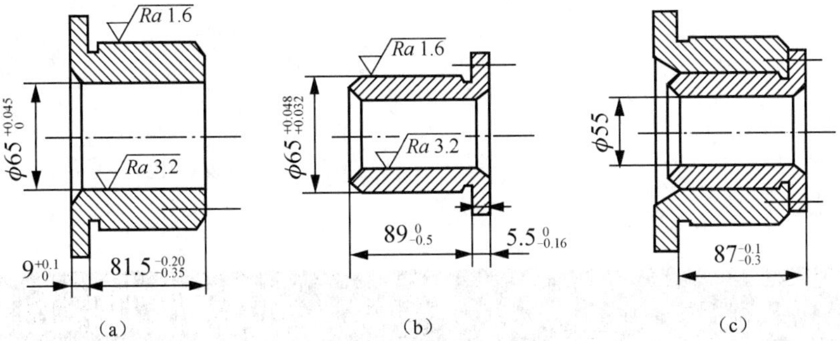

图 7.37　题 14 图

15. 产品结构的装配工艺性包括哪些内容？试举例说明。

16. 何谓装配单元？为什么要把机器产品分解成独立的装配单元？

17. 装配的组织形式有哪些？各有何特点？各自用于什么场合？

18. 什么是装配单元系统图？它有何作用？

19. 试述制定装配工艺规程的要求、步骤和内容。

20. 零件的清洗方法有哪些？

21. 试说明可拆连接和不可拆连接的装配方法。

附录A 机械加工余量

表 A-1　　总加工余量　　（单位：mm）

常见毛坯	手工造型铸件	自由锻件	模锻件	圆棒料
总加工余量	3.5～7	2.5～7	1.5～3	1.5～2.5

表 A-2　　工序余量　　（单位：mm）

加工方法	粗车	半精车	高速精车	低速精车	磨削	研磨
总加工余量	1～1.5	0.8～1	0.4～0.5	0.1～0.15	0.15～0.25	0.003～0.025

表 A-3　　镗孔加工余量　　（单位：mm）

加工孔的直径	材料								细镗前加工精度为4级
	轻合金		巴氏合金		青铜及铸铁		钢件		
	加工性质								
	粗加工	精加工	粗加工	精加工	粗加工	精加工	粗加工	精加工	
	直径余量								
≤ϕ30	0.2	0.1	0.3	0.1	0.2	0.1	0.2	0.1	0.045
ϕ31～ϕ50	0.3	0.1	0.4	0.1	0.3	0.1	0.2	0.1	0.05
ϕ51～ϕ80	0.4	0.1	0.5	0.1	0.3	0.1	0.2	0.1	0.06
ϕ81～ϕ120	0.4	0.1	0.5	0.1	0.3	0.1	0.3	0.1	0.07
ϕ121～ϕ180	0.5	0.1	0.6	0.2	0.4	0.1	0.3	0.1	0.08
ϕ181～ϕ260	0.5	0.1	0.6	0.2	0.4	0.1	0.3	0.1	0.09
ϕ261～ϕ360	0.5	0.1	0.6	0.2	0.4	0.1	0.3	0.1	0.1

注：当一次镗削时，加工余量应该是粗加工余量＋精加工余量。

附录B 齿坯加工精度

表 B-1　齿坯公差

齿轮精度等级[①]		5	6	7	8	9
孔	尺寸公差 形状公差	IT5	IT6	IT7		IT8
轴	尺寸公差 形状公差	IT5		IT6		IT7
顶圆直径[②]		IT7	IT8			IT9

注：① 当 3 个公差组的精度等级不同时，按最高精度等级确定公差值。

② 当顶圆不作为测量齿厚基准时，尺寸公差按 IT11 给定，但应不大于 0.1 mm。

表 B-2　齿坯基准面的表面粗糙度参数 *Ra*　（单位：μm）

精度等级	3	4	5	6	7	8	9	10
孔	≤0.2	≤0.2	0.4～0.2	≤0.8	1.6～0.8	≤1.6	≤3.2	≤3.2
颈端	≤0.1	0.2～0.1	≤0.2	≤0.4	≤0.8	≤1.6	≤1.6	≤1.6
端面顶圆	0.2～0.1	0.4～0.2	0.6～0.4	0.6～0.3	1.6～0.8	3.2～1.6	≤3.2	≤3.2

表 B-3　齿轮基准面径向和端面圆跳动公差　（单位：μm）

分度圆直径/mm		精度等级				
大于	至	1 和 2	3 和 4	5 和 6	7 和 8	9～12
—	125	2.8	7	11	18	28
125	400	3.6	9	14	22	36
400	800	5.0	12	20	32	50
800	1 600	—	—	28	45	71

附录C

其他

表 C-1　　　　　　　　　　标准公差数值（摘自 GB/T 1800.1—2020）

基本尺寸/mm		标准公差等级																			
		IT01	IT0	IT1	IT2	IT3	IT4	IT5	IT6	IT7	IT8	IT9	IT10	IT11	IT12	IT13	IT14	IT15	IT16	IT17	IT18
大于	至	μm													mm						
–	3	0.3	0.5	0.8	1.2	2	3	4	6	10	14	25	40	60	0.10	0.14	0.25	0.40	0.60	1.0	1.4
3	6	0.4	0.6	1	1.5	2.5	4	5	8	12	18	30	48	75	0.12	0.18	0.30	0.48	0.75	1.2	1.8
6	10	0.4	0.6	1	1.5	2.5	4	6	9	15	22	36	58	90	0.15	0.22	0.36	0.58	0.90	1.5	2.2
10	18	0.5	0.8	1.2	2	3	5	8	11	18	27	43	70	110	0.18	0.27	0.43	0.70	1.10	1.8	2.7
18	30	0.6	1	1.5	2.5	4	6	9	13	21	33	52	84	130	0.21	0.33	0.52	0.84	1.30	2.1	3.3
30	50	0.6	1	1.5	2.5	4	7	11	16	25	39	62	100	160	0.25	0.39	0.62	1.00	1.60	2.5	3.9
50	80	0.8	1.2	2	3	5	8	13	19	30	46	74	120	190	0.30	0.46	0.74	1.20	1.90	3.0	4.6
80	120	1	1.5	2.5	4	6	10	15	22	35	54	87	140	220	0.35	0.54	0.87	1.40	2.20	3.5	5.4
120	180	1.2	2	3.5	5	8	12	18	25	40	63	100	160	250	0.40	0.63	1.00	1.60	2.50	4.0	6.3
180	250	2	3	4.5	7	10	14	20	29	46	72	115	185	290	0.46	0.72	1.15	1.85	2.90	4.6	7.2
250	315	2.5	4	6	8	12	16	23	32	52	81	130	210	320	0.52	0.81	1.30	2.10	3.20	5.2	8.1
315	400	3	5	7	9	13	18	25	36	57	89	140	230	360	0.57	0.89	1.40	2.30	3.60	5.7	8.9
400	500	4	6	8	10	15	20	27	40	63	97	155	250	400	0.63	0.97	1.55	2.50	4.00	6.3	9.7
500	630	4.5	6	9	11	16	22	30	44	70	110	175	280	440	0.70	1.10	1.75	2.8	4.4	7.0	11.0
630	800	5	7	10	13	18	25	35	50	80	125	200	320	500	0.80	1.25	2.00	3.2	5.0	8.0	12.5
800	1000	5.5	8	11	15	21	29	40	56	90	140	230	360	560	0.90	1.40	2.30	3.6	5.6	9.0	14.0

表 C-2　　定位、夹紧符号

标注位置		独立		联动	
		标注在视图轮廓线上	标注在视图正面上	标注在视图轮廓线上	标注在视图正面上
定位点	固定式	（限制自由度的个数）			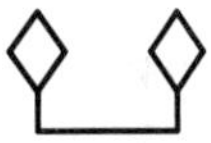
	活动式				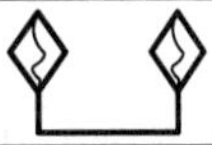
机械夹紧				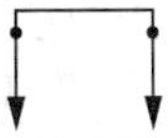	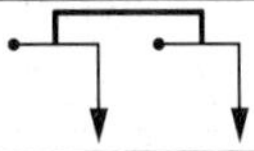
液压夹紧			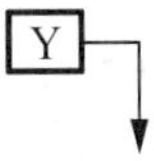	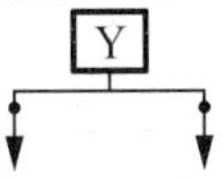	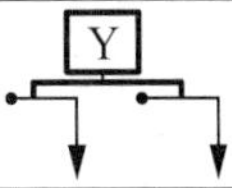
气动夹紧			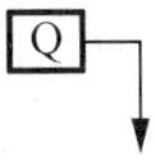	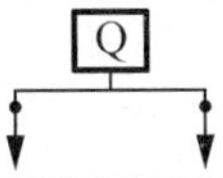	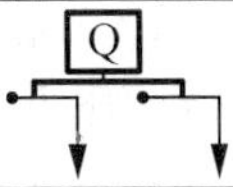
电磁夹紧			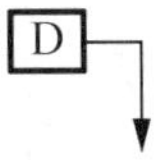	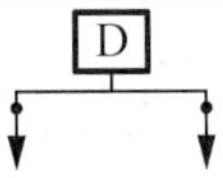	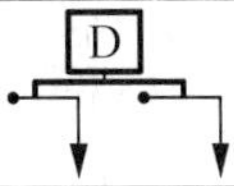

注：1. 定位符号后面的数字表示此定位基面所限制的工件自由度的个数。

2. 夹紧符号表示夹紧力的方向，箭头指向处为夹紧力作用点。

表 C-3　　各类机床主轴转速

序号	机床名称	机床型号	主轴转速/（$r \cdot min^{-1}$）
1	卧式车床	CA6140	正转 24 级：10，12，16，20，25，32，40，50，63，80，100，125，160，200，250，320，400，450，500，560，710，900，1 120，1 400
2	立式钻床	Z525	9 级：97，140，195，272，392，545，680，960，1 360
3	立式铣床	X51	15 级：65，80，100，125，160，210，255，300，380，490，590，725，1 225，1 500，1 800

表 C-4　　铣削基本时间 t_b 的计算

加工条件	计算公式	备注
圆柱铣刀、圆盘铣刀、铣刀铣平面	$t_b=(l+l_1+l_2)\times i/v_f$(min) 式中：$L=l+l_1+l_2$－工作台行程长度（mm）； l——加工长度（mm）； l_1——切入长度（mm）； l_2——切出长度（mm）； v_f——工作台每分进给量（mm/min）； i——走刀次数。	$(l_1+l_2)=d_0/(3\sim4)$(mm) 式中：d_0——铣刀直径（mm）。
铣圆周表面	$t_b=D\times\pi\times i/v_f$(min) 式中：$D$——铣削圆周表面直径(mm)。	
铣两端为闭口的键槽	$t_b=(l-d_0)\times i/v_f$(min)	
铣半圆键槽	$t_b=(l+l_1)/v_f$(min)	$L=h$——键槽深度（mm） $l_1=0.5\sim1$ mm

表 C-5　钻削或铰削基本时间的计算

加工条件	计算公式	备注
一般情况	$t_b = L/(f \times n)$(min) 式中：$L = l + l_1 + l_2$——刀具总行程（mm） f——每转进给量（mm/r） n——刀具或工件每分转数（r/min）	钻削时：$l_1 = 1 + D/[2 \times \tan(\phi/2)]$ 式中：$l_1 \approx 0.3D$(mm)； ϕ——顶角（°）； D——刀具直径（孔径）（mm）； $l_2 = 1 \sim 4$ mm。
钻盲孔、铰盲孔	$t_b = (l + l_1)/(f \times n)$(min)	
钻通孔、铰通孔	$t_b = (l + l_1 + l_2)/(f \times n)$(min)	

表 C-6　铰孔的切入与切出行程

背吃刀量 $a_p = (D-d)/2$	切入长度 l_1					切出长度 l_2
	主偏角 κ_r					
	3°	5°	12°	15°	45°	
0.05	0.95	0.57	0.24	0.19	0.05	13
0.10	1.9	1.1	0.47	0.37	0.10	15
0.125	2.4	1.4	0.59	0.48	0.125	18
0.15	2.9	1.7	0.71	0.56	0.15	22
0.20	3.8	2.4	0.95	0.75	0.20	28
0.25	4.8	2.9	1.20	0.92	0.25	39
0.30	5.7	3.4	1.40	1.10	0.30	45

注：1. 为了保证铰刀不受约束地进给接近加工表面，表内的切入长度 l_1 应该增加，对于 $D \leqslant 16$ mm 的铰刀为 0.5 mm；对于 $D = 17 \sim 35$ mm 的铰刀为 1 mm；对于 $D = 36 \sim 80$ mm 的铰刀为 2 mm。

2. 加工盲孔时 $l_2 = 0$。

表 C-7　常用普通螺纹攻螺纹前钻底孔的钻头直径（单位：mm）

计算公式　$P < 1$ mm　$d_2 = d - P$

$P \geqslant 1$ mm　钢等韧性材料　$d_2 = d - P$

铸铁等脆性材料 $d_2 = d - (1.05 \sim 1.1)P$

式中：P——螺距；

d_2——攻螺纹前钻头直径；

d——螺纹公称直径。

公称直径 d	螺距 P		钻头直径（d_2）	
			加工铸铁、青铜、黄铜	加工钢、纯铜、可锻铸铁
4	粗	0.70	3.30	3.30
	细	0.50	3.50	3.50
5	粗	0.80	4.20	4.20
	细	0.50	4.50	4.50
6	粗	1.00	4.90	5.00
	细	0.75	5.20	5.20
8	粗	1.25	6.60	6.70
	细	1.00	6.90	7.00
		0.75	7.10	7.20

续表

公称直径 d	螺距 P		钻头直径（d_2）	
			加工铸铁、青铜、黄铜	加工钢、纯铜、可锻铸铁
10	粗	1.50	8.40	8.50
	细	1.25	8.60	8.70
		1.00	8.90	9.00
		0.75	9.20	9.20
12	粗	1.75	10.10	10.20
	细	1.50	10.40	10.50
		1.25	10.60	10.70
		1.00	10.90	11.00
14	粗	2.00	11.80	12.00
	细	1.50	12.40	12.50
		1.25	12.60	12.70
		1.00	12.90	13.00
16	粗	2.00	13.80	14.00
	细	1.50	14.40	14.50
		1.00	14.90	15.00
18	粗	2.50	15.30	15.50
	细	2.00	15.80	16.00
		1.50	16.40	16.50
		1.00	16.90	17.00
20	粗	2.50	17.30	17.50
	细	2.00	17.80	18.00
		1.50	18.40	18.50
		1.00	18.90	19.00
22	粗	2.50	19.30	19.50
	细	2.00	19.80	20.00
		1.50	20.40	20.50
		1.00	20.90	21.00
24	粗	3.00	20.70	21.00
	细	2.00	21.80	22.00
		1.50	22.40	22.50
		1.00	22.90	23.00

参考文献

[1] 龚雪，陈则钧．机械制造技术[M]．北京：高等教育出版社，2008.
[2] 金福昌．车工（初级）[M]．北京：机械工业出版社，2005.
[3] 胡家富．铣工（中级）[M]．北京：机械工业出版社，2006.
[4] 倪森寿．机械制造工艺与装备[M]．北京：化学工业出版社，2002.
[5] 王凤平．机械制造工艺学[M]．北京：机械工业出版社，2011.
[6] 杜可可．机械制造技术基础课程设计指导[M]．北京：人民邮电出版社，2007.
[7] 吴国华．金属切削机床[M]．北京：机械工业出版社，1999.
[8] 张世昌，李旦，张冠伟．机械制造技术基础[M]．3 版．北京：高等教育出版社，2014.
[9] 于爱武．机械加工工艺编制与实施（上、下册）[M]．北京：北京大学出版社，2014.
[10] 顾崇衔，等．机械制造工艺学[M]．西安：陕西科学技术出版社，1990.
[11] 李昌年．机床夹具设计与制造[M]．北京：机械工业出版社，2010.
[12] 机械工程师手册编委会．机械工程师手册[M]．2 版．北京：机械工业出版社，2000.
[13] 乔世民．机械制造基础[M]．北京：高等教育出版社，2003.
[14] 史美堂．金属材料及热处理[M]．上海：上海科学技术出版社，1980.
[15] 朱超，段玲．互换性与零件几何量检测[M]．北京：清华大学出版社，2012.
[16] 张权民．机床夹具设计[M]．北京：科学出版社，2013.